제3판

기초확률론

신양우 지음

KM 경문사

제3판 머리말

동전을 던지거나, 주사위를 굴릴 때 또는 복권을 살 때 그 누구도 정확한 결과를 알 수는 없을 것이다. 이와 같이 우연에 의한 것이든 아니든 우리는 우리가 알지 못하는 이유에 의하여 결과를 정확히 알 수 없는 상황을 자주 접하게 된다. 이와 같은 상황을 합리적이고 효과적으로 다룰 수 있는 이론이 확률론이다. 확률론은 과학이나, 공학뿐만 아니라 사회학, 의·약학, 정치학, 생태학, 경제학 등에서 매우 넓게 사용되고 있다.

확률론은 추상적인 공리로부터 출발하여 이론을 전개하는 추상수학의 측면과 우리 주변에서 우연성에 기인하는 것으로 여겨지는 여러 현상을 모형화하고 해석하는 응용의 측면, 이 두 가지 측면을 가지고 있다. 초판의 머리말에서 언급했듯이 이 책의 주요 목적은 앞으로 확률론을 전공하기 위한 입문서로서 뿐만 아니라 확률론을 필요로 하는 통계학, 통신공학, 전자공학, 전산학, 물리학, 경영학 등 응용분야의 참고서적으로 사용할 수 있도록 하는 것이다. 이를 위해서는 기초적인 이론의 전개뿐만 아니라 확률에 대한 직관적인 개념이나 우연성 있는 현상을 수학적으로 표현하고 해결하기 위하여 확률론적 사고방법을 숙지하는 것이 매우 중요하다. 즉, 이론 전개를 위한 여러 수식들에 대한 이해에 앞서 각종 용어의 의미를 단순히 아는 것을 넘어서 가슴으로 느끼는 것이 중요하다. 이번 판에서는 이러한 측면에 주안점을 두었다.

책의 전체적인 틀은 이전 판과 크게 다르지 않으나 각 장과 절의 도입부분을 이 책의 목적에 충실하도록 보충하였다. 구체적인 변경된 사항은 다음과 같다. 각 장의 앞에 그 장에서 알아야 할 사항을 구체적으로 제시하였다. 또한 각 절에서 새로 도입하는 개념에 대해서는 그 개념에 대한 이해나 동기를 유발할 수 있는 예제를 '생각해보기'로 제시하였다. 그림을 추가하여 확률현상이나 이론의 결과를 직관적으로 이해하는데 도움이 되도록 하였다.

끝으로 이 책이 나오기까지 이 책을 사용하시면서 여러 가지 조언을 아끼지 않으신 여러분들과 책의 편집 및 조판에 수고를 아끼지 않은 도서출판 경문사 여러분께 감사를 드린다.

2017년 1월

신양우

개정판 머리말

본 교재가 나온 지 10년 가까이 흘렀다. 그동안 강의하면서 발견되었던 미비점이나 이 교재를 사용하신 여러 대학의 교수님들께서 주신 조언을 반영하여 개정판을 내게 되었다. 개정판에서는 책의 구성이 일부 변경되었으며 내용의 가감이 이루어졌다.

책의 구성면에서 변경된 사항은 다음과 같다. 개정판에서는 매 단원의 끝에 오는 연습문제를 각 소단원으로 분할하여 학습한 내용을 바로 확인할 수 있도록 하였다. 또한 기존의 확률변수와 기댓값 부분을 두 단원에 걸쳐서 다루었던 것을 한 단원으로 합쳤다. 그다음에 자주 이용되는 여러 확률분포를 소개하여 앞에서 배운 이론을 일상에서 나타나는 여러 현상에 적용하는 데 도움이 되도록 하였다.

내용에서는 현재 컴퓨터를 활용한 시뮬레이션 기법이 여러 분야에서 이용됨에 따라 시뮬레이션의 기본이 되는 난수의 발생에 대한 부분을 조건부분포를 다루는 단원(제6장)에 첨가하였다. 그리고 극한정리의 활용으로서 통계학에서 자주 이용되는 모평균에 대한 신뢰구간을 구하는 문제를 제7장에서 소개하였다. 복잡한 예제는 생략하거나 연습문제로 남기고 독자들의 이해를 돕기 위하여 그림, 수치결과 및 연습문제를 보완하였다.

이 책을 교재용으로 사용할 경우 예제를 선택적으로 다루고 *표시를 한 절을 생략하면 한 학기 강의용으로 사용할 수 있을 것이다.

끝으로 개정판이 나오기까지 이 책을 사용하시면서 여러 가지 조언을 아끼지 않으신 여러분들과 책의 편집 및 조판에 수고를 아끼지 않은 도서출판 경문사 여러분께 감사를 드린다.

2010년 1월

신양우

머리말

Breiman, L.은 저서 Probability[4]의 서문에서 확률론의 특성에 대하여 다음과 같이 말하였다.

"확률론은 오른손과 왼손을 가지고 있다. 오른손은 측도론을 이용하여 엄격한 기반을 이루는 작업을 수행하고 왼손은 문제를 도박이나 동전던지기, 물리적인 입자의 운동과 같은 모형으로 바꾸어 확률적으로 생각하는 것이다."

이 책은 지난 수년간 통계학과, 전산학과, 산업공학과 등의 학생을 대상으로 기초확률론을 강의하면서 정리한 내용을 바탕으로 쓴 것이다. 이 책의 주요 목적은 확률에 대한 직관적인 개념이나 우연성 있는 현상을 수학적으로 표현하고 해결하는 확률론적 방법을 소개하는 것이다. 즉, Breiman의 표현을 빌리면 '확률론의 왼손이 하는 일'을 소개하는 것이다. 또한 앞으로 확률론을 전공하기 위한 입문서나 확률론을 필요로 하는 통신공학, 전자공학, 전산학, 물리학, 경영학 등 응용분야의 참고서적으로 사용할 수 있도록 하였다.

제1장에서 제6장까지는 확률의 정의, 조건부확률, 사건의 독립성, 확률변수와 확률분포, 확률변수의 기댓값, 확률변수의 독립성, 결합확률분포, 조건부 분포 등과 같은 확률론의 기본적인 개념과 성질을 소개한다. 끝으로 제7장에서는 확률의 수렴성이나 확률의 상한, 하한을 구하는 데 사용되는 확률과 관련한 여러 가지 부등식과 극한 정리를 다룬다. 정의나 정리를 기술할 때는 이 책의 수준을 넘지 않는 범위 내에서 가능한 한 수학적인 엄밀성을 유지하려고 노력하였다. 이 책의 전체적인 내용을 이해하기 위하여 확률론이나 통계학에 대한 사전 지식은 필요하지 않으나 대학 1학년 과정의 미적분학에 대한 이해가 필요하다. 다만 정의나 정리 또는 예제의 증명 중에는 함수의 연속성이나 수열 및 함수의 극한, 리만-스틸체스 적분과 같은 해석학적인 지식이 필요한 경우도 있으나 이 경우 증명을 생략하고 넘어가도 전체적인 내용을 이해하는 데는 별 어려움이 없도록 하였다. 매 정리나 정의 뒤에는 예제와 함께 간단히 풀 수 있는 문제를 수록하여 정의나 정리의 내용을 연습하도록 하였다. 풀이과정이 복잡하거나 확률론, 응용분야에서 흥미를 끄는 예제들을 묶어서 하나의 절로 독립하여 소개하였다. 이 부분은 책을 읽을 때 선택적으로 다루어도 좋을 것이다. 다양한 연습문제를 수록하여 앞의 내용을 얼마나 이해하고 있는지를 점검하도록 하였으며 본문 중에서 다루지 않았던 내용도 관심이 많은 독자를 위하여 소개하였다. 연습문제 중 일부분에 대한 해답을 부록 C에 수록하여 독자 스스로 문제를 풀어보고 답을 비교할 수 있도록 하였다. 연습문제 풀이집은 이 책을 교재로

강의를 담당하는 분에게 저자가 제공할 것이다. 이 책에서 사용된 용어는 한국통계학회의 '통계학용어집'과 대한수학회의 '수학용어집'을 참조하였다.

앞에서 밝혔듯이 이 책은 강의노트를 바탕으로 하여 작성한 것이므로 내용이나 전개 방식 등 많은 부분이 강의를 하면서 참고하였던 서적들로부터 영향을 받았다. 정리나 예제, 연습문제 등에 일일이 출처를 밝히는 대신 참고하였던 문헌의 목록을 관심 있는 독자들을 위하여 추가로 읽을 만한 문헌과 함께 참고문헌 부분에 수록하였다.

이 책이 나오기까지 여러 가지로 수고해 주신 도서출판 경문사 여러분께 감사를 드린다.

2000년 12월

신양우

차례

Element Probability

제 1 장

확률

주사위나 동전을 던질 때 그 결과를 정확하게 알 수는 없을 것이다. 이와 같이 그 결과를 정확하게 알 수 없는 경우에 어떤 결과가 발생할 가능성을 나타내는 척도로서 확률이 사용된다. 이 장에서는 확률에 대한 정의와 그 성질을 살펴본다.

이 장의 목표

1. 표본공간, 사건을 이해하고 기술할 수 있다.
2. 확률을 정의하는 주관적인 방법, 경험적인 방법, 표본점의 비율로 정하는 방법을 이해하고 그 방법의 문제점에 대하여 말할 수 있다.
3. 공리적인 방법으로 정의한 확률과 그 성질을 알고 결합사건의 확률을 계산할 수 있다.
4. 순열과 조합 등 조합론의 기본적인 개념을 응용할 수 있다.

1.1 표본공간과 사건

생각해보기

갑돌이와 갑순이가 오른쪽 그림 1.1과 같은 주사위를 한 번씩 던져서 눈의 수가 많은 면이 나오는 사람이 이기는 게임을 하고 있다. 갑돌이가 던질 때 나오는 눈의 수가 3이고 갑순이가 던질 때 나오는 눈의 수가 2이면 그 결과를 (3, 2)와 같이 순서쌍으로 표기하자.

그림 1.1

1. 두 사람이 한 번씩 주사위를 던질 때 나올 수 있는 가능한 모든 결과의 전체 집합을 원소나열법으로 표기하라.
2. 갑돌이가 이기는 결과의 전체 집합을 써라.
3. 이 게임에서 누가 이길 것인지 확실하게 알 수 있는지 답하라. 만약 확실하게 알 수 없다면 그 이유는 무엇인지 설명하라.

한 개의 주사위를 한 번 던질 때 나오는 주사위의 눈의 수는 무엇일까? 1부터 45까지의 숫자 중 6개의 숫자를 선택하여 당첨번호를 맞추는 복권에서 이번 주에 1등으로 당첨될 번호는 무엇일까? 새로 교체한 형광등의 수명(시간)은 얼마나 될까? 위의 각 경우에 그 결과를 한 가지로 정확하게 알 수는 없지만 가능한 결과에 대한 답을 할 수는 있을 것이다. 주사위를 던질 때 나오는 눈의 수는 1, 2, 3, 4, 5, 6 중의 하나이고, 1등 복권의 번호는 1부터 45까지의 숫자 중 6개의 숫자로 이루어진 조합 중 하나일 것이다. 또한 형광등의 수명은 구간 $[0, \infty)$에 있는 숫자 중 하나일 것이다.

이와 같이 그 결과가 우연성에 의하여 정해진다고 볼 수 있는 실험이나 관찰을 **확률실험**(random experiment)이라고 한다. 확률실험에서 나올 수 있는 결과 전체의 집합을 **표본공간**(sample space)이라 하며 앞으로 표본공간을 Ω로 나타내기로 한다.[1)]

확률실험에서 표본공간은 현실에 기초하고 있지만 현실 그 자체는 아니며 다분히 추상화된 모형이고 실험의 목적에 따라 표본공간은 여러 가지로 정해질 수 있다. 예를 들어 한 개의 동전을 한 번 던지는 실험을 생각해 보자. 이때 동전의 앞면을 'H', 뒷면을 'T'라 하면 이 실험에서 나타날 수 있는 결과는 H와 T 중 하나일 것으로 생각할 수 있다. 그러면 과연 동전을 한 번 던질 때, 이 두 가지 경우밖에는 나타나지 않을까? 동전

1) Ω는 그리스 알파벳의 마지막 자로 오메가(omega)라고 읽는다.

을 던질 때, 옆에 있던 개가 동전을 물고 달아나는 경우도 있고, 동전이 틈에 끼어서 서는 경우도 있을 수 있을 것이다. 물론 이러한 경우도 표본공간의 원소로 생각할 수 있다. 그러나 동전을 던지는 실험에서는 앞면이 나타나는가, 뒷면이 나타나는가에만 관심이 있다면 다른 결과가 나타나는 경우는 제외하고 단순화된 집합 $\{H,\ T\}$를 표본공간으로 여기는 것이 합당할 것이다. 이와 같이 같은 실험을 하는 경우라도 실험의 목적과 관심사에 따라 표본공간은 여러 가지로 나타날 수 있으며 앞으로 다루는 표본공간은 다분히 추상적이고 단순화한 수학적 모형을 의미한다.

예제 1.1

1. 4개의 윷가락을 던질 때, 나타날 수 있는 결과는 도, 개, 걸, 윷, 모 중의 하나이므로 표본공간은 $\Omega=\{$도, 개, 걸, 윷, 모$\}$이다.
2. 한 개의 주사위를 던져서 나오는 눈의 수를 관찰한다고 할 때 표본공간은 $\Omega=\{1,\ 2,\ 3,\ 4,\ 5,\ 6\}$이다.
3. 전구를 생산하는 어떤 공장에서 생산된 전구의 수명을 측정하는 실험에서 표본공간은 $\Omega=\{x: 0 \le x < \infty\}$이다.
4. 원점을 중심으로 하고 반지름의 크기가 1인 원의 내부에서 임의의 한 점을 택할 때, 표본공간은 $\Omega=\{(x,\ y): x^2+y^2 \le 1\}$이다. ✤

같은 실험이라도 표본공간을 나타내는 방법은 여러가지가 있을 수 있다. 예를 들어 한 개의 동전을 두 번 던지는 실험에서 첫 번째에 앞면, 두 번째에 뒷면이 나타났을때 그 결과를 $(H,\ T)$와 같이 나타내기로 하면 표본공간은 $\Omega=\{(H,\ H),\ (H,\ T),\ (T,\ H),\ (T,\ T)\}$이고 그 결과를 HT와 같이 나타내기로 하면 표본공간은 $\Omega=\{HH,\ HT,\ TH,\ TT\}$와 같이 나타낼 수도 있다. 여러 개의 실험을 동시에 실시하거나 단계적으로 실시할 때 각각의 실험을 시행(trial)이라고 한다. 이와 같은 경우에는 순서쌍을 이용하여 표본공간을 나타내면 편리하다.

예제 1.2

1. 한 개의 주사위를 두 번 던지는 실험에서 첫 번째 던질 때 나온 주사위의 눈의 수가 i이고 두 번째 주사위의 눈의 수가 j일 때 그 결과를 $(i,\ j)$로 나타내면 표본 공간은 $\Omega=\{(i,\ j): i,\ j=1,\ 2,\ 3,\ 4,\ 5,\ 6\}$이다.
2. 동전을 한 번 던진 후 주사위를 한 번 던질 때, 표본공간은 $\Omega=\{(H,\ 1),\ (H,\ 2),\ (H,\ 3),\ (H,\ 4),\ (H,\ 5),\ (H,\ 6),\ (T,\ 1),\ (T,\ 2),\ (T,\ 3),\ (T,\ 4),\ (T,\ 5),\ (T,\ 6)\}$이다.
3. A, B 두 팀이 축구경기를 할 때, A팀이 3점을 얻고 B팀이 2점을 얻었을 때 그 결과

를 (3, 2)와 같이 순서쌍으로 나타내면, 표본공간은 $\Omega = \{(i,\ j) : i,\ j = 0,\ 1,\ 2,\ \cdots\}$ 이다. ✤

표본공간의 각각의 원소를 **표본점**(sample point) 또는 **근원사건**(elementary event), 표본공간의 부분집합을 **사건**(event) 또는 **사상**이라고 한다. 특히 원소를 하나도 갖지 않은 사건을 **공사건** 또는 **영사건**(null event)이라 하고 공집합 기호 $\varnothing$로 표기한다.

예제 1.2에서와 같이 한 개의 주사위를 두 번 던지는 실험에서 나오는 두 주사위의 눈의 합이 10 이상일 때 상금을 받기로 하였다고 하자. 이 실험에서 상금을 받게될 사건은 $A = \{(4,\ 6),\ (5,\ 6),\ (6,\ 6),\ (6,\ 5),\ (6,\ 4)\}$이다. 이때, 실험의 결과로 $(5,\ 6)$이 나왔다면 사건 A가 발생하였다고 하고, $(4,\ 5)$가 나왔다면 사건 A가 발생하지 않았다고 한다.

일반적으로 확률실험의 결과로 표본점 ω가 나타났을 때, 표본점 ω가 사건 A의 원소이면, 즉 $\omega \in A (\subset \Omega)$이면 사건 A가 발생하였다고 한다.[2)]

확률실험의 결과로 나타나는 사건은 표본공간의 부분집합이므로 여러 사건에 의하여 얻어지는 새로운 사건은 집합의 연산기호를 이용하여 표현할 수 있다. 표본공간 Ω의 두 사건 A와 B를 생각하자. 사건 A와 B가 동시에 일어나는 사건은 A와 B의 집합에 공통적으로 속해있는 표본점들로 이루어진 사건을 의미하며 집합기호를 이용하여 표기하면

$$A \cap B = \{\omega \in \Omega : \omega \in A \text{ 이고 } \omega \in B\}$$

이다. 이때 사건 $A \cap B$를 A와 B의 **곱사건**(intersection)이라 한다(그림 1.2 참고). 기호 $A \cap B$ 대신 공통부분의 기호 $\cap$를 생략하고 간단히 AB와 같이 나타내기도 한다.

사건 A 또는 B 둘 중의 하나가 일어나는 사건은 A 또는 B에 있는 원소들로 이루어진 사건이 되며, 이를 A와 B의 **합사건**(union)이라 하고 집합기호를 이용하여 다음과 같이 나타낸다(그림 1.2 참고).

$$A \cup B = \{\omega \in \Omega : \omega \in A \text{ 또는 } \omega \in B\}$$

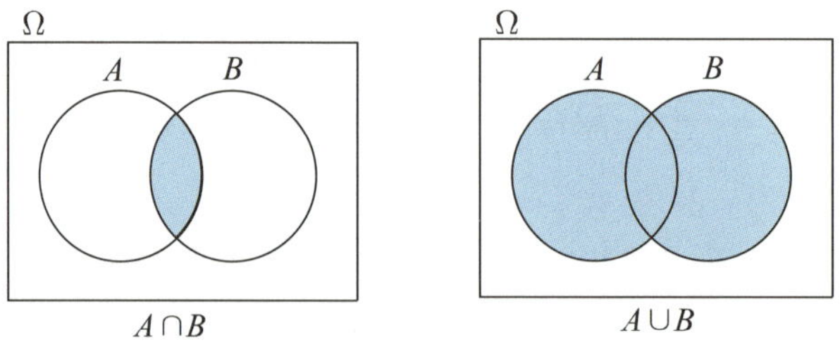

그림 1.2 곱사건 $A \cap B$와 합사건 $A \cup B$

2) ω는 그리스문자 Ω(오메가)의 소문자이다.

사건 A가 발생하지 않을 사건은 표본공간 Ω의 원소 중 A에 속하지 않는 원소들로 이루어진 사건으로 A의 **여사건**(complement)이라 하고 A^c로 표기한다(그림 1.3 참고). 즉,

$$A^c = \{\omega \in \Omega : \omega \not\in A\}.$$

사건 A는 발생하고 B는 발생하지 않을 사건을 집합기호를 이용하여 표현하면 $A - B = AB^c$이다(그림 1.3 참고). 사건 A와 B의 공통 부분이 없을 때, 즉 $A \cap B = \varnothing$일 때 사건 A와 B는 **서로 배반**(mutually exclusive)이라고 한다.

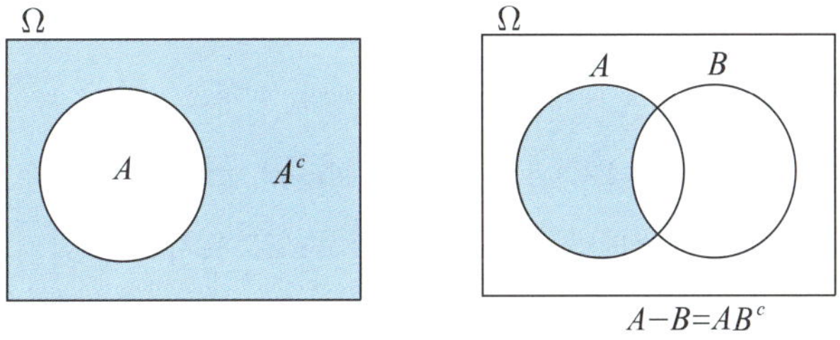

그림 1.3 여사건 A^c와 사건의 차 $A - B = A \cap B^c$

예제 1.3 한 개의 주사위를 두 번 던지는 실험에서 표본공간은 $\Omega = \{(i, j) : i, j = 1, 2, 3, 4, 5, 6\}$이다. 이때, 두 주사위의 눈의 합이 7이 되는 사건을 A, 두 주사위의 눈의 합이 5가 되는 사건을 B, 첫 번째 주사위의 눈이 3이 되는 사건을 C라고 하면, A, B, C는 다음과 같다.

$$\begin{aligned} A &= \{(1, 6), (2, 5), (3, 4), (4, 3), (5, 2), (6, 1)\} \\ B &= \{(1, 4), (2, 3), (3, 2), (4, 1)\} \\ C &= \{(3, 1), (3, 2), (3, 3), (3, 4), (3, 5), (3, 6)\} \end{aligned}$$

이때

$$\begin{aligned} &AB = \varnothing,\ AC = \{(3, 4)\},\ B - C = \{(1, 4), (2, 3), (4, 1)\}, \\ &B \cup C = \{(1, 4), (2, 3), (3, 2), (4, 1), (3, 1), (3, 3), (3, 4), (3, 5), (3, 6)\} \end{aligned}$$

이다. 따라서 사건 A와 B는 서로 배반이다. 동전을 던졌을때 $(3, 2)$가 나왔다면 사건 B와 C가 발생하였다고 한다. ✤

3개 이상의 사건의 결합으로 이루어지는 사건도 합집합과 교집합을 이용하여 나타낼 수 있다. 세 사건 A, B, C에 대하여, 세 사건 중 A만 발생하는 사건은 AB^cC^c이고, 세 사건 모두 발생하는 사건은 ABC이다. 또한 A 또는 B는 발생하지만 C는 발생하지

않을 사건은 $(A \cup B)C^c$이다.

무한개의 사건열 A_n, $n=1, 2, \cdots$에 대하여, A_n들 중 최소한 하나의 사건이 발생할 사건은

$$\bigcup_{n=1}^{\infty} A_n = \{\omega \in \Omega : \text{적당한 } n\text{에 대하여 } \omega \in A_n\}$$

이고 모든 A_n이 발생할 사건은

$$\bigcap_{n=1}^{\infty} A_n = \{\omega \in \Omega : \text{모든 } n\text{에 대하여 } \omega \in A_n\}$$

이다.

표본공간 Ω와 사건 A, B, C에 대하여, 다음의 결과가 성립함을 쉽게 알 수 있다. 이에 대한 증명은 집합의 연산과 동일하므로 독자에게 맡기고 여기서는 결과만 기술한다.

(1) $(A^c)^c = A$

(2) $A \cup A^c = \Omega$, $AA^c = \varnothing$

(3) $A \cup B = B \cup A$, $AB = BA$

(4) $(A \cup B) \cup C = A \cup (B \cup C)$, $(AB)C = A(BC)$

(5) $(A \cup B)C = AC \cup BC$, $A(B \cup C) = AB \cup AC$

(6) $(A \cup B)^c = A^c B^c$, $(AB)^c = A^c \cup B^c$

일반적으로 사건열 A_n, $n=1, 2, \cdots$에 대하여

$$\left(\bigcup_{n=1}^{\infty} A_n\right)^c = \bigcap_{n=1}^{\infty} A_n^c, \quad \left(\bigcap_{n=1}^{\infty} A_n\right)^c = \bigcup_{n=1}^{\infty} A_n^c.$$

이 결과를 드모르간의 법칙(DeMorgan's law)이라고 한다.

(7) $A \subset B$이면, $AB = A$, $A \cup B = B$, $B^c \subset A^c$

예제 1.4 앞면이 나올 때까지 계속해서 동전을 던지는 실험에서 표본공간은

$$\Omega = \{H, TH, TTH, TTTH, \cdots\} \cup \{TTT\cdots\}$$

이다. 이때 n번째 만에 처음으로 앞면이 나오는 사건을 A_n이라고 하자. 즉,

$$A_1 = \{H\}, \ A_2 = \{TH\}, \ A_3 = \{TTH\}, \ \cdots$$

그러면

$$\bigcup_{n=1}^{\infty} A_n = \{H,\ TH,\ TTH,\ \cdots\}$$

은 언젠가는 앞면이 나올 사건이고

$$\left(\bigcup_{n=1}^{\infty} A_n\right)^c = \{TTTTTT\cdots\}$$

은 앞면이 영원히 나오지 않을 사건이다. ✣

정의 1.1 [표본공간의 분할] 공사건이 아닌 사건들의 집합 $\mathcal{P} = \{A_1,\ A_2,\ \cdots\}$ 이 다음 조건을 만족할 때 $\mathcal{P}$를 표본공간 Ω의 분할(partition)이라 한다.

(1) $A_iA_j = \varnothing,\quad i \neq j$ (2) $\bigcup_{i=1}^{\infty} A_i = \Omega.$

예제 1.5 주사위를 두 번 던지는 실험에서 나오는 두 주사위의 눈의 합이 n이 되는 사건을 A_n이라고 하자. 그러면 $\{A_n,\ n=2,\ 3,\ \cdots,\ 12\}$는 표본공간 Ω의 분할이 된다. 또한 $\{A_7,\ A_7^c\}$도 Ω의 분할이 되며 $\{A_2,\ A_3,\ A_4,\ \cup_{i=5}^{12} A_i\}$도 Ω의 한 분할이 된다. ✣

참고

위의 예제 1.5에서 알 수 있듯이 표본공간의 분할이 유일하게 결정되는 것은 아니다.

EXERCISES 1.1 연습문제

1. 한 개의 동전을 세 번 던질 때, 다음 사건을 표본점을 이용하여 나타내어라.
   (1) 표본공간
   (2) 앞면이 정확하게 두 번 나올 사건
   (3) 앞면이 두 번, 뒷면이 세 번 나올 사건

2. 한 개의 주사위를 두 번 던지는 실험에서 첫 번째 주사위의 눈이 3이 나올 사건을 A, 두 번째 주사위의 눈이 짝수가 나올 사건을 B, 두 눈의 합이 7이 될 사건을 C라 할 때, 다음 사건을 표본점을 이용하여 나타내어라.

(1) ABC　　(2) AB^c

(3) $A\cup C$　　(4) $C-A$

3. A, B, C 세 사람이 가위 바위 보 게임을 한다. 셋이 동시에 가위, 바위, 보 중에 한 가지를 낸다고 할 때 다음을 표본점을 이용하여 나타내어라.

(1) 표본공간　　(2) A가 이길 사건

(3) A만 이길 사건　　(4) A만 질 사건

(5) 이기는 사람이 없을 사건

4. 세 사건 A, B, C가 주어졌을 때, 집합의 기호를 이용하여 다음 사건을 표시하라.

(1) 세 사건 중 A만 발생한다.

(2) 세 사건 중 적어도 한 사건이 발생한다.

(3) 세 사건 모두 발생한다.

(4) 어느 사건도 발생하지 않는다.

(5) A와 B는 발생하지만 C는 발생하지 않는다.

(6) 세 사건 중 정확하게 두 사건만 발생한다.

(7) 세 사건 중 기껏해야 두 사건이 발생한다.

5. 한 개의 동전을 같은 면이 연속해서 두 번 나올 때까지 던지는 실험에서 n번만에 실험이 끝날 사건을 A_n이라고 하자. 다음 사건이 무엇을 뜻하는지 설명하라.

(1) $\displaystyle\bigcup_{n=1}^{5} A_n$　　(2) $\displaystyle\bigcap_{n=1}^{10} A_n^c$

(3) $\displaystyle\bigcup_{n=1}^{\infty} A_{2n}$　　(4) $\displaystyle\left(\bigcap_{n=1}^{\infty} A_n\right)^c$

6. 갑, 을, 병 세 사람이 순서대로 동전을 던지는 게임을 한다고 하자. 앞면이 나오면 게임은 끝나게 되며 앞면이 나오도록 동전을 던진 사람이 이 게임에서 이기는 것으로 한다. 이 게임에서 '갑'이 이기는 사건을 A, '을'이 이기는 사건을 B라 할 때, 세 사건 A, B, $(A\cup B)^c$를 표본공간의 원소로 나타내라.

7. 다음을 간단히 하라.

(1) $(A \cup B)(A \cup B^c)$ (2) $(A \cup B)(B \cup C)$

8. 두 사건 A, B에 대하여 다음을 증명하라.

(1) $A \subset B$이면 $A^c \supset B^c$이다. (2) $A \cap B = \varnothing$이면 $A \subset B^c$이다.

9. 사건열 A_n, $n = 1, 2, \cdots$에 대하여 다음을 증명하라.

(1) $\left(\bigcup_{n=1}^{\infty} A_n\right)^c = \bigcap_{n=1}^{\infty} A_n^c$ (2) $\left(\bigcap_{n=1}^{\infty} A_n\right)^c = \bigcup_{n=1}^{\infty} A_n^c$

10. 사건 $A_1, A_2, \cdots, A_n$에 대하여 $B_1 = A_1$, $B_k = \left(\bigcup_{i=1}^{k-1} A_i\right)^c A_k$, $k = 2, 3, \cdots, n$이라 할 때 다음을 보여라.

(1) $B_i B_j = \varnothing$, $i \neq j$

(2) $\cup_{i=1}^{k} B_i = \cup_{i=1}^{k} A_i$, $k = 1, 2, \cdots, n$

1.2 확률의 정의 및 성질

생각해보기

다음 각 사건이 발생할 가능성에 0과 1 사이의 숫자를 대응하려고한다. 가능성이 높은 사건은 큰 숫자를 대응시키려고 할 때, 다음 각각의 사건에 어떤 방법으로 숫자를 대응하는 것이 적합할지 생각해보아라. 또한 스스로 생각한 방법의 문제점은 무엇인지 검토해 보아라.

1. 우리나라 프로야구경기에서 다음 해에 특정 팀이 우승할 가능성
2. 공정한 주사위를 한 번 던지는 실험에서 눈의 수가 3인 면이 나올 가능성
3. 오른쪽 그림 1.4와 같은 원뿔을 던질 때, 그림처럼 바로 설 가능성

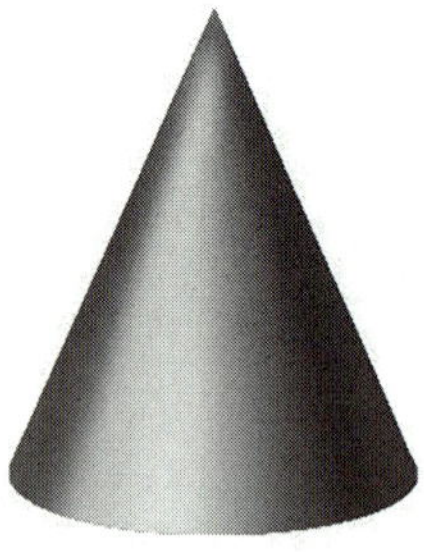

그림 1.4

동전을 던질 때 앞면이 나올 확률, 내일 비가 올 확률, 어떤 운동 경기에서 특정한 팀이 이길 확률, 생산 라인에서 고장이 발생할 확률, 어떤 사람이 거짓말을 하고 있을 확률, 특정한 질병으로 죽을 확률 등과 같이 일상 생활에서 확률이란 말을 많이 사용한다. 이러한 일상적인 용어로써의 확률은 어떤 일이 일어날 가능성이나 믿음의 정도 등을 나타낸다. 어떤 사건이 일어날 가능성 등을 나타낼 때, '가능성이 높다' 또는 '아주 높다', '낮다', '아주 낮다' 등과 같이 나타내는 것보다는 숫자로 나타내면 두 개 이상의 사건이 발생할 가능성을 비교하거나 수학적으로 다루기가 용이하게 된다. 어떤 사건 A가 발생할 가능성을 숫자로 나타낼 때, 사건 A에 대응되는 숫자 $P(A)$를 A가 발생할 확률 또는 간단히 A의 확률이라 부를 것이다. 각 사건에 확률을 부여하는 방법을 확률모형이라고 한다. 확률의 의미를 해석하는 방법에 따라 여러가지 확률모형을 생각할 수 있을 것이다. 먼저 몇 가지 확률모형을 생각해 보고 확률에 대한 공리적인 정의를 살펴본다.

용어 약속

앞으로 이 책 전체에서 '주사위'는 특별한 언급이 없는 한 그림 1.1과 같은 모양의 '공정한 주사위'를 의미하며 각각의 면이 나올 가능성은 모두 같은 것으로 본다. '동전'의 경우에도 특별한 언급이 없는 한 '공정한 동전'을 의미하며 앞면과 뒷면이 나올 가능성이 같은

것으로 본다.

주관적 확률모형 월드컵 축구대회나 프로야구 한국시리즈, 경마 등에서 전문가들뿐만 아니라 많은 사람들이 특정한 팀 또는 말이 우승할 확률을 이야기 한다. 이때는 그간의 경험이나, 지식, 정보 등과 함께 직관 등을 바탕으로 각자의 주관에 따라 확률을 정한다. 이와 같이 주관적인 신뢰의 척도로써 확률을 정하는 방법을 주관적 확률모형이라 한다. 주관적 확률모형에 대한 가장 기본적인 문제점은 동일한 사건에 대하여 서로 동일한 정보를 가지고 있다 하더라도 서로 다른 확률을 할당할 수 있다는 것이다. 예를 들어 월드컵 축구대회에서 결승에 진출한 두 팀 중 특정한 팀이 이길 확률은 축구 전문가나 그 게임에 돈을 거는 도박사마다 다를 수 있다. 따라서 주관적 방법에 의하여 정해진 확률을 이용하여 객관적인 결론을 내리기는 어려울 것이다. 주관적 확률모형은 반복되지 않는 실험에서 사건에 대한 확률을 정하는 방법으로 사용될 수 있다.

균등확률모형 한 개의 주사위를 한 번 던지는 실험에서 눈의 수가 $i\,(i=1,\ 2,\ \cdots,\ 6)$인 면이 나타날 가능성은 모두 같은 것으로 볼 수 있을 것이다. 이때, 눈의 수가 4 이하일 사건 $A=\{1,\ 2,\ 3,\ 4\}$의 확률을 표본공간의 원소의 수에 대한 사건 A에 있는 원소의 수의 비율 $\frac{4}{6}$로 생각할 수 있을 것이다.

이와 같이 유한개의 표본점으로 구성된 표본공간 $\Omega=\{\omega_1,\ \omega_2,\ \cdots,\ \omega_n\}$에서 모든 근원사건 $\{\omega_j\}$가 발생할 가능성이 같다고 볼 수 있을 때 사건 A의 확률을

$$P(A)=\frac{A\text{에 있는 원소의 개수}}{\Omega\text{에 있는 원소의 개수}} \tag{1.1}$$

로 정하는 방법을 **균등확률모형** 또는 **고전적 확률모형**이라고 한다.

사건 A의 원소의 개수를 $|A|$로 나타낼 때, (1.1)과 같이 균등확률모형으로 정한 확률은 다음을 만족함을 알 수 있다.

(1) $0\le P(A)=\dfrac{|A|}{|\Omega|}\le 1$

(2) $P(\Omega)=\dfrac{|\Omega|}{|\Omega|}=1$

(3) $AB=\varnothing$일 때 $|A\cup B|=|A|+|B|$이므로 $P(A\cup B)=P(A)+P(B)$.

표본공간이 무한 집합이거나 각 근원사건이 일어날 가능성이 동일한지 여부를 판정하기가 어려운 경우는 균등확률모형을 적용하기 곤란하다.

상대도수모형 그림 1.5와 같이 각각의 윷가락에 대하여 앞면이 나올 가능성을 예상하기 어렵고 모양이 모두 다른 4개의 윷가락을 동시에 던지는 시행을 생각하자. 이 시

행에서 '모'가 나올 확률은 윷가락을 무수히 여러 번 던질 때 '모'가 나온 횟수의 비율의 극한으로 생각할 수 있을 것이다.

이와 같이 어떤 시행을 반복해서 계속 한다고 할 때, n번의 시행에서 사건 A가 일어난 횟수를 $f_n(A)$라 하고 사건 A의 상대도수를 $r_n(A)=\dfrac{f_n(A)}{n}$로 나타내자. 이때, 사건 A의 확률을

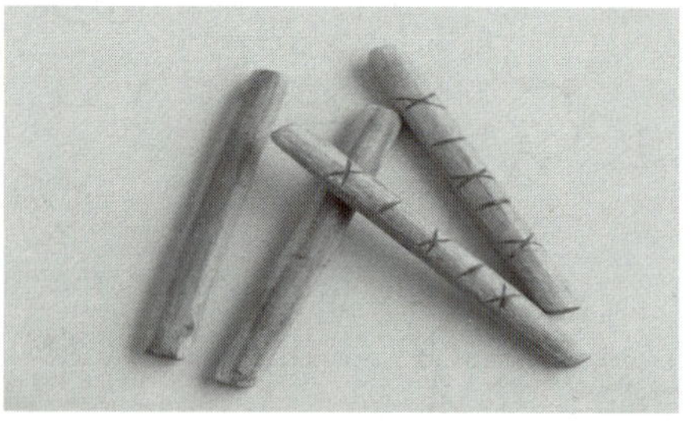

그림 1.5 윷가락

$$P(A)=\lim_{n\to\infty}\frac{f_n(A)}{n} \tag{1.2}$$

와 같이 상대도수의 극한으로 정하는 방법을 **상대도수모형** 또는 **통계적 확률모형**이라고 한다. 상대도수의 극한으로써 확률을 정의하는 방법은 균등확률모형을 적용할 수 없는 경우에도 적용 가능하지만 이것을 바탕으로 확률의 이론을 전개하기에는 몇 가지 문제점이 나타난다. n이 무한히 커질 때, $r_n(A)$이 일정한 값에 수렴한다는 것을 보장할 수 없으며 반복적인 실험을 행할 수 없는 경우에는 적용하기가 곤란하다는 것이다. 그러나 각각의 사건 A에 대하여 수열 $\{r_n(A)\}$의 극한이 존재한다면 (1.2)와 같이 상대도수의 극한으로 정한 확률은 다음과 같은 성질을 만족하는 것을 알 수 있다.

(1) 각각의 n에 대하여 $0\le r_n(A)\le 1$이므로 $0\le P(A)\le 1$

(2) 각각의 n에 대하여 $r_n(\Omega)=1$이므로 $P(\Omega)=1$

(3) 사건 A와 B가 서로 배반이면, 각각의 n에 대하여

$$r_n(A\cup B)=r_n(A)+r_n(B)$$

이므로

$$P(A\cup B)=P(A)+P(B).$$

확률의 공리적 정의 위에서 언급한 확률모형은 신뢰의 측도나 어떤 사건의 발생 가능성 등과 같이 확률에 대한 직관적인 개념을 반영하고 있으나 적용 대상의 한계와 논리적인 명확성을 갖추지 못하는 등의 문제점을 가지고 있다. 확률적인 현상을 잘 설명할 수 있으며 수학적으로 엄밀한 논리를 갖춘 확률이론을 정립하려는 노력이 지난 17세기 이래로 여러 학자들에 의하여 시도 되었다. 20세기에 이르러 러시아 수학자 콜모고로프(A. N. Kolmogorov, 1903~1987)는 공리적 방법으로 확률을 정의하였다. 공리적인 확률의 정의는 균등확률모형과 상대도수의 극한으로서의 확률모형에서 확률이 가지는 특성

을 포함한다. 현대의 확률론은 공리적인 확률의 정의에 바탕을 두고 있으며 수학적 엄밀성을 갖추었을 뿐만 아니라 다른 분야에의 응용가능성을 크게 높였다. 수리통계학은 확률론의 가장 중요한 응용분야 중 하나이다. 또한 현대 확률론은 양자역학이나 열역학 등과 같은 물리분야나 유전학, 생명정보학, 등의 생물분야, 심리학, 경제학, 금융공학, 경영과학, 전자공학, 통신공학, 컴퓨터과학 등 다양한 분야에서 이용되고 있다. 앞으로 특별한 언급이 없는 한 확률은 다음의 정의 1.2를 의미한다.

정의 1.2 [확률측도] 표본공간 Ω의 모든 사건들의 집합 $\mathcal{F}$ 위에서 정의된 함수 P가 다음을 만족할 때 P를 **확률측도**(probability measure)라 한다.

(1) 모든 $A \in \mathcal{F}$에 대하여 $0 \le P(A) \le 1$

(2) $P(\Omega) = 1$

(3) $A_i,\ i \ge 1$가 서로 배반인 사건의 열, 즉 $A_i A_j = \varnothing\ (i \ne j)$이면

$$P\left(\bigcup_{i=1}^{\infty} A_i\right) = \sum_{i=1}^{\infty} P(A_i).$$

이때 사건 A에 대응되는 숫자 $P(A)$를 A의 **확률**이라 한다. 또한 세 쌍 $(\Omega, \mathcal{F}, P)$를 **확률공간**(probability space)이라고 한다.

확률에 대한 정의 1.2는 각각의 사건에 확률이라는 숫자를 할당하는 규칙에 대한 것이지 주어진 사건 A에 구체적으로 어떤 숫자를 할당할 것인가에 대한 것은 아니다. 예를 들어 윷가락을 던지는 실험에서 '도', '개', '걸', '윷', '모'가 나올 확률을 각각 p_1, p_2, p_3, p_4, p_5라고 할 때, $p_i \ge 0$이고 $p_1 + p_2 + p_3 + p_4 + p_5 = 1$을 만족하도록 p_i, $i = 1, 2, 3, 4, 5$의 값이 결정되어야 한다는 것이지 구체적으로 p_i의 값을 정하는 방법을 말하는 것은 아니다. 앞면이 나올 확률과 뒷면이 나올 확률이 같을 것으로 예상되는 동전 4개를 가지고 윷놀이를 할 때 p_i의 값과 앞면이 나올 확률이 무엇인지 모르는 4개의 서로 다른 윷가락을 가지고 윷놀이를 할 때 p_i의 값은 서로 다를 것이다. 그러나 어떤 경우라도 $p_i \ge 0$, $\sum_{i=1}^{5} p_i = 1$을 만족하여야 한다.

정의 1.2를 바탕으로 한 확률의 이론으로부터 사건 A에 대한 상대도수 $r_n(A)$의 극한이 사건 A의 확률에 수렴한다는 사실이 증명된다.[3] 예를 들어 주사위를 무한히 반복해

3) 이것을 대수의 법칙이라고 하며 제7장에서 다룬다.

서 던진다고 할 때, 1의 눈이 나올 사건의 상대도수는 $\frac{1}{6}$에 수렴한다. 이와 같이 미지의 확률에 대한 근삿값으로 상대도수를 이용할 수 있다. 예를 들어 동전이 구부러져서 앞면이 나올 확률을 알지 못한다고 할 때, 그 동전을 반복해서 여러 번 던진 후 앞면이 나온 횟수의 비율로 앞면이 나올 확률을 근사할 수 있다.

정리 1.1 $P(\varnothing)=0$

증명 $A_1=\Omega,\ A_i=\varnothing,\ i=2,\ 3,\ \cdots$로 두면 $\cup_{i=1}^{\infty} A_i=\Omega$이고 $A_iA_j=\varnothing,\ i\neq j$이므로, 정의 1.2의 (2)와 (3)으로부터

$$\begin{aligned}1=\ &P(\Omega)=P(\cup_{i=1}^{\infty}A_i)=P(A_1)+\Sigma_{i=2}^{\infty}P(A_i)\\ &=1+\Sigma_{i=2}^{\infty}P(\varnothing)\end{aligned}$$

이다. 그러므로 $P(\varnothing)=0$이다. ✷

정리 1.2 $A_1,\ A_2,\ \cdots,\ A_n$이 서로 배반이면

$$P\left(\bigcup_{i=1}^{n}A_i\right)=\sum_{i=1}^{n}P(A_i).$$

증명 $A_i=\varnothing,\ i\geq n+1$로 두면 $\cup_{i=1}^{\infty}A_i=\cup_{i=1}^{n}A_i$이고 $A_iA_j=\varnothing,\ i\neq j$이므로, 정의 1.2의 (3)과 $P(\varnothing)=0$으로부터

$$P\left(\bigcup_{i=1}^{n}A_i\right)=P\left(\bigcup_{i=1}^{\infty}A_i\right)=\sum_{i=1}^{n}P(A_i)+\sum_{i=n+1}^{\infty}P(\varnothing)=\sum_{i=1}^{n}P(A_i)$$ ✷

표본공간 $\Omega=\{\omega_1,\ \omega_2,\ \cdots\}$가 가산집합일 때, 확률의 정의로부터 각 근원사건의 확률 $p_j=P(\{\omega_j\}),\ j=1,\ 2,\ \cdots$는 다음을 만족한다.

$$0\leq p_j\leq 1,\ \sum_{j=1}^{\infty}p_j=1$$

따라서 사건 A의 확률은

$$P(A) = \sum_{\omega_j \in A} P(\{\omega_j\}) = \sum_{\omega_j \in A} p_j$$

와 같이 근원사건의 확률로부터 구할 수 있다.

특히, 확률실험에서 표본공간이 $\Omega = \{\omega_1, \omega_2, \cdots, \omega_N\}$와 같이 유한집합이고 각각의 근원사건이 일어날 가능성이 동일하면

$$P(\{\omega_1\}) = P(\{\omega_2\}) = \cdots = P(\{\omega_N\})$$

이다. 한편 $P(\Omega) = 1$이므로

$$\sum_{i=1}^{N} P(\{\omega_i\}) = NP(\{\omega_1\}) = 1.$$

따라서

$$P(\{\omega_i\}) = \frac{1}{N}, \ i = 1, 2, \cdots, N$$

이고 사건 A의 확률은

$$P(A) = \sum_{\omega_j \in A} P(\{\omega_j\}) = \frac{A\text{에 속한 원소의 개수}}{N}$$

가 되어 균등확률모형에 의한 확률의 정의와 일치한다.

예제 1.6 한 개의 주사위를 두 번 던질 때 나오는 눈의 합이 7이 되는 사건의 확률을 구하라.

풀이 표본공간의 원소의 개수는 36가지이다. 또한 두 눈의 합이 7인 사건은

$$A = \{(1, 6), (2, 5), (3, 4), (4, 3), (5, 2), (6, 1)\}$$

로 원소의 개수가 6이다. 각각의 눈이 나올 가능성은 동일하므로 $P(A) = \frac{6}{36} = \frac{1}{6}$ 이다. ✤

예제 1.7 표본공간이 $\Omega = \{a, b, c\}$이고 $P(\{a\}) = 0.2$, $P(\{b\}) = 0.7$일 때, 사건 $\{b, c\}$의 확률을 구하라.

풀이 $P(\Omega) = P(\{a\}) + P(\{b\}) + P(\{c\}) = 1$이므로 $P(\{c\}) = 1 - (0.2 + 0.7) = 0.1$ 이다. 따라서

$$P(\{b,\ c\}) = P(\{b\}) + P(\{c\}) = 0.8.$$ ✤

예제 1.8 표본공간이 $\Omega = \{\omega_1,\ \omega_2,\ \cdots\}$이고 $P(\{\omega_j\}) = \dfrac{c}{3^j}$, $j = 1,\ 2,\ \cdots$일 때, 다음을 구하라.

(1) P가 확률측도가 되기 위한 c의 값

(2) $A = \{\omega_j,\ j = 2,\ 4,\ 6,\ 8,\ \cdots\}$의 확률 $P(A)$

풀이 (1) $P(\Omega) = 1$이므로

$$\sum_{j=1}^{\infty} P(\{\omega_j\}) = \sum_{j=1}^{\infty} \frac{c}{3^j} = \frac{c}{2} = 1.$$

따라서 $c = 2$이다.

(2) $P(A) = \sum_{\omega_j \in A} P(\{\omega_j\}) = \sum_{k=1}^{\infty} \dfrac{2}{3^{2k}} = \dfrac{1}{4}$ ✤

> **정리 1.3** $P(A^c) = 1 - P(A)$

증명 $AA^c = \varnothing$이고 $A \cup A^c = \Omega$이므로 정의 1.2의 (2)와 정리 1.2로부터

$$1 = P(\Omega) = P(A) + P(A^c).$$

따라서 $P(A^c) = 1 - P(A)$이다. ✺

예제 1.9 한 개의 동전을 세 번 던질 때, 최소한 한 개의 앞면이 나올 사건의 확률을 구하라.

풀이 모두 뒷면이 나올 사건을 A라고 하면, $A = \{TTT\}$이고 최소한 한 개의 앞면이 나올 사건은 A^c이다. 따라서

$$P(A^c) = 1 - P(A) = 1 - \frac{1}{8} = \frac{7}{8}.$$ ✤

> **정리 1.4** $A \subset B$이면 $P(A) \le P(B)$.

증명 $A_1 = A$, $A_2 = A^c B$로 두면, $A \subset B$이므로 $A_1 \cup A_2 = B$이고 $A_1 A_2 = \varnothing$이다. 한편 $P(A^c B) \ge 0$이므로 정리 1.2로부터

$$P(B) = P(A_1) + P(A_2) = P(A) + P(A^c B) \geq P(A). \qquad ✷$$

정리 1.5 $P(A \cup B) = P(A) + P(B) - P(AB)$

증명 $A \cup B = A \cup (A^c B)$이고 $A \cap (A^c B) = \varnothing$ 이므로 $P(A \cup B) = P(A) + P(A^c B)$이다. 한편 $B = AB \cup A^c B$이고 $AB \cap A^c B = \varnothing$ 이므로 $P(A^c B) = P(B) - P(AB)$이다. 따라서

$$P(A \cup B) = P(A) + P(B) - P(AB). \qquad ✷$$

다음의 정리는 정리 1.5의 일반적인 결과로 수학적 귀납법을 사용하여 증명할 수 있다.

정리 1.6 [포함과 배제의 공식(inclusion-exclusion formula)]

$$\begin{aligned} P\left(\bigcup_{i=1}^{n} A_i\right) = & \sum_{i=1}^{n} P(A_i) - \sum_{i_1 < i_2} P\left(A_{i_1} A_{i_2}\right) + \cdots \\ & + (-1)^{r+1} \sum_{i_1 < i_2 < \cdots < i_r} P\left(A_{i_1} A_{i_2} \cdots A_{i_r}\right) + \cdots \\ & + (-1)^n P(A_1 A_2 \cdots A_n). \end{aligned}$$

단, $\Sigma_{i_1 < i_2 < \cdots < i_r} P\left(A_{i_1} A_{i_2} \cdots A_{i_r}\right)$에서 항의 수는 $A_1, \cdots, A_n$ 중에서 r개를 선택하는 방법의 수와 같은 $\dfrac{n(n-1)\cdots(n-r+1)}{r(r-1)\cdots 2 \cdot 1}$개이다.

정리 1.7 [불의 부등식(Boole's inequality)]

$$P(\cup_{i=1}^{n} A_i) \leq \sum_{i=1}^{n} P(A_i)$$

증명 사건 B_i, $1 \leq i \leq n$을 다음과 같이 정의하자.

$$B_1 = A_1,$$

$$B_i = A_i\left(\bigcup_{j=1}^{i-1} A_i\right)^c = A_1^c A_2^c \cdots A_{i-1}^c A_i,\ 2 \le i \le n.$$

그러면 B_i, $i \ge 1$은 서로 배반이고 $\bigcup_{i=1}^{n} A_i = \bigcup_{i=1}^{n} B_i$이다. 또한 $B_i \subset A_i$이므로 $P(B_i) \le P(A_i)$, $1 \le i \le n$이다. 따라서

$$\begin{aligned} P\left(\bigcup_{i=1}^{n} A_i\right) &= P\left(\bigcup_{i=1}^{n} B_i\right) \\ &= P(B_1) + P(B_2) + \cdots + P(B_n) \\ &\le P(A_1) + P(A_2) + \cdots + P(A_n)\ . \end{aligned}$$

✷

참고

다음 부등식은 정리 1.7의 일반적인 형태이다. 증명 없이 언급한다.

$$P\left(\bigcup_{i=1}^{n} A_i\right) \le \sum_{i=1}^{n} P(A_i)$$

$$P\left(\bigcup_{i=1}^{n} A_i\right) \ge \sum_{i=1}^{n} P(A_i) - \sum_{i<j} P(A_i A_j)$$

$$P\left(\bigcup_{i=1}^{n} A_i\right) \le \sum_{i=1}^{n} P(A_i) - \sum_{i<j} P(A_i A_j) + \sum_{i<j<k} P(A_i A_j A_k)$$

즉 포함과 배제의 공식 (정리 1.6)에서 '+'항까지 더한 것은 $P(\cup_{i=1}^{n} A_i)$의 상계가 되고 '−'항까지 더한 것은 하계가 된다.

정리 1.8 **[확률측도의 연속성]** (1) $A_i \subset A_{i+1}$, $i = 1,\ 2,\ \cdots$일 때

$$P\left(\bigcup_{i=1}^{\infty} A_i\right) = \lim_{n\to\infty} P(A_n).$$

(2) $A_i \supset A_{i+1}$, $i = 1,\ 2,\ \cdots$일 때

$$P\left(\bigcap_{i=1}^{\infty} A_i\right) = \lim_{n\to\infty} P(A_n).$$

증명 (1) $\{B_n,\ n \ge 1\}$을 다음과 같이 정의하자(그림 1.4).

$$B_1 = A_1,\quad B_n = A_n A_{n-1}^c,\ n \ge 2$$

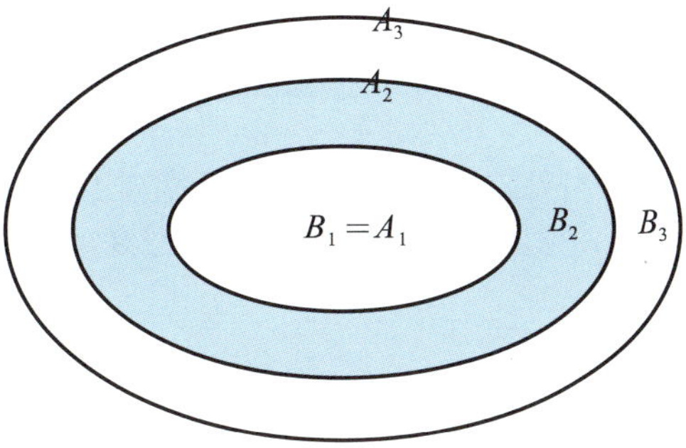

그림 1.6 B_n의 정의

그러면 모든 $n \geq 1$에 대하여 $\bigcup_{i=1}^{n} B_i = \bigcup_{i=1}^{n} A_i$이므로

$$\bigcup_{i=1}^{\infty} B_i = \bigcup_{i=1}^{\infty} A_i.$$

또한 $B_i B_j = \varnothing$, $i \neq j$이므로

$$\begin{aligned} P\left(\bigcup_{i=1}^{\infty} A_i\right) &= P\left(\bigcup_{i=1}^{\infty} B_i\right) = \sum_{i=1}^{\infty} P(B_i) \\ &= \lim_{n\to\infty} \sum_{i=1}^{n} P(B_i) = \lim_{n\to\infty} P\left(\bigcup_{i=1}^{n} B_i\right) \\ &= \lim_{n\to\infty} P\left(\bigcup_{i=1}^{n} B_i\right) = \lim_{n\to\infty} P(A_n) \end{aligned}$$

(2) $A_i \supset A_{i+1}$이면 $A_i^c \subset A_{i+1}^c$ 이므로 앞의 결과로부터 다음을 얻는다.

$$P\left(\bigcup_{i=1}^{\infty} A_i^c\right) = \lim_{n\to\infty} P(A_n^c)$$

드모르간의 법칙에 의하여 $\bigcup_{i=1}^{\infty} A_i^c = \left(\bigcap_{i=1}^{\infty} A_i\right)^c$ 이므로

$$\begin{aligned} P\left(\bigcap_{i=1}^{\infty} A_i\right) &= 1 - P\left[\left(\bigcap_{i=1}^{\infty} A_i\right)^c\right] = 1 - P\left(\bigcup_{i=1}^{\infty} A_i^c\right) \\ &= 1 - \lim_{n\to\infty} P(A_n^c) = 1 - \lim_{n\to\infty} [1 - P(A_n)] \\ &= \lim_{n\to\infty} P(A_n). \end{aligned}$$

✲

EXERCISES

1.2 연습문제

1. 한 개의 주사위를 두 번 던질 때, 첫 번째 나오는 주사위의 눈의 수가 두 번째 나오는 주사위의 눈의 수보다 클 확률을 구하라.

2. 표본공간 $\Omega = \{\omega_1, \omega_2, \omega_3, \omega_4, \omega_5\}$에 대하여

$$P(\{\omega_1\}) = P(\{\omega_3\}) = P(\{\omega_5\}),\ P(\{\omega_2\}) = P(\{\omega_4\}) = \frac{1}{4}$$

일 때, $P(\{\omega_1, \omega_2, \omega_3\})$을 구하라.

3. 10원짜리 동전과 50원짜리 동전을 각각 세 번 던질 때, 10원짜리 동전에서 나오는 앞면의 개수와 50원짜리 동전에서 나오는 뒷면의 개수가 같을 확률은 얼마인가?

4. 각각 1에서 100까지 번호가 붙어 있는 100장의 카드 중에서 임의로 한 장의 카드를 꺼낼 때, 선택된 카드에 적힌 수가 6 또는 8로 나누어질 확률은 얼마인가?

5. $\Omega = \{\omega_1, \omega_2, \omega_3\}$의 각 사건에 대하여 아래와 같이 숫자를 할당하였다. 어느 것이 확률측도가 되겠는가?

	$\varnothing$	$\{\omega_1\}$	$\{\omega_2\}$	$\{\omega_3\}$	$\{\omega_1, \omega_2\}$	$\{\omega_2, \omega_3\}$	$\{\omega_1, \omega_3\}$	Ω
P_1	0	$\frac{1}{4}$	$\frac{1}{4}$	$\frac{1}{2}$	$\frac{3}{8}$	$\frac{1}{2}$	$\frac{3}{4}$	1
P_2	0	$\frac{1}{4}$	$\frac{1}{2}$	$\frac{1}{4}$	$\frac{3}{4}$	$\frac{3}{4}$	$\frac{1}{2}$	1
P_3	0	$\frac{1}{3}$	$\frac{1}{3}$	$\frac{1}{3}$	$\frac{2}{3}$	$\frac{2}{3}$	$\frac{2}{3}$	1
P_4	0	$\frac{1}{2}$	0	$\frac{1}{2}$	$\frac{1}{2}$	$\frac{1}{2}$	1	1

6. 특정한 과목을 수강한 3명의 학생에게 강의 내용에 대하여 '좋았다', '보통이다', '나빴다' 세 가지 중 하나로 답하도록 하였다고 하자. 이때 표본공간을 쓰고 확률측도의 공리에 맞도록 각 근원사건에 확률값을 할당하라.

7. A와 B는 서로 배반이고 $P(A) = 0.1,\ P(B) = 0.7$이다. 다음을 구하라.

(1) A와 B 중 하나의 사건만 발생할 확률

(2) A는 발생하지만 B는 발생하지 않을 확률

(3) A또는 B가 발생할 확률

8. $P(A)=0.4$, $P(B)=0.3$, $P(AB)=0.2$일 때 다음을 구하라.

(1) $P(A \cup B)$ (2) $P(A^c)$

(3) $P(A^c \cap B)$ (4) $P(A^c \cap B^c)$

9. $P(A)=\dfrac{1}{3}$, $P(A^c B^c)=\dfrac{1}{2}$, $P(AB)=\dfrac{1}{4}$일 때, $P(B)$를 구하라.

10. 어떤 지역의 국회위원 선거에서 4명의 후보 A, B, C, D가 출마했다고 하자. 여론 조사 결과 A와 B는 승리할 가능성이 같고 A가 승리할 가능성은 C의 2배, D의 4배라고 한다. 이때 A 또는 D가 승리할 확률을 구하라.

11. 어떤 공정하지 않은 주사위를 한 번 던질 때 나오는 눈의 수가 k일 확률 p_k $(k=1, 2, \cdots, 6)$는 k에 비례한다고 한다. 이 주사위를 한 번 던질 때 짝수의 눈이 나올 확률을 구하라.

12. 어떤 부동산 중개인은 한 달에 다섯 채 미만의 집을 팔 확률이 0.4, 여덟 채 이하의 집을 팔 확률이 0.8이라고 한다. 그가 다음 달에 다섯 채 이상 여덟 채 이하의 집을 팔 확률은 얼마인가?

13. 사건 A가 발생할 확률은 B가 발생할 확률의 제곱과 같고 A가 발생하지 않을 확률은 B가 발생할 확률의 두 배라고 할 때 A가 발생할 확률을 구하라.

14. 다음 부등식을 증명하라.

$$P(A_1 A_2 \cdots A_n) \ge P(A_1)+P(A_2)+\cdots+P(A_n)-(n-1)$$

이 부등식은 **봉페로니 부등식**(Bonferroni's inequality)으로 알려져 있다.

15. $A \subset B$이고 $P(B)=0$이면 $P(A)=0$임을 보여라.

16. $P(A-B) = P(A) - P(AB)$를 보여라.

17. 두 사건 A, B에 대하여 대칭차(symmetric difference)를 $A\Delta B = (A-B)\cup(B-A)$로 정의한다. 사건 $A\Delta B$의 의미를 설명하고

$$P(A\Delta B) = P(A) + P(B) - 2P(AB)$$

임을 증명하라.

18. $P(A) = 0$이면 $P(A\cap B) = 0$, $P(A\cup B) = P(B)$임을 보여라.

19. $P(A) = 1$이면 $P(A\cup B) = 1$, $P(A\cap B) = P(B)$임을 보여라.

20. 정리 1.6을 증명하라.

21. $P(A) = 1$이면서 $A \subsetneq \Omega$인 사건이 존재할 수 있는가? 또한 $P(A) = 0$이면서 $A \neq \varnothing$인 사건이 존재할 수 있는가? 각각의 경우에 존재하면 예를 들고 존재하지 않으면 그 사실을 증명하라.

22. 가산 무한개의 표본점들로 이루어진 표본공간에서 각각의 근원사건이 발생할 확률이 모두 같을 수 없는 이유를 설명하라.

23. $P(A) = P(B) = 1$이면 $P(AB) = 1$을 보여라. 일반적으로 $P(A_i) = 1$, $i = 1, 2, \cdots$이면, $P(\cap_{i=1}^{\infty} A_i) = 1$이 성립함을 보여라.

24. 표본공간 Ω의 사건 전체의 집합 $\mathcal{F}$ 위에서 정의된 함수 $Q : \mathcal{F} \to [0, 1]$가 다음을 만족한다고 하자.

(1) $AB = \phi$인 $A, B \in \mathcal{F}$에 대하여

$$Q(A\cup B) = Q(A) + Q(B)$$

(2) $C_n \subset C_{n+1}$, $n = 1, 2, \cdots$일 때

$$Q\left(\bigcup_{n=1}^{\infty} C_n\right) = \lim_{n\to\infty} Q(C_n)$$

이때 $A_n \in \mathcal{F}$, $n=1, 2, \cdots$이 $A_i A_j = \phi$, $i \neq j$이면

$$Q\left(\bigcup_{n=1}^{\infty} A_n\right) = \sum_{n=1}^{\infty} Q(A_n)$$

이 됨을 보여라.

25. 사건의 열 $\{A_n,\ n=1, 2, \cdots\}$에 대하여, $B_n = \cup_{i=n}^{\infty} A_i$, $n=1, 2, \cdots$로 두고 $B = \cap_{n=1}^{\infty} B_n$이라 하자.

(1) B는 무한히 많은 A_n이 발생할 사건임을 설명하라.

(2) $\sum_{n=1}^{\infty} P(A_n) < \infty$이면 $P(B)=0$임을 보여라.

위의 (2)의 결과를 보렐–칸텔리 보조정리(Borel-Caltelli lemma)라고 한다.

1.3 경우의 수

등확률모형에서 사건 A의 확률은 $P(A)=\frac{|A|}{|\Omega|}$이므로 확률 $P(A)$를 계산하기 위해서는 표본공간의 원소의 개수 $|\Omega|$와 사건 A의 원소의 개수 $|A|$를 알 필요가 있다. 이 절에서는 표본공간이 유한인 확률실험에서 경우의 수를 계산하는 방법에 대하여 살펴본다. 경우의 수를 계산하는 방법에 관련된 수학 이론을 **조합론**(combinatorics)이라 한다.

1.3.1 순열

동전을 한 번 던진 다음 윷을 던질 때 나올 수 있는 결과를 나열하면

(앞면, 도), (앞면, 개), (앞면, 걸), (앞면, 윷), (앞면, 모)
(뒷면, 도), (뒷면, 개), (뒷면, 걸), (뒷면, 윷), (뒷면, 모)

이 되어 나올 수 있는 경우의 수는 10이 됨을 알 수 있다. 이 결과는 각각을 모두 나열하지 않더라도 다음과 같이 쉽게 계산할 수 있다. 동전을 던질 때, 나올 수 있는 경우의 수가 두 가지이고 각각의 경우에 대하여 윷을 던질 때 나올 수 있는 경우의 수가 다섯 가지이므로 전체 경우의 수는 $2\times5=10$이 된다. 이와 같은 사실을 일반화하면 경우의 수를 계산하는 데 기본이 되는 다음의 정리를 얻는다.

> **정리 1.9** [곱의 법칙] 첫 번째 실험에서 나올 수 있는 결과는 n_1가지이고 첫 번째 실험의 각 결과에 대하여 두 번째 실험에서 나올 수 있는 결과는 n_2가지, 처음 두 실험의 각 결과에 대하여 세 번째 실험에서 나올 수 있는 결과는 n_3가지이다. 같은 방법으로 처음 $(i-1)$번의 실험의 각 결과에 대하여 i번째 실험에서 나타날 수 있는 결과는 n_i $(i=1,\ 2,\ \cdots,\ k)$가지가 되는 실험을 할 때, k번째 실험을 한 후에 나타날 수 있는 모든 가능한 결과의 수는 $n_1n_2\cdots n_k$이다.

예제 1.10 집합 A와 B의 원소의 개수가 각각 $m,\ n$일 때 집합

$$A\times B=\{(a,\ b): a\in A,\ b\in B\}$$

의 원소의 개수는 얼마인가?

풀이 집합 A의 각 원소에 집합 B의 각 원소가 대응될 수 있으므로 곱의 법칙에 의하여 $A \times B$의 원소의 개수는 mn이다. ✤

예제 1.11 0, 1, 2, ⋯, 9를 사용하여 만들 수 있는 네 자리 짝수의 개수는 몇 개인가? 같은 수를 여러 번 사용하여도 좋다.

풀이 n_1, n_2, n_3, n_4를 각각 일의 자리, 십의 자리, 백의 자리, 천의 자리에 올 수 있는 숫자의 개수라 하자. 짝수가 되기 위해서는 $n_1 = 5$가 되어야 한다. 또한 십의 자리와 백의 자리에는 어느 숫자가 와도 상관이 없으므로 $n_2 = n_3 = 10$이다. 네 자리 수가 되기 위해서는 천의 자리에는 0을 제외한 모든 수가 올 수 있으므로 $n_4 = 9$이다. 따라서 짝수의 개수는 $n_1 \cdot n_2 \cdot n_3 \cdot n_4 = 5 \cdot 10 \cdot 10 \cdot 9 = 4500$이다. ✤

예제 1.12 컴퓨터에서 정수를 저장할 때에는 비트로 이루어진 워드(word)에 다음과 같이 저장한다. 한 워드가 16비트인 컴퓨터에서 처음의 한 비트는 부호를 저장하기 위하여 사용되고 나머지 15비트에 이진수로 정수를 저장한다.

부호비트(+ : 0, − : 1)

↓	14	13	12	11	10	9	8	7	6	5	4	3	2	1	0
0	0	0	0	1	0	1	0	0	0	0	1	0	1	0	1

그림 1.7 16비트 워드에 정수를 저장하는 방법

그림 1.7과 같이 저장된 정수는 첫 번째 비트가 0이므로 이 수는 양수이고

$$(101000101 01)_2 = 2^{11} + 2^9 + 2^4 + 2^2 + 2^0 = 2581$$

을 나타낸다. 16비트 컴퓨터의 한 워드에 저장할 수 있는 양의 정수는 몇 개인가?

풀이 각 비트에 저장할 수 있는 수는 0과 1 두 가지이므로 부호를 저장하기 위한 비트를 제외한 나머지 15개의 비트에 2^{15}가지의 정수를 저장할 수 있다. 양의 정수가 되기 위해서는 모든 비트에 0이 저장되는 경우는 제외해야 하므로 한 워드에 저장할 수 있는 양의 정수의 개수는 $2^{15} - 1 = 32767$이다. ✤

구별할 수 있는 n개의 공이 들어 있는 항아리에서 r개의 공을 꺼내는 실험을 생각해 보자. 이때 한 번에 한 개씩 공을 꺼내는 방법과 한 번에 r개의 공을 동시에 꺼내는 방법이 있다. 또한 한 개씩 공을 꺼낼 때 꺼낸 공을 항아리에 다시 넣지 않고 다음 공을

꺼내는 방법과 꺼낸 공을 항아리에 다시 넣고 다음 공을 꺼내는 방법이 있다. 이와 같이 n개의 원소를 갖는 집합 A에서 r개의 원소를 추출할 때 한 번에 하나씩 추출하는 방법을 **축차추출**, r개를 동시에 추출하는 방법을 **동시추출**이라 한다. 또한 축차추출에서 선택된 대상을 다음 번 추출에서 제외하는 방법을 **비복원추출**, 한 번 선택된 대상까지 포함하여 다시 추출하는 방법을 **복원추출**이라 한다.

이제 추출된 대상을 추출된 순서에 따라 일렬로 배열하는 방법의 수에 대하여 살펴보자. '갑', '을', '병' 세 사람을 일렬로 나열하는 방법은

갑을병, 갑병을, 을갑병, 을병갑, 병갑을, 병을갑

모두 여섯 가지이다. 이와 같이 순서에 따라 나열한 각 배열을 **순열**(permutation)이라 한다. 집합 $A=\{1, 2, 3, 4\}$에서 순열을 모두 구하면

$$(1, 2, 3, 4)\ (1, 2, 4, 3)\ (1, 3, 2, 4)\ (1, 3, 4, 2)\ (1, 4, 2, 3)\ (1, 4, 3, 2)$$
$$(2, 1, 3, 4)\ (2, 1, 4, 3)\ (2, 3, 1, 4)\ (2, 3, 4, 1)\ (2, 4, 1, 3)\ (2, 4, 3, 1)$$
$$(3, 1, 2, 4)\ (3, 1, 4, 2)\ (3, 2, 1, 4)\ (3, 2, 4, 1)\ (3, 4, 1, 2)\ (3, 4, 2, 1)$$
$$(4, 1, 2, 3)\ (4, 1, 3, 2)\ (4, 2, 1, 3)\ (4, 2, 3, 1)\ (4, 3, 1, 2)\ (4, 3, 2, 1)$$

24가지이다.

n개의 원소를 갖는 집합에서 r개의 원소를 비복원추출하여 순서대로 나열할 때, 각 배열을 n개 중에서 r개를 택한 순열이라하고 가능한 순열의 수를 $(n)_r$로 나타낸다. 또한 n개 중 r개를 복원추출하여 추출된 순서대로 나열한 배열을 **중복순열**이라고 한다.

> **정리 1.10** [순열의 수]
>
> (1) n개 중 r개를 택한 순열의 수는
>
> $$(n)_r = n \cdot (n-1) \cdots (n-r+1)$$
>
> 이다. 특히 $n=r$일 때, $(n)_n = n \cdot (n-1) \cdots 2 \cdot 1$이고 이것을 $n!$로 쓰고 n**계승** 또는 n**팩토리얼**(factorial)이라고 읽는다.
>
> (2) n개 중 r개를 택한 중복순열의 수는 n^r이다.

증명 (1) 비복원추출을 할 때 첫 번째 추출에서 나타날 수 있는 경우의 수는 n가지이고 첫 번째 추출의 각 결과에 대하여 두 번째 추출에서 나타날 수 있는 경우의 수는 $n-1$이다. 이와 같이 계속하여 k번째 추출에서 나타날 수 있는 경우의 수는

$n-k+1$이다. 따라서 곱의 법칙에 의하여 n개 중 r개를 택한 순열의 수는 $n\cdot(n-1)\cdots(n-r+1)$이다.

(2) 복원추출에서는 매번 추출에서 나타날 수 있는 경우의 수가 n가지이므로 곱의 법칙에 의하여 n개 중 r개를 택한 중복순열의 수는 n^r이다. ✺

참고

$0!=1$로 정의한다. n이 클 때, $n!$의 값은 다음과 같이 근사할 수 있다.

$$n! \sim \sqrt{2\pi n}\left(\frac{n}{e}\right)^n$$

이 근사식을 스털링의 공식(Stirling's formula)이라고 한다.[4)]

예제 1.13 9명으로 구성된 한 모임에서 회장과 총무를 뽑는 방법의 수는 얼마인가?

풀이 회장을 뽑는 방법은 아홉 가지이고 회장이 뽑히고 나면 나머지 8명 중에서 총무를 뽑아야 하므로 구하는 방법의 수는 $9\cdot 8=72$가지이다. ✤

예제 1.14 9명의 야구선수들에 타선을 배정하는 방법의 수는 얼마인가?

풀이 9명을 일렬로 배열하는 방법의 수와 같으므로 $9!=362880$가지이다. ✤

이제 n개의 대상 중 서로 구별되지 않는 것을 포함하고 있을 때 이들 중 일부 또는 전부를 추출하여 배열하는 방법의 수에 대하여 알아보자. 먼저 다음 예제를 생각하자.

예제 1.15 흰 공 3개, 붉은 공 4개, 검은 공 5개가 있다. 같은 색깔의 공은 서로 구별되지 않는다면 일렬로 배열할 수 있는 방법은 몇 가지인가?

풀이 12개의 공을 배열하는 방법의 수는 $12!$가지이다. 이들 중 같은 색깔을 가진 공은 서로 구별되지 않으므로 같은 색깔끼리는 서로 순서를 바꾸어도 같은 순열이 된다. 주어진 순열에 대하여 흰 공끼리 순서를 바꾸는 방법의 수는 $3!$가지이다. 같은 방법으로 붉은공, 검은 공에 대하여 같은 색깔끼리 순서를 바꾸는 방법의 수는 각각 $4!$, $5!$가지이다. 따라서 가능한 배열의 수는 $\frac{12!}{3!4!5!}=3080$가지이다. ✤

---

4) $a_n \sim b_n$은 $\lim_{n\to\infty}\frac{a_n}{b_n}=1$을 뜻한다.

위의 예제의 풀이와 같은 방법을 이용하면 다음의 결과를 얻는다.

정리 1.11 k종류의 대상이 각각 $n_1,\ n_2,\ \cdots,\ n_k$개씩 있고 같은 종류끼리는 서로 구별되지 않는다고 할 때, 모든 대상을 일렬로 나열하는 방법의 수는

$$\frac{n!}{n_1!n_2!\cdots n_k!}\quad (단,\ \Sigma_{i=1}^{k} n_i = n)$$

이다.

예제 1.16 14개의 전구 소켓이 있는 전선에 파란 전구 3개, 붉은 전구 5개, 노란 전구 6개를 일렬로 배열하여 크리스마스 트리를 장식하려 한다. 몇 가지 방법이 있겠는가?

풀이 전체 14개 중 같은 색의 전구는 서로 구별되지 않으므로 구하는 방법의 수는 $\frac{14!}{3!5!6!}$ $= 168168$가지이다. ✤

1.3.2 조합

n개의 원소를 갖는 집합에서 r개의 원소를 비복원 추출할 때, 뽑힌 순서를 고려하지 않은 각각의 추출된 결과를 n개 중 r개를 택한 **조합**(combination)이라 한다. 또한 복원 추출할 때 순서를 고려하지 않고 추출된 각각의 결과를 **중복조합**이라고 한다. 예를 들어 $A=\{1,\ 2,\ 3,\ 4\}$에서 2개를 택하는 조합은

$$\{1,\ 2\},\ \{1,\ 3\},\ \{1,\ 4\},\ \{2,\ 3\},\ \{2,\ 4\},\ \{3,\ 4\}$$

로 모두 6가지이고 중복조합은

$$\{1,\ 1\},\ \{1,\ 2\},\ \{1,\ 3\},\ \{1,\ 4\},\ \{2,\ 2\},\ \{2,\ 3\},\ \{2,\ 4\},\ \{3,\ 3\},\ \{3,\ 4\},\ \{4,\ 4\}$$

로 모두 10가지이다. 여기서는 조합의 수를 계산하는 방법에 대하여 알아보고 중복조합의 수를 계산하는 방법은 1.3.4절의 따름정리 1.22에서 다룬다.

일반적인 경우에 대하여 살펴보기 전에 다음 예를 생각하자. 어떤 퀴즈에 응모한 사람 중 30명의 정답자가 있다고 하자. 이들 중에서 3명을 뽑아서 같은 금액의 상품권을 한 장씩 주려고 할 때 상품권을 나누어 주는 방법의 수를 구해보자. 정답을 맞힌 사람 중에서 세 사람을 뽑아서 일렬로 나열하는 방법의 수는 $30 \cdot 29 \cdot 28$이다. 이때 뽑힌 세 사람이 '갑', '을', '병'이라 하자. 이들이 뽑힌 순서를 생각해보면 '갑을병', '갑병을', '을갑

병', '을병갑', '병갑을', '병을갑' $3!=6$가지이다. 그러나 뽑힌 순서에 상관없이 같은 상품권을 받게 되므로 상품권을 나누어 주는 방법의 수는

$$\frac{30 \cdot 29 \cdot 28}{3!} = 4060$$

이다. 이와 같은 방법을 일반화하면 다음 정리를 얻는다.

> **정리 1.12** [조합의 수] n개 중 k개를 택하는 조합의 수는
>
> $$\frac{(n)_k}{k!} = \frac{n \cdot (n-1) \cdots (n-k+1)}{k!}$$
>
> 이다.

증명 n개 중 k개를 선택하여 배열하는 방법의 수는

$$(n)_k = n \cdot (n-1) \cdots (n-k+1)$$

이다. 또한 선택한 k개를 배열하는 방법의 수는 $k!$이다. 그런데 조합에서는 배열의 순서는 생각하지 않으므로 가능한 조합의 수는 $\frac{(n)_k}{k!}$이다. ✺

앞으로 양의 정수 n, k에 대하여 $\frac{(n)_k}{k!}$를 $\binom{n}{k}$로 나타내기로 한다. 즉,

$$\binom{n}{k} = \frac{n \cdot (n-1) \cdots (n-k+1)}{k!}. \tag{1.3}$$

또한 $\binom{n}{0}=1$로 정의한다. 식 (1.3)의 분모와 분자에 $(n-k)!$을 곱하면 $\binom{n}{k}$는 다음과 같음을 알 수 있다.

$$\binom{n}{k} = \frac{n!}{k!(n-k)!}$$

예제 1.17 어떤 과목의 시험문제에서 6문제 중 4문제를 선택하여 풀어야 한다면 선택하는 방법의 수는 몇 가지인가?

풀이 $\binom{6}{4} = \frac{6 \cdot 5 \cdot 4 \cdot 3}{4!} = 15$ ✣

예제 1.18 남학생이 18명, 여학생이 15명이 있는 학급에서 남학생 5명, 여학생 5명으로 구성된 위원회를 만들려고 한다. 위원회를 구성하는 방법의 수는 얼마인가?

풀이 남학생 중 위원을 뽑는 방법의 수는

$$\binom{18}{5} = \frac{18 \cdot 17 \cdot 16 \cdot 15 \cdot 14}{5!} = 8568$$

이고 여학생 중 위원을 뽑는 방법의 수는

$$\binom{15}{5} = \frac{15 \cdot 14 \cdot 13 \cdot 12 \cdot 11}{5!} = 3003.$$

따라서 위원회를 구성하는 방법의 수는 $8568 \cdot 3003 = 25729704$이다. ✤

예제 1.19 다음이 성립하는 것을 보이고 그 이유를 조합적으로 설명하라.

$$\binom{n}{r} = \binom{n}{n-r}$$

풀이 $\binom{n}{r}$의 정의에 의하여 자명하게 다음을 얻는다.

$$\binom{n}{r} = \frac{n!}{r!(n-r)!} = \frac{n!}{(n-r)!r!} = \binom{n}{n-r}$$

이 결과는 다음과 같이 생각할 수 있다. n개의 서로 다른 대상물 중 r개를 선택할 때 n개 중 r개를 직접 선택하는 것과 먼저 $n-r$개를 선택한 후 그것들을 제외한 나머지 r개를 선택하는 방법은 서로 같다. 한편 n개 중 r개를 직접 선택하는 방법의 수는 $\binom{n}{r}$이고 먼저 $n-r$개를 선택한 다음 그것들을 제외하고 나머지 r개를 선택하는 방법의 수는 $\binom{n}{n-r}$이므로 $\binom{n}{r} = \binom{n}{n-r}$이다. ✤

예제 1.20 다음이 성립하는 이유를 조합적으로 설명하라.

$$\binom{n}{r} = \binom{n-1}{r-1} + \binom{n-1}{r}$$

풀이 n개의 서로 다른 대상물 중 r개를 선택하는 방법의 수는 특정한 대상물 한 개를 미리 정한 다음 그것이 포함되도록 선택하는 방법과 그것을 제외하고 선택하는 방법의 수의 합과 같다. 이때 미리 정해진 대상물이 포함되도록 선택하는 방법의 수는 $n-1$

개 중에서 $r-1$를 선택한 다음 그 대상물을 포함시키면 되므로 $\binom{n-1}{r-1}$이다. 또한 미리 선택된 대상물을 제외하고 r개를 선택하는 방법의 수는 $n-1$개 중에서 r개를 선택하는 방법의 수와 같으므로 $\binom{n-1}{r}$이다. 따라서

$$\binom{n}{r}=\binom{n-1}{r-1}+\binom{n-1}{r}.$$

✣

정리 1.13 [이항정리(binomial theorem)]

$$(x+y)^n=\sum_{k=0}^{n}\binom{n}{k}x^k y^{n-k},\quad n=1,\ 2,\ \cdots \tag{1.4}$$

증명 수학적 귀납법을 이용하여 증명한다. $n=1$일 때, 식 (1.4)의 좌변은 $x+y$이고 우변은

$$\binom{1}{0}x^0y^{1-0}+\binom{1}{1}x^1y^{1-1}=x+y$$

가 되어 식 (1.4)가 성립한다. $n-1$에 대하여 식 (1.4)가 성립한다고 가정하면 다음을 얻는다.

$$\begin{aligned}(x+y)^n&=(x+y)(x+y)^{n-1}\\&=(x+y)\sum_{k=0}^{n-1}\binom{n-1}{k}x^k y^{n-1-k} \qquad \text{(귀납법의 가정)}\\&=\sum_{k=0}^{n-1}\binom{n-1}{k}x^{k+1}y^{n-1-k}+\sum_{k=0}^{n-1}\binom{n-1}{k}x^k y^{n-k}\end{aligned}$$

위 식의 첫째 합에서 $i=k+1$로 두고 두 번째 합에서 $i=k$로 두면

$$\begin{aligned}(x+y)^n&=\sum_{i=1}^{n}\binom{n-1}{i-1}x^i y^{n-i}+\sum_{i=0}^{n-1}\binom{n-1}{i}x^i y^{n-i}\\&=x^n+\sum_{i=1}^{n-1}\left[\binom{n-1}{i-1}+\binom{n-1}{i}\right]x^i y^{n-i}+y^n.\end{aligned}$$

또한

$$\binom{n-1}{i-1}+\binom{n-1}{i}=\binom{n}{i}$$

이므로 (예제 1.20 참조) 다음을 얻는다.

$$(x+y)^n = x^n + \sum_{i=1}^{n-1}\binom{n}{i}x^i y^{n-i} + y^n$$
$$= \sum_{i=0}^{n}\binom{n}{i}x^i y^{n-i}$$

수학적 귀납법에 의하여 정리가 증명된다. ✺

식 (1.4)에서 $x^k y^{n-k}$의 계수 $\binom{n}{k}$를 이항계수(binomial coefficient)라고 한다.

예제 1.21 $(x+y)^3$을 전개하라.

풀이 $(x+y)^3 = \binom{3}{0}x^0y^3 + \binom{3}{1}x^1y^2 + \binom{3}{2}x^2y^1 + \binom{3}{3}x^3y^0$
$= y^3 + 3xy^2 + 3x^2y + x^3$ ✤

예제 1.22 n개의 원소를 갖고 있는 집합의 모든 부분집합의 개수는 2^n임을 보여라.

풀이 k개의 원소로 이루어진 부분집합의 수는 n개중 k개를 선택하는 방법의 수와 같으므로 $\binom{n}{k}$이다. 따라서 모든 부분집합의 수는 이항정리에 의하여

$$\binom{n}{0}+\binom{n}{1}+\cdots+\binom{n}{n} = (1+1)^n = 2^n$$

이다. ✤

일반화된 이항계수 임의의 실수 x와 양의 정수 k에 대하여

$$(x)_k = x(x-1)\cdots(x-k+1)$$

로 나타내고 $\binom{x}{k}$를 다음과 같이 정의한다.

$$\binom{x}{k} = \frac{(x)_k}{k!} = \frac{x(x-1)\cdots(x-k+1)}{k!}$$

참고

관습적으로 $\binom{x}{0}=1$, k가 음의 정수일 때는 $\binom{x}{k}=0$으로 정의한다.

예제 1.23

$$\binom{\frac{1}{2}}{3} = \frac{\frac{1}{2}\left(\frac{1}{2}-1\right)\left(\frac{1}{2}-2\right)}{3!} = \frac{1}{16}$$

$$\binom{-1}{k} = \frac{(-1)(-1-1)(-1-2)\cdots(-1-k+1)}{k!} = (-1)^k$$

✤

> **정리 1.14** [일반화된 이항정리] 임의의 실수 α에 대하여 $|x|<1$일 때 다음이 성립한다.
>
> $$(1+x)^{\alpha} = \sum_{k=0}^{\infty}\binom{\alpha}{k}x^k \tag{1.5}$$

증명 식 (1.5)는 $f(x)=(1+x)^{\alpha}$를 $x=0$ 근방에서의 테일러(Taylor) 급수전개한 것이다. ✺

> **정리 1.15** $\alpha>0$에 대하여 다음이 성립한다.
>
> $$(1-x)^{-\alpha} = \sum_{k=0}^{\infty}\binom{\alpha+k-1}{k}x^k,\ |x|<1 \tag{1.6}$$

증명 정리 1.14에 의하여

$$(1-x)^{-\alpha} = \sum_{k=0}^{\infty}\binom{-\alpha}{k}(-x)^k$$

이다. 한편

$$\begin{aligned}\binom{-\alpha}{k} &= \frac{(-\alpha)\cdot(-\alpha-1)\cdots(-\alpha-k+1)}{k!}\\ &= (-1)^k\frac{\alpha\cdot(\alpha+1)\cdots(\alpha+k-1)}{k!}\\ &= (-1)^k\binom{\alpha+k-1}{k}\end{aligned}$$

이므로 (1.6)이 증명된다. ✺

예제 1.24

$$\frac{1}{\sqrt{1-x}} = (1-x)^{-\frac{1}{2}} = \sum_{k=0}^{\infty}\binom{k-\frac{1}{2}}{k}x^k,\ |x|<1$$

✤

1.3.3 다항계수와 다항정리

n과 k가 양의 정수일 때, 이항계수 $\binom{n}{k}$는 n개의 대상물 중 k개를 선택하는 방법의 수를 나타낸다는 것은 앞에서 살펴보았다. 이때 k개를 선택한다는 것은 n개의 대상물을 선택된 집단과 선택되지 않은 집단으로 분할하는 것으로 생각할 수 있다. 따라서 이항계수 $\binom{n}{k}$는 n개의 서로 구별되는 대상물을 각각의 크기가 k개, $n-k$인 2개의 집단으로 분할하는 방법의 수를 나타내기도 한다. 이제 서로 구별되는 대상물을 2개 이상 여러 개의 집단으로 분할하는 방법에 대하여 알아본다.

정리 1.16 n개의 서로 다른 대상물을 각각의 크기가 $n_1, n_2, \cdots, n_k$인 k개의 집단으로 분할하는 방법의 수는 다음과 같다.

$$\frac{n!}{n_1!n_2!\cdots n_k!}$$

증명 n_1개의 대상물로 이루어진 첫 번째 집단을 구성하는 방법의 수는 $\binom{n}{n_1}$이고 첫 번째 집단의 각 조합에 대하여 n_2개의 대상물로 이루어진 두 번째 집단을 구성하는 방법의 수는 $n-n_1$개 중에서 n_2개를 선택하는 방법의 수와 같으므로 $\binom{n-n_1}{n_2}$이다. 이와 같은 방법을 계속 적용하면 $i-1$번째까지에서 얻어진 각 조합에 대하여 i번째 집단을 구성하는 방법의 수는 $n-n_1-\cdots-n_{i-1}$에서 n_i개를 선택하는 방법의 수와 같으므로

$$\binom{n-n_1-\cdots-n_{i-1}}{n_i}$$

이다. 곱의 법칙에 의하여 구하는 방법의 수는 다음과 같다.

$$\begin{aligned}
&\binom{n}{n_1}\binom{n-n_1}{n_2}\cdots\binom{n-n_1-\cdots-n_{k-1}}{n_k} \\
&= \frac{n!}{n_1!(n-n_1)!}\frac{(n-n_1)!}{n_2!(n-n_1-n_2)!}\cdots\frac{(n-n_1-\cdots-n_{k-1})!}{n_k!0!} \\
&= \frac{n!}{n_1!n_2!\cdots n_k!}
\end{aligned}$$

✻

예제 1.25 17명이 한 대의 승용차(운전자 포함 5명이 탑승할 수 있음)와 승합차(9인승)에 나누어 타고 나머지는 택시를 타려고 한다. 몇 가지 방법이 있겠는가? 단 22명 모두 운전을 할 수 있다고 하자.

풀이 구하는 방법의 수는 22명을 크기가 각각 5, 9, 3인 집단으로 나누는 방법의 수와 같으므로 $\dfrac{17!}{5!9!3!} = 1361360$이다. ✤

음이 아닌 정수 $n_1, n_2, \cdots, n_k$에 대하여 $\begin{pmatrix} n \\ n_1, n_2, \cdots, n_k \end{pmatrix}$를 다음과 같이 정의하고 이것을 **다항계수**(multinomial coefficient)라고 한다.

$$\begin{pmatrix} n \\ n_1, n_2, \cdots, n_k \end{pmatrix} = \frac{n!}{n_1!n_2!\cdots n_k!} \quad (\text{단, } n = n_1 + n_2 + \cdots + n_k)$$

다음 결과에 대한 증명은 연습문제로 남겨둔다.

정리 1.17 [다항정리]

$$(x_1 + x_2 + \cdots + x_k)^n = \sum_{(n_1, n_2, \cdots, n_k) \in \mathcal{S}} \begin{pmatrix} n \\ n_1, n_2, \cdots, n_k \end{pmatrix} x_1^{n_1} x_2^{n_2} \cdots x_k^{n_k}$$

단, $\mathcal{S}$는 $n_1 + n_2 + \cdots + n_k = n$이 되는 음이 아닌 k개의 정수들로 이루어진 벡터 $(n_1, n_2, \cdots, n_k)$ 전체의 집합이다.

예제 1.26 $(x+y+z)^3$을 전개하라.

풀이
$$\begin{aligned}(x+y+z)^3 &= \begin{pmatrix} 3 \\ 3,\ 0,\ 0 \end{pmatrix} x^3y^0z^0 + \begin{pmatrix} 3 \\ 0,\ 3,\ 0 \end{pmatrix} x^0y^3z^0 + \begin{pmatrix} 3 \\ 0,\ 0,\ 3 \end{pmatrix} x^0y^0z^3 \\ &+ \begin{pmatrix} 3 \\ 2,\ 1,\ 0 \end{pmatrix} x^2y^1z^0 + \begin{pmatrix} 3 \\ 2,\ 0,\ 1 \end{pmatrix} x^2y^0z^1 + \begin{pmatrix} 3 \\ 1,\ 2,\ 0 \end{pmatrix} x^1y^2z^0 \\ &+ \begin{pmatrix} 3 \\ 0,\ 2,\ 1 \end{pmatrix} x^0y^2z^1 + \begin{pmatrix} 3 \\ 1,\ 0,\ 2 \end{pmatrix} x^1y^0z^2 + \begin{pmatrix} 3 \\ 0,\ 1,\ 2 \end{pmatrix} x^0y^1z^2 \\ &+ \begin{pmatrix} 3 \\ 1,\ 1,\ 1 \end{pmatrix} x^1y^1z^1 \\ &= x^3 + y^3 + z^3 + 3x^2y + 3x^2z + 3xy^2 + 3y^{2z} + 3xz^2 + 3yz^2 + 6xyz\end{aligned}$$

✤

1.3.4* 배치방법

서로 다른 n개의 항아리에 k개의 공을 넣는 방법의 수를 계산하는 방법에 대하여 살펴보자.

> **정리 1.18** k개의 구별 가능한 공을 n개의 서로 다른 항아리에 넣는 방법의 수는 다음과 같다.
>
> (1) 한 항아리에 2개 이상 들어가지 않도록 넣는 방법의 수는 $(n)_k$이다.
>
> (2) 한 항아리에 얼마든지 넣을 수 있을 때 공을 넣는 방법의 수는 n^k이다.

증명 (1) n개의 항아리 중에서 공을 받을 k개의 항아리를 선택하고 난 후 선택된 k개의 항아리를 배열하는 방법의 수와 같으므로 $\binom{n}{k}k! = (n)_k$이다.

(2) 각각의 공을 항아리에 넣는 방법은 중복을 허용하므로 n가지이다. 구하는 경우의 수는 곱의 법칙에 의하여 $n \times n \times \cdots \times n = n^k$이다. ✻

예제 1.27 5개의 서로 구별되는 공 a, b, c, d, e가 있다. 이것을 5개의 서로 구별되는 항아리 A, B, C, D, E에 넣으려고 한다. 한 항아리에는 3개를 넣고 두 항아리에는 각각 1개씩, 나머지 두 항아리는 빈 항아리로 남겨두려고 한다. 이때 공을 넣는 방법은 몇 가지인가?

풀이 항아리를 3개의 공을 받을 항아리 한 개와 1개씩 공을 받을 항아리 2개, 공을 받지 못하는 항아리 2개로 나누는 방법은

$$\binom{5}{1,\ 2,\ 2} = \frac{5!}{1!2!2!} = 30$$

이다. 가령 3개, 1개, 0개의 공을 받을 항아리의 그룹이 각각 $\{A\}$, $\{B,\ C\}$, $\{D,\ E\}$로 나누어졌다면, 5개의 공을 이들에 배분하는 방법은 5개의 공 중에서 A에 들어갈 공 3개를 택하고 나머지 2개의 공을 B와 C에 배분하는 방법의 수와 같다. 따라서 각각의 분할된 항아리에 공을 배분하는 방법은

$$\binom{5}{3}\binom{2}{1}\binom{1}{1} = \binom{5}{3,\ 1,\ 1} = \frac{5!}{3!1!1!} = 20$$

이다. 곱의 법칙에 의하여 공을 넣는 방법의 수는 $30 \cdot 20 = 600$이다. ✤

예제 1.28 1층에서 7명이 탄 엘리베이터가 9층까지 올라가면서 모든 사람들이 내렸다 하자.

(1) 7명 모두 다른 층에서 내리는 방법은 몇 가지인가?

(2) 각각 다른 층에서 2명, 2명, 3명이 내리는 방법은 몇 가지인가?

풀이 (1) 한 층에서 기껏해야 1명 밖에 내리지 못하므로 7개의 구별되는 공을 8개의 항아리에 많아야 한 개씩 넣는 방법의 수와 같다. 따라서 구하는 방법의 수는 $(8)_7 = 8!$이다.

(2) 2층부터 9층까지 8개의 층을 2명이 내리는 그룹 두 층, 3명이 내리는 그룹 한 층, 아무도 내리지 않는 그룹 다섯 층인 3개의 그룹으로 나누는 방법의 수는

$$\binom{8}{2,\ 1,\ 5} = \frac{8!}{2!1!5!} = 168$$

가지이다. 또한 각 분할에 대하여 7명을 배분하는 방법의 수는

$$\binom{7}{2,\ 2,\ 3} = \frac{7!}{2!2!3!} = 210$$

이다. 따라서 구하는 경우의 수는 $168 \cdot 210 = 35280$이다. ✤

예제 1.29 서로 구별되는 k개의 공을 n개의 항아리에 넣을 때 비어 있는 항아리가 하나도 없도록 넣는 방법의 수를 $N_0(k,\ n)$라고 하자. 단, 한 항아리에 넣을 수 있는 공의 수에는 제한이 없다고 하자. 이때 다음이 성립함을 보여라.

$$N_0(k,\ n) = \sum_{j=0}^{n} (-1)^j \binom{n}{j} (n-j)^k \tag{1.7}$$

증명 k개의 공을 $n+1$개의 항아리에 빈 항아리가 없도록 넣는 방법은 k개의 공 중에서 임의로 j개를 택하여 $n+1$번째 항아리에 넣고 나머지 $k-j$개의 공을 n개의 항아리에 빈 항아리가 없도록 배치하는 방법의 수 $\binom{k}{j} N_0(k-j,\ n)$를 j에 대하여 합한 것과 같다. 따라서 다음이 성립한다.

$$N_0(k,\ n+1) = \sum_{j=1}^{k} \binom{k}{j} N_0(k-j,\ n) \tag{1.8}$$

수학적 귀납법을 이용하여 (1.7)을 증명한다. 각각의 $k \geq 1$에 대하여 $N_0(k,\ 1) = 1 = (-1)^0 \binom{1}{0} 1^k$이므로 $n=1$일 때 (1.7)이 성립한다. 각각의 k에 대하여 $N_0(k,\ n)$이 (1.7)을 만족한다고 하자. 그러면 (1.8)에 의하여

$$\begin{aligned} N_0(k,\ n+1) &= \sum_{j=1}^{k}\binom{k}{j}N_0(k-j,\ n) = \sum_{j=1}^{k}\binom{k}{j}\sum_{\nu=0}^{n}(-1)^{\nu}\binom{n}{\nu}(n-\nu)^{k-j} \\ &= \sum_{\nu=0}^{n}(-1)^{\nu}\binom{n}{\nu}\sum_{j=1}^{k}\binom{k}{j}(n-\nu)^{k-j} \\ &= \sum_{\nu=0}^{n}(-1)^{\nu}\binom{n}{\nu}[(n-\nu+1)^k-(n-\nu)^k] \ (\because \text{이항정리}) \\ &= \sum_{\nu=0}^{n}(-1)^{\nu}\binom{n}{\nu}(n-\nu+1)^k+\sum_{\nu=0}^{n}(-1)^{\nu+1}\binom{n}{\nu}(n-\nu)^k \\ &= \sum_{\nu=0}^{n}(-1)^{\nu}\binom{n}{\nu}(n-\nu+1)^k+\sum_{j=1}^{n+1}(-1)^{j}\binom{n}{j-1}(n+1-j)^k \\ &= (n+1)^k+\sum_{\nu=1}^{n}(-1)^{\nu}\left[\binom{n}{\nu}+\binom{n}{\nu-1}\right](n+1-\nu)^k \\ &= \sum_{\nu=0}^{n+1}(-1)^{\nu}\binom{n+1}{\nu}(n+1-\nu)^k \end{aligned}$$

이다. 따라서 수학적 귀납법에 의하여 (1.7)이 성립한다. ✻

정리 1.19 서로 구별되지 않는 k개의 공을 n개의 서로 다른 항아리에 넣을 때, 한 항아리에 두 개 이상 들어가지 않도록 넣는 방법의 수는 $\binom{n}{k}$이다.

증명 한 항아리에 두 개 이상의 공이 들어갈 수 없으므로 구하는 경우의 수는 공을 받을 항아리를 선택하는 방법의 수 $\binom{n}{k}$와 같다. ✻

서로 구별되지 않는 k개의 공을 n개의 서로 다른 항아리에 넣으려고 한다. 한 항아리에 들어가는 공의 수에 제한이 없을 때, 항아리 i에 들어가는 공의 수를 $x_i,\ i=1,\ 2,\ \cdots,\ n$라고 하면

$$x_1+x_2+\cdots+x_n=k \tag{1.9}$$

따라서 항아리 i에 $x_i,\ i=1,\ 2,\ \cdots,\ n$개의 공을 넣는 방법의 수는 (1.9)를 만족하는 음이 아닌 정수값 벡터 $(x_1,\ x_2,\ \cdots,\ x_n)$의 개수와 같다.

정리 1.20 $x_1+x_2+\cdots+x_n=k$ (단 x_i, $i=1, 2, \cdots, n$는 양의 정수)를 만족하는 벡터 $(x_1, x_2, \cdots, x_n)$의 개수는 $\binom{k-1}{n-1}$이다.

증명 구하는 경우의 수는 서로 구별되지 않는 k개의 공을 빈 항아리가 없도록 n개의 항아리에 넣는 방법의 수와 같다. 이를 위하여 먼저 k개의 공을 일렬로 늘어 놓으면 아래와 같이 공(○) 사이에 $k-1$개의 틈($\vee$)이 생긴다.

$$\underbrace{\bigcirc\ \overbrace{\vee\ \bigcirc\ \vee\ \bigcirc\ \vee\ \cdots\ \vee}^{k-1\text{개의 틈}}\ \bigcirc}_{k\text{개의 공}}$$

$k-1$개의 틈 중 $n-1$개의 분할점을 선택하면 k개의 공은 자연히 n개의 그룹으로 나뉘고 각 첫 번째 그룹의 공을 첫 번째 항아리에, 두 번째 그룹의 공을 두 번째 항아리에 넣는다. 이와 같이 각 그룹에 있는 공을 해당 번호의 항아리에 넣으면 빈 항아리가 없도록 공을 넣는 방법이 하나 정해진다. 따라서 구하는 경우의 수는 $k-1$개의 틈에서 $n-1$개의 분할점을 선택하는 방법의 수 $\binom{k-1}{n-1}$와 같다. ✺

정리 1.21 $x_1+x_2+\cdots+x_n=k$ (단 x_i, $i=1, 2, \cdots, n$는 음이 아닌 정수)를 만족하는 벡터 $(x_1, x_2, \cdots, x_n)$의 개수는 $\binom{n+k-1}{k}$ 이다.

증명 빈 항아리가 있는 것도 허용하여 공을 분배하는 방법은 $n+k$의 공을 빈 항아리가 없도록 분배한 다음에 각 항아리에서 공을 하나씩 꺼내는 것과 같다. 따라서 구하는 경우의 수는 $n+k$의 공을 n개의 항아리에 빈 항아리가 없도록 넣는 방법의 수와 같다. 정리 1.20에 의하여 이 방법의 수는 $\binom{n+k-1}{n-1}=\binom{n+k-1}{k}$이다. ✺

따름정리 1.22 n개 중 r개를 택하는 중복조합의 수는 $\binom{n+r-1}{r}$이다.

증명 $A=\{a_1, a_2, \cdots, a_n\}$에서 r개를 복원추출할 때, a_i가 추출된 횟수를 x_i, $i=1, 2, \cdots, n$이라고 하자. 중복조합의 수는 $x_1+x_2+\cdots+x_n=r$을 만족하는 음이 아닌 정수해 $(x_1, x_2, \cdots, x_n)$의 개수이다. 정리 1.21에 의하여 중복조합의 수는 $\binom{n+r-1}{r}$임을 알 수 있다. ✺

예제 1.30 6개의 단과대학으로 구성되어 있는 대학교에서 컴퓨터 50대를 각 단과대학에 배분하려고 한다. 다음 각 경우의 수를 구하라.

(1) 기본배정 없이 단과 대학에 나누어 주는 방법의 수

(2) 각 단과 대학에 5대씩 기본적으로 배정하려 할 때 배분하는 방법의 수

풀이 (1) $x_i,\ i=1,\ 2,\ \cdots,\ 6$를 단과대학 i에 나누어 주는 컴퓨터의 수라 하면 다음을 만족한다.

$$x_1+x_2+x_3+x_4+x_5+x_6=50,\ x_i \ge 0,\ i=1,\ 2,\ \cdots,\ 6$$

따라서 방법의 수는 정리 1.21에 의하여 $\binom{50+6-1}{6-1}=3478761$가지이다.

(2) 각 단과 대학에 기본적으로 5대씩 배정하면 30대를 제외한 나머지 20대를 배정하는 방법의 수와 같으므로 구하는 방법의 수는 다음을 만족하는 음이 아닌 정수값 벡터 $(x_1,\ x_2,\ \cdots,\ x_6)$의 수와 같다.

$$x_1+x_2+x_3+x_4+x_5+x_6=20,\ x_i \ge 0,\ i=1,\ 2,\ \cdots,\ 6$$

따라서 방법의 수는 정리 1.21에 의하여 $\binom{20+6-1}{6-1}=53130$이다.

✤

예제 1.31 다항식 $(x_1+x_2+\cdots+x_r)^k$를 전개할 때 항의 개수는 몇 개인가?

풀이 다항정리 1.17에서 항의 개수는 $n_1+n_2+\cdots+n_r=k$를 만족하는 음이 아닌 정수로 이루어진 벡터 $(n_1,\ n_2,\ \cdots,\ n_r)$의 개수와 같다. 따라서 정리 1.21에 의하여 $\binom{r+k-1}{k}$개의 항이 있다. ✤

1.3.5* 격자점 위에서 경로의 수를 계산하는 방법

정수의 쌍으로 이루어진 이차원 격자점의 집합을

$$\mathcal{L}=\{(m,\ n): m,\ n=0,\ \pm 1,\ \pm 2,\ \cdots\}$$

이라 하자. $\mathcal{L}$ 위의 한 점에서 다른 점으로 이동하는 방법은 한 번 움직일 때마다 오른쪽으로 한 칸 가거나 위쪽으로 한 칸밖에는 갈 수 없다고 하자. 즉 $(m,\ n)$에서 한 번 움직여서 도달할 수 있는 위치는 $(m+1,\ n)$이거나 $(m,\ n+1)$이다. $(0,\ 0)$에서 출발하여 $(m,\ n)$에 도달할 수 있는 모든 경로의 집합을 $L(m,\ n)$이라 하고 $|L(m,\ n)|$을 그 원소

의 개수라 하자. 예를 들어 $L(1, 2)$는

$$\{(0, 0)\to(0, 1)\to(0, 2)\to(1, 2),\ (0, 0)\to(0, 1)\to(1, 1)\to(1, 2),$$
$$(0, 0)\to(1, 0)\to(1, 1)\to(1, 2)\}$$

이고 $|L(1, 2)| = 3$이다.

정리 1.23 m, n이 양의 정수일 때,

$$|L(m, n)| = \binom{m+n}{n}$$

증명 m개의 파란색 카드와 n개의 빨간색 카드를 한 줄로 나열해 놓고 파란색 카드가 나오면 오른쪽으로, 빨간색 카드가 나오면 위로 한 칸씩 간다고 하자. 그러면 $(0, 0)$에서 (m, n)에 도달하기 위하여 오른쪽으로 m칸, 위로 n칸 이동해야 하므로 카드를 나열하는 방법에 따라 $(0, 0)$에서 (m, n)에 도달하는 경로가 하나씩 결정된다. 예를 들어 빨간색 카드와 파란색 카드를 각각 R과 B로 표기할 때, 카드를 $RBRBR$과 같이 나열하였다면 $(0, 0)$에서 $(2, 3)$에 도달하는 경로는 $(0, 0)\to(0, 1)\to(1, 1)\to(1, 2)\to(2, 2)\to(2, 3)$로 정해진다. 또한 $(0, 0)$에서 (m, n)에 도달하는 경로가 하나 정해지면 그에 따라 카드를 나열하는 방법이 정해진다. 따라서 $(0, 0)$에서 (m, n)에 도달하는 경로의 수는 m개의 파란색 카드와 n개의 빨간색 카드를 나열하는 방법의 수 $\dfrac{(m+n)!}{m!n!} = \dbinom{m+n}{n}$과 같다. ✺

예제 1.32 정수의 쌍으로 이루어진 이차원 격자점의 집합 $\mathcal{L}$에서 왼쪽이나 오른쪽으로 한 칸씩만 갈 수 있다고 할 때 다음 물음에 답하여라.

(1) 점 $A(0, 0)$에서 점 $B(6, 4)$로 가는 경로의 수는 몇 가지인가?

(2) 짐 $A(0, 0)$에서 출발하여 점 $C(2, 3)$를 경유하여 $B(6, 4)$로 가는 경로의 수는 몇 가지인가?

풀이 (1) $\dbinom{6+4}{4} = 210$

(2) A에서 C에 도달하는 방법의 수는 $\dbinom{2+3}{3} = 10$이고 C에서 B에 도달하기 위해서는 오른쪽으로 4칸, 위로 한 칸 가야 하므로 C에서 B에 도달하는 경로의 수는 $\dbinom{4+1}{1} = 5$이다. 곱의 법칙에 의하여 A에서 C를 경유하여 B에 도달하는 경로의 수는 $10 \cdot 5 = 50$이다. ✤

보조정리 1.24 [반사의 원리] $\mathcal{L}$ 위의 한 점 $P(m, n)$에서 출발하여 직선 $y=x$ 위 점을 한 번 이상 경유하면서 $P'(m', n')\in\mathcal{L}$ (단 $\max\{m, n\}\le\min\{m', n'\}$)에 도달하는 경로의 수는 P의 $y=x$에 대하여 대칭인 점 $Q(n, m)$에서 출발하여 직선 $y=x$ 위의 점을 한 번 이상 경유하여 P'에 도달하는 경로의 수와 같다.

증명 일반성을 잃지 않고 $m>n$과 $m'>n'$라고 하자(그림 1.8). 한 점 $A\in\mathcal{L}$에서 출발하여 점 $B\in\mathcal{L}$에 도달하는 모든 경로의 수를 $N(A, B)$라 하고, 직선 $y=x$와 만나지 않고 점 $B\in\mathcal{L}$에 도달하는 모든 경로의 수를 $M(A, B)$라 하자.

점 P에서 출발하여 P'에 도달하기 전에 직선 $y=x$에서 처음으로 만나는 점을 A라 하면 $A\in\{A_i=(i, i): n\le i\le n'\}$이다. P에서 A에 도달하는 각각의 경로에 대하여 그림 1.8과 같이 $y=x$에 대칭인 경로가 하나 대응되며 이 경로는 Q에서 직선 $y=x$와 만나지 않고 점 A에 도달하는 경로가 된다. 또한 Q에서 출발하여 P'에 도달하기 전에 직선 $y=x$와 처음으로 만나는 점에 이르는 경로가 하나 정해지면 P에서 그 점에 도달하는 경로가 하나 정해진다. 따라서 $M(P, A)=M(Q, A)$이다. 점 P에서 출발하여 직선 $y=x$와 한 번 이상 만나면서 P'에 도달하는 경로의 수는

$$\sum_{i=n}^{m'} M(P, A_i)\times N(A_i, P')=\sum_{i=n}^{m'} M(Q, A_i)\times N(A_i, P')$$

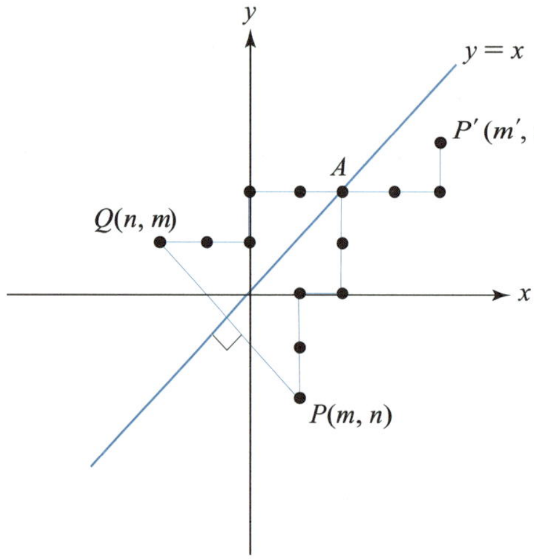

그림 1.8 반사의 원리

이므로 점 P에서 출발하여 직선 $y=x$와 한 번 이상 만나면서 P'에 도달하는 경로의 수와 Q에서 출발하여 P'에 도달하는 경로의 수는 서로 같다. ✺

정리 1.25 원점 $(0,\ 0)$에서 출발하여 직선 $y=x+r$ (r은 양의 정수) 위의 점을 한 번 이상 경유하여 $(m,\ n)$ $(n<m+r)$에 도달하는 모든 경로의 집합을 $R(m,\ n:r)$이라 할 때 다음이 성립한다.

$$|R(m,\ n:r)|=|L(m+r,\ n-r)|=\binom{m+n}{m+r}$$

증명 $(0,\ 0)$에서 출발하여 $(m,\ n)$에 도달하기 전에 직선 $y=x+r$에서 처음으로 만나는 점을 A라 하자. 한편 반사의 원리에 의하여 $(0,\ 0)$에서 A에 도달하는 경로의 수는 $(0,\ 0)$와 직선 $y=x+r$에 대하여 대칭인 점 $(-r,\ r)$에서 A에 도달하는 경로의 수와 같다.

또한 $n<m+r$이므로 $(-r,\ r)$에서 $(m,\ n)$에 도달하는 모든 경로는 직선 $y=x+r$위의 점을 통과한다. 따라서 $|R(m,\ n:r)|$은 $(-r,\ r)$에서 출발하여 $(m,\ n)$에 도달하는 경로의 수와 같고 이는 원점 $(0,\ 0)$에서 출발하여 $(m+r,\ n-r)$에 도달하는 경로의 수 $|L(m+r,\ n-r)|$과 같게 된다. ✺

따름정리 1.26 원점 $(0,\ 0)$에서 출발하여 직선 $y=x+r$ (단 $r\geq 0$ 정수)과 만나지 않고 $(m,\ n)$ $(n<m+r)$에 도달할 수 있는 모든 경로의 집합을 $L(m,\ n:r)$이라 하자. 단, $L(m,\ n:0)$은 원점을 제외한 직선 $y=x$위의 점을 경유하지 않고 $(m,\ n)$에 도달할 수 있는 모든 경로의 집합이다. 다음이 성립한다.

$$|L(m,\ n:r)|=\begin{cases}\dbinom{m+n}{n}-\dbinom{m+n}{m+r}, & r\neq 0\\ \dfrac{m-n}{m+n}\dbinom{m+n}{n}, & r=0\end{cases}$$

증명 $r>0$일 때 직선 $y=x+r$과 만나지 않고 $(m,\ n)$에 도달할 수 있는 모든 경로의 수는 총 경로의 수에서 직선과 만나는 경로의 수를 뺀 것과 같다. 따라서 정리 1.23과 정리 1.25에 의하여 다음을 얻는다.

$$|L(m,\ n:r)|=|L(m,\ n)|-|R(m,\ n:r)|=\binom{m+n}{n}-\binom{m+n}{m+r}$$

$r=0$인 경우는 반드시 점 $(1,\ 0)$을 통과 하여야 한다. 이는 원점 $(0,\ 0)$에서 출발하여 직선 $y=x+1$과 만나지 않고 $(m-1,\ n)$에 도달하는 경로의 수와 같다. 따라서

$$\begin{aligned}|L(m,\ n:0)| &= |L(m-1,\ n)|-|R(m-1,\ n:1)| \\ &= \binom{m+n-1}{n}-\binom{m+n-1}{m} \\ &= \frac{m-n}{m+n}\binom{m+n}{n}.\end{aligned}$$

✱

예제 1.33 [투표문제] 2명의 후보 '갑'과 '을'이 출마한 어떤 선거에서 갑이 m표, 을이 n표 $(m>n)$를 얻어 갑이 승리하였다. 개표를 시작한 이래 '갑'이 '을'보다 항상 앞서 나갔을 확률은 얼마인가?

풀이 이 문제는 원점을 제외하고는 직선 $y=x$과 만나지 않고 원점 $(0,\ 0)$에서 $(m,\ n)$에 도달할 확률과 같다. 따라서 정리 1.23과 정리 1.26에 의하여 구하는 확률은 $\dfrac{m-n}{m+n}$이다. ✤

정리 1.27 원점 $(0,\ 0)$에서 출발하여 직선 $y=x-t$와 직선 $y=x+s$ (단 $t,\ s$는 양의 정수)를 만나지 않고 $(m,\ n)$에 도달할 수 있는 모든 경로의 집합을 $L(m,\ n:t,\ s)$이라 할 때 다음이 성립한다.

$$|L(m,\ n:t,\ s)|=\sum_{k=-\infty}^{\infty}\left[\binom{m+n}{m-k(t+s)}-\binom{m+n}{n+k(t+s)+t}\right]$$

단 $i>j$이거나 $i<0$이면 $\binom{j}{i}=0$이다.

증명 기호를 간단히 하기 위하여 직선 $y=x-t$와 직선 $y=x+s$를 각각 L^+, L^-라 하자. 또한 A_1을 $L(m,\ n)$에 있는 경로 중에서 L^-보다 L^+를 먼저 지나는 경로의 집합, A_2는 L^+를 지난 다음 L^-를 지나는 경로의 집합, 일반적으로 A_i는 L^+, L^-, L^+, $\cdots$와 같은 순서로 L^+와 L^-를 i번 지나는 경로의 집합이라 하자. 같은 방법으로 B_i를 $L(m,\ n)$에 있는 경로 중에서 L^-, L^+, L^-, $\cdots$와 같은 순서로 L^+와 L^-를 i번 지나는 경로의 집합이라 하자. 그러면 $A_{i+1}\subset A_i$, $B_{i+1}\subset B_i$, $i=1,\ 2,\ \cdots$이고 $A_i\cap B_j=\varnothing$ $(i,\ j\geq 1)$이다. 합집합의 원소의 개수를 계산하는

포함과 배제의 공식[5]에 의하여

$$L(m,\ n\,;t,\ s)| = |L(m,\ n)| - \sum_{i \geq 1}(-1)^{i+1}(|A_i| + |B_i|).$$

반사의 원리를 적용하면 $|A_i|$와 $|B_i|$는 구할 수 있다. 여기서는 $|A_3|$에 대하여만 설명한다. A_3에 있는 경로는 L^+를 지나야 하므로 반사의 원리에 의하여 $(t,\ -t)$에서 $(m,\ n)$에 도달하는 경로와 일대일 대응이 된다. 또한 A_3에 있는 경로는 L^-를 지나야 하므로 $(t,\ -t)$의 L^-에 대칭인 점 $(-s-t,\ s+t)$에서 $(m,\ n)$에 도달하는 경로와 일대일 대응이 된다. 또한 다시 $(-s-t,\ s+t)$에서 L^+를 지나야 하므로 $(s+2t,\ -s-2t)$에서 $(m,\ n)$에 도달하는 경로의 수와 같다. 즉

$$|A_3| = |L(m-s-2t,\ n+s+2t)| = \binom{m+n}{m-s-2t}.$$

이와 같은 방법을 적용하면 $|A_i|$와 $|B_i|$에 대한 다음을 얻는다.

$$|A_{2j}| = \binom{m+n}{m+j(s+t)},$$

$$|B_{2j}| = \binom{m+n}{n+j(s+t)} = \binom{m+n}{m-j(s+t)},$$

$$|A_{2j+1}| = \binom{m+n}{m-j(s+t)-t} = \binom{m+n}{n+j(s+t)+t},$$

$$|B_{2j+1}| = \binom{m+n}{n-j(s+t)-s} = \binom{m+n}{n-(j+1)(s+t)+t}$$

따라서

$$\begin{aligned}|L(m,\ n;t,\ s)| &= |L(m,\ n)| - \sum_{j=1}^{\infty}(-1)^{2j+1}(|A_{2j}| + |B_{2j}|)\\ &\quad - \sum_{j=0}^{\infty}(-1)^{(2j+1)+1}(|A_{2j+1}| + |B_{2j+1}|)\\ &= \binom{m+n}{m} + \sum_{j=1}^{\infty}\left[\binom{m+n}{m+j(s+t)} + \binom{m+n}{m-j(s+t)}\right]\\ &\quad - \sum_{j=0}^{\infty}\left[\binom{m+n}{n+j(s+t)+t} + \binom{m+n}{n-(j+1)(s+t)+t}\right]\end{aligned}$$

5) 유한집합 $A_1,\ A_2,\ \cdots,\ A_n$에 대하여

$$|\cup_{i=1}^{n}A_i| = \sum_{i=1}^{n}|A_i| - \sum_{i_1<i_2}|A_{i_1}A_{i_2}| + \cdots + (-1)^{r+1}\sum_{i_1<i_2<\cdots<i_r}|A_{i_1}A_{i_2}\cdots A_{i_r}| + \cdots + (-1)^{n}|A_1A_2\cdots A_n|$$

$$= \sum_{j=-\infty}^{\infty} \left[\binom{m+n}{n+j(s+t)} - \binom{m+n}{n+j(s+t)+t} \right].$$ ✻

다음 정리는 증명 없이 언급한다.[6]

정리 1.28 $(0,\ 0)$에서 출발하여 직선 $x = ry$ $(r \geq 0$ 정수)과 만나지 않고 $(m,\ n)$ $(m > rn)$에 도달할 수 있는 모든 경로의 집합을 $L^*(m,\ n\,;r)$이라고 할 때

$$|L^*(m,\ n\,;r)| = \frac{m-rn}{m+n}\binom{m+n}{n}.$$

EXERCISES

1.3 연습문제

1. 맞으면 ○표, 틀리면 ×표를 하는 다섯 문제가 있다. 몇 종류의 답이 나올 수 있겠는가?

2. 5명의 초등학교 동창생이 오랜만에 만났다. 서로서로 악수하려면 5명이 총 몇 번의 악수를 하겠는가?

3. n개의 서로 다른 대상을 원 주위에 배열하는 방법의 수는 $(n-1)!$이 됨을 보여라.

4. 서로 다른 장난감 12개를 세 어린이에게 나누어 주는 방법은 몇 가지인가?

5. 집합 A, B의 원소의 수를 각각 m, n이라 하자. 다음을 구하라.
   (1) A에서 B로 가는 함수의 개수
   (2) A에서 B로 가는 단사함수의 개수 (단, $m \leq n$)
   (3) A에서 B로 가는 전사함수의 개수 (단, $m \geq n$)

6. $(x+y)^5$을 전개하라.

6) 증명이 필요한 독자는 Mohanty(1979)를 참조하기 바란다.

7. 식 (1.4)에서 $x^k y^{n-k}$의 계수가 $\binom{n}{k}$가 되는 것을 조합적으로 설명하고 이를 이용하여 이항정리를 증명하라.

8. 이항정리를 이용하여 다음을 증명하라.

$$1-\binom{n}{1}+\binom{n}{2}+\cdots+(-1)^n\binom{n}{n}=0$$

9. 다음을 증명하라.

$$\binom{n+m}{r}=\binom{n}{0}\binom{m}{r}+\binom{n}{1}\binom{m}{r-1}+\cdots+\binom{n}{r}\binom{m}{0}$$

위의 결과를 이용하여 다음을 보여라.

$$\binom{2n}{n}=\sum_{k=0}^{n}\binom{n}{k}$$

10. 다음을 증명하라.

$$\binom{n+r}{n}=\sum_{j=0}^{n}\binom{j+r-1}{j}$$

11. 다음을 증명하라.

(1) $\displaystyle\sum_{n=j}^{k}\binom{n}{r-1}=\binom{k+1}{r}-\binom{j}{r}$

(2) $\displaystyle\sum_{k=0}^{m}\binom{n-k}{r}=\binom{n+1}{r+1}-\binom{n-m}{r+1}$

(3) $\displaystyle\sum_{r=0}^{m}(-1)^r\binom{n}{r}=(-1)^m\binom{n-1}{m}$

(4) $\displaystyle\sum_{r=0}^{m}\binom{r+k}{k}=\binom{m+k+1}{k+1}$

12. 이항정리를 이용하여 다음을 보이고 조합적으로 설명하라.

(1) $\displaystyle\sum_{k=1}^{n}k\binom{n}{k}=n2^{n-1}$

(2) $\displaystyle\sum_{k=1}^{n}k^2\binom{n}{k}=n(n+1)2^{n-2}$

(힌트: $(1+x)^n$을 전개한 다음 양변을 $x=1$에서 미분한다.)

13. 다음을 구하라.

(1) $\binom{-1}{2}$　　　(2) $\binom{\sqrt{2}}{2}$

(3) $\binom{3}{5}$　　　(4) $\binom{5}{3}$

14. 임의의 실수 x와 양의 정수 k에 대하여 다음을 보여라.

$$\binom{x}{k-1}+\binom{x}{k}=\binom{x+1}{k}$$

15. 35명이 있는 확률론 반에서 교수는 A를 5명, B를 6명, C를 7명, D를 8명, F를 9명에게 주려고 한다. 몇 가지 방법이 있는가?

16. $(x+y+z)^5$를 전개할 때 항의 개수는 몇 개인가?

17. $(1+2x+3x^2)^5$를 전개할 때 x^8의 계수를 구하라.

18. 예제 1.29에서 정확하게 m개의 항아리가 비어 있는 경우의 수 $N_m(k,\ n)$은 다음 식을 만족함을 보여라.

$$N_m(k,\ n)=\binom{n}{m}N_0(k,\ n-m)$$

19. $x_1+x_2+\cdots+x_r=n$에서 정확히 k개의 x_i가 0이 되는 음이 아닌 정수해의 개수는 $\binom{r}{k}\binom{n-1}{n-r+k}$임을 보여라.

20. 양의 정수 n과 r에 대하여 다음의 부등식

$$x_1+x_2+\cdots+x_r\le n$$

을 만족하는 음이 아닌 정수해의 개수는 $\binom{n+r}{n}$임을 보여라.

21. n변수 함수 $f(x_1,\ x_2,\ \cdots,\ x_n)$의 r차 편도함수의 개수를 구하라. 단 f는 얼마든지 미분가능하며 f의 편도함수는 미분의 순서에는 상관없이 각 변수에 대한 편미분의

수에만 의존한다고 가정한다.

22. 다항정리 1.17을 증명하라.

23. 정수의 쌍으로 이루어진 이차원 격자점의 집합 $\mathcal{L}=\{(m, n) : m, \ n=0, \ \pm 1, \pm 2, \cdots\}$에서 왼쪽이나 오른쪽으로 한 칸씩만 갈 수 있다고 할 때 점 $A(0, 0)$에서 점 $B(6, 4)$로 갈 때, 점 $C(3, 2)$를 통과하지 않고 가는 경로의 수를 구하라.

24. 한 사람이 수직선 위의 정수값에 대응하는 점에서 출발하여 동전을 던져서 앞면이 나오면 오른쪽으로 1만큼, 뒷면이 나오면 왼쪽으로 1만큼 이동한다고 하자. 동전을 n번 던진 후에 그 사람이 있는 수직선상의 위치를 S_n이라 하자. 단, S_0는 처음의 위치이다. 다음을 구하라.

(1) $S_0=m$일 때, n번 이동한 후에 있는 위치가 $S_n=k$인 경우의 수 (단 $m-n \leq k \leq m+n$)

(2) $S_0=m>0$에서 출발하여 0인 점을 거치지 않고 $S_n=k>0$에 도달하는 경우의 수. 즉, $S_0=m>0, \ S_1>0, \ S_2>0, \ \cdots, \ S_{n-1}>0, \ S_n=k>0$인 경우의 수

(3) $S_0=0$에서 출발하여 중간에 0인 점을 거치지 않고 $2n$번 만에 0인 점으로 되돌아오는 경우의 수. 즉, $S_0=0, \ S_1>0, \ S_2>0, \ \cdots, \ S_{2n-1}>0, \ S_{2n}=0$ 또는 $S_0=0, \ S_1<0, \ S_2<0, \ \cdots, \ S_{2n-1}<0, \ S_{2n}=0$인 경우의 수

1.4* 예제

이 절에서는 경우의 수와 확률의 성질을 이용하여 확률을 계산하는 예에 대하여 알아본다.

예제 1.34 [생일의 문제] 임의로 선택된 n명의 생일이 모두 다를 확률은 얼마인가? 이 확률이 $\frac{1}{2}$보다 작기 위해서는 n이 얼마나 커야 하는가? 단 1년은 365일로 하고 1년중 어느 날이나 생일이 될 가능성은 동일하다고 가정한다.

풀이 각각의 생일은 365일 중의 한 날이므로 365^n개의 가능한 결과가 있을 수 있다. 따라서 n명의 생일이 모두 다를 확률 p_n은 다음과 같다.

$$p_n = \frac{(365)_n}{365^n} = \left(1 - \frac{1}{365}\right)\left(1 - \frac{2}{365}\right)\cdots\left(1 - \frac{n-1}{365}\right)$$

각각의 n에 대하여 p_n을 계산하면 $p_n < \frac{1}{2}$을 만족하는 최소의 n은 $n = 23$임을 알 수 있다. 다음 표는 몇몇 p_n의 값을 나타낸 것이다.

n	p_n	n	p_n	n	p_n	n	p_n
1	1.00000	5	0.97286	10	0.88305	20	0.58856
21	0.52430	22	0.52430	23	0.49270	24	0.46166
25	0.43130	30	0.29368	35	0.18562	40	0.10877

✤

예제 1.35 [몬티홀 문제(Monty Hall problem)] 다음과 같은 방법으로 상품을 받게 되는 퀴즈 프로그램을 생각하자. 퀴즈의 정답을 맞힌 사람은 먼저 1, 2, 3 번호가 붙어 있는 3개의 문 중에 1개의 문을 선택하여 그 문 뒤에 있는 상품을 받는 것이다. 이때 1개의 문 뒤에는 자동차가 있고 다른 2개의 문 뒤에는 각각 염소가 한 마리씩 있다. 정답을 맞힌 사람은 어느 문 뒤에 자동차가 있는지 모르지만 사회자는 어느 문 뒤에 자동차가 있는지를 안다고 하자. 그 사람이 1개의 문을 선택하면 사회자는 염소가 들어 있는 문을 열면서 정답을 맞힌 사람에게 자신의 선택을 바꿀 용의가 있는지 묻는다. 이때 처음 선택한 문을 바꾸는 것이 유리한지 아니면 그대로 있는 것이 유리한지 답하라.

풀이 사회자가 염소가 있는 1개의 문의 열었으므로 자동차는 나머지 2개의 문 중에 한 군

데 있을 것이다. 그러므로 그 사람이 자동차를 선택할 확률은 $\frac{1}{2}$이므로 자신이 처음 선택한 것을 바꾸는 것이 아무런 도움이 되지 않는다고 생각할 수 있을 것이다. 이것이 맞는 답일까?

먼저 논의를 간단히 하기 위하여 번호가 1인 문 뒤에 자동차가 있다고 하자. 정답을 맞힌 사람이 처음의 선택을 바꿀 경우 자동차를 타게 될 확률을 구해보자. 이 경우 정답을 맞힌 사람이 처음에 1번의 문을 선택하였다면 사회자는 2번이나 3번의 문을 열 수 있지만 2번의 문을 선택하면 사회자는 3번 문을, 3을 선택하면 사회자는 2번 문만을 열어야 한다. 따라서 처음 선택한 문의 번호를 D_1, 사회자가 열어보인 문의 번호를 D_2, 처음 선택을 바꾼 후의 문의 번호를 D_3이라 하면 다음과 같은 네 가지 경우가 나타날 수 있다.

경우	D_1	D_2	D_3	받게 될 상품
경우1(ω_1)	1	2	3	염소
경우2(ω_2)	1	3	2	염소
경우3(ω_3)	2	3	1	자동차
경우4(ω_4)	3	2	1	자동차

이때 표본공간 Ω_1은 다음과 같다.

$$\Omega_1 = \{\omega_1 = (1,\ 2,\ 3),\ \omega_2 = (1,\ 3,\ 2),\ \omega_3 = (2,\ 3,\ 1),\ \omega_4 = (3,\ 2,\ 1)\}$$

퀴즈 당첨자는 어느 문 뒤에 자동차가 있는지 전혀 알 수 없으므로 처음에 각 문을 선택할 확률이 $\frac{1}{3}$로 동일하다. 그러므로 처음에 1번 문을 선택할 확률은 $P(\{\omega_1,\ \omega_2\}) = \frac{1}{3}$이고 2번과 3번 문을 선택할 확률은 각각 $\frac{1}{3}$이다. 따라서 퀴즈 당첨자가 처음의 선택을 바꿀 경우 자동차를 타게 될 확률은

$$P(\omega_3,\ \omega_4) = \frac{1}{3} + \frac{1}{3} = \frac{2}{3}$$

이고 염소를 타게 될 확률은 1번 문을 선택할 확률과 동일하게 $P(\{\omega_1,\ \omega_2\}) = \frac{1}{3}$이 된다.

이제 처음의 선택을 바꾸지 않는 경우를 생각하자. 이때는 다음의 세 가지 경우가 나타난다.

경우	처음 선택	상품
경우1	1	자동차
경우2	2	염소
경우3	3	염소

이때 표본공간은 $\Omega_2 = \{1,\ 2,\ 3\}$이 되고 자동차를 받게 될 확률은 $\frac{1}{3}$이다. 따라서 처음의 선택을 바꾸는 것이 바꾸지 않는 경우보다 자동차를 타게 될 확률이 두 배가 된다. ✣

예제 1.36 [포커(poker) 게임] 한 벌의 카드(52장으로 구성)에서 5장의 카드를 임의로 선택할 때, 다음의 확률을 구하라.

(1) 원 페어(one pair): 2장의 카드가 같은 단위이고 나머지 3장은 모두 다른 단위

(2) 투 페어(two pair): 같은 단위의 카드 두 쌍과 이들과 다른 단위의 카드 1장

(3) 트리플(three of a kind) : 3장의 카드가 같은 단위이고 이들과 서로 다른 단위의 카드 2장

(4) 스트레이트(straight): 5장의 카드가 연속적인 값을 갖는 경우

(5) 플러시(flush): 5장의 카드가 모두 같은 무늬

(6) 풀하우스(full house): 2장이 같은 단위이고 나머지 3장이 같은 단위인 경우

(7) 포커(four of a kind): 4장의 카드가 모두 같은 단위인 경우

(8) 스트레이트 플러시(straight flush) : 5장의 카드가 모두 같은 무늬이면서 연속적인 값을 갖는 경우

풀이 52장의 카드 중 5장을 선택하는 방법의 수는 $\binom{52}{5} = 2598960$이다. 이 경우는 균등 확률 모형이므로 각각의 확률은

$$\frac{\text{특정한 경우의 수}}{\binom{52}{5}}$$

가 되어 각 경우의 수를 계산하면 된다.

(1) 원 페어(one pair): 13종류의 단위 중에서 같은 값을 갖는 쌍을 선택하는 방법의 수는 $\binom{13}{1} = 13$, 선택된 단위 중에서 2장을 뽑는 방법의 수는 $\binom{4}{2} = 6$이다. 원 페어가 되기 위해서는 나머지 3장이 모두 다른 단위의 카드가 되어야 한다. 따라서 나머지 세 단위를 선택하는 방법의 수는 $\binom{12}{3}$이고 각 단위마다 한 장씩 선택하는 방법이 네 가지이므로 나머지 3장을 뽑는 방법의 수는 $\binom{12}{3} \cdot 4^3$이다. 곱의

법칙에 의하여 원 페어가 나타날 경우의 수는 $13 \cdot 6 \cdot \binom{12}{3} \cdot 4^3$가지이다. 따라서 원페어의 확률은 다음과 같다.

$$\frac{13 \cdot 6 \cdot \binom{12}{3} \cdot 4^3}{\binom{52}{5}} \approx 0.422569$$

(4) 스트레이트(straight), 스트레이트 플러시(straight flush): 5장의 카드가 연속적인 값을 갖기 위해서 처음 시작하는 값이 취할 수 있는 가능한 숫자는 열 가지이다. 예를 들어 시작값이 3으로 정해졌다면 그 다음은 4, 5, 6, 7의 값을 갖는 카드 중에서 한 장씩 뽑혀야 한다. 각 단위에는 4장의 카드가 있으므로 시작값이 정해진 경우 스트레이트가 되는 경우는 4^5가지이다. 이것은 스트레이트 플러시를 포함하는 경우의 수이다. 스트레이트 플러시를 제외하면 $4^5 - 4$가 된다. 따라서 스트레이트가 나타날 경우의 수는 $10 \cdot 4^5 = 10240$이다. 스트레이트의 확률은

$$\frac{10 \cdot 4^5}{\binom{52}{5}} \approx 0.003940 \tag{1.10}$$

이다. 또한 스트레이트 플러시의 확률은

$$\frac{10 \cdot 4}{\binom{52}{5}} \approx 0.000015 \tag{1.11}$$

이다. 처음 시작하는 카드의 번호가 10인 스트레이트 플러시를 로열 스트레이트 플러시라 한다. 즉 10, J, Q, K, A이며 같은 무늬를 갖는 카드의 쌍을 말한다. 이때 로열 스트레이트 플러시의 확률은

$$\frac{4}{\binom{52}{5}} \approx 0.0000015$$

이다. 여기서 (1.10)은 스트레이트 플러시의 확률을 포함하고 있으며 (1.11)은 로열 스트레이트 플러시의 확률을 포함하고 있다.

(6) 풀하우스(full house): 원 페어의 경우와 같은 방법으로 계산하면, 3장이 같은 단위일 경우의 수는 $13 \cdot \binom{4}{3}$이고 나머지 2장이 같은 단위일 경우의 수는 $12 \cdot \binom{4}{2}$이므로 풀하우스의 확률은

$$\frac{13 \cdot \binom{4}{3} \cdot 12 \cdot \binom{4}{2}}{\binom{52}{5}} \approx 0.001441$$

이다. 나머지 경우도 유사한 방법으로 계산하면 다음을 얻는다.

$$P(\text{투페어}) = \frac{\binom{13}{2} \cdot \binom{4}{2} \cdot \binom{4}{2} \cdot 11 \cdot 4}{\binom{52}{5}} \approx 0.047539$$

$$P(\text{트리플}) = \frac{13 \cdot \binom{12}{2} \cdot 4^3}{\binom{52}{5}} \approx 0.021128$$

$$P(\text{플러시}) = \frac{4 \cdot \binom{13}{5}}{\binom{52}{5}} \approx 0.001981$$

$$P(\text{포커}) = \frac{13 \cdot 4}{\binom{52}{5}} \approx 0.000240$$

✤

예제 1.37 [짝을 찾는 문제] N명이 참석한 어떤 모임에서 각자 자신의 이름표를 바구니 속에 담고 잘 섞은 다음 임의로 한 개씩 선택할 때 자신의 이름표를 선택한 사람에게 상품을 준다고 하자. 다음 확률을 구하라.

(1) 1명도 상품을 타지 못할 확률 $P_0(N)$

(2) 정확하게 k명이 상품을 탈 확률 $P_k(N)$

(3) $\lim_{N \to \infty} P_k(N)$

풀이 (1) 각 참가자에게 번호를 부여하였을 때, 번호가 i인 참가자가 상품을 받게 될 사건을 $A_i(i=1,\ 2,\ \cdots,\ N)$라 하자. 그러면 N명이 이름표를 선택하는 방법의 수는 N장의 이름표를 나열하는 방법의 수와 같으므로 $N!$이다. 번호가 $i_1,\ i_2,\ \cdots,\ i_k$인 사람이 자신의 이름표를 선택할 방법의 수는 k장의 이름표를 미리 해당하는 사람에게 준 다음 나머지 $N-k$장의 이름표를 배열하는 방법의 수와 같으므로 $(N-k)!$이다. 따라서 번호가 $i_1,\ i_2,\ \cdots,\ i_k$인 사람이 자신의 이름표를 선택할 확률은

$$P(A_{i_1} A_{i_2} \cdots A_{i_k}) = \frac{(N-k)!}{N!}.$$

또한 k명을 선택하는 방법의 수는 $\binom{N}{k}$이므로 k명이 자신의 이름표를 선택할 확률은 다음과 같다.

$$\sum_{i_1 < i_2 < \cdots < i_k} P(A_{i_1} A_{i_2} \cdots A_{i_k}) = \binom{N}{k} \frac{(N-k)!}{N!} = \frac{1}{k!}$$

따라서 상품을 타는 사람이 1명 이상일 확률은

$$\begin{aligned} P(\cup_{i=1}^{N} A_i) &= \sum_{i=1}^{N} P(A_i) - \sum_{i_1 < i_2} P(A_{i_1} A_{i_2}) + \cdots \\ &\quad + (-1)^{k+1} \sum_{i_1 < i_2 < \cdots < i_k} P(A_{i_1} A_{i_2} \cdots A_{i_k}) + \cdots \\ &\quad + (-1)^n P(A_1 A_2 \cdots A_N) \\ &= 1 - \frac{1}{2!} + \frac{1}{3!} - \cdots + (-1)^{N+1} \frac{1}{N!}. \end{aligned}$$

따라서 구하는 확률 $P_0(N)$은 다음과 같다.

$$P_0(N) = 1 - P(\cup_{i=1}^{N} A_i) = 1 - \sum_{k=1}^{N} (-1)^{k+1} \frac{1}{k!} = \sum_{k=0}^{N} (-1)^k \frac{1}{k!}$$

(2) 정확하게 k명이 상품을 타기 위해서는 k명은 자신의 이름표를 선택하고 나머지 $(N-k)$명 중에서는 1명도 자신의 이름표를 선택해서는 안 된다. 한편

$$P_0(N-k) = \frac{(N-k)\text{명 모두 다른 사람의 이름표를 선택하는 경우의 수}}{(N-k)!}$$

이므로 특정한 k명에 대하여 나머지 $N-k$명이 다른 사람의 이름표를 선택하는 방법의 수는

$$(N-k)!P_0(N-k) = (N-k)! \sum_{i=0}^{N-k} (-1)^i \frac{1}{i!}$$

이다. 또한 자신의 이름표를 선택할 k명을 구성하는 방법의 수는 $\binom{N}{k}$이므로 $P_k(N)$은 다음과 같다.

$$\begin{aligned} P_k(N) &= \frac{\binom{N}{k}(N-k)! \left[\sum_{i=0}^{N-k} (-1)^i \frac{1}{i!} \right]}{N!} \\ &= \frac{1}{k!} \sum_{i=0}^{N-k} (-1)^i \frac{1}{i!} \end{aligned}$$

(3) $e^x = \sum_{n=0}^{\infty} \frac{1}{n!}$ 이므로

$$\lim_{N \to \infty} P_k(N) = \frac{e^{-1}}{k!},\ k = 0,\ 1,\ 2,\ \cdots.$$ ✤

예제 1.38 [포획-재포획의 문제] 숲 속에 사슴 20마리가 있다. 이들 중 5마리를 잡아 꼬리표를 단 다음 놓아주었다. 일정한 시간이 지난 후에 20마리 중에서 4마리를 잡았다. 이 4마리 중에 2마리에 꼬리표가 달려 있을 확률은 얼마인가? 어떤 가정이 필요한가?

풀이 그 숲 속에 있는 사슴의 수는 다시 잡을 때까지 변함이 없고 어느 사슴이나 다시 잡힐 가능성이 동일하다고 할 때, 20마리 중에서 4마리가 잡힐 경우의 수는 $\binom{20}{4}$이다. 다시 잡힌 4마리 중 2마리에 꼬리표가 달려 있을 경우의 수는 처음 꼬리표가 달린 5마리 중 2마리가 잡히고 나머지 15마리 중 2마리가 잡혀야 한다. 따라서 구하는 확률은 다음과 같다.

$$\frac{\binom{5}{2}\binom{15}{2}}{\binom{20}{4}} = \frac{14}{323} \approx 0.0433$$ ✤

예제 1.39 [맥스웰-볼츠만 통계량의 법칙] k개의 서로 구별 가능한 입자를 $n(n > k)$개의 칸(cell)에 임의로 배치한다고 하자. 한 칸에 들어갈 수 있는 입자의 수에 제한이 없을 경우 물리학에서는 맥스웰-볼츠만 통계량의 법칙(Maxwell-Boltzmann statistics)을 따른다고 한다. 이때 k개의 칸에 한 개씩 입자가 들어갈 확률은 얼마인가?

풀이 $$\frac{(n)_k}{n^k} = \left(1 - \frac{1}{n}\right)\left(1 - \frac{2}{n}\right)\cdots\left(1 - \frac{k-1}{n}\right)$$ ✤

예제 1.40 [페르미-디락 통계량의 법칙] 구별되지 않는 k개의 입자를 $n(n > k)$개의 칸에 임의로 배치한다고 하자. 한 칸에 2개 이상 들어갈 수 없도록 할 경우 입자는 페르미-디락(Fermi-Dirac) 통계량의 법칙을 따른다고 한다. 이때 특정한 칸에 입자가 없을 확률은 얼마인가?

풀이 $$\frac{\binom{n-1}{k}}{\binom{n}{k}} = 1 - \frac{k}{n}$$ ✤

예제 1.41 [보스-아인슈타인 통계량의 법칙] 구별되지 않는 k개의 입자를 n개의 칸에 임의로 배치한다고 하자. 한 칸에 들어가는 입자의 수에 제한이 없을 경우 입자는 보스-아인슈타인(Bose-Einstein) 통계량의 법칙을 따른다고 한다. 이때 특정한 칸에 r개의 입자가 들어갈 확률은 얼마인가?

풀이 특정한 칸에 r개의 입자가 들어가는 경우의 수는 나머지 $n-1$개의 칸에 $k-r$개의 입자를 배치하는 경우의 수와 같으므로 $\binom{n-1+k-r-1}{k-r}=\binom{n+k-r-2}{k-r}$이다. 따라서 구하는 확률은 다음과 같다.

$$\frac{\binom{n+k-r-2}{k-r}}{\binom{n+k-1}{k}}$$

✤

EXERCISES

1.4 연습문제

1. 5명의 남자 어린이와 5명의 여자 어린이를 일렬로 세울 때, 남자 어린이와 여자 어린이가 교대로 설 확률은 얼마인가?

2. 5권의 역사책과 3권의 수학책, 4권의 소설책을 책꽂이에 임의로 꽂을 때, 같은 종류끼리 모여 있게 될 확률은 얼마인가? 단 각각의 종류의 책은 모두 서로 다른 책이다.

3. 100개의 어떤 제품 중 5개가 불량품이다. 이 제품 100개 중에서 10개를 임의로 뽑았을 때 불량품이 하나도 나오지 않을 확률은 얼마인가?

4. 5켤레의 운동화가 들어 있는 상자에서 임의로 5짝을 꺼냈을 때, 정확하게 k, $k=0,\ 1,\ 2$ 쌍의 짝이 맞을 확률을 구하라.

5. 6명의 남자와 8명의 여자를 7명씩 두 그룹으로 나누려고 한다. 두 그룹에 포함된 여자의 수가 같을 확률을 구하라.

6. 한 개의 주사위를 열두 번 던질 때, 각 눈이 두 번씩 나올 확률은 얼마인가?

7. 한 개의 동전을 열두 번 던질 때 앞면의 수가 뒷면의 수보다 많을 확률은 얼마인가?

8. 한 개의 동전을 반복적으로 던지는 실험을 생각하자. 앞면이 나오거나 n번 던질 때까지 실험을 반복한다고 할 때 표본공간을 쓰고 각 근원사건의 확률을 구하라. 또한 n번만에 실험이 끝날 확률을 구하라.

9. 2개의 빨간 공과 3개의 파란 공이 들어 있는 항아리 속에서 동시에 2개의 공을 추출할 때 같은 색깔의 공이 나올 확률은 얼마인가?

10. r개의 빨간공과 b개의 파란 공이 들어 있는 항아리 속에서 동시에 n개의 공을 추출할 때 파란 공이 k가 나올 확률은 얼마인가?

11. n개의 구별되지 않는 공을 서로 다른 r개의 상자에 임의로 넣는다고 하자. $p_k(n,\ r)$을 정확하게 k개의 상자가 비어있을 확률이라 할 때, 다음을 증명하라.

$$p_0(n,\ r) = \sum_{j=0}^{r}(-1)^j\binom{r}{j}\left(1-\frac{j}{r}\right)^n$$

$$p_k(n,\ r) = \binom{r}{k}p_0(n,\ r-k),\quad k \ge 1$$

(힌트: 예제 1.29의 결과를 이용할 것.)

12. Ω는 원소의 개수가 n인 집합이고 $A \subset \Omega$는 원소의 개수가 k인 집합이라 하자. 임의로 Ω의 부분집합을 택할 때, $AB = \varnothing$인 집합 $B \subset \Omega$가 선택될 확률은 얼마인가?

13. 원소의 개수가 n개인 집합을 분할하는 방법의 수를 $g(n)$이라 할 때 다음을 증명하라.

(1) $g(n+1) = \sum_{k=0}^{n}\binom{n}{k}g(k),\ (g(0)=1)$

(2) $g(n) = e^{-1}\sum_{k=0}^{\infty}\frac{k^n}{k!}$

(3) $\sum_{k=0}^{\infty} \frac{k^5}{k!}$ 을 구하라.

14. 5쌍의 부부가 한 줄로 앉을 때, 서로 곁에 앉는 부부가 1쌍도 없을 확률은 얼마인가? 원탁에 앉는다면 이 확률은 어떻게 되겠는가?

15. 1층에서 11층까지 운행하는 엘리베이터가 있다. 1층에서 7명이 탔을 때 11층까지 올라가는 동안 7명 모두 다른 층에서 내릴 확률은 얼마인가?

16. 생일의 문제(예제 1.34)에서 임의로 택한 n명 중에서 정확하게 2명만 생일이 같을 확률은 얼마인가?

17. n개의 구별 가능한 공을 $c(c > n)$개의 서로 다른 항아리에 임의로 넣으려고 한다. 항아리에 들어갈 수 있는 공의 수에는 제한이 없다고 할 때, 한 항아리에 2개 이상의 공이 들어갈 확률을 $p(n, c)$라고 하자. 다음 물음에 답하여라.

(1) $p(n, c) = 1 - \frac{c(c-1)\cdots(c-n+1)}{c^n}$ 임을 보여라.

(2) c가 n에 비하여 충분히 클 때 $p(n, c) \approx 1 - e^{-\frac{n(n-1)}{2c}}$ 임을 보이고 이것을 이용하여 $p(n, c) \geq 0.5$이기 위한 n의 최솟값은 근사적으로 $n \approx 1.1774\sqrt{c}$ 임을 보여라. (힌트: $|x|$가 충분히 작을 때 $1 - x \approx e^{-x}$를 이용하라.)

18. 로또 6/45는 1부터 45까지의 숫자 중 서로 다른 6개의 숫자를 써넣어서 당첨번호를 맞추는 복권이다.

(1) 임의로 6개의 번호를 쓸 때 1등 당첨번호를 맞출 확률은 얼마인가?

(2) n장이 복권이 팔렸을 때 같은 당첨번호가 2개 이상 나올 확률은 얼마인가? 단 각 복권의 번호는 6개의 조합 중 임의로 선택된다고 가정한다.

(3) 각 복권의 번호는 임의로 작성된다고 할 때, 최소한 2명 이상이 같은 번호를 쓸 확률이 0.5이상이 되기 위해서는 최소한 몇 장의 복권이 팔려야 하겠는가? 문제 17의 결과를 이용하여 근삿값을 구하라.

19. 1, 2, 3, ⋯으로 번호가 붙여진 무한히 많은 공과 무한히 큰 항아리를 생각하자. 12시 1분 전에 1에서 10까지의 번호가 붙은 공을 항아리에 넣고 항아리 속에서

임의로 한 개의 공을 꺼낸다. 12시 $\frac{1}{2}$ 전에 11부터 20까지의 번호가 붙은 공을 넣고 19개의 공 중에서 임의로 한 개의 공을 꺼낸다. 이와 같은 방법으로 12시가 되기 매 $\left(\frac{1}{2}\right)^n$ 분 전에 $10n+1$ 번부터 $10(n+1)$ 번까지 번호가 붙은 공을 항아리에 넣고 항아리 속에서 임의로 한 개의 공을 꺼낼 때 12시 정각에 번호가 k, $k=1, 2, \cdots$ 인 공이 항아리에 남아 있을 확률은 각각 얼마인가?

Element Probability

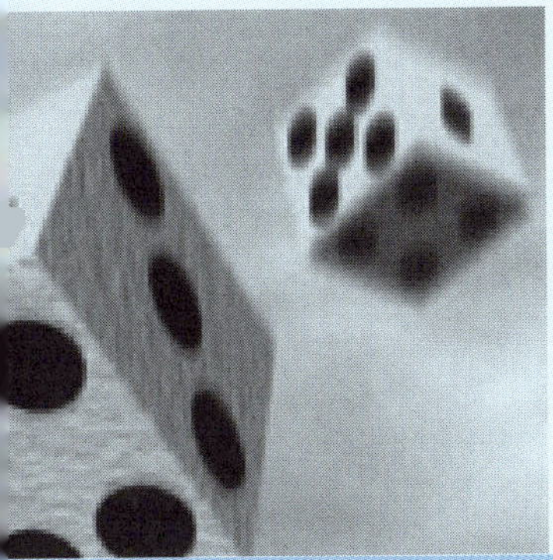

제 2 장
조건부확률과 사건의 독립성

앞 장에서는 표본공간의 부분집합으로써 사건에 대한 확률의 정의와 그에 대한 성질을 다루었다. 이 장에서는 부분적인 정보나 가정에 의하여 표본공간이 축소될 경우에 사건의 확률을 계산하는 방법으로서 조건부확률을 도입하고 그에 대한 성질을 살펴본다. 또한 두 사건이 확률적으로 독립이라는 것의 의미와 성질에 대하여 살펴본다. 조건부확률과 독립성은 확률론에서 매우 중요한 개념으로, 여러가지 사건의 확률을 계산하는 데 아주 유용하다.

이 장의 목표

1. 조건부확률의 뜻을 알고 계산할 수 있다.
2. 전확률 공식과 베이즈 공식을 알고 사건의 확률을 계산할 때 적용할 수 있다.
3. 두 사건의 독립성을 판정할 수 있다.
4. 조건부독립과 독립의 차이에 대하여 설명할 수 있다.

2.1 조건부확률

생각해보기

어느 비행기 탑승객 200명의 혈액형이 다음과 같다고 하자. 항공사에서는 승객 중 임의로 1명을 선택하여 선물을 주는 행사를 한다고 하자.

국적 \ 혈액형	O형	A형	B형	AB형	합계
한국인(K)	28	34	27	11	100
일본인(J)	9	11	7	3	30
중국인(C)	29	19	18	4	70
합계	66	64	52	18	200

(1) 혈액형이 B형인 승객이 선택될 확률은 얼마인가?

(2) 혈액형이 B형인 한국인 승객이 선택될 확률은 얼마인가?

(3) 한국인 승객이 선택된다는 가정하에 혈액형이 B형인 승객이 선택될 확률은 얼마인가?

한국인, 일본인, 중국인 승객이 선택될 사건을 각각 K, J, C라 하고 혈액형 B형이 선택될 사건을 B라 하자. 이때, $P(B)=\frac{52}{200}$ 이고 혈액형이 B형인 한국인 승객이 선택될 확률은 $P(K\cap B)=\frac{27}{200}$ 이다. 한국인 승객이 선택된다고 가정하면 한국인 승객 중에서 1명을 뽑는 것과 마찬가지이므로 표본공간은 한국인 승객의 집합으로 축소된 것과 같음을 알 수 있다. 따라서 생각해보기 (3)번의 확률을 $P(B|K)$로 나타내면

$$P(B|K)=\frac{|B\cap K|}{|K|}=\frac{27}{100}$$

이 된다. 한편 확률 $P(B|K)$는

$$P(B|K)=\frac{|B\cap K|}{|K|}=\frac{|B\cap K|/200}{|K|/200}=\frac{P(B\cap K)}{P(K)}$$

와 같이 사건 K가 발생할 확률$P(K)$와 K 중에서 B가 발생할 사건 $B\cap K$의 확률 $P(B\cap K)$의 비율로 나타남을 알 수 있다. 이와 같이 새로운 정보가 주어지거나 어떤

사건이 발생한다고 가정하면 그 정보나 가정에 의하여 표본공간이 축소될 수 있다.

주어진 정보나 가정에 의하여 표본공간이 Ω에서 A로 축소되었을 때 사건 B가 발생할 확률을 A가 주어졌다는 가정하에서 B의 **조건부확률**(conditional probability) 또는 간단히 A라는 가정하에서 B의 조건부확률이라 하고 $P(B|A)$로 나타내며 다음과 같이 정의한다.

정의 2.1 [조건부확률] $P(A) > 0$일 때,

$$P(B|A) = \frac{P(AB)}{P(A)} \tag{2.1}$$

를 A가 주어졌다는 가정하에서 사건 B의 조건부확률이라 한다.

참고

1. 조건부확률의 정의 2.1에서는 주어진 사건의 확률은 $P(A) > 0$이어야 했으나 이 조건을 완화하기 위해서 (2.1) 대신 다음의 두 조건을 만족하는 수 $P(B|A)$로 정의하기도 한다.

   (1) $0 \le P(B|A) \le 1$　　　　(2) $P(BA) = P(B|A)P(A)$

   이와 같이 정의할 때 $P(B) > 0$인 경우는 $P(B|A)$는 (2.4)와 일치하게 되며 $P(A) = 0$인 경우는 $P(B|A)$는 $[0, 1]$ 사이의 임의의 값을 갖게 된다. 그러나 이 정의는 매번 $P(A) > 0$의 조건을 언급할 필요가 없어 사용하기가 편리할 때가 많다. $P(A)$에 대한 아무 언급이 없는 경우는 조건부확률에 대한 정의 (2.1) 대신에 위의 두 조건 (1), (2)를 만족하는 값 $P(B|A)$을 의미하며 특히 $P(A) = 0$일 때, $P(B|A)$가 명확한 값으로 정해지지 않더라도 $P(B|A)P(A) = 0$으로 정의한다.
2. 사건 $B \subset \Omega$에 대하여 $P(\Omega) = 1$, $B\Omega = B$이므로

   $$P(B) = \frac{P(B\Omega)}{P(\Omega)} = P(B|\Omega)$$

   이다. 따라서 확률 $P(B)$는 표본공간 Ω에 대한 조건부확률로 생각할 수 있다.
3. 조건부확률은 공정한 게임의 관점에서 거는 돈과 받는 돈의 비율로 생각할 수 있다. 다음과 같이 두 단계로 진행되는 게임을 생각하자. 첫 번째 단계를 통과하면 a단위의 돈을 걸고 게임에 참가하며, 첫 번째 단계를 통과하지 못하면 게임에 참가하지 못한다. 두 번째 단계에서 게임에 이기면 b단위의 돈을 받고 이기지 못하면 걸었던 돈을 잃게 된다. 이 게임이 공정한 게임이 되기 위해서는 게임에 이겼을 때 받는 돈에 대하여 거

는 돈의 비 $\frac{a}{b}$는 얼마가 되어야 할까? 이 게임에 참가하고자 하는 사람이 첫 번째 단계를 통과할 사건을 A, 두 번째 단계에서 승리할 사건을 B라 하자. 이 게임에 참가하고자 하는 사람이 첫 번째 단계를 통과했다는 가정하에 b단위의 돈을 받게 될 확률은 $P(B|A)$이므로 이 게임이 공정한 게임이 되기 위해서는 $bP(B|A)=a$가 되어야 한다. 따라서

$$P(B|A)=\frac{a}{b}.$$

한편, 이 게임에서 $b-a$단위의 돈을 따게 될 확률은 $P(BA)$이고 a단위의 돈을 잃을 확률은 $P(B^cA)$이다. 따라서 공정한 게임이 되기 위해서는

$$(b-a)P(BA)=aP(B^cA)$$

이어야 한다. 위 식을 정리하면

$$bP(BA)=aP(BA)+aP(B^cA)=aP(A)]$$

이므로

$$P(B|A)=\frac{a}{b}=\frac{P(BA)}{P(A)}$$

임을 알 수 있다.

예제 2.1 두 개의 주사위를 던질 때 나오는 두 눈의 합이 홀수라는 가정하에 두 눈의 합이 7이상일 확률은 얼마인가?

풀이 두 눈의 합이 홀수일 사건을 A, 7 이상일 사건을 B라고 하면

$$A=\begin{Bmatrix}(1,2), & (1,4), & (1,6), & (2,1), & (2,3), & (2,5)\\ (3,2), & (3,4), & (3,6), & (4,1), & (4,3), & (4,5)\\ (5,2), & (5,4), & (5,6), & (6,1), & (6,3), & (6,5)\end{Bmatrix}$$

$$B=\begin{Bmatrix}(1,6), & (2,5), & (2,6), & (3,4), & (3,5), & (3,6)\\ (4,3), & (4,4), & (4,5), & (4,6), & (5,2), & (5,3)\\ (5,4), & (5,5), & (5,6), & (6,1), & (6,2), & (6,3)\\ (6,4), & (6,5), & (6,6) & & & \end{Bmatrix}$$

이므로 $P(BA)=\frac{12}{36}$, $P(A)=\frac{18}{36}$이다. 따라서

$$P(B|A)=\frac{P(BA)}{P(A)}=\frac{2}{3}.$$

✣

예제 2.2 [두 자녀의 문제] 2명의 자녀를 둔 가정을 생각하자. 아들과 딸이 태어날 확률은 동일하다고 하자.

(1) 두 자녀를 둔 가정 중 임의로 한 가정을 택하였을 때 아들이 있는 가정을 택하였다면 그 가정의 자녀가 모두 아들일 확률은 얼마인가?

(2) 자녀가 둘이라는 사실만 알고 있는 사람의 집에 전화를 하였더니 한 남자 아이가 전화를 받았다. 그 아이가 그 사람의 아들이라고 할 때, 그 사람의 다른 자녀도 아들일 확률은 얼마인가? (단, 자녀들 모두 전화를 받을 수 있다고 가정한다)

풀이 (1) 아들과 딸을 각각 b와 g로 나타내자. 또한 태어난 순서에 따라 b와 g를 이용하여 표시하자. 예를 들어 첫째 아이가 아들이고 둘째 아이가 딸일 경우는 bg, 첫째가 딸이고 둘째가 아들이면 gb로 나타낸다. 그러면 표본공간은 $\Omega = \{bb,\ bg,\ gb,\ gg\}$가 된다. 두 자녀 중 하나가 아들이 사건을 A, 두 자녀 모두 아들일 사건을 B라 하면

$$A = \{bb,\ bg,\ gb\},\ B = \{bb\}$$

이다. 따라서 $B \subset A$이므로 $BA = B$이고, 구하는 확률은 다음과 같다.

$$P(B|A) = \frac{P(B)}{P(A)} = \frac{1}{3}$$

(2) 전화를 받은 아이를 대문자 B와 G로 나타내자. 예를 들어 첫째 아이는 딸이고 둘째 아이는 아들인 가정에서 둘째 아이가 전화를 받았다면 그 결과를 gB와 같이 나타낸다. 그러면 표본공간은 다음과 같다.

$$\widetilde{\Omega} = \{Bb,\ bB,\ Bg,\ bG,\ Gb,\ gB,\ Gg,\ gG\}$$

아들이 전화를 받을 사건을 A, 두 자녀 모두 아들일 사건을 C라고 하면 $A = \{Bb,\ bB,\ Bg,\ gB\}$, $CA = \{Bb,\ bB\}$이다. 따라서 구하는 확률은

$$P(C|A) = \frac{P(CA)}{P(A)} = \frac{1/4}{1/2} = \frac{1}{2}$$

이다. ✣

예제 2.3 검은 공이 b개, 흰 공이 w개, 빨간 공이 r개 들어 있는 항아리에서 k개의 공을 동시에 추출한다고 하자. 이때 꺼낸 k개의 공 중에서 j개가 빨간 공일 때, 나머지 $k-j$개 중에서 i개가 흰 공일 확률을 구하라.

풀이 동시에 추출된 k개의 공 중에서 j개가 빨간 공일 사건을 A, i개가 흰 공일 사건을 B라고 하자. 그러면

$$P(A) = \frac{\binom{r}{j}\binom{b+w}{k-j}}{\binom{b+w+r}{k}}$$

$$P(BA) = \frac{\binom{r}{j}\binom{w}{i}\binom{b}{k-j-i}}{\binom{b+w+r}{k}}$$

이므로

$$P(B|A) = \frac{P(AB)}{P(B)} = \frac{\binom{w}{i}\binom{b}{k-j-i}}{\binom{b+w}{k-j}}.$$

이것은 b개의 검은 공과 w개의 흰 공이 들어 있는 상자에서 $k-j$개의 공을 동시에 추출할 때 흰 공의 개수가 i일 확률과 같음을 알 수 있다.

조건부확률의 정의로부터 $P(BA) = P(B|A)P(A)$이 성립함을 알 수 있다. 다음의 정리는 이 결과의 일반적인 형태로 단계별 실험을 하는 경우에 사건의 확률을 계산하는 데 유용하다.

정리 2.1 [곱의 공식] $P(A_1A_2\cdots A_{n-1}) > 0$인 사건 $A_1, A_2, \cdots, A_n$에 대
하여

$$P(A_1A_2\cdots A_n) = P(A_1)P(A_2|A_1)P(A_3|A_1A_2)\cdots P(A_n|A_1\cdots A_{n-1}). \quad (2.2)$$

증명 $P(A_1) \geq P(A_1A_2) \geq \cdots \geq P(A_1A_2\cdots A_{n-1}) > 0$이므로 식 (2.2)의 조건부확률은 잘 정의된다. 식 (2.2)의 우변은

$$P(A_1)\frac{P(A_1A_2)}{P(A_1)}\frac{P(A_1A_2A_3)}{P(A_1A_2)}\cdots\frac{P(A_1A_2\cdots A_{n-1}A_n)}{P(A_1A_2\cdots A_{n-1})}$$

가 되어 이것을 정리하면 좌변과 같음을 알 수 있다.

예제 2.4 3개의 흰 공과 4개의 검은 공이 들어 있는 항아리에서 비복원추출로 공을 꺼낼 때 다음 확률을 구하라.

(1) 처음에는 흰 공, 두 번째는 검은 공이 나올 확률

(2) 세 번째 만에 처음으로 흰 공이 나올 확률

풀이 (1) A_i, $i=1, 2, 3$를 i번째 시행에서 흰 공이 나올 사건이라고 하자. 처음에는 흰 공 두 번째는 검은 공이 나올 사건은 $A_1A_2^c$이므로

$$P(A_1A_2^c) = P(A_2^c|A_1)P(A_1) = \frac{4}{6} \cdot \frac{3}{7} = \frac{2}{7}.$$

(2) 세 번째 만에 처음으로 흰 공이 나오는 사건은 $A_1^cA_2^cA_3$이므로

$$P(A_1^cA_2^cA_3) = P(A_1^c)P(A_2^c|A_1^c)P(A_3|A_1^cA_2^c) = \frac{4}{7} \cdot \frac{3}{6} \cdot \frac{3}{5} = \frac{6}{35}.$$ ✣

예제 2.5 3개의 흰 공과 5개의 빨간 공이 들어 있는 항아리에서 A, B 두 사람이 교대로 공을 꺼낼 때 흰 공을 먼저 꺼내는 사람이 게임에서 이기는 것으로 하자. 단 꺼낸 공은 다시 넣지 않는다. A가 먼저 공을 꺼내기 시작한다고 하면 A, B 둘 중 누가 유리하겠는가?

풀이 A_i를 i번째만에 처음으로 흰 공이 나올 사건이라고 하자. A가 이기기 위해서는 홀수 번째에 처음으로 흰 공이 나와야 하므로 A가 이길 사건은

$$E = A_1 \cup A_3 \cup A_5$$

이다. 한편 i번째 추출에서 흰 공이 나올 사건을 W_i, 빨간 공이 나올 사건을 R_i라고 하면

$$\begin{aligned}
P(A_1) &= P(W_1) = \frac{3}{8}, \\
P(A_3) &= P(R_1R_2W_3) = P(R_1)P(R_2|R_1)P(W_3|R_1R_2) = \frac{5}{8} \cdot \frac{4}{7} \cdot \frac{3}{6} = \frac{5}{28}, \\
P(A_5) &= P(R_1R_2R_3R_4W_5) \\
&= P(R_1)P(R_2|R_1)P(R_3|R_1R_2)P(R_4|R_1R_2R_3)P(W_5|R_1R_2R_3R_4) \\
&= \frac{5}{8} \cdot \frac{4}{7} \cdot \frac{3}{6} \cdot \frac{2}{5} \cdot \frac{3}{4} \\
&= \frac{3}{56}.
\end{aligned}$$

따라서 A가 이길 확률은

$$P(E) = P(A_1) + P(A_3) + P(A_5) = \frac{17}{28}$$

이고 B가 이길 확률은

$$P(E^c) = 1 - P(E) = \frac{11}{28}$$

이다. 그러므로 먼저 공을 꺼내기 시작하는 사람이 유리하다. ✤

정리 2.2 **[전확률 공식]** $\mathcal{P} = \{A_1, A_2, \cdots\}$가 표본공간 Ω의 분할일 때, 다음이 성립한다.

$$P(B) = \sum_{i=1}^{\infty} P(B|A_i)P(A_i)$$

증명 $\mathcal{P}$가 Ω의 분할이므로

$$B = B \cap \Omega = B \cap \left(\bigcup_{i=1}^{\infty} A_i \right) = \bigcup_{i=1}^{\infty} BA_i$$

이고 $BA_i,\ i = 1,\ 2,\ \cdots$는 서로 배반이다. 따라서

$$P(B) = P\left(\bigcup_{i=1}^{\infty} BA_i \right) = \sum_{i=1}^{\infty} P(BA_i) = \sum_{i=1}^{\infty} P(B|A_i)P(A_i).$$ ✺

전확률공식은 주어진 사건 B의 확률을 계산할 때, 그 사건의 원인을 여러 가지로 나누어서 각 원인에 대한 조건부확률 $P(B\,|\,A_i)$와 그 원인이 되는 확률 $P(A_i)$의 가중합으로 구할 수 있다는 것을 보여준다.

예제 2.6 5개의 빨간 공과 7개의 검은 공이 들어 있는 항아리에서 임의로 한 개의 공을 꺼내 색깔을 확인한 다음 선택된 공과 같은 색깔의 공을 한 개 더 항아리 속에 넣는다고 하자. 이때 두 번째 꺼낸 공이 빨간색일 확률을 구하라.

풀이 i번째 추출에서 검은 공이 나올 사건을 B_i, 빨간 공이 나올 사건을 R_i라고 하면

$$P(R_2)=P(R_2|R_1)P(R_1)+P(R_2|B_1)P(B_1)=\frac{6}{13}\frac{5}{12}+\frac{5}{13}\frac{7}{12}=\frac{65}{156}.$$ ✤

예제 2.7 자연수 중에서 하나를 선택할 때 n이 선택되었다면 앞면이 나올 확률이 $(2/3)^n$인 동전을 한 번 던지는 실험을 생각하자. 자연수 n을 선택할 확률은 $(1/2)^n$, $n=1, 2, \cdots$이라고 할 때 이 실험에서 동전의 앞면이 나올 확률을 구하라.

풀이 H를 동전의 앞면이 나올 사건, A_n을 자연수 n이 선택될 사건이라 하자. 그러면 전확률 공식에 의하여

$$\begin{aligned} P(H) &= \sum_{n=1}^{\infty} P(H|A_n)P(A_n) \\ &= \sum_{n=1}^{\infty}\left(\frac{2}{3}\right)^n\left(\frac{1}{2}\right)^n=\frac{1}{2}. \end{aligned}$$ ✤

정리 2.3 [베이즈 공식] $\mathcal{P}=\{A_1, A_2, \cdots\}$가 Ω의 분할일 때, 사건 B에 대하여 다음이 성립한다.

$$P(A_i|B)=\frac{P(B|A_i)P(A_i)}{\sum_{j=1}^{\infty}P(B|A_j)P(A_j)},\quad i=1, 2, \cdots \tag{2.3}$$

증명 조건부확률의 정의와 전확률 공식으로부터 다음을 얻는다.

$$P(A_i|B)=\frac{P(A_iB)}{P(B)}=\frac{P(B|A_i)P(A_i)}{\sum_{j=1}^{\infty}P(B|A_j)P(A_j)}$$ ✺

식 (2.3)은 영국의 성직자이자 수학자였던 베이즈(Thomas Bayes, 1702-1761)의 이름을 따서 베이즈 공식(Bayes' formula)이라고 부른다. 베이즈 공식에서 A_j, $j=1, 2, \cdots$가 어떤 사건 B에 대한 원인들이라면, $P(A_i|B)$는 B라는 사건이 발생하였을 때 그 원인의 확률로 생각할 수있다. 따라서 베이즈 공식은 관측된 사건으로부터 그 원인이 되는 사건의 확률을 계산하는 방법을 제공한다고 할 수 있다.

한편 $P(A_i)$를 어떤 사건이 일어나지 않은 상태에서의 주관적인 신뢰도라 하면, $P(A_i|B)$는 사건이 발생한 후 그 사건에 의하여 변화된 신뢰도로 생각할 수 있다. 이와 같은 이유에서 $P(A_i)$를 **사전확률**(prior probability), $P(A_i|B)$를 **사후확률**(posterior probability)이라고 한다. 베이즈 공식은 주어진 사건이나 실험의 결과를 바탕으로 그 결과에 대한 원인이 되는 사건 A_i의 확률을 계산하는 방법을 제시한다. 예를 들어 어떤 살인 사건에서 범인으로 의심받는 사람이 있는데, 새로운 증거물이 나왔을 경우 그가 진범일 확률의 추정이나, 어떤 건물에 발생한 화재 B에 대한 원인 A_j을 추정하는 모형에 적용될 수 있다. 그러나 현실적으로 베이즈 공식을 어떤 확률 모형에 적용하려면 사전확률 $P(A_i)$에 대한 정보가 있어야 한다. 만약 주관에 의해서 $P(A_j)$가 결정되었다면 $P(A_i|B)$에 대한 신뢰도에 문제가 생길 수 있을 것이다. 베이즈 공식을 사용하는 데 이 점을 유의하여야 할 것이다.

예제 2.8 흰 공과 검은 공이 한 개씩 들어 있는 항아리가 두 개, 흰 공만 두 개 들어 있는 항아리가 한 개, 검은 공만 두 개 들어 있는 항아리가 한 개 있다고 하자. 이들 중 임의로 한 항아리를 택하여 공을 한 개 꺼낼 때 흰 공이 나왔다고 하면 그 공이 흰 공과 검은 공을 포함하는 항아리에서 나왔을 확률은 얼마인가?

풀이 네 항아리 중 임의로 한 개의 항아리를 택할 때 흰 공이 i개 들어 있는 항아리가 선택될 사건을 A_i, $i=0,\ 1,\ 2$라고 하자. 또한 선택된 항아리에서 흰 공이 나올 사건을 W라고 하면 구하는 확률은 다음과 같다.

$$P(A_1|W)=\frac{P(A_1W)}{P(W)}$$

한편

$$\begin{aligned}P(W)&=P(W|A_0)P(A_0)+P(W|A_1)P(A_1)+P(W|A_2)P(A_2)\\&=0\cdot\frac{1}{4}+\frac{1}{2}\cdot\frac{1}{2}+1\cdot\frac{1}{4}=\frac{1}{2},\\P(A_1W)&=P(W|A_1)P(A_1)=\frac{1}{2}\cdot\frac{1}{2}=\frac{1}{4}\end{aligned}$$

이므로

$$P(A_1|W)=\frac{P(A_1W)}{P(W)}=\frac{\frac{1}{4}}{\frac{1}{2}}=\frac{1}{2}.$$ ✤

예제 2.9 어떤 전염병을 유발하는 바이러스에 감염되었는가를 판정하기 위하여 혈액 검사를 한다고 한다. 그 바이러스에 감염된 사람의 혈액 검사가 양성으로 나타날 확률은 0.95이고 그 바이러스에 감염되지 않았으면서도 검사 결과가 양성으로 나타날 확률은 0.01이라고 하자. 그 바이러스에 감염된 사람의 비율이 0.3%라면, 임의로 선택된 사람의 혈액 검사가 양성으로 나타났을 때 그 사람이 실제로 이 병에 걸렸을 확률은 얼마인가?

풀이 A를 혈액 검사를 받은 사람이 실제로 바이러스에 감염되었을 사건, B를 검사결과가 양성일 사건이라 하자. 그러면

$$P(A)=0.003,\ P(B|A)=0.95,\ P(B|A^c)=0.01$$

이다. 따라서

$$P(A|B)=\frac{P(B|A)P(A)}{P(B|A)P(A)+P(B|A^c)P(A^c)}$$
$$=\frac{0.95\cdot 0.003}{0.95\cdot 0.003+0.01\cdot 0.997}\approx 0.2223.$$

만약 $P(A)=0.001$이면 $P(A|B)=0.0868$로 $P(A)$가 작을수록 양성반응에 대한 신뢰도가 감소하고 $P(A)$가 클수록 신뢰도가 증가하는 것을 알 수 있다. ✣

예제 2.10 어떤 도시에서 한밤중에 택시 한 대가 교통사고를 내고 뺑소니 친 사건이 발생하였다고 하자. 그 도시에서 운행되는 택시 중 85%는 녹색이고 15%는 청색이다. 한 목격자는 뺑소니차가 청색 택시였다고 증언하였다. 동일한 상황에서 자동차의 색을 정확하게 판별할 확률은 0.8이라고 한다. 모든 자동차가 사고를 낼 가능성은 동일하다고 할 때, 뺑소니친 차의 색깔이 청색일 확률은 얼마인가?

풀이 청색 택시가 교통사고를 낼 사건을 A, 사고차량이 청색으로 보일 사건을 B라고 하면

$$P(A)=0.15,\quad P(A^c)=0.85,\ P(B|A)=0.8,\ P(B|A^c)=0.2$$

이므로 베이즈 공식에 의하여 뺑소니 차량이 파란색일 확률은 다음과 같다.

$$P(A|B)=\frac{P(B|A)P(A)}{P(B|A)P(A)+P(B|A^c)P(A^c)}=\frac{0.8\times 0.15}{0.8\times 0.15+0.2\times 0.85}$$
$$=\frac{0.12}{0.29}\approx 0.4138$$ ✣

예제 2.11 [두 자녀의 문제] 예제 2.2의 (2)번을 베이즈 공식을 이용하여 해결하라.

풀이 전화를 받은 아이가 아들일 사건을 A라고 하자. 또한 예제 2.2에서와 같이 첫째 아이가 아들이고 둘째 아이가 딸인 가정이 선택될 사건을 bg와 같이 나타내자. 그러면

$$P(A) = P(A|bb)P(bb) + P(A|bg)P(bg) + P(A|gb)P(gb) + P(A|gg)P(gg)$$
$$= 1 \cdot \frac{1}{4} + \frac{1}{2} \cdot \frac{1}{4} + \frac{1}{2} \cdot \frac{1}{4} + 0 \cdot \frac{1}{4} = \frac{1}{2}$$

따라서

$$P(bb|A) = \frac{P(A|bb)P(bb)}{P(A)} = \frac{\frac{1}{4}}{\frac{1}{2}} = \frac{1}{2}$$

가 되어 예제 2.2의 (2)의 결과와 일치하는 것을 알 수 있다. ✤

예제 2.12 눈의 수가 i인 면이 나올 확률이 p_i, $i = 1, 2, \cdots, 6$인 주사위를 던져서 나온 눈의 수가 i이면 공정한 동전 한 개를 i번 던지는 실험을 생각하자. 다음을 구하라.

(1) 동전의 앞면이 한 개 이상 나왔다는 가정하에서 주사위의 눈의 수가 홀수인 면이 나왔을 확률은 얼마인가?

(2) 이 실험에서 공정한 주사위를 사용한다고 하면 위의 (1)의 확률은 얼마인가?

풀이 (1) 동전의 앞면이 한 개 이상 나올 사건을 B, 주사위의 눈의 수가 i인 면이 나올 사건을 A_i, $i = 1, \cdots, 6$라고 하자. 그러면 구하는 확률은 $P(A_1 \cup A_3 \cup A_5|B)$이다. 전확률공식에 의하여

$$P(B) = \sum_{i=1}^{6} P(B|A_i)P(A_i) = \sum_{i=1}^{6}\left(1 - \frac{1}{2^i}\right)p_i$$

이다. 또한

$$P((A_1 \cup A_3 \cup A_5)B) = P(B|A_1)P(A_1) + P(B|A_3)P(A_3) + P(B|A_5)P(A_5)$$
$$= \frac{1}{2}p_1 + \left(1 - \frac{1}{2^3}\right)p_3 + \left(1 - \frac{1}{2^5}\right)p_5.$$

그러므로

$$P(A_1 \cup A_3 \cup A_5|B) = \frac{\frac{1}{2}p_1 + \left(1 - \frac{1}{2^3}\right)p_3 + \left(1 - \frac{1}{2^5}\right)p_5}{\sum_{i=1}^{6}\left(1 - \frac{1}{2^i}\right)p_i}.$$

(2) 공정한 주사위를 던질 때, $p_i = \frac{1}{6}$, $i = 1, 2, \cdots, 6$이므로

$$P(A_1 \cup A_3 \cup A_5 | B) = \frac{500}{963} \approx 0.5192$$

정리 2.4 $P(A) > 0$일 때 다음이 성립한다.

(1) 임의의 사건 B에 대하여, $0 \leq P(B|A) \leq 1$이다.

(2) $P(\Omega|A) = 1$

(3) 서로 배반인 사건의 열 B_i, $i = 1, 2, \cdots$에 대하여,

$$P\left(\bigcup_{i=1}^{\infty} B_i \mid A\right) = \sum_{i=1}^{\infty} P(B_i|A).$$

증명 (1) $0 \leq P(AB) \leq P(B)$이므로 $0 \leq P(B|A) = \dfrac{P(BA)}{P(A)} \leq 1$이다.

(2) $P(\Omega|A) = \dfrac{P(\Omega A)}{P(A)} = \dfrac{P(A)}{P(A)} = 1$

(3) B_i, $i = 1, 2, \cdots$가 서로 배반이므로 B_iA, $i = 1, 2, \cdots$도 서로 배반이다. 따라서

$$P\left(\bigcup_{i=1}^{\infty} B_i \mid A\right) = \frac{P\left[\left(\bigcup_{i=1}^{\infty} B_i\right) A\right]}{P(A)} = \frac{P\left(\bigcup_{i=1}^{\infty} B_i A\right)}{P(A)}$$

$$= \sum_{i=1}^{\infty} \frac{P(B_i A)}{P(A)} = \sum_{i=1}^{\infty} P(B_i|A).$$

정리 2.4로부터 사건 A를 고정시켰을 때, 각각의 사건 B에 $P(B|A)$를 대응시키는 함수는 확률측도가 됨을 알 수 있다. 따라서 제1장에서 언급한 확률의 여러가지 성질이 조건부확률에 대해서도 성립한다.

따름정리 2.5 $P(A) > 0$일 때, 사건 B, C에 대하여 다음이 성립한다.

(1) $P(B^c|A) = 1 - P(B|A)$

(2) $B \subset C$이면 $P(B|A) \leq P(C|A)$

(3) $P(B \cup C|A) = P(B|A) + P(C|A) - P(BC|A)$

예제 2.13 52장으로 구성된 한 벌의 카드뭉치에서 13장을 임의로 선택할 때, 다음과 같이 정의되는 확률 P_1과 P_2의 크기를 비교하라.

(1) 13장의 선택된 카드에 하트 에이스가 포함되었다는 가정하에서 최소한 2장의 에이스가 포함될 조건부확률 P_1

(2) 13장의 선택된 카드에 최소한 1장의 에이스가 포함되었다는 가정하에서 최소한 두 장의 에이스가 포함될 조건부확률 P_2

풀이 최소한 1장의 에이스가 뽑힐 사건을 A_1, 최소한 2장의 에이스가 뽑힐 사건을 A_2, 하트(heart) 에이스가 뽑힐 사건을 B라고 하자. 또한 A_0와 A_1을 각각 1장의 에이스도 뽑히지 않을 사건과 정확하게 한 장의 에이스가 뽑힐 사건이라고 하자. 그러면 $A_2=(A_0\cup A_1)^c$이고 $P(A_0\,|\,A_1)=P(A_0\,|\,B)=0$이므로

$$P(A_2\,|\,A_1)= 1-P(A_0\cup A_1\,|\,A_1)=1-P(A_1\,|\,A_1)$$
$$P(A_2\,|\,B)= 1-P(E_0\cup E_1\,|\,B)=1-P(E_1\,|\,B)$$

이다. 또한 $r_i=P(A_i),\ i=0,\ 1$로 두면

$$r_0=\frac{\binom{48}{13}}{\binom{52}{13}},\ r_1=\frac{\binom{4}{1}\binom{48}{12}}{\binom{52}{13}}$$

이다. $A_1\subset A_1$이므로,

$$P(A_1|\,A_1)=\frac{P(A_1)}{P(A_1)}=\frac{r_1}{1-r_0},$$
$$P(A_1\,|\,B)=\frac{P(A_1B)}{P(B)}=\frac{\binom{48}{12}\Big/\binom{52}{13}}{1/4}=r_1$$

따라서

$$P_1=P(A_1\,|\,B)=r_1<\frac{r_1}{1-r_0}=P(A_1\,|\,A_1)=P_2$$ ✤

정리 2.6 [조건부확률에 대한 곱의 공식] $P(AC)>0$일 때,

$$P(BC\,|\,A)=P(B|\,CA)P(C\,|\,A).$$

증명 조건부확률의 정의에 의하여 명백하다. ✺

> **정리 2.7** **[조건부확률에 대한 전확률공식]** $\mathcal{P}=\{A_1, A_2, \cdots\}$가 표본공간 Ω의 분할일 때 다음이 성립한다.
>
> $$P(B|C)=\sum_{i=1}^{\infty} P(B|CA_i)P(A_i|C)$$

증명 $\mathcal{P}$가 Ω의 분할이므로

$$B=B\cap\Omega=B\cap\left(\cup_{i=1}^{\infty}A_i\right)=\cup_{i=1}^{\infty}BA_i$$

이다. 한편 $(A_iC)\cap(A_jC)=\varnothing$, $i, j=1, 2, \cdots$이므로

$$\begin{aligned}P(B|C)&=P\left(\bigcup_{i=1}^{\infty}BA_i|C\right)\\&=\sum_{i=1}^{\infty}P(BA_i|C)=\sum_{i=1}^{\infty}P(B|A_iC)P(A_i|C).\end{aligned}$$ ✺

예제 2.14 숫자 1, 2, 3이 적힌 공이 각각 4개, 3개, 2개 들어있는 주머니에서 3개의 공을 비복원추출할 때 다음을 구하라.

(1) 첫 번째 나온 공에 적힌 숫자가 2라는 가정하에 1과 2가 적힌 공이 각각 두 번째와 세 번째에 나올 확률

(2) 첫 번째 나온 공에 적힌 숫자가 2라는 가정하에 추출된 공 3개에 적힌 숫자의 합이 6이 될 확률

풀이 첫 번째, 두 번째, 세 번째 꺼낸 공에 적힌 숫자가 i일 사건을 각각 A_i, B_i, C_i라 하자.

(1) $P(B_1C_2|A_2)=P(C_2|B_1A_2)P(B_1|A_2)=\frac{1}{7}\cdot\frac{4}{8}=\frac{4}{56}$

(2) 추출된 세 공에 적힌 숫자의 합이 6이 될 사건을 E라고 하면

$$\begin{aligned}P(E|A_2)&=P(E|B_1A_2)P(B_1|A_2)+P(E|B_2A_2)P(B_2|A_2)\\&\quad+P(E|B_3A_2)P(B_3|A_2)\\&=\frac{2}{7}\cdot\frac{4}{8}+\frac{1}{7}\cdot\frac{2}{8}+\frac{4}{7}\cdot\frac{2}{8}=\frac{9}{28}.\end{aligned}$$ ✤

EXERCISES

2.1 연습문제

1. 한 개의 주사위를 두 번 던질 때 나오는 두 눈의 합이 홀수라는 가정하에 두 눈의 합이 7일 확률은 얼마인가?

2. 한 개의 주사위를 1의 눈이 나올 때까지 던지는 실험에서 처음 나온 눈의 수가 1이 아니라는 가정하에 1의 눈이 나올 때까지 세 번 이상 던져야 할 확률은 얼마인가?

3. 한 개의 주사위를 세 번 던질 때 다음 확률을 구하라.
   (1) 첫 번째 던진 주사위의 눈의 수가 3이 나왔다는 가정하에 나오는 세 눈의 합이 9일 확률
   (2) 세 번 던져서 나오는 주사위의 눈의 합이 9일 확률

4. 한 개의 동전을 세 번 던질 때 앞면이 두 번 나왔다는 가정하에서 첫 번째 시행에서 앞면이 나올 확률을 구하라.

5. 어떤 시에서 공공 도서관을 건립하려고 한다. 시민들의 의견을 조사한 결과 대학을 졸업한 시민의 90%, 대학을 졸업하지 않은 사람의 20%가 찬성하였다고 한다. 그 도시에 대학을 졸업한 사람의 수는 전체 시민의 30%라 할 때, 임의로 한 시민을 뽑아서 의견을 물었더니 도서관 건립에 찬성하였다. 그가 대학을 졸업했을 확률을 구하라.

6. 8개의 빨간 공, 7개의 파란 공, 5개의 초록공이 들어 있는 항아리에서 두 개의 공을 동시에 꺼낼 때 색깔이 서로 다른 공이 나왔다는 가정하에서 두 공의 색깔이 빨간색과 파란색일 확률을 구하라.

7. 7개의 구별되는 공을 7개의 서로 구별 가능한 항아리에 배치하려고 한다. 정확하게 2개의 항아리가 비어 있다는 가정하에 한 항아리에 3개의 공이 배치될 확률은 얼마인가?

8. 흰 공이 3개, 검은 공이 7개 들어 있는 항아리에서 5개의 공을 비복원추출할 때 다음을 구하라.

(1) 흰 공이 모두 나온 다음 검은 공이 두 개 나올 확률

(2) 흰 공, 검은 공이 교대로 나올 확률

9. 어떤 사람이 n개의 열쇠가 달려 있는 열쇠 꾸러미에서 무작위로 한 개의 열쇠를 택하여 문을 열려고 한다. 열쇠 꾸러미에 있는 열쇠 중 그 문에 맞는 열쇠는 한 개밖에 없다고 할 때 다음 물음에 답하라.

(1) 만일 그가 선택한 열쇠가 문에 맞지 않으면 그 열쇠를 버리고 다른 열쇠를 다시 무작위로 선택한다. 이때 k번만에 문이 열릴 확률은 얼마인가?

(2) 열쇠를 버리지 않는다면 k번만에 문이 열릴 확률은 얼마인가?

10. 한 개의 흰 공과 한 개의 검은 공이 들어 있는 항아리에서 임의로 한 개의 공을 꺼내는 실험을 다음과 같이 실시한다. 흰 공이 나오면 시행을 중단하고 검은 공이 나오면 다시 검은 공을 한 개 더 넣고 시행을 계속한다. 다음 확률을 구하라.

(1) n번만에 시행이 끝날 확률

(2) 언젠가는 시행이 끝날 확률

11. 갑과 을 두 사람이 도, 개, 걸, 윷, 모가 나올 확률이 각각 p_1, p_2, p_3, p_4, p_5인 윷을 한 번씩 던져서 도, 개, 걸, 윷, 모가 나오면 각각 1점, 2점, 3점, 4점, 5점을 얻는다고 할 때 높은 점수를 얻는 사람이 이기는 것으로 한다. 같은 점수가 나오면 비긴다. 이때 갑이 이길 확률은 얼마인가?

12. n개의 원소를 갖는 집합 S의 모든 부분집합의 모임에서 임의로 S의 부분집합 A와 B를 선택할 때 다음을 보여라. 단, A와 B는 같을 수 있다.

(1) $P(A \subset B) = \left(\dfrac{3}{4}\right)^n$　　　　(2) $P(AB = \varnothing) = \left(\dfrac{3}{4}\right)^n$

13. 1, 2, 3 번호가 붙은 세 항아리 속에 각각 검은 공이 b_i개, 흰 공이 w_i $(i = 1, 2, 3)$개 들어 있다고 하자. 두 개의 동전을 한 번 던져서 나온 앞면의 수가 0이면 1번 항아리에서 1이면 2번 항아리에서 2이면 3번 항아리에서 임의로 한 개의 공을 꺼낼 때 다음 확률을 구하라.

(1) 흰 공이 나올 확률

(2) 흰 공이 나왔다는 가정하에 그것이 첫 번째 항아리에서 나왔을 확률

14. 2개의 흰 공과 3개의 검은 공이 들어 있는 항아리 A에서 임의로 한 개의 공을 꺼내서 3개의 흰 공과 2개의 검은 공이 들어 있는 항아리 B에 넣었다. 그 다음 항아리 B에서 임의로 1개의 공을 꺼내보니 흰 공이었다. 항아리 A에서 선택한 공이 흰 공일 확률을 구하라.

15. 어떤 사람이 집에서 직장까지 출근하는 길은 a, b, c, d 네 가지이다. 각 길로 출근을 할 경우 15분 이내에 회사에 도착할 확률이 각각 0.4, 0.3, 0.2, 0.1이고 그가 a, b, c, d로 출근할 확률이 또한 각각 0.4, 0.3, 0.2, 0.1이다. 어느 날 출근하는 데 걸리는 시간이 15분 이내였다면 그가 a로 출근했을 확률은 얼마인가?

16. 앞면이 나올 확률이 각각 $\frac{i}{10}$, $i = 1, 2, \cdots, 10$인 10개의 동전을 생각하자. 이 동전 중에서 임의로 한 개의 동전을 택하여 던졌을 때 앞면이 나왔다면 그 동전이 i번째 동전일 확률 p_i, $i = 1, 2, \cdots, 10$을 구하라.

17. 석 대의 기계 A, B, C를 가지고 볼트를 생산하는 공장이 있다. 각 기계에서는 그 공장에서 생산되는 전체 볼트의 25%, 35%, 40%를 생산한다. 또한 각 기계에서 생산되는 볼트의 5%, 4%, 2%가 불량품이다. 임의로 한 개의 볼트를 선택하였을 때, 그것이 불량품이었다면 A, B, C에서 만들어졌을 확률은 각각 얼마인가?

18. 한 개의 동전을 '갑'은 $n+1$번 '을'은 n번 던질 때 갑의 앞면의 수가 을의 앞면의 수보다 크면, 갑이 이기고 그렇지 않으면 을이 이기는 게임을 생각하자. 이 게임은 공정한 게임인가?

19. 주사위 A는 4면이 붉은색, 2면이 흰색이고 주사위 B는 2면이 붉은색, 4면이 흰색이다. 한 개의 동전을 한 번 던져서 앞면이 나오면 주사위 A로 뒷면이 나오면 주사위 B로 게임을 한다. R_n을 n번째 던진 주사위에서 붉은 면이 나올 사건이라 하자. 다음 물음에 답하라.

(1) $P(R_n) = \frac{1}{2}$, $n \geq 1$임을 보여라.

(2) 처음 두 번의 결과가 모두 붉은색이라는 가정하에 세 번째도 붉은색일 확률을 구하라.

(3) 처음 n번의 시행에서 모두 붉은색이 나왔다는 가정하에 주사위 A가 선택되

었을 확률을 구하라.

20. 남자 중의 5%, 여자 중의 0.25%가 색맹이라고 할 때, 임의로 선택된 색맹인 사람이 남자일 확률은 얼마인가? 단 남녀 인구는 같다고 가정한다.

21. 한 상자에는 2개의 붉은 공, 다른 한 상자에는 1개의 붉은 공과 1개의 흰 공, 또 다른 한 상자에는 2개의 흰 공이 들어 있다. 이들 세 상자에서 임의로 한 상자를 택하여 공을 1개 꺼냈더니 흰 공이 나왔다. 공을 꺼낸 상자에 남아 있는 공이 흰 공일 확률을 구하라.

22. 숫자 1, 2, 3이 적힌 카드가 각각 4장, 3장, 2장 들어 있는 주머니에서 3장의 카드를 비복원추출할 때, 추출된 세 카드에 적힌 숫자의 합이 6이 될 확률은 얼마인가?

23. $P(A)=\frac{1}{4},\ P(B|A)=\frac{1}{2},\ P(A|B)=\frac{1}{3}$일 때, $P(AB),\ P(B),\ P(A\cup B)$를 구하라.

24. 흰 공 10개, 검은 공 10개를 두 개의 항아리에 나누어 넣고 임의로 한 개의 항아리를 선택한 다음 그 항아리에서 임의로 한 개의 공을 꺼내려고 한다. 어떠한 방법으로 넣으면 흰 공을 꺼낼 확률이 최대가 되겠는가?

25. $P(A)>0,\ P(B)>0$일 때, 다음이 성립함을 보여라.

$$\frac{P(A|B)}{P(B|A)}=\frac{P(A)}{P(B)}$$

26. 따름정리 2.5를 증명하라.

2.2 사건의 독립성

> **생각해보기**
>
> 3개의 흰 공과 4개의 빨간 공이 들어있는 항아리에서 차례로 2개의 공을 꺼내는 실험을 생각하자. 이때, 첫 번째 추출에서 흰 공이 나올 사건을 A, 두 번째 추출에서 흰 공이 나올 사건을 B라 하자.
>
> (1) 복원추출로 공을 꺼낼 때, $P(B)$와 $P(B|A)$, $P(B|A^c)$를 구하라. 이 경우 B가 발생할 확률이 첫 번째 꺼낸 공의 색깔에 영향을 받는다고 할 수 있는가?
>
> (2) 비복원추출로 공을 꺼낼 때, $P(B)$와 $P(B|A)$를 구하라. 이 경우 B가 발생할 확률이 첫 번째 꺼낸 공의 색깔에 영향을 받는다고 할 수 있는가?

복원추출로 공을 꺼낼 때, 첫 번째 시행의 결과에 관계없이 두 번째 시행을 시작하기 전에는 항아리에 이미 3개의 흰 공과 4개의 빨간 공이 들어 있으므로

$$P(B)=\frac{3}{7},\ P(B|A)=\frac{3}{7},\ P(B|A^c)=\frac{3}{7}$$

와 같이 되어 B가 발생할 확률이 첫 번째 꺼낸 공의 색깔에 영향을 받지 않고 $P(B|A)=P(B)$가 되는 것을 알 수 있다. 한편 비복원 추출의 경우에는 전확률공식에 의하여

$$P(B)=P(A)P(B|A)+P(A^c)P(B|A^c)=\frac{3}{7}\cdot\frac{2}{6}+\frac{4}{7}\cdot\frac{3}{6}=\frac{3}{7}$$

이고, $P(B|A)=\frac{2}{6}$이므로 $P(B|A)\neq P(B)$임을 알 수 있다.

생각해보기의 (1)과 같이 두 사건 A, B에 대하여 한 사건의 발생여부가 다른 사건이 발생할 확률에 영향을 미치지 않을 때 즉, $P(B|A)=P(B)$일 때, 두 사건은 서로 **독립**(independent)이라고 한다. 한편, A와 B가 서로 독립이면 곱의 공식 (정리 2.1)에 의하여

$$P(AB)=P(A)P(B|A)=P(A)P(B)$$

가 성립함을 알 수 있다. 역으로 $P(AB)=P(A)P(B)$이면

$$P(B|A)=\frac{P(AB)}{P(A)}=\frac{P(A)P(B)}{P(A)}=P(B)$$

이 되어 A와 B가 서로 독립임을 알 수 있다. 따라서 $P(A)>0$일 때, $P(B|A)=P(B)$와 $P(AB)=P(A)P(B)$는 서로 동치이다. 위의 논의로부터 두 사건의 독립성을 다음과 같이 정의한다.

> **정의 2.2** [두 사건의 독립성] 두 사건 A와 B가
>
> $$P(AB)=P(A)P(B)$$
>
> 를 만족할 때, 두 사건은 서로 **확률적으로 독립**(stochastically independent) 또는 간단히 **독립**이라고 한다. 두 사건이 독립이 아닐 때 서로 **종속**(dependent)이라고 한다.

예제 2.15 한 개의 주사위를 두 번 던질 때 나오는 두 눈의 수의 합이 i일 사건을 E_i라고 하고 첫 번째 나오는 눈의 수가 4일 사건을 A라고 하자. 이때 E_6와 A는 서로 독립이 아니나 E_7과 A는 서로 독립이 됨을 보여라.

풀이 $P(E_6A)=P((4,\ 2))=\dfrac{1}{36}$이지만

$$P(E_6)P(A)=\frac{5}{36}\cdot\frac{1}{6}=\frac{5}{216}\neq P(E_6A)$$

이므로 E_6와 A는 서로 독립이 아니다. 그러나

$$P(E_7A)=P((4,\ 3))=\frac{1}{36}=P(E_7)P(A)$$

이므로 E_7과 A는 서로 독립이다. ✤

> **정리 2.8** 두 사건 A와 B가 서로 독립이면, A^c와 B도 서로 독립이다.

증명 $B=AB\cup A^cB$이고 $(AB)\cap(A^cB)=\varnothing$이므로

$$P(B)=P(AB)+P(A^cB)$$

이다. 한편 A와 B가 서로 독립이므로

$$P(A^cB)=P(B)-P(AB)=P(B)-P(A)P(B)$$

$$= (1-P(A))P(B) = P(A^c)P(B)$$

가 되어 A^c와 B는 서로 독립이다. ✻

3개 이상의 사건에 대한 독립성을 정의하기 전에 다음을 생각해보자. 하나의 주사위를 두 번 던질 때, 첫 번째 주사위의 눈의 수가 4인 면이 나올 사건을 A, 두 번째 주사위의 눈의 수가 3인 면이 나올 사건을 B라고 하고 두 번 던져서 나오는 눈의 수의 합이 7이 될 사건을 C라고 하자. 그러면

$$P(AB) = \frac{1}{36} = P(A)P(B),\ P(BC) = \frac{1}{36} = P(B)P(C),$$
$$P(AC) = \frac{1}{36} = P(A)P(C)$$

이므로 A와 B, B와 C, A와 C는 각각 서로 독립이다. 그러나

$$P(C\,|\,AB) = 1 \neq P(C) = \frac{1}{6}$$

이므로 AB와 C는 서로 독립이 아니다.

이와 같이 세 사건 A, B, C 중에서 임의로 택한 두 사건 A와 B, B와 C, A와 C가 각각 서로 독립이라고 하더라도 AB와 C는 서로 독립이 아닐 수 있다. 세 사건에 대한 독립성은 다음과 같이 정의한다.

정의 2.3 세 사건 A, B, C가

$$P(AB) = P(A)P(B),\ P(BC) = P(B)P(C),\ P(AC) = P(A)P(C),$$
$$P(ABC) = P(A)P(B)P(C)$$

을 만족할 때, 세 사건은 서로 독립이라고 한다.

세 사건의 독립성에 대한 정의 2.3은 세 사건 중 임의의 두 사건을 택할 때 그 두 사건이 서로 독립일 뿐만 아니라 선택된 두 사건의 곱사건과 나머지 한 사건도 서로 독립임을 뜻한다. 사실 정의 2.3은 이보다 더 많은 사실을 포함한다. A, B, C가 서로 독립이면 $A\cup B$, $A\cup B^c$, $A\cap B^c$ 등과 같이 세 사건 중 임의로 선택된 두 사건의 조합으로 얻어지는 사건은 나머지 하나의 사건 C에 의하여 표현되는 사건 C 또는 C^c와 서로 독

립이다. 예를 들어

$$\begin{aligned} P((A\cup B)C) &= P(AC\cup BC) = P(AC)+P(BC)-P(ABC) \\ &= P(A)P(C)+P(B)P(C)-P(AB)P(C) \\ &= (P(A)+P(B)-P(AB))P(C) \\ &= P(A\cup B)P(C) \end{aligned}$$

이므로 $A\cup B$와 C는 서로 독립이다.

또한 세 사건 A, B, C가 서로 독립이면 세 사건중 일부 또는 전부를 여사건으로 바꾸었을 때 얻어지는 세 사건들도 서로 독립이다. 예를 들어 A, B, C^c도 서로 독립이고, A, B^c, C^c도 서로 독립이며 A^c, B^c, C^c도 서로 독립이다. 여기서는 A, B, C^c가 서로 독립이라는 것을 보이고 나머지는 연습문제로 남긴다. A, B, C가 서로 독립이므로 두 사건의 쌍 A와 B, B와 C, C와 A는 각각 서로 독립이다. 두 사건의 독립성에 대한 성질에 의하여 B와 C^c, C^c와 A는 각각 서로 독립이다. 또한 AB와 C가 서로 독립이므로 AB와 C^c도 서로 독립이다. 따라서 $P(ABC^c)=P(AB)P(C^c)=P(A)P(B)P(C^c)$이고 세 사건 A, B, C^c는 서로 독립이다.

정의 2.4 n개의 사건 A_1, A_2, $\cdots$, A_n이

$$\begin{aligned} &P(A_iA_j)=P(A_i)P(A_j),\ (1\le i<j\le n) \\ &P(A_iA_jA_k)=P(A_i)P(A_j)P(A_k),\ (1\le i<j<k\le n) \\ &\quad\vdots \\ &P(A_1A_2\cdots A_n)=P(A_1)P(A_2)\cdots P(A_n) \end{aligned}$$

을 만족할 때, A_1, A_2, $\cdots$, A_n은 서로 독립이라고 한다.

참고

1. n개의 사건이 서로 독립이면 이 사건들을 k개의 그룹으로 분류했을 때 각 그룹에 속하는 사건들로 이루어진 사건도 서로 독립이다. 또한 n개의 사건 중 일부 또는 전부를 여사건으로 바꾸어 얻어지는 사건들도 서로 독립이 됨을 알 수 있다. 예를 들어 A_1, $\cdots$, A_5가 서로 독립일 때, A_1, $\cdots$, A_5를 $\{A_1, A_2\}$, $\{A_3, A_5\}$, $\{A_4\}$와 같이 나누었을 때, 각 그룹에 속한 사건들로 표현되는 사건 A_1, A_2, $A_3\cup A_5$, A_4^c도 서로 독립이다. 또한 A_1, A_2, A_3^c, A_4, A_5^c도 서로 독립이다.

2. n개의 사건 A_i, $i = 1, 2, \cdots, n$이 임의의 $i \neq j$에 대하여

$$P(A_i A_j) = P(A_i)P(A_j)$$

을 만족할 때 **쌍별독립**(pairwise independent)이라고 한다.

3. 무한개의 사건열 $A_1, A_2, \cdots$에 대하여 이들 중 임의로 선택한 유한개의 사건이 서로 독립이면, $A_1, A_2, \cdots$이 서로 독립이라고 한다.

여러 개의 실험을 동시에 실시하거나 단계적으로 실시할 때 한 시행의 결과로 나타나는 사건이 다른 시행에 의하여 정해지는 사건과 서로 독립일 때 각 시행은 서로 독립이라고 한다. 예를 들어 주사위를 세 번 던지는 실험에서 첫 번째, 두 번째, 세 번째 던지는 시행이 서로 독립이면 첫 번째 시행에서 3의 눈이 나올 사건과 두 번째 시행에서 2의 눈이 나올 사건, 세 번째 시행에서 5의 눈이 나올 사건은 서로 독립이다.

일반적으로 n개의 시행에 대하여, 시행 i에 의하여 얻어지는 임의의 사건 A_i, $i = 1, 2, \cdots, n$이 서로 독립일 때, n개의 시행은 서로 독립이라고 한다.

예제 2.16 두 개의 주사위를 던지는 시행을 독립적으로 반복할 때, 각 시행에서 나오는 두 주사위의 눈의 수의 합이 7이 나오기 전에 5가 나올 확률은 얼마인가?

풀이 i번째 시행에서 나오는 두 주사위의 눈의 수의 합이 5 또는 7이 될 사건을 A_i라고 하고, 두 눈의 수의 합이 5가 될 사건을 B_i라고 하자. 또 처음 $n-1$번의 시행에서는 두 눈의 수의 합이 5나 7이 되는 경우가 나오지 않고 n번 만에 처음으로 5가 나올 사건을 E_n이라고 하면

$$E_n = A_1^c A_2^c \cdots A_{n-1}^c B_n$$

이다. 각 시행은 서로 독립이고 $P(A_i) = \frac{10}{36}$, $P(B_i) = \frac{4}{36}$, $i = 1, 2, \cdots$이므로

$$\begin{aligned} P(E_n) &= (A_1^c A_2^c \cdots A_{n-1}^c B_n) \\ &= P(A_1^c)P(A_2^c) \cdots P(A_{n-1}^c)P(B_n) \\ &= \left(1 - \frac{10}{36}\right)^{n-1} \frac{4}{36}, \ n = 1, 2, \cdots \end{aligned}$$

따라서 7이 나오기 전에 5가 먼저 나올 확률은 다음과 같다.

$$P(\cup_{n=1}^{\infty} E_n) = \sum_{n=1}^{\infty} P(E_n) = \frac{1}{9} \sum_{n=1}^{\infty} \left(1 - \frac{5}{18}\right)^{n-1} = \frac{2}{5}$$ ✤

> **정리 2.9** 앞면이 나올 확률이 p인 동전을 던지는 시행을 독립적으로 n번 반복할 때, 정확하게 k번 앞면이 나올 확률은 다음과 같다.
>
> $$\binom{n}{k} p^k (1-p)^{n-k}, \quad k = 0,\ 1,\ 2,\ \cdots,\ n$$

증명 H_i와 T_i를 각각 i번째 시행에서 앞면과 뒷면이 나올 사건이라 하면 $P(H_i) = p$, $P(T_i) = 1 - p$, $i = 1,\ 2,\ \cdots,\ n$이다. 이제 i번째 시행의 결과를 A_i라고 하면 A_i는 H_i이거나 T_i 둘 중의 하나가 된다. 그리고 $\{A_i,\ i = 1,\ \cdots,\ n\}$에 속해 있는 H_i의 개수와 T_i의 개수를 각각 k, $n-k$라 하자. 그러면 n개의 시행이 서로 독립이므로 $A_1,\ A_2,\ \cdots,\ A_n$는 서로 독립이고

$$P(A_1 A_2 \cdots A_n) = P(A_1) P(A_2) \cdots P(A_n) = p^k (1-p)^{n-k}$$

이다. 즉 $\cap_{i=1}^{n} A_i$의 확률은 오직 $\{A_i,\ i = 1,\ \cdots,\ n\}$에 속해 있는 H_i의 개수와 T_i의 개수에만 의존한다.

한편, n번의 시행에서 k번 앞면이 나오는 경우의 수는 n번의 시행을 앞면이 나오는 경우 k번과 뒷면이 나오는 경우 $n-k$번을 분할하는 방법의 수 $\binom{n}{k,\ n-k} = \binom{n}{k}$와 같다. 따라서 정확하게 k번 앞면이 나올 확률은 $\binom{n}{k} p^k (1-p)^{n-k}$이다. ✺

두 사건의 독립성에 대한 정의와 유사한 방법으로 두 사건의 조건부독립성을 다음과 같이 정의한다.

> **정의 2.5** [조건부 독립성] 세 사건 A, B, C가
>
> $$P(BC \mid A) = P(B \mid A) P(C \mid A)$$
>
> 을 만족할 때, 사건 A가 발생하였다는 가정하에 B와 C는 조건부로 독립(conditionally independent)이라고 한다.

아래의 정리 2.10은 사건 A가 발생하였다는 가정하에 두 사건 B와 C가 조건부로 독립이라는 것은 사건 B는 C의 조건부확률에 영향을 미치지 않는 다는 것과 동치임을 보여준다.

정리 2.10 세 사건 A, B, C에 대하여 $P(BC|A)=P(B|A)P(C|A)$와 $P(C|AB)=P(C|A)$은 동치이다.

증명 $P(BC|A)=P(B|A)P(C|A)$를 가정하면

$$\begin{aligned} P(C|AB) &= \frac{P(ABC)}{P(AB)} = \frac{P(BC|A)P(A)}{P(B|A)P(A)} \\ &= \frac{P(B|A)P(C|A)}{P(B|A)} = P(C|A). \end{aligned}$$

역으로 $P(C|AB)=P(C|A)$를 가정하자. 그러면

$$\begin{aligned} P(BC|A) &= \frac{P(ABC)}{P(A)} = \frac{P(BC|A)P(A)}{P(A)} \\ &= P(B|A)P(C|A) \end{aligned}$$

가 되어 정리가 증명된다. ✻

예제 2.17 한 개의 동전을 세 번 던질 때 첫 번째 시행에서 앞면이 나올 사건을 E_1, 처음 두 번의 시행에서 앞면이 한 번 나올 사건을 E_2, 세 번의 시행에서 앞면이 두 번 나올 사건을 E_3라고 하자. E_1과 E_3는 서로 독립이 아니지만 E_2가 주어졌다는 가정하에서 E_1과 E_3는 조건부로 독립임을 보여라.

풀이 첫 번째, 두 번째, 세 번째 시행에서 각각 앞면, 뒷면, 앞면이 나왔을 때 그 결과를 HTH와 같이 동전이 나온 순서대로 H(앞면)와 T(뒷면)을 이용하여 나타내면 E_1, E_2, E_3는 다음과 같다.

$$\begin{aligned} E_1 &= \{HHH,\ HHT,\ HTH,\ HTT\} \\ E_2 &= \{HTH,\ THH,\ HTT,\ THT\} \\ E_3 &= \{HHT,\ HTH,\ THH\} \end{aligned}$$

따라서

$$P(E_1E_3) = \frac{1}{4}, \ P(E_1)P(E_3) = \frac{4}{8} \cdot \frac{3}{8} = \frac{3}{16}$$

이므로 $P(E_1E_3) \neq P(E_1)P(E_3)$이 되어 E_1과 E_3는 서로 독립이 아니다.

한편

$$P(E_3|E_1E_2) = \frac{P(E_1E_2E_3)}{P(E_1E_2)} = \frac{1}{2},$$

$$P(E_3|E_2) = \frac{P(E_2E_3)}{P(E_2)} = \frac{1}{2}$$

이므로

$$P(E_3|E_1E_2) = P(E_3|E_2)$$

이다. 정리 2.10에 의하여 E_2가 주어졌다는 가정하에 E_1과 E_3는 조건부로 독립이다. ✤

EXERCISES

2.2 연습문제

1. 3개의 동전을 한 번 던질 때, 모두 같은 면이 나올 사건과 앞면의 수가 1개 이하인 사건은 서로 독립인가?

2. 52장의 카드에서 두 장의 카드를 비복원추출할 때 첫 번째 카드가 에이스(ace)일 사건 A와 두 번째 카드가 스페이드(spade)일 사건 B는 서로 독립인가?

3. 한 개의 동전을 n번 던질 때 k번째 나온 결과와 $k+1$번째 나온 결과가 서로 다를 사건을 A_k, $k=1, 2, \cdots, n-1$이라 하자. 각각의 $k=1, 2, \cdots, n-1$에 대하여 $P(A_k) = \frac{1}{2}$임을 보이고 A_k들이 서로 독립임을 보여라.

4. 한 개의 주사위를 던지는 실험에서 짝수 번 만에 처음으로 1의 눈이 나왔다는 가정

하에 두 번째에 1의 눈이 나왔을 확률은 얼마인가?

5. 확률론 수업을 듣는 학생 중에 갑돌이와 갑순이가 있다. 갑돌이는 출석률이 90%이고 갑순이는 80%이다. 이들이 확률론 수업에 들어오는 것은 서로 독립이라 할 때, 어느 날 2명 중 1명만 결석을 할 확률은 얼마인가? 또한 둘 다 결석할 확률은 얼마인가?

6. 세 자녀가 있는 가정을 생각하자. 아들과 딸이 태어날 확률은 $\frac{1}{2}$로 동일하다고 가정하자. 세 자녀를 가진 부부가 아들과 딸을 두었을 사건을 H, 기껏해야 1명의 딸을 두었을 사건을 A라 할 때, H와 A는 서로 독립임을 보여라. 자녀가 둘인 경우와 넷인 경우에도 각각 이 성질이 성립하는지 조사하라.

7. 한 개의 주사위를 두 번 던질 때, 첫 번째 시행에서 홀수의 눈이 나올 사건을 A, 두 번째 시행에서 홀수의 눈이 나올 사건을 B, 나오는 두 주사위의 눈의 합이 홀수가 될 사건을 C라 하자. 세 사건 A, B, C는 쌍별로 독립이지만 서로 독립은 아님을 보여라.

8. 두 자녀를 둔 가정 중 임의로 한 가정을 방문할 때 그 가정의 자녀 구성에 대한 사건 A, B, C, D를 다음과 같이 정의하자.

$A=$ 첫째 아이가 아들, $B=$ 두 아이의 성별이 틀린 경우,
$C=$ 첫째 아이가 딸, $D=$ 둘째 아이가 아들

(1) A와 B, B와 C는 각각 서로 독립이나 A와 C는 서로 독립이 아님을 보여라.
(2) A, B, D는 쌍별독립이지만 서로 독립은 아님을 보여라.

9. 두 사건 A와 B는 서로 독립이고 각각의 확률이 $P(A)=\frac{1}{4}$, $P(B)=\frac{1}{3}$일 때 다음 사건의 확률을 구하라.
(1) $A\cup B$ (2) $A^c\cap B$
(3) $A^c\cup B^c$ (4) $A^c\cap B^c$

10. 두 사건 A와 B가 서로 독립이고, $P(A)=0.4$, $P(A\cup B)=0.64$일 때, $P(B)$를 구하라.

11. 두 사건 A와 B에 대하여 $P(A)=0.4$, $P(A\cup B)=0.7$이고 $P(B)=p$일 때 다음 물음에 답하라.

(1) p가 취할 수 있는 값의 범위를 구하라.

(2) $P(AB)=0$일 때, p의 값을 구하라.

(3) A와 B가 서로 독립이기 위한 p의 값을 구하라.

12. 한 개의 주사위를 한 번 던진 후 나타난 주사위의 눈의 수만큼 동전을 던지는 실험을 생각하자. 이때 동전의 앞면이 세 번 나타날 확률을 구하라.

13. 야구경기에서 한 타자가 한 경기에서 1루타, 2루타, 3루타, 홈런을 쳤을 때 사이클 히트를 했다고 말한다. 위의 네 종류의 안타를 칠 확률을 각각 $\frac{1}{6}$, $\frac{1}{20}$, $\frac{1}{120}$, $\frac{1}{24}$이라 하자. 한 선수가 한 게임에서 네 번 타석에 설 때와 다섯 번 타석에 설 때, 사이클 히트를 할 확률을 각각 구하라. 단 매번 타석에 설 때 타격은 독립적으로 이루어진다고 가정한다.

14. 아래의 회로에서 i번째 스위치가 작동할 확률은 p_i이고 각각의 스위치는 독립적으로 작동한다고 하자. 이때 A와 B 사이에 전류가 흐를 확률은 얼마인가?

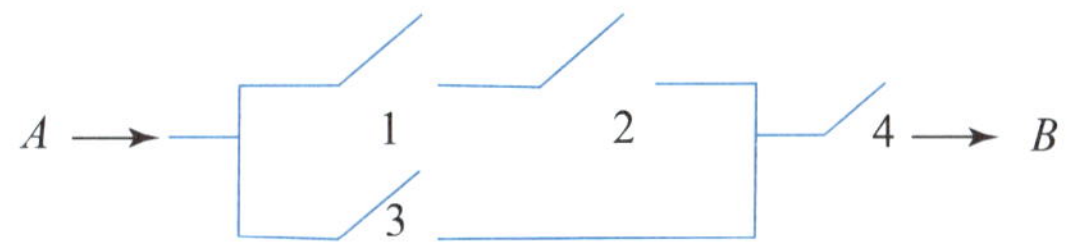

15. 한 개의 주사위를 두 번 던질 때 나오는 두 눈의 수의 합이 i일 사건을 E_i라고 하고 첫 번째 던진 주사위의 눈의 수가 4일 사건을 A라고 할 때, E_7과 A는 서로 독립이지만 $i\neq 7$일 때, E_i와 A는 서로 독립이 되지 않는 이유를 직관적으로 설명하라.

16. 사건 A가 자기 자신과 독립이면 $P(A)=0$ 또는 $P(A)=1$임을 보여라.

17. $P(A)=0$ 또는 $P(A)=1$이면 A는 모든 사건과 독립임을 보여라.

18. 세 사건 A, B, C가 서로 독립일 때 다음을 보여라.

(1) A^c와 $B^c \cup C^c$는 서로 독립이다.

(2) A, B^c, C^c는 서로 독립이다.

(3) A^c, B^c, C^c는 서로 독립이다.

19. $A_1, A_2, \cdots, A_n$이 서로 독립일 때, 다음을 보여라.

$$P(A_1 \cup A_2 \cup \cdots \cup A_n) = 1 - \prod_{i=1}^{n}[1 - P(A_i)]$$

20. 다음이 사실이면 증명하고 사실이 아니면 반례(counter example)를 들어라.

(1) 사건 A가 B와 독립이고 또한 C와 독립이면, A는 $B \cup C$와 독립이다.

(2) 사건 A가 B와 독립이고 또한 C와 독립이며 $BC = \varnothing$ 이면, A는 $B \cup C$와 독립이다.

(3) 사건 A가 B와 독립이고, B와 C가 독립이고, A와 BC가 독립이면, C는 AB와 독립이다.

(4) 사건 A가 B와 독립이면, $AB = \varnothing$ 이다.

(5) $AB = \varnothing$ 이면, A는 B와 독립이다.

(6) 공사상 $\varnothing$와 표본공간 Ω는 모든 사건과 독립이다.

21. 항아리 A에는 흰 공이 3개, 검은 공이 3개 들어 있고, 항아리 B에는 흰 공이 2개 검은 공이 4개 들어 있다. 두 항아리에서 임의로 한 개씩 공을 꺼내서 서로 다른 항아리에 넣는 실험을 생각하자. 즉 A에서 꺼낸 공은 B에 넣고 B에서 꺼낸 공은 A에 넣는다. i번째 시행 후 항아리 A에 흰 공이 3개 있을 사건을 A_i, $i = 1, 2, 3$이라 하자. 다음 물음에 답하라.

(1) A_1, A_2, A_3는 서로 독립인가?

(2) A_2가 주어졌다는 가정하에 A_1과 A_3는 조건부로 독립인가?

2.3* 예제

이 절에서는 조건부확률과 사건의 독립성에 관련된 예제를 좀더 살펴본다.

예제 2.18 [득점의 문제(Problem of the points)] A와 B 두 사람이 앞면이 나올 확률이 $0 < p < 1$인 동전을 던지는 게임을 한다고 하자. 앞면이 나오면 A가 1점을 얻고 뒷면이 나오면 B가 1점을 얻는데 먼저 N점을 얻은 사람이 그 게임에서 이긴다고 하자. A는 $N-n$점을 B는 $N-m$점을 얻고 있는 상태에서 게임을 계속한다고 할 때, A가 그 게임에서 이길 확률 P_A는 얼마인가?

풀이 A가 이기기 위해서는 B가 m점을 얻기 전에 A가 n점을 먼저 얻어야 한다. 따라서 앞으로 계속되는 $m+n-1$번의 시행에서 최소한 n번 이상 앞면이 나와야 한다. 정리 2.9에 의하여 $m+n-1$번의 시행에서 정확하게 k번 앞면이 나올 확률은

$$\binom{m+n-1}{k} p^k (1-p)^{m+n-1-k}$$

이므로 A가 이길 확률은 다음과 같다.

$$P_A = \sum_{k=n}^{m+n-1} \binom{m+n-1}{k} p^k (1-p)^{m+n-1-k}$$ ✣

확률론이 수학의 한 분야로 등장한 것은 17세기 중반 프랑스의 귀족이자 도박을 매우 좋아했던 드 메레(Chevalier de Méré)가 그 당시 유명한 수학자였던 파스칼(Blaise Pascal)에게 도박과 관련된 문제를 제기한 데서 비롯된 것으로 알려지고 있다. 1654년, 파스칼은 당시 유명했던 또 다른 수학자 페르마(Pierre Fermat)와 편지를 주고받으며 드 메레가 제기한 문제뿐만 아니라 도박과 관련한 다른 문제에 대해서도 논의하였다. 이 기간 동안 파스칼과 페르마 사이에 오간 편지가 확률의 기본원리에 대한 논의를 수행한 첫 번째 문서로 여겨지고 있다. 파스칼과 페르마 사이에 오갔던 편지 중에는 2명이 하는 확률게임에서 게임이 종료되기 전에 그 게임이 중단되었을 때 내기에 건 돈을 어떻게 분배하는지에 대한 문제(득점의 문제)도 포함되었던 것으로 알려지고 있다. 두 유명한 수학자가 게임(도박)과 관련된 문제에 관심을 갖고 있다는 사실에 의하여 확률론은 수학의 한 분야로서 많은 관심을 끌게 되었다. 한 예로, 네덜란드의 천문학자 호이겐스(Christian Huygens)는 파리를 방문하는 동안 파스칼과 페르마 사이의 확률에 대한 논의 결과 등

그간에 알려져 있는 결과를 접한 후, 네덜란드로 다시 돌아와서 페르마와 파스칼에 의하여 이미 해결되었던 여러 가지 문제를 포함한 결과를 발표하였다. 이러한 이유로 득점의 문제는 확률론의 시작과 관련이 있는 문제로 알려져 있다.

예제 2.19 [크랩스(Craps) 게임] 크랩스 게임은 두 개의 주사위를 가지고 다음과 같은 규칙에 따라 하는 게임이다. 처음 던져서 나온 두 주사위의 눈의 합이 7 또는 11이면, 승리하고 2, 3 또는 12이면, 게임에서 지게 된다. 그 밖의 결과가 나오면 7이나 첫 번째 시행의 결과가 다시 나올 때 까지 두 개의 주사위를 던지는 시행을 계속한다. 이때 첫 번째 시행의 결과와 같은 결과가 7보다 먼저 나오면 게임에서 이기며, 7이 먼저 나오면 게임에서 지게 된다. 이 게임에서 승리할 확률을 구하라.

풀이 E_k를 첫 번째 시행의 결과(나온 두 주사위의 눈의 합)가 k일 사건, W를 게임에서 이길 사건이라고 하자. 그러면 게임의 규칙에 의하여 명백하게

$$P(W|E_7)=P(W|E_{11})=1,\ P(W|E_2)=P(W|E_3)=P(W|E_{12})=0$$

이다. 이제 첫 번째 시행에서 게임이 끝나지 않을 때 게임에서 이길 확률을 구해보자. 먼저 첫 번째 시행의 결과가 4인 경우에 대하여 생각하자. 이때, U_n을 n번째 시행에서 4또는 7이 나올 사건, V_n을 n번째 시행에서 4가 나올 사건, W_n을 n번째 시행에서 게임이 승리로 끝날 사건이라고 하자. n번만에 그 게임이 승리로 끝나려면 두 번째부터 $n-1$번째 시행에서는 4와 7 모두 나오지 않고 n번만에 4가 나와야 한다. 따라서

$$P(W_n|E_4)=P(U_2^c\cdots U_{n-1}^c\,V_n|E_4)$$

이다. 한편 $P(U_i^c)=1-P(U_i)=\dfrac{27}{36},\ P(V_i)=\dfrac{3}{36},\ i=1,\ 2,\ \cdots$이고 시행은 독립적으로 이루어지므로

$$P(W_n|E_4)=\left(\frac{27}{36}\right)^{n-2}\frac{3}{36},\ n=2,\ 3,\ \cdots$$

이다. 따라서

$$\begin{aligned}P(W|E_4)&=P\left(\cup_{n=2}^{\infty}W_n|E_4\right)=\sum_{n=2}^{\infty}P(W_n|E_4)\\&=\frac{3}{36}\sum_{n=2}^{\infty}\left(\frac{27}{36}\right)^{n-2}\end{aligned}$$

$$= \frac{1}{3}.$$

같은 방법으로 다음을 얻는다.

$$P(W|E_5) = P(W|E_9) = \frac{4}{10},$$

$$P(W|E_6) = P(W|E_8) = \frac{5}{11},$$

$$P(W|E_{10}) = \frac{1}{3}$$

따라서 게임에서 이길 확률은 다음과 같다.

$$P(W) = \sum_{k=2}^{12} P(W|E_k)P(E_k)$$

$$= \frac{488}{990} \approx 0.4929.$$

✣

예제 2.20 [도박꾼의 파산문제(Gambler's ruin problem)] A와 B 두 사람이 앞면이 나올 확률이 $0 < p < 1$인 동전을 던지는 게임을 한다고 하자. 앞면이 나오면 A가 B로부터 1단위의 돈을 받고 뒷면이 나오면 B가 A로부터 1단위의 돈을 받는다고 하자. A가 i단위의 돈을, B는 $N-i$단위의 돈을 가지고 게임을 시작할 때, 다음 확률을 구하라. 단 2명 중 1명이 돈을 모두 따면 게임은 끝난다.

(1) A가 돈을 모두 딸 확률

(2) B가 돈을 모두 딸 확률

(3) 이 게임이 끝날 확률, 즉 A, B 둘 중 한 사람이 돈을 모두 따게 될 확률

(4) $N = \infty$이고 $i < \infty$일 때, A가 돈을 모두 딸 확률

풀이 E_i를 A가 i 단위의 돈을 B가 $N-i$ 단위의 돈을 가지고 게임을 시작할 때 A가 돈을 모두 딸 사건이라 하고 $P_i = P(E_i)$라 두자. 그러면 $P_0 = 0$, $P_N = 1$이다. 또한 H를 첫 번째 시행에서 앞면이 나올 사건이라 하자. 첫 번째 시행에서 H가 발생하였다면 첫 번째 시행 후에 A는 $i+1$ 단위의 돈을 B는 $N-i-1$ 단위의 돈을 가지게 된다. 시행은 서로 독립이고 매 시행에서 앞면이 나올 확률은 p로 동일하므로 첫 번째 시행에서 앞면이 나왔다는 가정하에 A가 모든 돈을 딸 조건부확률 $P(E_i|H)$은 $i+1$ 단위의 돈을 가지고 시작했을 때 돈을 모두 딸 확률 P_{i+1}과 같다. 따라서

$$P(E_i|H) = P_{i+1}.$$

첫 번째 시행에서 뒷면이 나오는 경우도 같은 방법으로 하여 다음을 얻는다.

$$P(E_i \mid H^c) = P_{i-1}$$

전확률공식에 의하여

$$\begin{aligned} P_i = P(E_i) &= P(E_i|H)P(H) + P(E_i|H^c)P(H^c) \\ &= pP_{i+1} + qP_{i-1},\ i = 1,\ 2,\ \cdots,\ N-1,\ (\text{단 } q = 1-p)\ . \end{aligned}$$

$P_i = pP_i + qP_i$를 이용하여 위 식을 다시 정리하면 다음과 같다.

$$P_{i+1} - P_i = \frac{q}{p}(P_i - P_{i-1}),\ i = 1,\ 2,\ \cdots,\ N-1$$

여기서 $P_0 = 0$이므로

$$P_{i+1} - P_i = \left(\frac{q}{p}\right)^i P_1,\ i = 1,\ 2,\ \cdots,\ N-1. \tag{2.4}$$

식 (2.4)의 처음 $i-1$개의 식을 좌변은 좌변끼리, 우변은 우변끼리 더하면

$$P_i - P_1 = P_1\left[\left(\frac{q}{p}\right) + \left(\frac{q}{p}\right)^2 + \cdots + \left(\frac{q}{p}\right)^{i-1}\right]$$

이 되고 이 식을 정리하면 다음과 같다.

$$P_i = \begin{cases} \dfrac{1-(q/p)^i}{1-(q/p)}P_1, & \dfrac{q}{p} \neq 1 \\ iP_1, & \dfrac{q}{p} = 1 \end{cases},\quad i = 1,\ 2,\ \cdots,\ N \tag{2.5}$$

한편 $P_N = 1$이므로 식 (2.5)로부터 P_1은 다음과 같음을 알 수 있다.

$$P_1 = \begin{cases} \dfrac{1-(q/p)}{1-(q/p)^N}, & p \neq \dfrac{1}{2} \\ \dfrac{1}{N}, & p = \dfrac{1}{2} \end{cases}$$

따라서

$$P_i = \begin{cases} \dfrac{1-(q/p)^i}{1-(q/p)^N}, & p \neq \dfrac{1}{2} \\ \dfrac{i}{N}, & p = \dfrac{1}{2} \end{cases},\quad i = 1,\ 2,\ \cdots,\ N. \tag{2.6}$$

Q_i는 식 (2.6)에서 p와 q를 교환하고 i와 $N-i$를 교환하여 얻는다. 즉,

$$Q_i = \begin{cases} \dfrac{1-(p/q)^{N-i}}{1-(p/q)^N}, & p \neq \dfrac{1}{2} \\ \dfrac{N-i}{N}, & p = \dfrac{1}{2} \end{cases}, \quad i = 1, 2, \cdots, N.$$

언젠가는 게임이 끝날 확률은 $P_i + Q_i = 1$이다. 식 (2.6)에서 $N \to \infty$ 하면 다음을 얻는다.

$$P_i^* = \begin{cases} 0, & p \leq \dfrac{1}{2} \\ 1-\left(\dfrac{q}{p}\right)^i, & p > \dfrac{1}{2} \end{cases}$$

따라서 $N = \infty$ 일 때, 앞면이 나올 확률이 $\dfrac{1}{2}$보다 크지 않으면 A가 돈을 모두 잃을 확률은 1이 된다. ✤

다음의 예제에서는 제1장에서 다루었던 짝을 찾는 문제(예제 1.37)를 조건부확률을 이용하여 풀이한다.

예제 2.21 [짝을 찾는 문제] N명이 참석한 어떤 모임에서 자신의 이름표를 바구니 속에 담고 잘 섞은 다음 임의로 한 장의 이름표를 선택할 때 자신의 이름표를 선택한 사람에게 상품을 준다고 하자. 1명도 상품을 타지 못할 확률 $P_0(N)$은 얼마인가?

풀이 먼저 특정한 한 사람 A를 정하여 이 사람이 처음으로 이름표를 선택한다고 하자. 자기 자신의 이름표를 선택한 사람이 한 사람도 없을 사건을 E, A가 자신의 이름표를 선택할 사건을 F라 하자. 그러면 명확하게 $P_0(N) = P(E)$이고 $P(E|F) = 0$이다. 또한 $P(F) = \dfrac{1}{N}$이므로 전확률공식에 의하여

$$P_0(N) = P(E|F)P(F) + P(E|F^c)P(F^c) = \frac{N-1}{N}P(E|F^c) \tag{2.7}$$

이다. A가 다른 사람의 이름표를 선택했을 때, 즉 F^c이 발생하였을 때, A가 선택한 이름표의 주인을 B라 하자. 이때 B가 A의 이름표를 선택할 사건을 G라 하자. 사건 G가 발생하였다면 E가 발생하기 위해서는 나머지 $n-2$명 중 자신의 이름표를 선택한 사람이 1명도 없어야 한다. 따라서

$$P(E|GF^c) = P_0(N-2)$$

이다. 또한 $P(G|F^c) = \dfrac{1}{N-1}$ 이므로 조건부확률에 대한 곱의 공식을 사용하면 다음을 얻는다.

$$P(EG\,|\,F^c) = P(E\,|\,GF^c)P(G\,|\,F^c) = \frac{1}{N-1}P_0(N-2)$$

한편 F^c라는 가정하에서 G^c와 E가 발생한다는 것은 A의 이름표를 B의 이름표로 간주하고 $N-1$명이 1명도 자신의 이름표를 선택하지 않은 사건과 동일하므로 $P(G^cE\,|\,F^c) = P_0(N-1)$이다. 따라서

$$\begin{aligned} P(E\,|\,F^c) &= P(EG\,|\,F^c) + P(EG^c\,|\,F^c) \\ &= \frac{1}{N-1}P_0(N-2) + P_0(N-1). \end{aligned} \tag{2.8}$$

식 (2.7)과 (2.8)로부터 다음과 같은 반복식을 얻는다.

$$P_0(N) = \frac{1}{N}P_0(N-2) + \frac{N-1}{N}P_0(N-1)$$

이것을 정리하면

$$P_0(N) - P_0(N-1) = -\frac{1}{N}(P_0(N-1) - P_0(N-2)),\ N \ge 2. \tag{2.9}$$

명백하게 $P_0(1) = 0,\ P_0(2) = \dfrac{1}{2}$ 이므로 (2.9)로부터 $N=3$인 경우는

$$P_0(3) - P_0(2) = -\frac{1}{3}(P_0(2) - P_0(1)) = -\frac{1}{3!}$$

이고 따라서

$$P_0(3) = \frac{1}{2!} - \frac{1}{3!}.$$

이와 같은 방법을 반복하면 다음을 얻는다.

$$P_0(N) = \frac{1}{2!} - \frac{1}{3!} + \frac{1}{4!} - \cdots + (-1)^N\frac{1}{N!}$$

이는 경우의 수를 계산하여 얻은 제1장의 예제 1.37의 결과와 일치한다. ✣

예제 2.22 귀한 골동품을 가지고 있는 사람이 자신의 골동품을 팔기 위하여 골동품을 구매하기를 희망하는 사람과 무작위로 한 사람씩 면담을 하기로 하였다. 골동품 주인은 매번 면담 직후 구매자가 제시하는 가격을 보고 그 가격에 골동품을 팔 것인지 말 것인지를 정해야 한다고 하자. 그 골동품을 구매하기를 희망하는 사람은 면담 전에 이미 희망하는 가격을 정해서 놓고 있으며 각자 정해놓은 가격은 모두 다르다고 하자. 골동품 주인은 구매를 원하는 사람이 정한 가격 중 가장 높은 가격에 골동품을 팔기 위하여 다음과 같은 전략을 세웠다. 구매를 원하는 사람이 n명일 때, 처음 $r-1$명의 면담자에게는 무조건 판매를 거부하고 그들이 제시하는 가격을 알아본 다음 r번째 면담자부터 이미 $r-1$명이 제시한 금액 중 최고 금액 보다 많은 금액을 제시하는 첫 번째 사람에게 골동품을 팔기로 한다. 다음 물음에 답하여라.

(1) 골동품 주인의 구매전략에 따를 경우 구매를 원하는 사람 n명 중 가장 높은 금액으로 골동품을 사기를 원하는 사람에게 그 골동품을 팔 확률은

$$p(r,\ n) = \sum_{k=r}^{n} \left(\frac{r-1}{k-1} \frac{1}{n} \right)$$

이 됨을 보여라.

(2) 주어진 n에 대하여 $p(r,\ n)$을 최대로 하는 r의 값은

$$r^* = \max\left\{ 2 \le r \le n : \frac{1}{r-1} + \frac{1}{r} + \cdots + \frac{1}{n-1} \ge 1 \right\}$$

이 됨을 보여라.

(3) $n = 5,\ 10,\ 50,\ 100,\ 500,\ 1000,\ 5000$일 때 r^*의 값과 $p(r^*,\ n)$의 값을 구하고 n의 값이 증가하면서 $\frac{r^*}{n}$과 $p(r^*,\ n)$이 어떤 값에 가까이 가는지 조사하여라.

풀이 (1) n명 중 가장 높은 가격에 구매를 희망하는 사람을 C^*라고 하자. 그 골동품이 C^*에게 팔릴 사건을 A, 골동품 주인이 C^*와 k번째로 면담을 할 사건을 B_k $(k = 1,\ 2,\ \cdots,\ n)$라고 하자. B_k가 주어졌다는 가정하에 A가 발생하기 위해서는 C^*보다 먼저 면담을 한 $k-1$명 중에서 가장 높은 가격을 제시한 사람이 처음의 $r-1$명의 면담자에 포함되어 있어야 한다. 면담의 순서는 무작위로 정해지므로

$$P(B_k) = \frac{1}{n},\ k = 1,\ 2,\ \cdots,\ n$$

$$P(A|B_k) = \begin{cases} 0, & k = 1,\ 2,\ \cdots,\ r-1 \\ \dfrac{r-1}{k-1}, & k = r,\ r+1,\ \cdots,\ n \end{cases}$$

이다. 전확률공식에 의하여

$$p(r,\ n)=\sum_{k=1}^{n}P(A|B_k)P(B_k)=\sum_{k=r}^{n}\left(\frac{r-1}{k-1}\frac{1}{n}\right).$$

(2) 위의 (1)로부터 $p(r+1,\ n)-p(r,\ n)$을 계산하면

$$p(r+1,\ n)-p(r,\ n)=\frac{r}{n}\sum_{k=r+1}^{n}\frac{1}{k-1}-\frac{r}{n}\sum_{k=r}^{n}\frac{1}{k-1}+\frac{1}{n}\sum_{k=r}^{n}\frac{1}{k-1}$$
$$=\frac{1}{n}\left(\sum_{k=r+1}^{n}\frac{1}{k-1}-1\right).$$

따라서 $p(r,\ n)\le p(r+1,\ n)$일 필요충분조건은

$$\sum_{k=r+1}^{n}\frac{1}{k-1}=\sum_{k=r}^{n-1}\frac{1}{k}\ge 1$$

이므로 $p(r,\ n)$을 최대로 하는 r은 다음을 만족해야 한다.

$$\frac{1}{r}+\frac{1}{r+1}+\cdots+\frac{1}{n-1}<1\le\frac{1}{r-1}+\frac{1}{r}+\cdots+\frac{1}{n-1}$$

즉, $r=r^*$일 때, $p(r,\ n)$은 최댓값을 갖는다.

(3) 다음 표는 몇 가지 n에 대하여 r^*, $p(r^*,\ n)$ 및 $\frac{r^*}{n}$의 값을 계산한 것이다.

n	5	10	50	100	500	1000	5000
r^*	3	4	19	38	185	369	1840
$p(r^*,\ n)$	0.433	0.399	0.374	0.371	0.369	0.368	0.368
$\frac{r^*}{n}$	0.600	0.400	0.380	0.380	0.370	0.369	0.368

이 표로부터 n이 증가함에 따라 $\frac{r^*}{n}$의 값과 $p(r^*,\ n)$의 값이 0.368에 가까워지는 것을 알 수 있다. 실제로 충분히 큰 n에 대하여 $r=r^*\approx\frac{n}{e}\approx 0.368n$일 때 $p(r,\ n)$은 최댓값 $\frac{1}{e}\approx 0.368$을 가짐을 보일 수 있다(연습문제 11). 따라서 n이 충분히 클 때 전체 구매 희망자 중 약 36.8%와 면담을 한 후 최고의 금액을 제시하는 사람에게 골동품을 팔려는 전략을 세울 경우 최고의 가격으로 팔 확률이 $\frac{1}{e}\approx 0.368$로 가장 높다. 이것을 최적 선택의 문제에서 36.8% 규칙 또는 간단히 37% 규칙이라고 한다. ✣

예제 2.22는 가장 많은 지참금을 제시하는 신부감을 찾는 술탄의 지참금 문제(sultan's dowry problem), 최선의 비서를 채용하는 비서채용문제(secretary problem) 등 다양한 형태의 문제로 알려져 있다.

예제 2.23 [항아리 모형] 파란 공이 b개, 빨간 공이 r개 들어 있는 항아리를 생각하자. 이 항아리에서 임의로 한 개의 공을 꺼내 색깔을 확인한 다음 꺼냈던 공과 함께 같은 색깔의 공 c개, 그 공과 다른 색깔의 공 d개를 추가로 항아리에 집어넣고 추출 작업을 반복한다고 하자. 예를 들어 $b=5$, $r=6$, $c=3$, $d=1$이라고 할 때, 처음 꺼낸 공이 파란 색이면 추출했던 공과 함께 파란 공 3개와 빨간 공 1개를 항아리 속에 넣는다. 따라서 두 번째 추출하기 전에 항아리 속에는 파란 공 8개와 빨간 공 7개가 있게 된다. 여기서 c와 d는 음의 정수의 값도 취할 수 있다. $c<0$이거나 $d<0$인 경우는 $|c|$개, $|d|$개의 공을 꺼내는 것으로 생각하면 된다. $c=-1$, $d=0$인 경우는 비복원 추출을 의미하고 $c=d=0$인 경우는 복원추출을 의미한다. i번째 시행에서 추출된 공이 파란 공일 사건을 B_i, 빨간 공일 사건을 R_i라 할 때 $P(B_1R_2)$와 $P(R_1B_2)$를 구하고 각각의 확률이 서로 같은지 비교하여 보아라.

풀이 곱의공식에 의하여 다음을 얻는다.

$$P(B_1R_2)=P(R_2\,|\,B_1)P(B_1)=\frac{b}{b+r}\cdot\frac{r+d}{b+r+c+d}$$

$$P(R_1B_2)=P(B_2\,|\,R_1)P(R_1)=\frac{r}{b+r}\cdot\frac{b+d}{b+r+c+d}$$

따라서 $P(B_1R_2)\neq P(R_1B_2)$이다. 그러나 $d=0$이면 $P(B_1R_2)=P(R_1B_2)$임을 알 수 있다. ✣

다음의 예제에서 다루는 항아리 모형은 전염병의 확산과정과 같이 한 번 일어난 사건은 그 다음에 일어날 가능성이 증가하고 그렇지 않은 경우는 감소하는 현상을 모형화한 것이다. 공을 한 번 꺼낸 다음 같은 색깔의 공을 추가하고 다른 색깔의 공은 그대로 두기 때문에 다음 번 추출에서 앞서 추출한 공과 같은 색깔의 공이 추출될 확률이 증가한다.

예제 2.24 [폴리아의 항아리 모형(Polya's Urn Model)] 예제 2.23에서 $c\geq 0$, $d=0$인 경우를 생각하자.

(1) n개의 공을 꺼낼 때 파란 공이 k개, 빨간 공이 $n-k$개 나올 확률 $p_n(k)$는 다음과 같음을 보여라.

$$p_n(k) = \frac{\left[\frac{1}{k!}\prod_{i=0}^{k-1}(b+ic)\right] \cdot \left[\frac{1}{(n-k)!}\prod_{j=0}^{n-k-1}(r+jc)\right]}{\frac{1}{n!}\prod_{i=0}^{n-1}(b+r+ic)}, \ k=0,\ 1,\ \cdots,\ n \tag{2.10}$$

(2) $P(B_n) = \frac{b}{b+r}$, $n=1,\ 2,\ \cdots$을 보여라.

(3) 모든 자연수 $m < n$에 대하여 다음이 성립함을 보여라.

$$P(B_m B_n) = \frac{b}{b+r}\frac{b+c}{b+r+c}, \tag{2.11}$$

$$P(B_m R_n) = \frac{b}{b+r}\frac{r}{b+r+c} \tag{2.12}$$

풀이 (1) $n=1$일 때

$$p_1(k) = \frac{\binom{b}{k}\binom{r}{1-k}}{\binom{b+r}{1}} = \begin{cases} \frac{r}{b+r}, & k=0 \\ \frac{b}{b+r}, & k=1 \end{cases}$$

이 되어 (2.10)이 성립한다. 이제 $p_{n-1}(k)$, $k=0,\ 1,\ \cdots,\ n-1$이 (2.10)을 만족한다고 가정하자. n번의 시행에서 k개의 파란 공이 나올 사건을 $C_{n,\ k}$라 하자. n번의 시행을 했을 때 j의 파란 공이 나왔다면 항아리 속에는 $b+jc$개의 파란 공과 $r+(n-j)c$개의 빨간 공이 들어 있다. 따라서

$$P(C_{n+1,\ k} \mid C_{n,\ j}) = \begin{cases} \frac{r+(n-j)c}{b+r+nc}, & k=j \\ \frac{b+jc}{b+r+nc}, & k=j+1 \\ 0, & \text{그 밖에} \end{cases}$$

전확률공식과 귀납법의 가정에 의하여

$$\begin{aligned} p_{n+1}(k) &= P(C_{n+1,\ k}) = \sum_{j=0}^{n} P(C_{n+1,\ k} \mid C_{n,\ j})p_n(j) \\ &= P(C_{n+1,\ k} \mid C_{n,\ k-1})p_n(k-1) + P(C_{n+1,\ k} \mid C_{n,\ k})p_n(k) \\ &= \frac{\left[\frac{1}{k!}\prod_{i=0}^{k-1}(b+ic)\right] \cdot \left[\frac{1}{(n-k+1)!}\prod_{j=0}^{n-k}(r+jc)\right]}{\frac{1}{(n+1)!}\prod_{i=0}^{n}(b+r+ic)}, \ k=0,\ 1,\ \cdots,\ n+1. \end{aligned}$$

수학적 귀납법에 의하여 모든 자연수 n에 대하여 $p_n(k),\ \ k=0,\ 1,\ \cdots,\ n$은 (2.10)을 만족한다.

(2) 명백하게 $P(B_1)=\dfrac{b}{b+r}$ 이다. 이제 $P(B_n)=\dfrac{b}{b+r}$ 을 가정하자. 첫 번째 시행에서 파란 공이 나왔다면 첫 번째 시행 후에 항아리 속에는 $b+c$개의 파란 공과 r개의 빨간 공이 들어있게 된다. 한편 $P(B_{n+1}\,|\,B_1)$은 $b+c$개의 파란 공과 r개의 빨간 공이 들어 있는 항아리에서 공을 추출할 때 n번째 시행에서 파란 공이 나올 확률과 같다. 귀납법의 가정에 의하여

$$P(B_{n+1}\,|\,B_1)=\frac{b+c}{b+r+c}$$

이다. 같은 방법으로 다음을 알 수 있다.

$$P(B_{n+1}|R_1)=\frac{b}{b+r+c}$$

전확률 공식에 의하여

$$\begin{aligned}P(B_{n+1})&=P(B_{n+1}|B_1)P(B_1)+P(B_{n+1}|R_1)P(R_1)\\&=\frac{b+c}{b+r+c}\cdot\frac{b}{b+r}+\frac{b}{b+r+c}\cdot\frac{b}{b+r}\\&=\frac{b}{b+r}.\end{aligned}$$

수학적 귀납법에 의하여 모든 자연수 n에 대하여 $P(B_n)=\dfrac{b}{b+r}$ 이다.

(3) 위의 (2)의 증명과정에서 다음이 성립함을 보였다.

$$P(B_n|B_1)=\frac{b+c}{b+r+c}$$

따라서

$$P(B_1B_n)=P(B_1)P(B_n|B_1)=\frac{b}{b+r}\cdot\frac{b+c}{b+r+c}$$

이 되어 $m=1<n$일 때 (2.11)이 성립한다. 고정된 $m(<n)$에 대하여 (2.11)이 성립한다고 가정하자. $m-1$번의 시행에서 k개의 파란 공이 추출되었다면 m번째 시행을 하기 전에 항아리 속에는 $b+kc$개의 파란 공과 $r+(m-1-k)c$개의 빨간 공이 들어있게 된다. 따라서

$$P(B_m \mid C_{m-1,\,k}) = \frac{b+kc}{b+r+(m-1)c}.$$

위의 (2)의 결과와 전확률공식에 의하여

$$\begin{aligned}\frac{b}{b+r} = P(B_m) &= \sum_{k=0}^{m-1} = P(B_m \mid C_{m-1,\,k})P(C_{m-1,\,k}) \\ &= \sum_{k=0}^{m-1} \frac{b+kc}{b+r+(m-1)c} p_{m-1}(k) \\ &= \sum_{k=0}^{m-1} \frac{k+1}{m} p_m(k+1) = \sum_{k=1}^{m} \frac{k}{m} p_m(k) \end{aligned} \tag{2.13}$$

한편 곱의 공식에 의하여 다음을 얻는다.

$$\begin{aligned} P(B_m B_n) &= \sum_{k=0}^{m-1} P(B_m B_n C_{m-1,\,k}) \\ &= \sum_{k=0}^{m-1} P(B_n \mid C_{m-1,\,k} B_m) P(B_m \mid C_{m-1,\,k}) P(C_{m-1,\,k}) \end{aligned}$$

$m-1$번의 시행에서 k개의 파란 공이 추출되고 다시 m번째 시행에서 파란 공이 추출되었다면 m번째 시행 후에 항아리 속에는 $b+(k+1)c$개의 파란 공과 $r+(m-k-1)c$개의 빨간 공이 들어 있게 된다. 따라서 $P(B_n \mid C_{m-1,\,k} B_m)$는 $b+(k+1)c$개의 파란 공과 $r+(m-k-1)c$개의 빨간 공이 들어 있는 항아리에서 공을 추출할 때 $n-m$번째 시행에서 파란 공이 나올 확률과 같으므로 (2)에 의하여

$$P(B_n \mid C_{m-1,\,k} B_m) = \frac{b+(k+1)c}{b+r+mc}$$

이다. 또한 $P(B_m \mid C_{m-1,\,k}) = \dfrac{b+kc}{b+r+(m-1)c}$, $P(C_{m-1,\,k}) = p_{m-1,\,k}$이므로 귀납법의 가정에 의하여 다음을 얻는다.

$$\begin{aligned} \frac{b}{b+r}\frac{b+c}{b+r+c} &= P(B_m B_n) \\ &= \sum_{k=0}^{m-1} \frac{b+(k+1)c}{b+r+mc} \frac{b+kc}{b+r+(m-1)c} p_{m-1}(k) \\ &= \sum_{k=0}^{m-1} \frac{b+(k+1)c}{b+r+mc} \cdot \frac{k+1}{m} p_{m(k+1)} \end{aligned}$$

$$= \sum_{k=1}^{m} \frac{b+kc}{b+r+mc} \cdot \frac{k}{m} p_{m(k)} \tag{2.14}$$

이제 $m+1(<n)$일 때, (2.11)이 성립함을 보인다. 곱의 공식에 의하여

$$P(B_{m+1}B_n) = \sum_{k=0}^{m} P(B_n | C_{m,\,k}B_{m+1}) P(B_{m+1}|C_{m,\,k}) P(C_{m,\,k})$$
$$= \sum_{k=0}^{m} \frac{b+(k+1)c}{b+r+(m+1)c} \frac{b+kc}{b+r+mc} p_m(k).$$

한편

$$\frac{b+(k+1)c}{b+r+(m+1)c} \frac{b+kc}{b+r+mc} p_m(k)$$
$$= \frac{b+c}{b+r+(m+1)c} \frac{b}{b+r+mc} p_m(k)$$
$$+ \frac{b+c}{b+r+(m+1)c} \frac{mc}{b+r+mc} \frac{k}{m} p_m(k)$$
$$+ \frac{mc}{b+r+(m+1)c} \frac{b+kc}{b+r+mc} \frac{k}{m} p_m(k)$$

이고 $\sum_{k=0}^{m} p_m(k) = 1$이므로 (2.13)과 (2.14)에 의하여 다음을 얻는다.

$$P(B_{m+1}B_n) = \frac{1}{b+r+(m+1)c} \frac{1}{b+r+mc} \times$$
$$\left((b+c)b + (b+c)mc \frac{b}{b+r} + mc(b+r+mc) \frac{b}{b+r} \frac{b+c}{b+r+c} \right)$$
$$= \frac{b}{b+r} \frac{b+c}{b+r+c}$$

수학적 귀납법에 의하여 (2.11)이 증명된다. 같은 방법으로 (2.12)가 성립함을 보일 수 있다. ✤

예제 2.24의 (2.10)에서 주어진 $p_n(k)$에서

$$p = \frac{b}{b+r}, \quad q = \frac{r}{b+r}, \quad \gamma = \frac{c}{b+r}$$

로 두면 $p_n(k)$는 다음과 같이 쓸 수 있다(연습문제 14).

$$p_n(k) = \frac{\binom{-p/\gamma}{k}\binom{-q/\gamma}{n-k}}{\binom{-1/\gamma}{n}},\ k=0,\ 1,\ \cdots,\ n$$

이것을 폴리아(Polya)분포라고 한다.

예제 2.25 [죄수의 문제] 어느 나라에서 3명의 죄수 A, B, C가 교도소에 갇혀 있다고 하자. 그 나라에서는 국가 기념일을 맞이하여 세 사람 중 임의로 1명을 택하여 석방하기로 하였다. 세 사람의 죄수는 셋 중 1명이 석방될 것은 알지만 석방당일까지는 죄수 본인에게 석방 여부를 알려주는 것은 법으로 금지되어 있다. 죄수 중 A는 다른 죄수 B와 C 중에서 누가 교도소에 그대로 남아 있을지를 안다면 자신을 포함한 나머지 1명 중 석방될 것이므로 자신이 석방될 확률은 $\frac{1}{2}$이 될 것이라고 생각하여 교도관에게 B와 C 중 누가 남게 될 것인지를 물었다. 교도관은 A의 석방여부에 관계없이 B와 C 중에 1명은 그대로 남게 될 것이므로 나머지 한명에 대한 정보를 알려주어도 법을 위반하는 것은 아니라고 생각하였다. 교도관이 B가 남게 될 것이라고 A에게 말하였다는 가정하에 A가 석방될 확률을 구하고 A의 생각이 맞는지 교도관의 생각이 맞는지 설명하라.

풀이 F_A, F_B, F_C를 각각 죄수 A, B, C가 석방될 사건, S_A, S_B, S_C를 각각 죄수 A, B, C가 남게 될 것이라고 교도관이 A에게 말할 사건이라고 하자. 이때 교도관과 죄수 A의 생각을 확률로 표시하면 각각 다음과 같다.

$$P(F_A \mid S_B) = \frac{1}{3},\ P(F_A \mid S_B) = \frac{1}{2}$$

한편 3명 중 임의로 1명을 선택하여 석방하므로

$$P(F_A) = P(F_B) = P(F_C) = \frac{1}{3}$$

이다. 또한 B가 석방될 예정이면 교도관은 A에게 C에 대한 정보만 이야기해야 하고 C가 석방될 예정이면 B에 대한 정보만 이야기해야 한다. 따라서 $P(S_C \mid F_B) = P(S_B \mid F_C) = 1$이다. 또한 자명하게 $P(S_B \mid F_B) = 0$이다. 베이즈 공식에 의하여 다음을 얻는다.

$$P(F_A \mid S_B) = \frac{P(S_B \mid F_A)P(F_A)}{P(S_B \mid F_A)P(F_A) + P(S_B \mid F_B)P(F_B) + P(S_B \mid F_C)P(F_C)}$$

$$= \frac{P(S_B | F_A)}{P(S_B | F_A)P(F_A)+1}$$

따라서 교도관이 A에게 B에 대한 정보를 알려주는 방식에 따라 A가 석방될 확률이 달라지게 된다. 만약 A가 석방되게 되었을 때 교도관이 임의로 B와 C 중 한 사람에 대한 정보를 A에게 알려준다면

$$P(S_B | F_A) = \frac{1}{2}$$

이고 따라서

$$P(F_A | S_B) = \frac{1}{3}$$

이다. 그러나 교도관이 B에 대한 정보만을 알려주기로 미리 정하였다면

$$P(S_B | F_A) = 1$$

이므로

$$P(F_A | S_B) = \frac{1}{2}$$

이다. 일반적으로 A가 석방될 때 B에 대한 정보를 알려줄 확률이 p라면 즉 $P(S_B | F_A) = p$이면 구하는 확률은

$$P(F_A | S_B) = \frac{p}{p+1}$$

가 되어 $[0, \frac{1}{2}]$ 사이의 모든 값을 취할 수 있게 된다. ✤

죄수 A에게 B가 감옥에 남게 될 것이라고 이야기한 다음에 A에게 이름을 C로 바꿀 생각이 있는지 묻는다면 세 죄수의 문제는 몬티홀 문제(예제 1.35)와 본질적으로 같은 문제이다.

예제 2.26 [부계확인 문제] 갑돌이라는 사람이 병식이라는 자식을 둔 을순이라는 여인으로부터 부계확인 소송을 당했다고 하자. 혈액형 검사를 하였더니 갑돌이는 B형 을순이는 A형, 병식이는 B형이었다. ABO식 혈액형에서 그 인자형과 표현형 및 그 비율은 다음과 같다고 한다.[1)]

1) Statistics and the Law, by M. H. de Groot, S. B. Fienberg, and J. B. Kadane, 1986, John Wiley & Sons.

인자형	OO	AO	AA	BO	BB	AB
표현형	O	A	A	B	B	AB
비율	0.479	0.310	0.050	0.116	0.007	0.038

E를 병식이의 혈액형이 B형일 사건, F를 갑돌이가 병식이의 친부일 사건이라 하자. 갑돌이의 혈액형의 인자형은 모른다고 가정하자. 만약 병식이의 혈액형이 B형이라면 을순이의 인자형은 AO이어야 하고 병식이의 인자형은 BO가 된다. 임의로 선택한 사람의 형액형이 B형일 사건을 G_b, 그의 인자형이 BO일 사건을 G_{bo}, BB일 사건을 G_{bb}라 하자. 또한 F_{bo}와 F_{bb}를 각각 갑돌이의 인자형이 BO와 BB일 사건이라 하자. 갑돌이의 유전자형이 'BO'일 때 유전자 B와 O 중에서 B가 병식이에게 전달될 확률은 $\frac{1}{2}$이고 유전자형이 'BB'일 때 B가 전달될 확률은 1이다. 따라서 전확률 공식에 의하여 다음을 얻는다.

$$\begin{aligned}P(E|F) &= P(E|F_{bo}F)P(F_{bo}|F) + P(E|F_{bb}F)P(F_{bb}|F)\\ &= \frac{1}{2}\cdot\frac{0.116}{0.123} + 1\cdot\frac{0.007}{0.123} = \frac{0.065}{0.123} \approx 0.5284\end{aligned}$$

또한 갑돌이가 병식이의 친부가 아닐 때, E의 확률은 A형인 을순이가 B형인 자식을 둘 확률과 같으므로

$$\begin{aligned}P(E|F^c) &= P(E|G_{bo})P(G_{bo}) + P(E|G_{bb})P(G_{bb})\\ &= \frac{1}{2}\cdot 0.116 + 1\cdot 0.007 = 0.065\end{aligned}$$

이다. 두 조건부확률의 비율은

$$\frac{P(E|F)}{P(E|F^c)} = \frac{1}{0.123} = 8.13$$

이고, 이때 이 비율을 부계지수(paternity index)라고 한다. 이는 갑돌이가 병식이의 친부일 가능성이 임의로 선택한 사람이 병식이의 친부일 가능성의 8.13배임을 의미한다. 베이즈 정리를 이용하면

$$P(F|E) = \left(1 + \frac{P(F^c)}{P(F)}\frac{P(E|F^c)}{P(E|F)}\right)^{-1}$$

을 얻는다. 이를 위하여 사전 확률 $P(F)$를 알 필요가 있다. 을순이는 갑돌이가 병식이의 아버지라고 주장하고 갑돌이는 아니라고 주장하므로 $P(F) = \frac{1}{2}$로 가정하자. 그러면

$$P(F|E) = \frac{1}{1.123} = 0.8904$$

가 된다. 혈액형 검사만으로 판단을 하기가 불확실하여 다른 유전자 증거를 찾았다고 하자. 이 유전정보를 편의상 a, b로 나타내고 발현형과 그 비율은 다음과 같다고 하자.

발현형	aa	ab	bb
비율	0.504	0.412	0.084

이때 자식의 유전자가 ab가 되기 위해서는 아버지로부터 b라는 유전자를 물려받아야 한다고 하자. 을순이와 갑돌이의 유전자를 각각 aa, ab라고 하고 병식이의 유전자가 ab일 사건을 H라고 하면 $P(H|F) = 0.5$이다. 한편 임의로 한 사람을 택했을 때 그 자식의 유전자에 a가 있을 확률은

$$P(H|F^c) = (0.5)(0.412) + (1)(0.084) = 0.290$$

이다. 이 유전형질이 혈액형과는 무관하다고 하면

$$P(H|EF) = P(H|F),\ P(H|EF^c) = P(H|F^c)$$

이 되어 다음을 얻는다.

$$\begin{aligned}\frac{P(F|EH)}{P(F^c|EH)} &= \frac{P(FEH)}{P(F^cEH)} = \frac{P(F)}{P(F^c)}\frac{P(E|F)}{P(E|F^c)}\frac{P(H|FE)}{P(H|F^cE)} \\ &= \frac{P(F)}{P(F^c)}\frac{P(E|F)}{P(E|F^c)}P(H|F)P(H|F^c) = 14.016\end{aligned}$$

따라서

$$P(F|EH) = \left(1 + \frac{1}{14.016}\right)^{-1} = \frac{1}{1.0713} = 0.933$$

이 되어 갑돌이가 친부일 가능성이 높아졌다. ✣

예제 2.27 [라플라스의 계승법칙(Laplace's Rule of succession)] 상자 속에 $k+1$개의 동전이 들어 있다. i번째 동전을 던질 때 앞면이 나타날 확률은 $\frac{i}{k}$, $i = 0, 1, \cdots, k$이다. 이 상자에서 무작위로 하나의 동전을 선택하여 n번 던졌을 때 모두 앞면이 나왔다는 가정하에 $(n+1)$번째에서도 앞면이 나올 조건부확률은 얼마인가?

풀이 E_i, $i = 0, 1, \cdots, k$을 i번째 동전이 선택될 사건, F_n을 n번을 던져서 모두 앞면

이 나올 사건, F를 $n+1$번째 앞면이 나올 사건이라고 하면 구하는 확률은 $P(F|F_n)$이고 조건부확률의 전확률공식에 의하여

$$P(F|F_n)=\sum_{i=0}^{k}P(F|F_nE_i)P(E_i|F_n)$$

을 얻는다. 하나의 동전이 선택되었을 때 매 시행은 서로 독립이므로 E_i가 주어졌을 때 F_n과 F는 조건부로 독립이다. 따라서

$$P(F|F_nE_i)=P(F|E_i)=\frac{i}{k}.$$

또한 베이즈 정리에 의하여

$$P(E_i|F_n)=\frac{P(F_n|E_i)P(E_i)}{\sum_{j=0}^{k}P(F_n|E_j)P(E_j)}=\frac{(i/k)^n[1/(k+1)]}{\sum_{j=0}^{k}(j/k)^n[1/(k+1)]}$$

이므로 다음을 얻는다.

$$P(F|F_n)=\frac{\sum_{i=0}^{k}(i/k)^{n+1}}{\sum_{j=0}^{k}(j/k)^n}$$

충분히 큰 k에 대하여 다음과 같은 적분근사를 사용할 수 있다.

$$\frac{1}{k}\sum_{i=0}^{k}\left(\frac{i}{k}\right)^{n+1}\approx\int_0^1 x^{n+1}dx=\frac{1}{n+2}$$

$$\frac{1}{k}\sum_{j=0}^{k}\left(\frac{j}{k}\right)^{n}\approx\int_0^1 x^{n}dx=\frac{1}{n+1}$$

따라서 충분히 큰 k에 대하여

$$P(F|F_n)\approx\frac{n+1}{n+2}$$

이다. ✣

예제 2.27과 관련하여 다음과 같은 이야기가 있다. 지난 5,000년(1,826,213일) 동안 매일 해가 떠올랐는데 내일 다시 해가 뜰 확률은 얼마인가? 해는 매일 서로 독립적으로 떠

오르고 해가 뜰 확률은 정확하게 알 수 없지만 매일 같은 확률로 떠오른다고 가정한다. 이 문제에 대한 해결을 위하여 라플라스는 위의 예제와 결과적으로 동일한 모형인 다음과 같은 항아리 모형을 사용하였다. 먼저 $k+1$개의 항아리를 생각하자. 각 항아리에는 $0, 1, 2, \cdots, k$와 같이 번호가 붙어 있고 i번 번호가 붙은 항아리에는 i개의 흰 공과 $k-i$개의 검은 공이 들어 있다. 임의로 한 항아리를 선택하여 그 항아리에서 복원추출을 계속 시행한다. 흰 공이 나오면 (예제 2.27에서는 동전의 앞면에 해당) 해가 뜨는 것에 대응 되고 검은 공이 나오면 (예제 2.27에서는 동전의 뒷면에 해당) 해가 뜨지 않는 것에 대응된다. 라플라스의 계승법칙을 이용하면 1826213번 모두 흰 공이 나왔다는 가정하에 다음 번에 다시 흰 공이 나올 확률에 해당된다. 따라서 내일 다시 해가 뜰 확률은 $\frac{1826214}{1826215}$이 된다. 이 결과에 따르면 내일 다시 해가 뜰 것인가 말 것인가에 내기를 한다면 1826214 대 1로 해가 뜨는 쪽에 거는 것이 합리적이라는 것이다. 여기서 사용한 기본적인 가정을 살펴보면 해는 매일 독립적으로 떠오르고 매일 해가 뜰 확률은 $[0, 1]$에서 임의로 선택한 한 값- 그것을 p라 하자- 이라는 것이다. 여기서는 p에 대한 근삿값으로 $[0, 1]$을 k등분하여 얻은 값 $\frac{i}{k}$, $i=0, 1, 2, \cdots, k$을 사용하였다.

이 문제를 해결하는 방식에는 최소한 다음과 같은 것이 문제점으로 지적된다. 하나는 해가 뜨는 것이 우연성이 있는 확률적 현상이냐 아니면 결정적 현상이냐 하는 것이다. 확률적 현상이고 이 모형이 물리적으로 적합하다고 하더라도 모르는 확률(여기서는 해가 뜰 확률)을 균등분포로 근사하는 것이 타당한가 하는 것이다.

EXERCISES 2.3 연습문제

1. 암 진단 검사는 실제로 암에 걸려 있는 사람과 그렇지 않은 사람 모두 95% 정확하게 진단할 수 있다고 한다. 모집단의 0.4%가 암에 걸려 있다고 하자. 어떤 사람이 검사 결과 암에 걸려 있다는 판정을 받았다면 그 사람이 실제 암에 걸려 있을 확률은 얼마인가?

2. 한 부부가 k명의 자녀를 둘 확률을 p_k, $k=0, 1, 2, \cdots$라 하고 아들이나 딸이 태어날 확률은 동일하게 $\frac{1}{2}$이며 매번 태어나는 자녀가 아들인지 딸인지는 서로 독립이라 하자. 다음 확률을 구하라.

   (1) 임의로 한 부부를 택하였을 때, 그 부부에게 아들만 있을 확률

(2) 한 부부에게 아들만 있다는 가정하에 그 아들이 유일한 자식일 확률

3. 한 항아리에 검은 공과 흰 공이 각각 5개씩 들어있다. 다음을 구하라.

(1) 5개의 공을 동시에 추출할 때, 최소한 2개의 검은 공이 나왔다는 가정하에 정확하게 3개의 검은 공이 나올 확률

(2) 5개의 공을 비복원 추출 할 때, 처음 2개가 검은 공이라는 가정하에 정확하게 3개의 검은 공이 나올 확률

(3) 5개의 공을 복원 추출 할 때, 최소한 2개의 검은 공이 나왔다는 가정하에 정확하게 3개의 검은 공이 나올 확률

4. 갑, 을, 병 세 사람이 한 과녁을 향해 활을 쏜다고 하자. 갑, 을, 병 세 사람이 과녁을 맞힐 확률은 각각 0.4, 0.5, 0.6이라 할 때 다음을 구하라.

(1) 3명 모두 과녁을 맞힐 확률

(2) 정확하게 2명이 과녁을 맞힐 확률

(3) 최소한 1명이 과녁을 맞힐 확률

5. '갑', '을', '병' 세 사람이 각각 앞면이 나올 확률이 p_1, p_2, p_3인 동전을 동시에 던진다고 하자. 이때 한 사람의 결과가 다른 두 사람의 결과와 다르면 그는 탈락하는 것으로 한다. 만약 세 사람의 결과가 같다면 탈락자가 나올 때까지 실험을 계속한다고 하자. 이 게임에서 갑이 탈락할 확률은 얼마인가?

6. '갑'과 '을'이 가위, 바위, 보 게임을 한다고 하자. 갑이 매 게임에서 가위, 바위, 보를 낼 확률이 각각 p_1, p_2, p_3이고 을은 q_1, q_2, q_3이다. 이 게임에서 갑이 이길 확률은 얼마인가? 단 비겼을 경우(예를 들어 같이 가위를 냈을 경우)는 게임이 끝날 때까지 한다.

7. 6등분된 원판에 아래 그림과 같이 숫자가 적힌 4개의 판이 있다. 갑과 을 두 사람이 각각 4개의 원판 중에서 하나씩 선택하여 판을 돌린 후 활을 쏘았을 때 숫자가 큰 부분을 맞히는 사람이 이기는 게임을 생각하자. 갑이 1, 2, 3, 4번 판을 선택할 때 을은 각각 어떤 판을 선택하는 것이 가장 유리하겠는가?

(1)

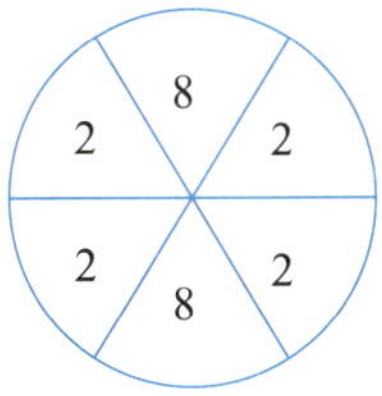

(2)

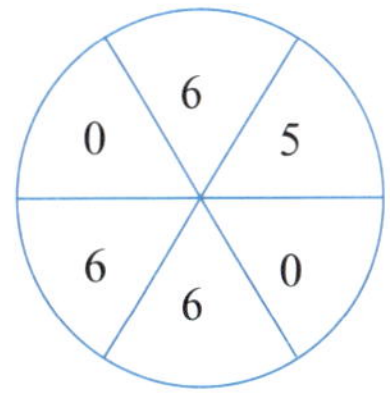

(3)

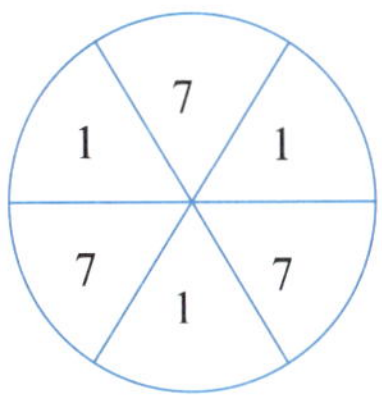

(4)

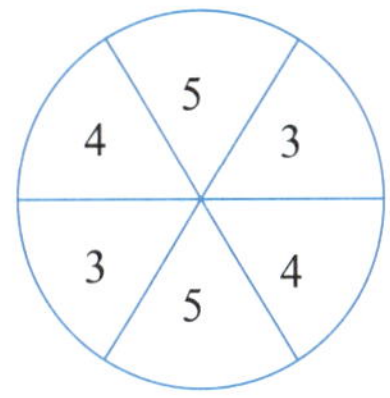

8. 한 학생이 석 장의 카드를 가지고 있는데 한 장은 양면이 모두 붉은색이고, 두 번째 카드는 양면이 모두 검은색, 마지막 카드는 한 면은 붉은색이고 다른 면은 검은색이다. 석 장의 카드를 잘 섞은 다음 한 장을 꺼내서 바닥에 놓았더니 붉은색이 나타났다. 이 학생은 다른 사람에게 돈을 걸게 하여 뒷면이 붉은색이면 자기가 이기고 검은색이면 상대방이 이기는 게임을 제안 하였다. 나와 있는 카드는 붉은색이 있는 두 장 중 한 장이므로 뒷면이 붉은색일 확률과 검은색일 확률은 각각 $\frac{1}{2}$로 이 게임은 공정하다고 이 학생은 주장한다. 이 학생의 주장은 옳은가?

9. 성공할 확률이 p인 독립 시행을 r번 성공할 때까지 계속 실행한다고 할 때 필요한 시행 횟수가 정확하게 n이 될 확률은

$$\binom{n-1}{r-1}p^r(1-p)^{n-r}$$

임을 보이고 이를 이용하여 득점의 문제(예제 2.18)를 풀어라.

10. 한 개의 주사위를 네 번 던질 때, 눈의 수가 6인 면이 한 번 이상 나오는 사건과 한 쌍(2개)의 주사위를 24번 던질 때, 6의 눈의 쌍 $(6,\ 6)$이 한 번 이상 나오는 사건 중 어느 사건에 돈을 거는 것이 유리하겠는가?

11. 예제 2.22에서 $\frac{r}{n}=x$로 고정하고 $n\to\infty$ 하면

$$p(r,\ n)\to p(x)=x\int_x^1\frac{1}{t}dt=-x\log x$$

임을 보여라. 또한 $p(x)$는 $x=\frac{1}{e}$에서 최댓값 $p(1/e)=\frac{1}{e}$을 가짐을 보여라.

12. 폴리아의 항아리 모형(예제 2.24)에서 $P(B_1 \mid B_2)$을 구하라.

13. 폴리아의 항아리 모형(예제 2.24)에서 B_2가 주어졌다는 가정하에 B_1과 B_3는 조건부로 독립인가?

14. 폴리아의 항아리 모형(예제 2.24)의 (2.10)에서 주어진 $p_n(k)$에서

$$p=\frac{b}{b+r},\ q=\frac{r}{b+r},\ \gamma=\frac{c}{b+r}$$

로 두면 $p_n(k)$는 다음과 같이 쓸 수 있음을 보여라.

$$p_n(k)=\frac{\binom{-p/\gamma}{k}\binom{-q/\gamma}{n-k}}{\binom{-1/\gamma}{n}},\ k=0,\ 1,\ \cdots,\ n$$

또한 $\sum_{k=0}^{n} p_n(k)=1$이 됨을 보여라.

15. 라플라스의 계승법칙에서 처음 동전을 n번 던져서 모두 앞면이 나왔다는 가정하에 그 다음 m번 던진 동전이 모두 앞면일 확률을 구하라. 동전의 수 k가 충분히 클 때 구한 확률의 근사식을 구하라.

16. "라플라스의 계승법칙에 따르면 10년 동안 살아온 10세의 소년이 다음 한 해를 더 생존할 확률은 $\frac{11}{12}$인 반면, 80세인 할아버지가 한 해를 더 생존할 확률은 $\frac{81}{82}$이 된다."는 주장을 반박하여 보아라.

17. [제2 보렐-칼텔리 보조정리] $\{E_n,\ n=1,\ 2,\ \cdots\}$가 독립인 사건의 열이고 $\sum_{n=1}^{\infty} P(E_n)=\infty$이면 $P\left(\cap_{n=1}^{\infty} \cup_{i=n}^{\infty} E_i\right)=1$이 됨을 증명하라.

제 3 장

확률변수와 기댓값

제1장에서는 확률실험에서 나타나는 사건에 대한 확률의 정의와 그 성질에 대하여 살펴보았다. 확률실험에서 각각의 표본점에 숫자를 대응시키면 여러 형태로 나타나는 질적인 결과를 양적인 결과로 나타냄으로써 실험의 결과를 해석하거나 산술적인 계산 또는 확률적 특성을 이해하기가 편리한 경우가 많다. 이와 관련되는 개념이 확률변수이다. 이 장에서는 확률변수의 정의와 성질, 확률변수의 기댓값에 대하여 알아본다.

이 장의 목표

1. 확률변수의 뜻을 안다.
2. 이산확률변수와 연속확률변수, 그 밖의 확률변수를 구별할 수 있다.
3. 누적분포함수, 확률질량함수, 확률밀도함수로부터 확률변수에 대한 사건의 확률을 계산할 수 있다.
4. 확률변수의 기댓값과 분산의 뜻을 설명하고 계산할 수 있다.
5. 리만-스틸체스 적분을 이용한 확률변수의 기댓값을 계산할 수 있다.
6. 확률변수의 함수의 분포를 구할 수 있다.
7. 적률생성함수와 확률생성함수의 정의와 그 성질을 안다.

3.1 확률변수와 확률분포

생각해보기

동전을 다섯 번 던지는 실험에서 나오는 앞면의 개수와 뒷면의 개수의 차만큼 돈을 따는 게임을 생각하자. 단, 뒷면의 개수가 많으면 그 차만큼 돈을 잃게 된다. 이 실험의 표본공간은 다음과 같이 나타낼 수 있다.

$$\Omega = \{(\omega_1, \cdots, \omega_5) : \omega_i = H \text{ 또는 } \omega_i = T,\ i = 1, 2, \cdots, 5\}$$

단, $\omega_i = H$는 i번째 시행에서 앞면이 나온 것을, $\omega_i = T$는 뒷면이 나온 것을 의미한다.

이 실험에서 각각의 근원사건 $\omega \in \Omega$에 대하여 앞면의 개수와 뒷면의 개수의 차를 $X(\omega)$라 하자. 예를 들어 시행한 결과가 $\omega = (H, H, T, T, H)$이면 $X(\omega) = 1$이고, $\omega = (T, H, T, T, H)$이면 $X(\omega) = -1$이 된다.

1. 이 게임에서 1단위의 돈을 딸 사건을 A라 할 때, A를 Ω의 원소로 나타내어라.
2. X의 값이 1이 될 사건을 $\{X = 1\}$로 나타낼 때, $\{X = 1\}$을 Ω의 원소로 나타내어라.
3. 사건 $\{X = 1\}$의 확률을 $P(X = 1)$이라 할 때, $P(X = 1)$을 구하라.

위의 생각해보기에서 게임을 한 번 할 때 앞면(H)과 뒷면(T)의 배열보다는 H와 T의 개수의 차가 주된 관심사가 된다. 이때, 앞면의 개수와 뒷면의 개수의 차 X를 이용하면 관심 있는 사건을 편리하게 나타낼 수 있다. 예를 들어 1단위의 돈을 딸 사건 A는 $\{X = 1\}$과 같이 나타낼 수 있다. 이 사건을 표본점으로 나타내면 다음과 같다.

$$\begin{aligned} A = \{&(T, T, H, H, H), (T, H, T, H, H), (T, H, H, T, H), (T, H, H, H, T), \\ &(H, T, T, H, H), (H, T, H, T, H), (H, T, H, H, T), (H, H, T, T, H), \\ &(H, H, T, H, T), (H, H, H, T, T)\} \end{aligned}$$

따라서

$$P(X = 1) = P(A) = \frac{10}{32}$$

이다.

이와 같이 확률실험에서 표본점에 실수값을 대응 시킨 함수를 이용하면 관심있는 사건을 편리하게 나타낼 수 있다. 표본공간 Ω 위에서 정의된 실수값 함수 $X : \Omega \to \mathbb{R}$를 **확률변수**(random variable)라고 한다.

앞으로는 혼동이 없는 한 집합 $\{\omega \in \Omega : X(\omega) \in A\}$ 대신에 ω를 생략하고 간단히 $\{X \in A\}$로 쓰기로 한다. 예를 들면,

$$\{\omega \in \Omega : a < X(\omega) \le b\} = \{a < X \le b\} = \{X \in (a,\ b]\}$$
$$\{\omega \in \Omega : X(\omega) = a\} = \{X = a\}$$

또한 사건 $\{a < X \le b\}$의 확률을 간단히 $P(a < X \le b)$와 같이 쓰기로 한다.

참고

확률변수를 나타낼 때에는 관습적으로 X, Y, Z, U, V 등과 같이 영문자 대문자를 이용한다.

예제 3.1 구두를 만드는 공장에서는 어느 정도 크기의 구두를 얼마나 만들지를 결정하기 위하여 판매하고자 하는 지역 주민의 발의 크기에 대한 구성 비율을 알 필요가 있다. 이때 그 지역에 사는 사람들 전체의 집합 Ω가 표본공간이 된다. 각 $\omega \in \Omega$에 대하여 $X(\omega)$를 그 주민의 발의 크기라 하면, X는 Ω 위에서 정의된 확률변수이다. 임의로 한 주민을 선택할 때, 그 사람의 발의 크기가 25cm보다 크고 26cm 이하일 사건은 $\{25 < X \le 26\}$이다. ✤

예제 3.2 한 개의 동전을 세 번 던질 때 앞면이 나온 횟수를 X라고 하면 X는 $\{0,\ 1,\ 2,\ 3\}$에서 값을 갖는 확률변수이다. 이때

$$P(X = 0) = P(\{TTT\}) = \frac{1}{8},$$

$$P(1 \le X \le 2) = P(\{HTT,\ THT,\ TTH,\ HHT,\ HTH,\ THH\}) = \frac{3}{4}$$ ✤

예제 3.3 한 개의 주사위를 두 번 던질 때 첫 번째 나오는 주사위의 눈의 수에서 두 번째 나오는 주사위의 눈의 수를 뺀 차의 절댓값을 X라고 하자.

(1) $P(X = i)$, $i = 1,\ 3,\ 5$를 구하라.

(2) X의 값이 홀수일 확률을 구하라.

풀이 (1) 표본공간은 $\Omega=\{(i,\ j): i,\ j=1,\ 2,\ \cdots,\ 6\}$ 이고

$$X((i,\ j))=|i-j|,\quad i,\ j=1,\ 2,\ \cdots,\ 6$$

이므로 X는 $\{0,\ 1,\ 2,\ 3,\ 4,\ 5\}$ 에서 값을 갖는 확률변수이다. 또한

$$\{X=1\}=\{(1,\ 2),\ (2,\ 1),\ (2,\ 3),\ (3,\ 2),\ (3,\ 4),\ (4,\ 3),\ (4,\ 5),\ (5,\ 4),\ (5,\ 6),\ (6,\ 5)\},$$
$$\{X=3\}=\{(1,\ 4),\ (4,\ 1),\ (2,\ 5),\ (5,\ 2),\ (3,\ 6),\ (6,\ 3)\}$$
$$\{X=5\}=\{(1,\ 6),\ (6,\ 1)\}$$

이므로

$$P(X=1)=\frac{10}{36},\ P(X=3)=\frac{6}{36},\ P(X=5)=\frac{2}{36}.$$

(2) $\{X\in\{1,\ 3,\ 5\}\}=\{X=1\}\cup\{X=3\}\cup\{X=5\}$ 이고 $\{X=i\}\cap\{X=j\}=\varnothing$, $i\neq j$이므로 X의 값이 홀수일 확률은 다음과 같다.

$$P(X\in\{1,\ 3,\ 5\})=P(X=1)+P(X=3)+P(X=5)=\frac{1}{2}$$ ✣

확률변수 X에 의하여 만들어지는 사건은 $\{X\in A\}$ (단, $A\subset\mathbb{R}$)와 같은 형태로 주어진다. 이와 같이 확률변수 X에 의하여 만들어지는 각각의 사건 $\{X\in A\}$에 확률 $P(X\in A)$를 대응시킨 함수를 X의 **확률분포**(probability distribution) 또는 간단히 X의 분포라고 한다. 확률변수 X의 분포를 알기 위해서는 X에 의하여 만들어지는 모든 사건의 확률을 알아야 한다. 그러나 $\{X\in(-\infty,\ a]\}=\{X\leq a\}$와 같이 특수한 형태의 사건에 대한 확률 $P(X\leq a)$만 알면 충분하다는 것이 알려져 있다.

정의 3.1 [누적분포함수] 확률변수 X에 대하여 함수

$$F(x)=P(X\leq x),\ x\in\mathbb{R}$$

를 X의 **누적분포함수**(cumulative distribution function) 또는 간단히 **분포함수**라고 한다.

다음은 분포함수를 이용하여 확률을 계산할 때 유용한 결과들이다.

> **정리 3.1** 확률변수 X의 분포함수가 $F(x)$일 때, 다음이 성립한다.
> (1) $P(a < X \le b) = F(b) - F(a)$ $(a \le b)$
> (2) $P(X < a) = F(a^-)$ 단, $F(a^-)$는 $x = a$에서 $F(x)$의 좌극한값
> (3) $P(X = a) = F(a) - F(a^-)$

증명 (1) $P(a < X \le b) = P(X \le b) - P(X \le a) = F(b) - F(a)$

(2) $\{X < a\} = \bigcup_{n=1}^{\infty} \left\{X \le a - \frac{1}{n}\right\}$이고 $\left\{X \le a - \frac{1}{n}\right\} \subset \left\{X \le a - \frac{1}{n+1}\right\}$이므로 확률측도의 연속성(정리 1.8)에 의하여

$$\begin{aligned} P(X < a) &= P\left(\bigcup_{n=1}^{\infty} \left\{X \le a - \frac{1}{n}\right\}\right) = \lim_{n\to\infty} P\left(X \le a - \frac{1}{n}\right) \\ &= \lim_{n\to\infty} F\left(a - \frac{1}{n}\right) \\ &= F(a^-). \end{aligned}$$

(3) $P(X = a) = P(X \le a) - P(X < a) = F(a) - F(a^-)$ ✺

예제 3.4 X의 분포함수 $F(x)$가

$$F(x) = \begin{cases} 0, & x < 0 \\ \frac{x}{2}, & 0 \le x < \frac{1}{2} \\ \frac{1}{2}, & \frac{1}{2} \le x < 1 \\ 1 - \frac{1}{4x}, & x \ge 1 \end{cases}$$

일 때 다음을 구하라.

(1) $P\left(\frac{1}{4} < X \le 1\right)$ (2) $P\left(X > \frac{1}{2}\right)$

(3) $P(X = 1)$ (4) $P(X = 2)$

풀이 $F(x)$의 그래프는 그림 3.1과 같다.

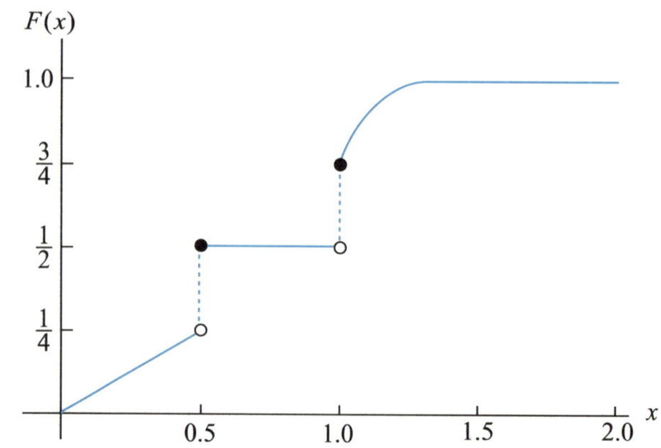

| 그림 3.1 | $F(x)$의 그래프

(1) $P\left(\frac{1}{4} < X \le 1\right) = F(1) - F\left(\frac{1}{4}\right) = \frac{3}{4} - \frac{1}{8} = \frac{5}{8}$

(2) $P\left(X > \frac{1}{2}\right) = 1 - F\left(\frac{1}{2}\right) = 1 - \frac{1}{2} = \frac{1}{2}$

(3) $P(X = 1) = F(1) - F(1^-) = \frac{3}{4} - \frac{1}{2} = \frac{1}{4}$

(4) $P(X = 2) = F(2) - F(2^-) = 0$ ✤

예제 3.5 $P(X \ge a)$를 X의 분포함수 $F(x)$로 나타내라.

풀이 $\{X < a\} \cup \{X \ge a\} = \Omega$이고 $\{X < a\} \cap \{X \ge a\} = \varnothing$ 이므로

$$P(X \ge a) = 1 - P(X < a) = 1 - F(a^-)$$ ✤

정리 3.2 확률변수 X의 분포함수 $F(x)$는 다음을 만족한다.

(1) $F(x)$는 증가함수이다. 즉 $x < y$이면 $F(x) \le F(y)$

(2) $F(x)$는 우연속이다. 즉 $\lim_{y \downarrow x} F(y) = F(x)$

(3) $\lim_{x \to \infty} F(x) = 1$, $\lim_{x \to -\infty} F(x) = 0$

증명 (1) $x < y$에 대하여, $F(y) - F(x) = P(x < X \le y) \ge 0$.

(2) $x_n \ge x_{n+1}$, $n = 1, 2, \cdots$이며 $\lim_{n \to \infty} x_n = x$인 수열 $\{x_n\}$에 대하여 $E_n = \{X \le x_n\}$로 두면 $E_n \supset E_{n+1}$, $n = 1, 2, \cdots$이고 $\cap_{n=1}^{\infty} E_n = \{X \le x\}$이다.

정리 1.8에 의하여

$$\lim_{n\to\infty} F(x_n) = \lim_{n\to\infty} P(E_n) = P(X \le x) = F(x).$$

(3)의 증명은 (2)와 유사하므로 연습문제로 남겨둔다. ✻

정리 3.1의 (3)과 정리 3.2의 (2)로부터 $P(X=a)=0$일 필요충분조건은 $F(x)$가 $x=a$에서 연속이라는 것을 알 수 있다.

참고

1. 실수 전체의 집합 $\mathbb{R}$에서 정의된 함수 $F(x)$가 정리 3.2의 성질 (1)~(3)을 만족하면 $F(x)$를 분포함수로 갖는 확률변수 X가 존재한다는 것이 알려져 있다. 앞으로는 확률변수에 대한 언급이 없어도 정리 3.2의 성질 (1)~(3)을 만족하는 함수 $F(x)$를 확률분포함수 또는 간단히 분포함수라고 한다.
2. 넓은 의미의 확률변수로서 확장된 실수의 집합 $[-\infty, \infty]$ 위에서 값을 취하는 확률변수를 생각할 수 있다. X가 $[-\infty, \infty]$에서 값을 취하는 확률변수라면 $P(X=\infty)>0$이거나 $P(X=-\infty)>0$이 가능하다. 이때 X의 분포함수 $F(x)$는 정리 3.2의 (3)이 성립하지 않을 수 있다. 이 경우 $F(x)$는 이상이 있다(improper 또는 defective)고 말한다. 여기서는 이상이 있는 분포함수에 대하여는 다루지 않는다.

EXERCISES

3.1 연습문제

1. 한 개의 주사위를 두 번 던질 때, 다음 확률변수들이 취할 수 있는 값은 무엇인가?

(1) 두 번 던져 나타난 눈 중 최댓값

(2) 두 번 던져 나타난 눈 중 최솟값

(3) 두 번 던져 나타난 눈의 합

(4) 첫 번째 나타난 눈의 수에서 두 번째 나타난 눈의 수를 뺀 값

2. 한 개의 동전을 앞면이 나올 때까지 던진다고 할 때 필요한 시행횟수를 X라 하자. X가 취할 수 있는 값은 무엇인가?

3. 수직선 위의 구간 $(0,\ 1)$에서 임의로 한 점을 택할 때 선택된 점에 대응되는 실수를 X라고 하자. X가 취할 수 있는 값은 무엇인가?

4. 10분 간격으로 도착하는 버스를 타기 위하여 무심코 나갔다. 다음 버스가 올 때까지 기다리는 시간을 X(단위: 분)라고 할 때, $P(X \le 5)$는 얼마인가?

5. X의 분포함수가 $F(x)$일 때, 확률변수 $aX+b$의 분포함수를 $F(x)$로 나타내라. (단, $a \ne 0$, b는 상수)

6. 확률변수 X의 분포함수가 다음과 같다.

$$F(x)=\begin{cases} 0, & x<0 \\ \dfrac{x}{4}, & 0 \le x < 1 \\ \dfrac{1}{2}+\dfrac{x-1}{4}, & 1 \le x < 2 \\ \dfrac{11}{12}, & 2 \le x < 3 \\ 1, & x \ge 3 \end{cases}$$

다음 확률을 구하라.

(1) $P\{X=i\},\ i=1,\ 2,\ 3$ (2) $P\left(\dfrac{1}{2}<X<\dfrac{3}{2}\right)$

7. 확률변수 X의 분포함수 $F(x)$가 다음과 같다.

$$F(x)=\begin{cases} 0, & x<-1, \\ 0.2, & -1 \le x < 1, \\ 0.5, & 1 \le x < 2.5, \\ 0.75, & 2.5 \le x < 4, \\ 1, & x \ge 4 \end{cases}$$

다음 확률을 구하라.

(1) $P(X=2)$ (2) $P(X=2.5)$

(3) $P(X>0)$ (4) $P(X<2.5 \mid X>-1)$

8. 다음 함수가 확률분포함수가 되는지 답하라.

(1) $F(x)=\begin{cases}0, & x\le -1,\\ 1, & x\ge 1\end{cases}$　　(2) $F(x)=\begin{cases}\dfrac{1}{x}, & x\le -1,\\ 1, & x\ge 1\end{cases}$

(3) $F(x)=\begin{cases}0, & x<0,\\ \dfrac{1}{2}x, & 0\le x<1,\\ 1, & x\ge 1\end{cases}$　　(4) $F(x)=\begin{cases}0, & x<-1,\\ 1-|x|, & -1\le x<1,\\ 1-e^{x-1}, & x\ge 1\end{cases}$

9. 함수 $f(x)$가 $f(x)\ge 0$, $x\in\mathbb{R}$과 $\int_{-\infty}^{\infty} f(x)dx=1$을 만족할 때,

$$F(x)=\int_{-\infty}^{x} f(y)dy,\ -\infty<x<\infty$$

는 확률분포함수가 됨을 보여라.

10. 정리 3.2의 (3)을 증명하라.

3.2 이산확률변수와 연속확률변수

3.2.1 이산확률변수

생각해보기 흰 공이 2개, 검은 공이 3개 들어 있는 주머니에서 한 번에 한 개씩 공을 꺼내는 실험을 생각하자.

1. 비복원추출할 때, 흰 공이 나올 때까지 시행한 횟수 X가 취할 수 있는 값은 무엇인가? 이때 $P(X=n)$, $n=1,\ 2,\ 3,\ 4$의 확률은 무엇인가?
2. 복원추출할 때, 흰 공이 나올 때까지 시행한 횟수 Y가 취할 수 있는 값은 무엇인가?

위의 생각해보기에서 X와 Y가 취할 수 있는 값의 집합을 각각 S_X와 S_Y로 나타내면 $S_X=\{1,\ 2,\ 3,\ 4\}$, $S_Y=\{1,\ 2,\ \cdots\}$이 됨을 알 수 있다. 또한 각각의 $n\in S_X$에 대하여, $X=n$일 확률을 $p(n)=P(X=n)$이라 하면 $p(n)$은 다음과 같음을 알 수 있다.

n	1	2	3	4	합계
$p(n)$	$\frac{4}{10}$	$\frac{3}{10}$	$\frac{2}{10}$	$\frac{1}{10}$	1

이와 같이 확률변수 X가 취할 수 있는 값이 유한개 이거나 기껏해야 가산무한개 일 때 X를 **이산확률변수(discrete random variable)**라고 한다. 이산확률변수의 확률분포를 **이산확률분포**라고 한다.

정의 3.2 **[확률질량함수]** 이산확률변수 X가 취할 수 있는 값 전체의 집합이 $S=\{x_1,\ x_2,\ \cdots\}$일 때 각각의 $x_i\in S$에 확률 $P(X=x_i)$를 대응시키는 함수

$$p(x_i)=P(X=x_i),\ i=1,\ 2,\ \cdots$$

를 X의 **확률질량함수(probability mass function)**라고 한다.

확률변수 X의 치역이 $\mathcal{S}=\{x_1, x_2, \cdots\}$일 때, $p(x_i)=P(X=x_i)\geq 0$, $x_i \in \mathcal{S}$이고 $x \notin \mathcal{S}$에 대하여 $p(x)=P(X=x)=0$이다. 또한 $\Omega=\cup_{x_i\in\mathcal{S}}\{X=x_i\}$이고 $i\neq j$일 때 $\{X=x_i\}\cap\{X=x_j\}=\varnothing$이므로

$$\sum_{i=1}^{\infty} p(x_i)=\sum_{i=1}^{\infty} P(X=x_i)=P\left(\cup_{i=1}^{\infty}\{X=x_i\}\right)=P(\Omega)=1.$$

같은 방법으로 $A\subset\mathcal{S}$일 때,

$$P(X\in A)=P\left(\cup_{x_i\in A}\{X=x_i\}\right)=\sum_{x_i\in A} p(x_i).$$

위의 결과를 요약하면 다음을 얻는다.

(1) $p(x_i)\geq 0$

(2) $\displaystyle\sum_{x_i\in\mathcal{S}} p(x_i)=1$

(3) $\displaystyle P(X\in A)=\sum_{x_i\in A\cap\mathcal{S}} p(x_i)$, $(A\subset\mathbb{R})$

따라서 이산확률분포는 확률질량함수에 의하여 정해지는 것을 알 수 있다. 특히 확률변수 X의 분포함수는

$$F(x)=P(X\leq x)=\sum_{\{x_i\in\mathcal{S}:\, x_i\leq x\}} p(x_i)$$

와 같이 확률질량함수로 나타낼 수 있다. 그러므로 $x_1<x_2<\cdots$일 때 이산확률변수 X의 분포함수 $F(x)$의 그래프는 $x=x_i\in\mathcal{S}$에서 $p(x_i)$만큼 도약이 있는 계단모양이다. 확률질량함수는 분포함수 $F(x)$를 이용하여 다음과 같이 나타낼 수 있다.

$$p(x_i)=F(x_i)-F(x_i^-),\ i=1,2,\cdots$$

예제 3.6 $\{0, 1, 2, 3\}$에서 값을 갖는 확률변수 X의 확률질량함수가 다음과 같다.

$$p(0)=p(2)=p(3),\ p(1)=\frac{1}{2}$$

(1) $P(X=0)$과 $P(X\geq 2)$를 구하라.

(2) X의 분포함수 $F(x)$의 그래프를 그려라.

풀이 (1) $\sum_{i=0}^{3} p(i) = 1$이고 $p(0) = p(2) = p(3)$이므로,

$$1 = p(1) + 3p(0) = \frac{1}{2} + 3p(0).$$

따라서 $p(0) = p(2) = p(3) = \frac{1}{6}$이다. 그러므로

$$P(X \geq 2) = p(2) + p(3) = \frac{1}{3}.$$

(2) X의 분포함수는

$$F(x) = \begin{cases} 0, & x < 0, \\ \frac{1}{6}, & 0 \leq x < 1, \\ \frac{4}{6}, & 1 \leq x < 2, \\ \frac{5}{6}, & 2 \leq x < 3, \\ 1, & 3 \leq x < \infty \end{cases}$$

이고 이것을 그래프로 나타내면 그림 3.2와 같다.

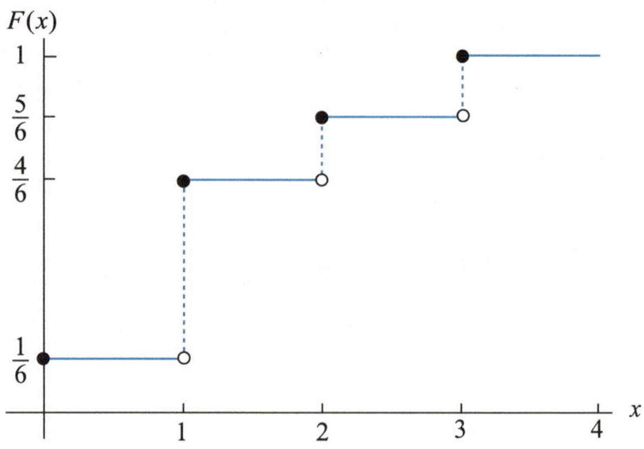

그림 3.2 $F(x)$의 그래프

✤

예제 3.7 확률변수 X의 확률질량함수 $p(x)$가 다음과 같다.

$$p(x)=\begin{cases}0.1, & x=0,\\ cx, & x=1,\ 2,\\ c(5-x), & x=3,\ 4,\\ 0, & \text{그 밖에}\end{cases}$$

(1) 상수 c의 값을 정하라.

(2) $P(X \le 3 | X \ge 2)$를 구하라.

풀이 (1) $\sum_{i=0}^{4} p(i) = 0.1 + c(1+2+(5-3)+(5-4)) = 0.1 + 6c = 1$이므로

$$c = \frac{0.9}{6} = 0.15.$$

(2) $$P(X \le 3 | X \ge 2) = \frac{P(2 \le X \le 3)}{P(X \ge 2)}$$
$$= \frac{p(2)+p(3)}{p(2)+p(3)+p(4)} = \frac{0.6}{0.75} = 0.8.$$ ✣

예제 3.8 흰 공이 3개 검은 공이 2개 들어 있는 항아리에서 복원추출로 한 번에 한 개씩 무작위로 공을 꺼내는 실험을 생각하자. 흰 공이 나올 때까지 시행한 횟수를 X라고 할 때, X의 확률질량함수를 구하라.

풀이 X가 취할 수 있는 값은 $\{1,\ 2,\ \cdots\}$이다. i번째 시행에서 흰 공과 검은 공이 나올 사건을 각각 W_i와 B_i라고 하면

$$\{X=n\} = B_1 \cdots B_{n-1} W_n,\ n = 1,\ 2,\ \cdots$$

이다. 한편 $P(W_i) = \frac{3}{5}$, $P(B_i) = \frac{2}{5}$, $i = 1,\ 2,\ \cdots$이고 시행은 독립적으로 이루어지므로 X의 확률질량함수는 다음과 같다.

$$\begin{aligned} P(X=n) &= P(B_1 \cdots B_{n-1} W_n) \\ &= P(B_1) \cdots P(B_{n-1}) P(W_n) \\ &= \left(\frac{2}{5}\right)^{n-1} \frac{3}{5},\ n = 1,\ 2,\ \cdots \end{aligned}$$ ✣

3.2.2 연속확률변수

키나 몸무게, 온도, 시간 등과 같이 연속적인 값을 갖는 확률변수의 확률분포에 대하여 생각해보자. 일반적인 확률변수의 확률분포를 수학적으로 엄밀하게 다루기에는 좀더 고등의 수학 이론이 필요하므로 여기서는 분포함수가 특별한 형태로 나타나는 경우에 대하여 다룬다.

다음 예를 생각해보자. 반지름이 2인 원 O의 내부에 한 점 P를 임의로 택할 때 그 점과 중심사이의 거리를 X라고 하자(그림 3.3 (1) 참조).

그러면 확률변수 X는 0과 2 사이의 모든 실수값을 취한다. 이때 $0 < a < 2$에 대하여 사건 $\{X \le a\}$가 발생하기 위해서는 그림 3.3 (2)와 같이 중심이 O이고 반지름이 a인 원(색칠된 부분)의 내부에 있는 점이 선택되어야 한다. 각 점이 선택될 가능성은 동일하므로 색칠된 부분에 있는 점이 선택될 확률은 전체 원의 넓이에 대한 색칠된 부분의 넓이의 비율이다. 따라서

$$P(X \le a) = \frac{a^2\pi}{4\pi} = \frac{a^2}{4},\ 0 < a < 2.$$

한편 $\frac{a^2}{4} = \int_0^a \frac{x}{2}\,dx$이므로 함수 $f(x)$를

$$f(x) = \begin{cases} \frac{x}{2}, & 0 < x < 2, \\ 0, & \text{그 밖에} \end{cases}$$

와 같이 정의하면 X의 분포함수는

$$F(x) = P(X \le x) = \int_{-\infty}^{x} f(t)\,dt$$

와 같이 함수 $f(x)$의 적분으로 나타낼 수 있다.

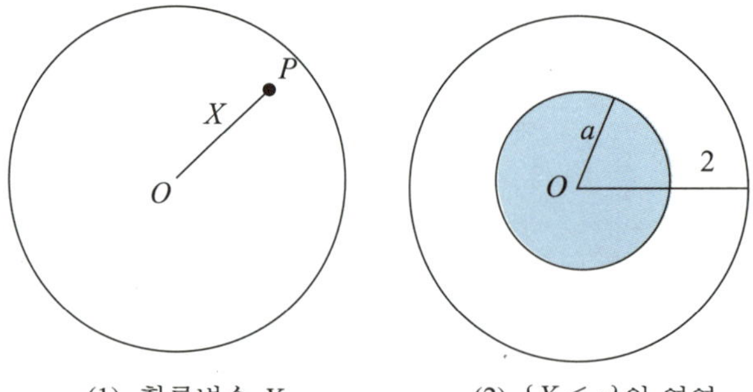

(1) 확률변수 X (2) $\{X \le a\}$의 영역

그림 3.3 확률변수 X

정의 3.3 [연속확률변수와 확률밀도함수] 확률변수 X의 분포함수 $F(x)$를

$$F(x) = \int_{-\infty}^{x} f(t)dt, \; x \in \mathbb{R} \tag{3.1}$$

와 같이 음이 아닌 함수 $f(x)$의 적분으로 나타낼 수 있을 때, X를 **연속확률변수**(continuous random variable)라고 하고 $f(x)$를 X의 **확률밀도함수**(probability density function)라고 한다.

연속확률변수의 분포함수 $F(x)$는 연속함수이므로 $P(X=a) = F(a) - F(a^-) = 0$이 되어 연속확률변수가 한 점에서 값을 취할 확률은 0이 됨을 알 수 있다. 따라서

$$P(a < X \le b) = P(a \le X \le b) = P(a < X < b) = P(a \le X < b).$$

또한 f의 연속인 점 $x=a$에서

$$\left.\frac{dF(x)}{dx}\right|_{x=a} = f(a)$$

이므로 확률밀도함수는 확률분포함수에 의하여 정해진다.

사건 $\{a < X \le b\}$의 확률은

$$P(a < X \le b) = F(b) - F(a) = \int_{a}^{b} f(x)dx$$

와 같이 확률밀도함수의 적분으로 구할 수 있다. 따라서 확률 $P(a < X \le b)$을 기하학적으로 나타내면 그림 3.4와 같이 $f(x)$의 그래프와 x축, $x=a$, $x=b$에 의하여 둘러싸인 부분의 넓이와 같다.

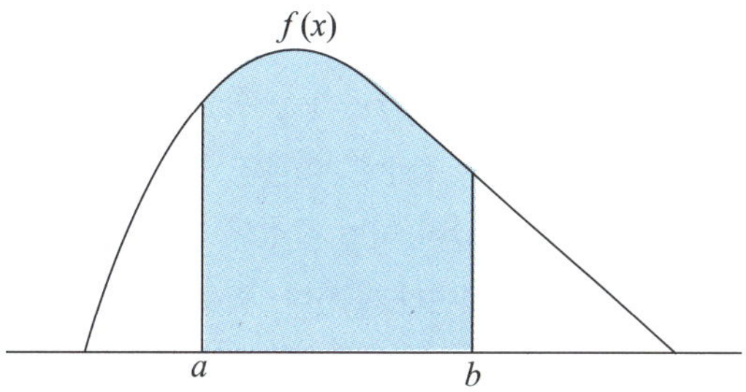

그림 3.4 $P(a < X \le b)$의 기하학적 의미

일반적으로 $A \subset \mathbb{R}$에 대하여

$$P(X \in A) = \int_A f(x)dx$$

이다. 따라서 연속확률변수의 확률분포는 확률밀도함수에 의하여 정해짐을 알 수 있다. 연속확률변수의 확률분포를 **연속확률분포**라고 한다.

이제 확률밀도함수의 의미를 알아보자. 아주 작은 $\Delta x > 0$에 대하여

$$P\left(x - \frac{\Delta x}{2} \le X \le x + \frac{\Delta x}{2}\right) = \int_{x - \frac{\Delta x}{2}}^{x + \frac{\Delta x}{2}} f(y)dy \approx f(x)\Delta x$$

이므로 $f(x)\Delta x$는 근사적으로 확률변수 X가 x의 근방 $\left[x - \frac{\Delta x}{2},\ x + \frac{\Delta x}{2}\right]$에서 값을 취할 확률을 의미한다. 한편

$$f(x) \approx \frac{1}{\Delta x} P\left(x - \frac{\Delta x}{2} \le X \le x + \frac{\Delta x}{2}\right)$$

이므로 $f(x)$는 X의 값이 x 근방에 있을 가능성에 대한 평균치로서의 측도임을 알 수 있다. 물리적인 용어로서의 밀도는 $\frac{질량}{부피}$으로 단위부피의 질량을 뜻한다. 이와 유사하게 생각하면 $f(x)$는 X가 x 근방에서 값을 취할 확률의 밀도를 나타냄을 알 수 있다. 한 가지 주의하여야 할 것은 $f(x)$가 $P(X = x)$를 의미하지 않는다는 것이다. 앞에서 언급했듯이 확률변수 X가 연속이면 $P(X = x) = 0$이다.

참고

1. 함수 $f(x)$가 다음의 두 조건

$$(1)\ f(x) \ge 0,\ x \in \mathbb{R}, \qquad (2)\ \int_{-\infty}^{\infty} f(x)dx = 1$$

을 만족하면 $F(x) = \int_{-\infty}^{x} f(y)dy$는 확률분포함수가 됨을 쉽게 알 수 있다. 앞으로 위의 두 조건을 만족하는 함수를 확률밀도함수라고 한다.

2. 함수 $F(x)$를 (3.1)과 같이 어떤 함수의 적분으로 나타낼 수 있을 때 $F(x)$를 **절대연속**(absolutely continuous)이라고 한다. 확률변수 X가 연속이라는 것은 X의 분포함수가 절대연속이라는 것을 의미한다. 한 가지 주의해야 할 것은 비가산 무한(uncountably infinite) 개의 값을 취하는 확률변수가 반드시 연속인 것은 아니라는 것이다. 예를 들어 예제 3.4와 같은 분포함수를 갖는 확률변수 X는 $(0, 0.5] \cup [1, \infty)$의 모든 값을 취할

수 있지만 연속확률변수는 아니다. 일반적으로 확률변수 X가 연속적인 구간에서 값을 갖는다고 하더라도 X의 분포함수 $F(x)$가 불연속이면 X는 연속확률변수가 아니다.

예제 3.9 X의 확률밀도함수가 다음과 같다.

$$f(x)=\begin{cases} Cx^2, & -1<x<2 \\ 0, & \text{그 밖에} \end{cases}$$

다음을 구하라.

(1) C의 값 (2) $P(0<X\le 1)$ (3) X의 분포함수 $F(x)$

풀이 (1) $\int_{-\infty}^{\infty} f(x)dx=\int_{-1}^{2} Cx^2dx=3C=1$이므로 $C=\frac{1}{3}$이다.

(2) $P(0<X\le 1)=\int_0^1 \frac{x^2}{3}dx=\frac{1}{9}$

(3) $x<-1$이면 $f(x)=0$이므로 $F(x)=\int_{-\infty}^{x} 0dx=0$이다. $-1\le x<2$일 때,

$$F(x)=\int_{-\infty}^{x} f(t)dt=\int_{-1}^{x}\frac{t^2}{3}dt=\frac{x^3}{9}+\frac{1}{9}$$

명백하게 $x\ge 2$이면 $F(x)=1$이다. 위의 결과를 정리하면 다음과 같다.

$$F(x)=\begin{cases} 0, & x<-1 \\ \frac{x^3}{9}+\frac{1}{9}, & 1\le x<2 \\ 1, & x\ge 2 \end{cases}$$

✤

예제 3.10 다음 함수 $f(x)$(단, 지정된 x의 영역 외에서는 $f(x)=0$)에 대하여 a와 b가 주어졌을 때, $f(x)$가 확률밀도함수가 되기 위한 상수 c의 값을 구하라.

(1) $f(x)=ce^{-a(x-b)^2}$, $-\infty<x<\infty$ (단, $a>0$, b는 실수)

(2) $f(x)=cx^a e^{-bx}$, $x>0$ (단, $a>0$, $b>0$)

(3) $f(x)=cx^{b-1}e^{-ax^b}$, $x>0$ (단, $a>0$, $b>0$)

풀이 확률밀도함수가 되기 위해서는 $\int_{-\infty}^{\infty} f(x)dx=1$을 만족하여야 한다.

(1) 다음 적분에서 $x^2=t$로 치환하면

$$\int_0^\infty x e^{-x^2} dx = \frac{1}{2}\int_0^\infty e^{-t} dt = \frac{1}{2}$$

이 됨을 알 수 있다. 이제

$$I = \int_0^\infty e^{-x^2} dx$$

로 두면

$$I^2 = \left(\int_0^\infty e^{-x^2} dx\right)\left(\int_0^\infty e^{-y^2} dy\right) = \int_0^\infty \int_0^\infty e^{-(x^2+y^2)} dx dy$$

여기서 $x = r\cos\theta$, $y = r\sin\theta$로 치환하면 다음을 얻는다.

$$I^2 = \int_0^{\pi/2} \int_0^\infty e^{-r^2} r\, dr d\theta = \int_0^{\pi/2} \frac{1}{2} d\theta = \frac{\pi}{4}$$

따라서 다음을 얻는다.

$$I = \int_0^\infty e^{-x^2} dx = \frac{\sqrt{\pi}}{2}, \quad \int_{-\infty}^\infty e^{-x^2} dx = 2I = \sqrt{\pi}$$

다음 적분에서 $\sqrt{a}(x-b) = y$로 치환하면

$$\begin{aligned}\int_{-\infty}^\infty f(x) dx &= c\int_{-\infty}^\infty e^{-a(x-b)^2} dx \\ &= c\frac{1}{\sqrt{a}}\int_{-\infty}^\infty e^{-y^2} dy = c\sqrt{\frac{\pi}{a}}\end{aligned}$$

이므로 $f(x)$가 확률밀도함수가 되기 위한 상수 c의 값은 다음과 같다.

$$c = \sqrt{\frac{a}{\pi}}$$

(2) 다음 적분에서 $t = bx$로 치환하면

$$\int_{-\infty}^{\infty} f(x)\,dx = c\int_0^{\infty} x^a e^{-bx}\,dx$$

$$= c\frac{1}{b^{a+1}}\int_0^{\infty} t^a e^{-t}\,dt = c\frac{\Gamma(a+1)}{b^{a+1}}$$

단, $\Gamma(a) = \int_0^{\infty} x^{a-1}e^{-x}\,dx$이고 이 함수를 감마함수(gamma function)라고 한다. 따라서 $f(x)$가 확률밀도함수가 되기 위한 상수 c의 값은 다음과 같다.

$$c = \frac{b^{a+1}}{\Gamma(a+1)}$$

(3) 다음 적분에서 $ax^b = t$로 치환하면

$$\int_{-\infty}^{\infty} f(x)\,dx = c\int_0^{\infty} x^{b-1}e^{-ax^b}\,dx = \frac{c}{ab}\int_0^{\infty} e^{-t}\,dt = \frac{c}{ab}$$

이므로 $f(x)$가 확률밀도함수가 되기 위한 상수 c의 값은 $c = ab$이다. ✣

예제 3.11 다음과 같이 정의된 함수 $F(x)$는 확률분포함수가 됨을 보여라. 또한 $F(x)$의 확률밀도함수를 구하라.

$$F(x) = \frac{e^x}{e^x + e^{-x}}, \quad -\infty < x < \infty$$

풀이 $F(x)$가 정리 3.2의 성질 (1)~(3)을 만족하는 것은 자명하다. 따라서 $F(x)$는 분포함수이며 $F(x)$의 확률밀도함수는 다음과 같다.

$$f(x) = F'(x) = \frac{2}{(e^x + e^{-x})^2}, \quad -\infty < x < \infty$$ ✣

예제 3.12 구간 $(a,\ b)$에서 임의로 한 점을 택할 때, 선택된 점에 대응되는 실수를 X라 하자. X의 확률밀도함수를 구하라.

풀이 $F(x) = P(X \le x)$라고 하자. 명백하게 X는 $(a,\ b)$ 사이의 값을 취하므로 $x \le a$에 대하여 $F(x) = 0$이고 $x \ge b$일 때 $F(x) = 1$이다. $a < x < b$일 때, 사건 $\{X \le x\}$이 발생하기 위해서는 $(a,\ x]$ 사이의 점이 선택되어야 한다. 각 점이 선택될 가능성은 동일하므로 이 확률은 전체구간 $(a,\ b)$의 길이에 대한 구간 $(a,\ x]$의

길의의 비가 된다. 즉

$$F(x) = P(X \le x) = \frac{x-a}{b-a},\ a < x < b.$$

따라서 $F'(x) = \dfrac{1}{b-a},\ a < x < b$이다. 함수 $f(x)$를 다음과 같이 정의하자.

$$f(x) = \begin{cases} \dfrac{1}{b-a}, & a < x < b \\ 0, & \text{그 밖에} \end{cases}$$

그러면 각각의 실수 x에 대하여 $F(x) = \int_{-\infty}^{x} f(x)dx$이 됨을 알 수 있다. 따라서 위와 같이 정의한 함수 $f(x)$는 X의 확률밀도함수이다. ✤

3.2.3 확률변수의 함수의 분포

X가 표본공간 Ω 위에서 정의된 확률변수이고 $u(x)$가 X의 치역을 포함하는 영역에서 정의된 실수값 함수일 때 $u(x)$와 X의 합성함수 $u(X)$는 Ω에서 정의된 실수값 함수가 된다. 따라서 $u(X)$도 확률변수이다. 이제 확률변수 $u(X)$의 분포를 구하는 방법에 대하여 알아보자.

앞으로 특별한 언급 없이 다음의 기호를 사용한다. 확률변수 X의 확률밀도함수가 $f(x)$일 때, $f(x)$가 양이 되는 영역을 $\mathcal{A} = \{x : f(x) > 0\}$, $\mathcal{A}$ 상에서 함수 $u(x)$의 치역을 $\mathcal{B} = u(\mathcal{A}) = \{u(x) : x \in \mathcal{A}\}$라고 하자.

예제 3.13 X의 확률밀도함수가

$$f(x) = \begin{cases} \dfrac{1}{2}, & 0 < x < 2 \\ 0, & \text{그 밖에} \end{cases}$$

일 때, 한 변의 길이가 X인 정육면체의 부피 Y의 확률밀도함수를 구하라.

풀이 $Y = X^3$이고 X가 값을 취하는 영역은 $\mathcal{A} = (0,\ 2)$이므로 Y가 값을 취하는 영역은 $\mathcal{B} = (0,\ 8)$이다. Y의 분포함수를 $G(y) = P(Y \le y)$라고 하면 명백하게 $G(y) = 0$, $y \le 0$이고 $G(y) = 1,\ y \ge 8$이다. $0 < y < 8$에 대하여

$$G(y) = P(Y \le y) = P(X^3 \le y)$$

$$= P(X \le y^{\frac{1}{3}}) = \int_0^{y^{\frac{1}{3}}} \frac{1}{2}dx = \frac{1}{2}y^{\frac{1}{3}}.$$

따라서 $\frac{d}{dy}G(y) = \frac{1}{6}y^{-\frac{2}{3}}$, $0 < y < 8$이므로 Y의 확률밀도함수는 다음과 같다.

$$g(y) = \begin{cases} \frac{1}{6}y^{-\frac{2}{3}}, & 0 < y < 8 \\ 0, & \text{그 밖에} \end{cases}$$ ✤

예제 3.14 X의 확률밀도함수가 $f(x)$일 때 $Y = X^2$의 확률밀도함수를 구하라.

풀이 명백하게 $G(y) = 0$, $y < 0$이다. 또한 $y \ge 0$에 대하여

$$\begin{aligned} G(y) &= P(X^2 \le y) \\ &= P(-\sqrt{y} \le X \le \sqrt{y}) \\ &= F(\sqrt{y}) - F(-\sqrt{y}) \end{aligned}$$

이므로 Y의 확률밀도함수는 다음과 같다.

$$g(y) = \begin{cases} \frac{1}{2\sqrt{y}}(f(\sqrt{y}) + f(-\sqrt{y})), & y > 0 \\ 0, & \text{그 밖에} \end{cases}$$ ✤

정리 3.3 X의 확률밀도함수가 $f(x)$이고 함수 $u(x)$는 엄격하게 증가하거나 감소하며 미분가능한 함수일 때 확률변수 $Y = u(X)$의 확률밀도함수 $g(y)$는 다음과 같다.

$$g(y) = \begin{cases} f(u^{-1}(y))\left|\frac{d}{dy}u^{-1}(y)\right|, & y \in \mathcal{B} \\ 0, & \text{그 밖에} \end{cases}$$

단, $u^{-1}(x)$는 $u(x)$의 역함수이다.

증명 $u(x)$는 엄격하게 증가하거나 감소하며 미분가능하므로 $u(x)$는 역함수 $u^{-1}(x)$가 존재하고 역함수도 미분가능이다.

(1) $F(x) = P(X \le x)$라 하자. $u(x)$가 엄격하게 증가하면 $u^{-1}(x)$도 엄격하게 증가하고 $\frac{d}{dx}u^{-1}(x) > 0$이다. 따라서 $G(y) = P(Y \le y)$는 다음과 같다.

$$\begin{aligned} G(y) &= P(u(X) \le y) \\ &= P(X \le u^{-1}(y)) \\ &= F(u^{-1}(y)) \end{aligned}$$

Y의 확률밀도함수는 연쇄법칙(chain rule)에 의하여

$$\begin{aligned} g(y) &= \frac{dG(y)}{dy} = f(u^{-1}(y))\frac{d}{dy}u^{-1}(y) \\ &= f(u^{-1}(y))\left|\frac{d}{dy}u^{-1}(y)\right|. \ \left(\frac{d}{dx}u^{-1}(x) > 0 \text{이므로}\right) \end{aligned}$$

(2) $u(x)$가 엄격하게 감소하면 $u^{-1}(x)$도 엄격하게 감소하고 $\frac{d}{dx}u^{-1}(x) < 0$이다. 따라서

$$\begin{aligned} G(y) &= P(u(X) \le y) = P(X \ge u^{-1}(y)) \\ &= 1 - F(u^{-1}(y)) \end{aligned}$$

이고

$$\begin{aligned} g(y) &= -f(u^{-1}(y))\frac{d}{dy}u^{-1}(y) \\ &= f(u^{-1}(y))\left|\frac{d}{dy}u^{-1}(y)\right|. \ \left(\frac{d}{dx}u^{-1}(x) < 0 \text{이므로}\right) \end{aligned}$$

✺

예제 3.15 X의 확률밀도함수 $f(x)$가 다음과 같을 때, $Y = e^X$의 확률밀도함수를 구하라.

$$f(x) = \begin{cases} 1, & 0 < x < 1 \\ 0, & \text{그 밖에} \end{cases}$$

풀이 X가 값을 취하는 영역은 $\mathcal{A} = (0,\ 1)$이므로 $Y = e^X$가 값을 취하는 영역은 $\mathcal{B} = (1,\ e)$이다. 한편 $y = u(x) = e^x$의 역함수는 $u^{-1}(y) = \log y$이므로

$$\frac{d}{dy}u^{-1}(y) = \frac{1}{y}.$$

따라서 Y의 확률밀도함수는 다음과 같다.

$$h(y) = f(\log y)\frac{1}{y} = \begin{cases} \frac{1}{y}, & 1 < y < e \\ 0, & \text{그 밖에} \end{cases}$$

✤

예제 3.16 X의 확률밀도함수가

$$f(x)=\begin{cases}\lambda e^{-\lambda x}, & 0<x<\infty \\ 0, & \text{그 밖에}\end{cases}$$

(단, $\lambda>0$인 상수)일 때, $Y=X^{\frac{1}{\beta}}$, $(\beta>0)$의 확률밀도함수를 구하라.

풀이 X가 값을 취하는 영역이 $\mathcal{A}=(0,\ \infty)$이므로 $y=u(x)=x^{\frac{1}{\beta}}$의 치역은 $\mathcal{B}=(0,\ \infty)$이다. $y=u(x)$의 역함수와 그의 도함수는 각각 다음과 같다.

$$u^{-1}(y)=y^{\beta},\ \frac{d}{dy}u^{-1}(y)=\beta y^{\beta-1}$$

따라서 Y의 확률밀도함수는 다음과 같다.

$$\begin{aligned} g(y) &= f\left(y^{\beta}\right)\left|\beta y^{\beta-1}\right| \\ &= \beta\lambda y^{\beta-1}e^{-\lambda y^{\beta}},\ y>0 \end{aligned}$$

이때 Y는 와이블(weibull) 분포를 따른다고 한다. ✤

3.2.4* 위험률 함수

어떤 부품의 수명을 X라 하자. 그 부품이 t시간 동안 작동했다는 가정하에 앞으로 Δt시간 이내에 고장날 조건부확률은 다음과 같다.

$$\begin{aligned} P(t<X<t+\Delta t \mid X>t) &= \frac{P(t<X<t+\Delta t,\ X>t)}{P(X>t)} \\ &= \frac{P(t<X<t+\Delta t)}{P(X>t)} \\ &= \frac{\int_t^{t+\Delta t} f(x)dx}{P(X>t)} \end{aligned}$$

한편

$$\lim_{\Delta t\to 0}\frac{1}{\Delta t}\int_t^{t+\Delta t} f(x)dx = f(t)$$

이므로 t시간 동안 사용된 부품의 고장율 $\lambda(t)$는 다음과 같음을 알 수 있다.

$$\lambda(t) = \lim_{\Delta t \to 0} \frac{1}{\Delta t} P(t < x < t + \Delta t | x > t)$$
$$= \frac{f(t)}{1 - F(t)}$$

정의 3.4 [위험률 함수] 확률변수 X의 확률밀도함수와 분포함수가 각각 $f(t)$와 $F(t)$이고 $F(0) = 0$일 때

$$\lambda(t) = \frac{f(t)}{1 - F(t)},\ t \geq 0$$

을 F의 **고장률함수**(failure rate function) 또는 **위험률함수**(hazard rate function)라고 한다.

정리 3.4 X의 분포함수 $F(x)$는 위험률함수 $\lambda(t)$에 의하여 다음과 같이 정해진다.

$$F(x) = 1 - \exp\left(- \int_0^x \lambda(t) dt\right)$$

증명 $\lambda(t)$를 다음과 같이 쓸 수 있다.

$$\lambda(t) = \frac{f(t)}{1 - F(t)} = - \frac{\frac{d}{dt}(1 - F(t))}{1 - F(t)}$$

위 식의 양변을 적분하면

$$\log(1 - F(x)) = - \int_0^x \lambda(t) dt$$

따라서

$$F(x) = 1 - \exp\left(- \int_0^x \lambda(t) dt\right).$$ ✳

예제 3.17 (1) 확률변수 X의 위험률함수가 $\lambda(t) = \lambda$(상수)이면 X의 분포함수와 확률밀도함수는

각각 다음과 같다

$$F(x) = 1 - e^{-\lambda x},\ f(x) = \lambda e^{-\lambda x},\ x \geq 0$$

(2) 위험률함수가 $\lambda(t) = \lambda t$인 확률변수 X의 분포함수와 확률밀도함수는 각각 다음과 같다.

$$F(x) = 1 - e^{-\frac{\lambda}{2}x^2},\ f(x) = \lambda x e^{-\frac{\lambda}{2}x^2},\ x \geq 0.$$

이때 X는 **레일리(Rayleigh)분포**를 따른다고 한다. ✣

예제 3.18 어떤 제품의 수명 X의 고장률함수가 $\lambda(t) = t^2,\ t > 0$일 때, 다음을 구하라.

(1) 그 제품이 2년 후에도 작동할 확률

(2) 1년 동안 사용한 제품이 2년 후에도 작동할 확률

풀이 (1) X의 분포함수는

$$F(x) = 1 - \exp\left(-\int_0^x \lambda(t)dt\right) = 1 - e^{-t^3/3}$$

이므로 2년 후에도 작동할 확률은 다음과 같다.

$$P(X > 2) = 1 - F(2) = e^{-8/3}$$

(2) 1년 동안 사용한 제품이 2년 후에도 작동할 확률은

$$P(X > 2 | X > 1) = \frac{P(X > 2)}{P(X > 1)} = \frac{1 - F(2)}{1 - F(1)} = e^{-7/3}$$ ✣

예제 3.19 두 대의 기계 A와 B를 t시간 동안 사용했을 때 기계 A와 B의 고장률을 각각 $\lambda_A(t)$와 $\lambda_B(t)$라 하자. 또한 현재까지 t시간 동안 두 대의 기계를 사용했을 때 A와 B가 앞으로 s시간 동안 고장이 나지 않을 확률을 각각 $R_A(s)$, $R_B(s)$라고 하자. B의 고장률함수가 A의 고장률함수의 2배라고 할 때 $R_B(s)$는 $R_A(s)$의 2배가 되는지 답하라.

풀이 B의 고장률이 A의 고장률의 2배이므로 $\lambda_B(t) = 2\lambda_A(t)$이다. X와 Y를 각각 A와 B의 수명이라 하자. t시간 동안 작동한 기계 A가 앞으로 s시간 동안 고장이 나지 않을 확률은

$$R_A(s) = P(X > s+t \mid X > t) = \frac{P(X > s+t)}{P(X > t)}$$
$$= \frac{\exp\left(-\int_0^{s+t} \lambda_A(x)dx\right)}{\exp\left(-\int_0^{t} \lambda_A(x)dx\right)} = \exp\left(-\int_t^{s+t} \lambda_A(x)dx\right)$$

같은 방법으로 t시간 동안 작동한 기계 B가 앞으로 s시간 동안 고장이 나지 않을 확률은

$$R_B(s) = \exp\left(-\int_t^{s+t} \lambda_B(x)dx\right)$$
$$= \exp\left(-2\int_t^{s+t} \lambda_A(x)dx\right) = [R_A(s)]^2.$$

따라서 $R_B(s)$는 $R_A(s)$의 2배가 아니라 제곱이 된다. ✤

EXERCISES

3.2 연습문제

1. 양의 정수들의 집합에서 정의된 함수

$$p(n) = \frac{1}{n(n+1)}, \quad n = 1, 2, \cdots$$

이 확률질량함수가 됨을 보여라.

2. $\{0, 1, 2, \cdots, 7\}$에서 값을 갖는 확률변수 X의 확률질량함수 $p(x)$가 다음 표와 같을 때 $P(1 < X \le 3 \mid X > 2)$를 구하라.

x	0	1	2	3	4	5	6	7
$p(x)$	c	$2c$	c	$2c$	$3c$	c^2	$3c^2$	$6c^2$

3. 확률변수 X의 확률질량함수가 $p(n) = c\dfrac{1}{n!}$, $n = 0, 1, 2, \cdots$일 때, 상수 c의 값을 정하고 $P(X=0)$과 $P(X>2)$를 구하라.

4. 확률변수 X의 확률질량함수 $p(x)$가 다음과 같다.

$$p(x)=\begin{cases} cx, & x=1,\ 2,\ \cdots,\ 50, \\ c(100-x), & x=51,\ \cdots,\ 100, \\ 0, & \text{그 밖에} \end{cases}$$

다음 물음에 답하라.

(1) 상수 c의 값을 정하라.

(2) X가 취하는 값의 집합을 써라.

(3) $P(X>50)$과 $P(40<X\le 60)$을 구하라.

(4) $P(X>50\,|\,40<X\le 60)$을 구하라.

5. 두 개의 주사위를 던져서 나오는 두 주사위의 눈의 합을 X라고 할 때 다음을 구하라.

(1) X의 확률질량함수 (2) $P(X\ge 10)$

6. 양의 정수의 집합에서 정의된 함수

$$p(k)=\frac{C}{k^{\alpha}},\ k=1,\ 2,\ \cdots$$

가 확률질량함수가 되기 위한 α의 범위를 구하라. 이 확률질량함수를 제타(Zeta) 또는 지프(Zipf) 확률질량함수라 한다.

7. 다음 함수가 확률밀도함수가 될 수 있도록 상수 C의 값을 정하라.

$$f(x)=\begin{cases} Ce^{-3x}, & 0<x<\infty \\ 0, & \text{그 밖에} \end{cases}$$

이때 X의 분포함수와 $P(4<X\le 5)$를 구하라.

8. 다음 분포함수들의 확률밀도함수를 구하라.

(1) $F(x)=\begin{cases} 0, & x\le 0, \\ \dfrac{x}{3}, & 0<x<3, \\ 1, & x\ge 3 \end{cases}$ (2) $F(x)=\begin{cases} 0, & x<-1, \\ \dfrac{1}{2}(x^3+1), & -1\le x\le 1, \\ 1, & x>1 \end{cases}$

(3) $F(x)=\begin{cases} e^{x}, & x<0, \\ 1, & x\ge 0 \end{cases}$ (4) $F(x)=\begin{cases} 0, & x\le 0, \\ 1-e^{-2x}, & x>0 \end{cases}$

9. 다음 함수들이 확률밀도함수가 되도록 상수 C의 값을 정하라.

(1) $f(x) = C\dfrac{1}{1+x^2},\ -\infty < x < \infty$

(2) $f(x) = Ce^{-|x|},\ -\infty < x < \infty$

10. $\alpha > 1$일 때, 함수

$$f(x) = \begin{cases} (\alpha - 1)x^{-\alpha}, & x \ge 1 \\ 0, & x < 1 \end{cases}$$

는 확률밀도함수가 됨을 보여라.

11. $x \ge 1$일 때, $f(x) = Cx^{-\rho}$이고 그 밖의 x에 대하여는 $f(x) = 0$인 함수 $f(x)$가 확률밀도함수가 되게 하는 ρ의 범위를 구하고, 그 때 상수 C의 값을 구하라.

12. 다음 함수들이 확률밀도함수가 됨을 보이고 각각의 분포함수를 구하라.

(1) $f(x) = \begin{cases} 2x - 4, & 2 < x < 3, \\ 0, & \text{그 밖에} \end{cases}$

(2) $f(x) = \begin{cases} \dfrac{1}{9}|x|, & |x| < 3, \\ 0, & \text{그 밖에} \end{cases}$

13. 확률변수 X의 확률밀도함수가 다음과 같을 때 $P(4 < X \le 5)$를 구하라.

$$f(x) = \begin{cases} \dfrac{1}{x^2}, & 1 < x < \infty \\ 0, & \text{그 밖에} \end{cases}$$

14. 구간 $(1,\ 2)$에서 임의로 한 점을 택할 때 얻는 값을 반지름으로 하는 원의 면적을 Y라 할 때 Y의 확률밀도함수를 구하라.

15. X의 확률밀도함수가 $f(x) = 2e^{-2x},\ x > 0$일 때 $Y = X^{\frac{1}{\beta}},\ \beta < 0$의 확률밀도함수를 구하라.

16. X의 확률밀도함수 $f(x)$는 아래와 같다.

$$f(x) = \begin{cases} e^{-x}, & x > 0 \\ 0, & \text{그 밖에} \end{cases}$$

다음과 같이 정의되는 확률변수 Y의 확률밀도함수를 구하라.

$$Y = \begin{cases} X, & X \le 1\text{일 때} \\ \dfrac{1}{X}, & X > 1\text{일 때} \end{cases}$$

17. X의 확률밀도함수 $f(x)$가 다음과 같을 때 $Y = X^n$의 확률밀도함수를 구하라.

$$f(x) = \begin{cases} 1, & 0 < x < 1 \\ 0, & \text{그 밖에} \end{cases}$$

18. X의 확률밀도함수가 $f(x) = 1,\ 0 < x < 1$일 때, $Y = -\lambda \log X$, $(\lambda > 0$는 상수$)$의 확률밀도함수를 구하라.

19. 확률변수 X의 확률밀도함수가 $f(x) = 4x^3,\ 0 < x < 1$일 때, $Y = -\log X^4$의 확률밀도함수를 구하라.

20. Θ의 확률밀도함수가 $f(x) = \dfrac{1}{\pi},\ -\dfrac{\pi}{2} < x < \dfrac{\pi}{2}$일 때, $X = \tan \Theta$의 확률밀도함수를 구하라.

21. X의 확률밀도함수 $f(x)$가 다음과 같을 때 $Y = \sin(X)$의 확률밀도함수를 구하라.

(1) $f(x) = \begin{cases} \dfrac{1}{\pi}, & -\dfrac{\pi}{2} < x < \dfrac{\pi}{2} \\ 0, & \text{그 밖에} \end{cases}$ (2) $f(x) = \begin{cases} \dfrac{1}{2\pi}, & 0 < x < 2\pi \\ 0, & \text{그 밖에} \end{cases}$

22. X의 확률밀도함수가 다음과 같을 때, $Y = e^{-X}$의 확률밀도함수를 구하라.

$$f(x) = \frac{e^{-x}}{(1+e^{-x})^2},\ -\infty < x < \infty$$

23. X의 확률밀도함수 $f(x)$는 아래와 같다.

$$f(x) = \begin{cases} \dfrac{1}{2}, & -1 < x < 1 \\ 0, & \text{그 밖에} \end{cases}$$

다음을 구하라.

(1) $P\left(|X| > \frac{1}{2}\right)$ (2) $P\left(\sin\left(\frac{\pi}{2}X\right) > \frac{\sqrt{3}}{2}\right)$ (3) $|X|$의 확률밀도함수

24. 확률변수 X와 $-X$의 분포가 같을 때, X는 대칭인 확률변수(symmetric random variable)라 한다. 다음을 증명하라.

(1) 연속인 확률변수 X가 대칭일 필요충분조건은 X의 확률밀도함수 $f(x)$가 모든 x에 대하여 $f(x) = f(-x)$를 만족하는 것이다.

(2) 연속인 확률변수 X가 대칭이면 $P(X \le 0) = \frac{1}{2}$이다.

25. 길이가 1인 막대를 임의로 부러뜨릴 때 작은 막대의 길이 S에 대한 긴 막대의 길이 L의 비율을 $X = \frac{L}{S}$이라고 하자. X의 확률밀도함수를 구하라.

3.3 기댓값

3.3.1 기댓값의 뜻

이산확률변수의 기댓값 4개의 윷가락을 던져서 도, 개, 걸, 윷, 모가 나오면 각각 x_1, x_2, x_3, x_4, x_5 만큼 상금을 받는 게임을 생각하자. 이 게임을 n번 시행할 때, x_i만큼 상금을 받는 횟수를 $f_n(x_i)$, $i=1, 2, \cdots, 5$라고 하자(아래 표 참조).

시행결과	도	개	걸	윷	모
상금	x_1	x_2	x_3	x_4	x_5
도수	$f_n(x_1)$	$f_n(x_2)$	$f_n(x_3)$	$f_n(x_4)$	$f_n(x_5)$

n번의 시행에서 받게 되는 상금의 평균액수는

$$\frac{1}{n}\sum_{i=1}^{5} x_i f_n(x_i) = \sum_{i=1}^{5} x_i \left(\frac{f_n(x_i)}{n}\right)$$

이다. 여기서 n이 무한히 커질 때 $\frac{f_n(x_i)}{n}$이 일정한 값 $p(x_i)$에 수렴한다고 하자. 그러면 이 게임을 무한히 반복할 때, 매 게임마다 받게 되는 상금의 평균 금액은 다음과 같다.

$$\sum_{i=1}^{5} x_i p(x_i)$$

이제 게임에서 받게 되는 상금을 X라고 하면 X는 $\{x_1, \cdots, x_5\}$에서 값을 갖는 확률변수이고 $p(x_i)$는 상대도수의 관점에서 $P(X=x_i)$로 생각할 수 있다. 이 게임에서 받게 되는 상금의 기대금액을 이 게임을 무한히 반복한다고 할 때 매 게임마다 받는 상금의 평균으로 생각하면 X의 기대금액은

$$\sum_{i=1}^{5} x_i P(X=x_i)$$

와 같이 쓸 수 있다.

일반적으로 이산확률변수 X가 취하는 값이 $S=\{x_1, x_2, \cdots\}$일 때, X가 취하는 각각의 값 x_i에 확률질량함수의 값 $p(x_i)=P(X=x_i)$를 곱하여 모두 더한 값을 X의 기댓값(expected value)이라 하고 $E[X]$로 나타낸다. 즉,

$$E[X] = \sum_{x_i \in S} x_i p(x_i)$$

$E[X]$를 X의 **평균값** 또는 **평균**(mean)이라고 하기도 한다.

참고

이산확률변수 X에 대하여 $\sum_{x_i \in S} |x_i| p(x_i) < \infty$일 때 X의 기댓값이 존재한다고 한다. 이후로 별다른 언급 없이 확률변수 X의 기댓값에 대하여 말할 때는 기댓값이 존재한다고 가정한 것이다.

사건 A에 대하여 확률변수 I_A를 다음과 같이 정의하자.

$$I_A = \begin{cases} 1, & A\text{가 발생할 경우} \\ 0, & A\text{가 발생하지 않을 경우} \end{cases}$$

이때 확률변수 I_A를 A에 대한 지시확률변수라고 한다. 확률변수 I_A의 확률질량함수는

$$P(I_A = 1) = P(\text{사건 } A\text{가 발생}) = P(A),$$
$$P(I_A = 0) = P(\text{사건 } A\text{가 발생하지 않음}) = P(A^c)$$

이므로 I_A의 기댓값은

$$E[I_A] = 1 \cdot P(A) + 0 \cdot P(A^c) = P(A)$$

가 되어 사건 A가 발생할 확률 $P(A)$와 같음을 알 수 있다. 따라서 임의의 사건에 대한 확률은 그에 대응하는 지시확률변수의 기댓값으로 생각할 수 있다.

예제 3.20 한 개의 주사위를 한 번 던질 때 나오는 눈의 수 X의 기댓값 $E[X]$를 구하라.

풀이 $P(X = i) = \frac{1}{6}$, $i = 1, 2, \cdots, 6$ 이므로

$$E[X] = 1 \cdot \frac{1}{6} + 2 \cdot \frac{1}{6} + 3 \cdot \frac{1}{6} + 4 \cdot \frac{1}{6} + 5 \cdot \frac{1}{6} + 6 \cdot \frac{1}{6} = \frac{21}{6} = \frac{7}{2}.$$ ✤

예제 3.21 X의 확률질량함수가 $p(n) = e^{-1}/n!$, $n = 0, 1, 2, \cdots$일 때, $E[X]$를 구하라.

풀이 $$E[X] = \sum_{n=0}^{\infty} n \frac{e^{-1}}{n!} = e^{-1} \sum_{n=1}^{\infty} \frac{1}{(n-1)!} = e^{-1} e = 1$$ ✤

예제 3.22 X의 확률질량함수가 $p(n)=\frac{3}{\pi^2}\frac{1}{n^2}$, $n=\pm1,\ \pm2,\ \cdots$일 때

$$\sum_{n=1}^{\infty} np(n)+\sum_{n=1}^{\infty}|-n|p(-n)=\frac{6}{\pi^2}\sum_{n=1}^{\infty}\frac{1}{n}=\infty$$

이므로 $p(n)$을 확률질량함수로 갖는 확률변수의 기댓값은 존재하지 않는다.[1)]

> **정리 3.5** 음이 아닌 정수값을 갖는 확률변수 X에 대하여 다음이 성립한다.
>
> $$E[X]=\sum_{n=0}^{\infty}P(X>n)$$

증명 $\sum_{n=0}^{\infty}P(X>n)=\sum_{n=0}^{\infty}\sum_{k=n+1}^{\infty}P(X=k)=\sum_{k=1}^{\infty}\sum_{n=0}^{k-1}P(X=k)$

$$=\sum_{k=1}^{\infty}kP(X=k)=E[X]$$ ✺

예제 3.23 [예제 3.8의 연속] 흰 공이 3개 검은 공이 2개 들어 있는 항아리에서 복원추출로 한 번에 한 개씩 무작위로 공을 꺼내는 실험을 생각하자. 흰 공이 나올 때까지 시행한 횟수를 X라고 할 때, $E[X]$를 구하라.

풀이 X의 확률질량함수는 $P(X=n)=\left(\frac{2}{5}\right)^{n-1}\frac{3}{5}$, $n=1,\ 2,\ \cdots$이므로

$$P(X>n)=\sum_{k=n+1}^{\infty}\left(\frac{2}{5}\right)^{k-1}\frac{3}{5}=\left(\frac{2}{5}\right)^{n},\quad n=0,\ 1,\ 2,\ \cdots.$$

따라서

$$E[X]=\sum_{n=0}^{\infty}P(X>n)=\sum_{n=0}^{\infty}\left(\frac{2}{5}\right)^{n}=\frac{5}{3}.$$ ✤

연속확률변수의 기댓값 이산확률변수의 기댓값은 확률변수가 취하는 값에 확률질량함수의 값을 곱하여 모두 더한 것으로 정의하였다. 그러나 X가 연속확률변수일 때 한

1) $\sum_{n=1}^{\infty}\frac{1}{n^{\alpha}}<\infty$일 필요충분조건은 $\alpha>1$이다.

점에서 값을 취할 확률은 $P(X=x)=0$이므로 기댓값에 대한 이산확률변수의 정의를 그대로 사용할 수는 없다.

연속확률변수에 대한 기댓값을 정의하기 전에 확률밀도함수가 다음과 같은 확률변수 X를 생각하자.

$$f(x)=\begin{cases}2x, & 0<x<1\\ 0, & \text{그 밖에}\end{cases}$$

고정된 자연수 n에 대하여 X가 취하는 값의 범위 $(0,\ 1)$을 n등분하여

$$x_k=\frac{k}{n},\ k=0,\ 1,\ 2,\ \cdots,\ n$$

로 두고 이산확률변수 X_n을 다음과 같이 정의하자.

$$x_k<X\le x_{k+1}\text{일 때},\ X_n=x_k,\ k=0,\ 1,\ \cdots,\ n-1$$

그러면 각각의 $k=0,\ 1,\ \cdots,\ n-1$에 대하여 $x_k<X\le x_{k+1}$일 때

$$|X-X_n|\le x_{k+1}-x_k=\frac{1}{n}.$$

또한 X_n의 확률질량함수는

$$\begin{aligned}P(X_n=x_k)&=P(x_k<X\le x_{k+1})\\ &\approx f(x_k)(x_{k+1}-x_k)=\frac{2k}{n}\cdot\frac{1}{n},\ k=0,\ 1,\ \cdots,\ n-1\end{aligned}$$

이므로 X_n의 기댓값은

$$\begin{aligned}E[X_n]&=\sum_{k=0}^{n-1}x_kP(x_k<X\le x_{k+1})\\ &\approx\sum_{k=0}^{n-1}x_kf(x_k)(x_{k+1}-x_k)=\sum_{k=0}^{n-1}\frac{k}{n}\cdot\frac{2k}{n}\cdot\frac{1}{n}.\end{aligned}$$

한편 $|X-X_n|\le\frac{1}{n}$이므로 X의 기댓값을 $E[X]=\lim_{n\to\infty}E[X_n]$으로 생각하면

$$E[X]=\int_0^1 x\cdot 2x\,dx=\int_{-\infty}^{\infty}xf(x)\,dx.$$

일반적으로 연속확률변수 X의 확률밀도함수가 $f(x)$일 때, X의 기댓값을 다음과 같이 정의한다.

$$E[X]=\int_{-\infty}^{\infty} xf(x)dx$$

참고

확률밀도함수가 $f(x)$인 연속확률변수 X에 대하여 $\int_{-\infty}^{\infty}|x|f(x)dx<\infty$일 때, X의 기댓값이 존재한다고 한다.

예제 3.24 X의 확률밀도함수가 다음과 같을 때 $E[X]$를 구하라.

$$f(x)=\begin{cases}\frac{3}{4}(1-x^2), & -1<x<1\\ 0, & \text{그 밖에}\end{cases}$$

풀이 $E[X]=\int_{-\infty}^{\infty} xf(x)dx=\int_{-1}^{1} x\frac{3}{4}(1-x^2)dx=0$ ✤

예제 3.25 X의 확률밀도함수가 다음과 같고 $E[X]=\frac{3}{5}$일 때, a와 b를 구하라.

$$f(x)=\begin{cases}a+bx^2, & 0<x<1\\ 0, & \text{그 밖에}\end{cases}$$

풀이 $f(x)$가 확률밀도함수이고 $E[X]=\frac{3}{5}$이므로

$$\int_0^1 (a+bx^2)dx=a+\frac{b}{3}=1,$$

$$E[X]=\int_0^1 x(a+bx^2)dx=\frac{a}{2}+\frac{b}{4}=\frac{3}{5}.$$

따라서

$$a=\frac{3}{5},\ b=\frac{6}{5}.$$ ✤

3.3.2 기댓값의 성질

확률변수의 기댓값을 구하는 데 유용하게 사용되는 성질을 살펴본다.

정리 3.6

$$E[X]=\int_0^\infty P(X>x)dx-\int_0^\infty P(X<-x)dx \tag{3.2}$$

증명 X가 확률밀도함수 $f(x)$를 갖는 경우에 대해서만 증명을 한다. 이산확률변수인 경우는 같은 방법으로 증명이 된다. 먼저 식 (3.2)의 첫 번째 적분에 대하여 생각한다.

$$\begin{aligned}\int_0^\infty P(X>x)dx &= \int_0^\infty\int_x^\infty f(t)dtdx \\ &= \int_{t=0}^\infty\int_{x=0}^t dxf(t)dt \\ &= \int_0^\infty tf(t)dt\end{aligned}$$

같은 방법으로 식 (3.2)의 두 번째 적분을 쓰면 다음과 같다.

$$\begin{aligned}\int_0^\infty P(X<-x)dx &= \int_0^\infty\int_{-\infty}^{-x} f(t)dtdx \\ &= \int_{t=-\infty}^0\int_{x=0}^{-t} dxf(t)dt \\ &= -\int_{-\infty}^0 tf(t)dt\end{aligned}$$

그러므로

$$\int_0^\infty P(X>x)dx-\int_0^\infty P(X<-x)dx=\int_{-\infty}^\infty tf(t)dt=E[X].$$ ✸

확률변수 X가 $P(X\ge 0)=1$을 만족할 때, X를 음이 아닌 확률변수라고 한다.

따름정리 3.7 X가 음이 아닌 확률변수일 때

$$E[X] = \int_0^\infty P(X > x)dx$$

증명 $P(X \geq 0) = 1$이므로 $x > 0$에 대하여 $P(X < -x) = 0$이다. 정리 3.6으로부터 자명하다. ✺

따름정리 3.8 X가 음이 아닌 확률변수일 때 $E[X] \geq 0$이다.

예제 3.26 X의 확률밀도함수가

$$f(x) = \begin{cases} 3e^{-3x}, & x > 0 \\ 0, & \text{그 밖에} \end{cases}$$

일 때, $E[X]$를 구하라.

풀이 X는 음이 아닌 확률변수이고

$$P(X > x) = \int_x^\infty 3e^{-3t}dt = e^{-3x}, \ x > 0$$

이므로

$$E[X] = \int_0^\infty e^{-3x}\,dx = \frac{1}{3}.$$ ✤

정리 3.9 **[확률변수의 함수에 대한 기댓값]** 확률변수 X와 함수 $u(x)$를 합성한 확률변수 $u(X)$에 대하여 다음이 성립한다.

$$E[u(X)] = \begin{cases} \sum_{i=1}^{\infty} u(x_i)p(x_i), & X\text{의 확률질량함수가 } p(x_i) \\ \int_{-\infty}^{\infty} u(x)f(x)dx, & X\text{의 확률밀도함수가 } f(x) \end{cases}$$

증명 여기서는 X가 확률밀도함수 $f(x)$를 갖는 경우에 대하여 증명한다. 정리 3.6에 의하여 다음을 얻는다.

$$E[u(X)]=\int_0^\infty P(u(X)>y)dy-\int_0^\infty P(u(X)<-y)dy$$
$$=\int_0^\infty\int_{\{x:u(x)>y\}}f(x)dxdy-\int_0^\infty\int_{\{x:u(x)<-y\}}f(x)dxdy$$
$$=\int_{\{x:u(x)>0\}}\int_0^{u(x)}dyf(x)dx-\int_{\{x:u(x)<0\}}\int_0^{-u(x)}dyf(x)dx$$
$$=\int_{\{x:u(x)>0\}}u(x)f(x)dx+\int_{\{x:u(x)<0\}}u(x)f(x)dx$$
$$=\int_{-\infty}^\infty u(x)f(x)dx$$

따름정리 3.10 $E[aX+b]=aE[X]+b$ (단 a, b는 상수)

증명 X가 확률밀도함수 $f(x)$를 갖는 경우에 대해서만 증명한다.

$$E[aX+b]=\int_{-\infty}^\infty (ax+b)f(x)dx$$
$$=a\int_{-\infty}^\infty xf(x)dx+b\int_{-\infty}^\infty f(x)dx$$
$$=aE[X]+b$$

예제 3.27 X의 확률밀도함수가

$$f(x)=\begin{cases}2x, & 0<x<1\\ 0, & \text{그 밖에}\end{cases}$$

일 때, $E[X^3]$을 구하라.

풀이 $E[X^3]=\int_0^1 x^3\cdot 2x\,dx=\dfrac{2}{5}$

예제 3.28 확률변수 X가 $\{-1,\ 0,\ 1\}$에서 값을 취하고 $p(0)=1/4$일 때, 다음을 구하라.

(1) $E[X^2]$

(2) $E[X]=1/4$일 때 $p(-1)$과 $p(1)$의 값

풀이 (1) $p(-1)+p(0)+p(1)=1$이고 $p(0)=\dfrac{1}{4}$이므로

$$p(-1)+p(1)=1-p(0)=\frac{3}{4}.$$

따라서

$$E[X^2]=(-1)^2p(-1)+0^2p(0)+1^2\cdot p(1)=p(-1)+p(1)=\frac{3}{4}.$$

(2) $E[X]=\frac{1}{4}$ 이므로

$$E[X]=-p(-1)+0\cdot p(0)+p(1)=p(1)-p(-1)=\frac{1}{4}.$$

따라서 $p(1)+p(-1)=\frac{3}{4}$ 과 $p(1)-p(-1)=\frac{1}{4}$ 로부터 다음을 얻는다.

$$p(1)=\frac{1}{2},\ p(-1)=\frac{1}{4}$$ ✣

예제 3.29 유효기간이 정해져 있는 특정한 상품을 취급하는 한 상점에서는 일정한 기간마다 그 상품을 공급받고 그 기간 내에 팔지 못하면 그 상품을 폐기해야 한다고 하자. 상점의 주인은 그 상품을 단위당 c원을 주고 사서 b, $(b>c)$원에 판매한다. 그러나 그 상품이 떨어져 팔지 못하게 될 때에는 한 번의 주문이 있을 때마다 a원의 손해를 보게 된다고 하자. 한 번 공급받은 시점부터 다음 번 공급받을 때까지의 기간 중 그 상품의 수요량 X는 확률밀도함수가 $f(x)$인 확률분포를 따른다. 기대 이익을 최대로 하기 위하여 상점의 주인은 한 번에 얼마만큼의 상품을 구매하여야 하겠는가?

풀이 상점 주인이 구매하는 상품의 양을 x라 할 때, 이익은 다음과 같다.

$$\begin{aligned}Y(x)-&\begin{cases}(b-c)x-a(X-x), & X\ge x\\ -cx+bX, & X<x\end{cases}\\ &=((b-c)x-a(X-x))I_{\{X\ge x\}}+((b-c)x-b(x-X))I_{\{X<x\}}\\ &=(b-c)x-a(X-x)I_{\{X\ge x\}}-b(x-X)I_{\{X<x\}}\end{aligned}$$

단, $y\ge x$일 때 $I_{\{y\ge x\}}=1$이고, $y<x$일 때 $I_{\{y\ge x\}}=0$. 한편

$$\begin{aligned}E[(X-x)I_{\{X\ge x\}}]&=\int_{-\infty}^{\infty}(y-x)I_{\{y\ge x\}}f(y)dy\\ &=\int_{x}^{\infty}(y-x)f(y)dy.\end{aligned}$$

또한 $P(X \geq 0) = 1$이므로 다음을 얻는다.

$$E[(x-X)I_{\{X<x\}}] = \int_0^x (x-y)f(y)dy$$

따라서 $G(x) = E[Y(x)]$로 두면, 기대이익은 다음과 같다.

$$G(x) = (b-c)x - \int_x^\infty a(y-x)f(y)dy - \int_0^x b(x-y)f(y)dy$$

$G(x)$를 미분하면 다음을 얻는다.2)

$$\begin{aligned} G'(x) &= (b-c) + \int_x^\infty af(y)dy - \int_0^x bf(y)dy \\ &= (b-c) + aP(X \geq x) - bP(X < x) \\ &= -c + (a+b)P(X \geq x) \end{aligned}$$

$G'(x) = 0$의 해를 x_0라 하자. 즉,

$$P(X \geq x_0) = \frac{c}{a+b}.$$

$x < x_0$일 때 $G'(x) > 0$이고 $x > x_0$일 때 $G'(x) < 0$이므로 $G(x)$는 $x = x_0$에서 최대가 된다. 특히 $a = b = c$이면 x_0는 $P(X > x_0) = \frac{1}{2}$이다. ✤

확률변수 X에 대하여 $E[|X^n|] < \infty$일 때 X의 n차 적률이 존재한다고 하고 $E[X^n]$을 X의 n차 **적률**(nth moment)이라고 한다. 또한 $E[X] = \mu$일 때, $E[(X-\mu)^n]$을 X의 n차 **중심적률**(central moment)이라고 한다. 특히 2차 중심적률을 **분산**(variance)이라고 하고 $\mathrm{Var}[X]$로 나타내기로 한다. 즉,

$$\mathrm{Var}[X] = E[(X-\mu)^2]$$

정의로부터 명백하게 분산은 음이 아닌 값을 취한다는 것을 알 수 있다. 분산은 X의 값들이 평균으로부터 흩어져 있는 정도의 척도로 쓰인다. 분산은 제곱한 항 $(X-\mu)^2$ 때

2) $g(x) = \int_{u(x)}^{v(x)} f(x,t)dt$일 때

$$g'(x) = f(x,v(x))v'(x) - f(x,u(x))u'(x) + \int_{u(x)}^{v(x)} \frac{\partial}{\partial x} f(x,\, t)dt.$$

문에 단위가 X의 단위의 제곱이 된다. X와 같은 단위를 가지며 X값의 평균으로부터 흩어진 정도를 재는 척도로서 $\sqrt{\mathrm{Var}[X]}$를 사용하며 이것을 X의 **표준편차**(standard deviation)라고 하고 $\mathrm{SD}[X]$로 나타내기로 한다. 즉, $\mathrm{SD}[X]=\sqrt{\mathrm{Var}[X]}$.

양의 확률변수 X의 평균과 표준편차가 각각 μ와 σ일 때,

$$C_X=\frac{\sigma}{\mu}$$

을 X의 **변동계수**(coefficient of variation)라고 한다. 변동계수는 X의 분포가 평균에 대한 상대적인 퍼짐의 정도를 나타낸다.

정리 3.11 $\mathrm{Var}[X]=E[X^2]-\mu^2$ (단, $E[X]=\mu$)

증명

$$\begin{aligned}\mathrm{Var}[X]&=E[(X-\mu)^2]=E[X^2-2\mu X+\mu^2]\\&=E[X^2]-2\mu E[X]+\mu^2=E[X^2]-2\mu^2+\mu^2\\&=E[X^2]-\mu^2.\end{aligned}$$

✳

정리 3.12 $\mathrm{Var}[aX+b]=a^2\mathrm{Var}[X]$ (단, a, b는 상수)

증명 $E[X]=\mu$라 두면 $E[aX+b]=a\mu+b$이므로

$$\begin{aligned}\mathrm{Var}[aX+b]&=E[((aX+b)-(a\mu+b))^2]=E[a^2(X-\mu)^2]\\&=a^2E[(X-\mu)^2]=a^2\mathrm{Var}[X].\end{aligned}$$

✳

예제 3.30 $E[X]=1$이고 $\mathrm{Var}[X]=5$일 때 다음을 구하라.

(1) $E[(2+X)^2]$ (2) $\mathrm{Var}[4-3X]$

풀이 (1) $E[X^2]=\mathrm{Var}[X]+(E[X])^2=5+1^2=6$이므로

$$\begin{aligned}E[(2+X)^2]&=E[4+4X+X^2]\\&=4+4E[X]+E[X^2]\\&=4+4\cdot1+6=14.\end{aligned}$$

(2) $\mathrm{Var}[4-3X]=(-3)^2\mathrm{Var}[X]=45.$

확률변수 X에 대하여 $E[X]=\mu$, $\mathrm{Var}[X]=\sigma^2$일 때 확률변수

$$Z=\frac{X-\mu}{\sigma}$$

의 기댓값과 분산은 각각 다음과 같음을 알 수 있다.

$$E[Z]=\frac{1}{\sigma}E[X-\mu]=\frac{1}{\sigma}(E[X]-\mu)=0,$$
$$\mathrm{Var}[Z]=\mathrm{Var}\left[\frac{X}{\sigma}-\frac{\mu}{\sigma}\right]=\frac{\mathrm{Var}[X]}{\sigma^2}=1.$$

이와 같이 확률변수 X로부터 평균과 분산이 각각 0과 1이 되는 확률변수 Z를 만드는 것을 **표준화**한다고 하고, 확률변수 Z를 표준화된 확률변수라고 한다.

정리 3.13 모든 실수 c에 대하여 $\mathrm{Var}[X]\le E[(X-c)^2]$이다.

증명 $\mu=E[X]$라 하면

$$\begin{aligned}E[(X-c)^2]&=E[(X-\mu)^2+2(X-\mu)(\mu-c)+(\mu-c)^2]\\&=E[(X-\mu)^2]+2(\mu-c)E[(X-\mu)]+(\mu-c)^2\\&=E[(X-\mu)^2]+(\mu-c)^2\\&\ge E[(X-\mu)^2]\\&=\mathrm{Var}[X].\end{aligned}$$

✻

정리 3.13은 확률변수 X를 상수 c로 근사할 때 오차 $X-c$의 제곱에 대한 평균 $E[(X-c)^2]$을 최소화하는 상수는 평균 $c=E[X]$이라는 것을 보여준다. 그러면 오차의 절댓값 $|X-c|$의 평균 $E[|X-c|]$을 최소화하는 상수는 무엇일까? 아래 정리 3.14는 이에 대한 답을 준다. 먼저 확률변수의 중위수를 정의하자. $P(X<m)<\frac{1}{2}$과 $P(X\le m)\ge\frac{1}{2}$을 만족하는 수 m을 X의 **중위수(median)**라고 한다. X가 연속확률변수이면 $P(X\ge m)=P(X\le m)=\frac{1}{2}$이다.

> **정리 3.14** 연속확률변수 X에 대하여, $E[|X-c|]$는 $c=m$(m은 X의 중위수) 일 때 최소가 된다.

증명 $h(c)=E[|X-c|]$라 하자. 그러면

$$h(c)=E[|X-c|]=\int_{-\infty}^{c}(c-x)f(x)dx+\int_{c}^{\infty}(x-c)f(x)dx$$

이므로

$$h'(c)=\int_{-\infty}^{c}f(x)dx-\int_{c}^{\infty}f(x)dx=P(X\le c)-P(X\ge c).$$

따라서 $h'(m)=0$이다. 한편 $c<m$이면 $h'(c)<0$, $c>m$이면 $h'(c)>0$이므로 $h(c)$는 $c=m$에서 최솟값을 갖는다. ✺

3.3.3 일반적인 확률변수의 기댓값

앞에서는 이산확률변수와 연속확률변수에 대한 기댓값의 정의와 성질에 대하여 살펴 보았다. 분포함수가 예제 3.4와 같이 불연속점이 있고 일부 구간에서는 $F'(x)\neq 0$인 확률변수는 이산확률변수도 아니고 연속확률변수도 아니다. 이제 일반적인 분포함수를 갖는 확률변수의 기댓값에 대하여 살펴보자. 이를 위하여 리만-스틸체스 적분(Rieman-Stieltjes integral) 개념이 필요하다.[3)]

확률변수 X의 확률분포함수를 $F(x)=P(X\le x)$라 하자. $u(x)$가 실수의 집합에서 정의된 연속함수일 때, $F(x)$에 대한 $u(x)$의 리만-스틸체스 적분은

$$\int_{-\infty}^{\infty}u(x)dF(x)$$

로 나타내고 다음과 같은 방법으로 계산한다.

(1) $F(x)$가 각 x_i, $i=1,2,\cdots,n$에서 $p(x_i)$만큼 도약이 있는 계단함수일 때,

$$\int_{-\infty}^{\infty}u(x)dF(x)=\sum_{i=1}^{n}u(x_i)(F(x_i)-F(x_i^-))=\sum_{i=1}^{n}u(x_i)p(x_i).$$

(2) $F(x)$가 도함수 $F'(x)=f(x)$를 가질 때,

3) 리만-스틸체스 적분에 대한 간단한 정의와 성질은 부록 A를 참고하기 바란다. 더 자세한 설명이 필요한 독자는 이 책의 참고문헌 [18], [39]와 같은 해석학 책을 참고하기 바란다.

$$\int_{-\infty}^{\infty} u(x)dF(x) = \int_{-\infty}^{\infty} u(x)f(x)dx.$$

(3) $F(x)$가 $\{x_i,\ i=1,\ 2,\ \cdots,\ n\}$에서 도약이 있고 각 점에서의 도약의 크기가 $p(x_i) = F(x_i) - F(x_{i-}),\ i = 1,\ 2,\ \cdots,\ n$이며 $(x_{i-1},\ x_i)$에서 도함수 $f_i(x)$, $i=1,\ 2,\ \cdots,\ n+1$를 가질 때,

$$\int_{-\infty}^{\infty} xdF(x) = \sum_{i=1}^{n} x_i p(x_i) + \sum_{i=1}^{n+1} \int_{x_{i-1}}^{x_i} xf_i(x)dx.$$

여기서 $x_0 = -\infty$, $x_{n+1} = +\infty$이다.

분포함수가 $F(x)$인 확률변수 X에 대하여

$$\int_{-\infty}^{\infty} |x| dF(x) < +\infty$$

이면 X의 기댓값이 존재한다고 하고, X의 기댓값을 다음과 같이 정의한다.

$$E[X] = \int_{-\infty}^{\infty} xdF(x)$$

예제 3.31 확률변수 X의 확률분포함수 $F(x)$가 다음과 같을 때 $E[X]$와 $E[X^2]$을 구하라.

$$F(x) = \begin{cases} 0, & x < 0 \\ \dfrac{x^2}{4}, & 0 \le x < 1 \\ \dfrac{x+1}{4}, & 1 \le x < 2 \\ \dfrac{11}{12}, & 2 \le x < 3 \\ 1, & x \ge 3 \end{cases}$$

풀이 $F(x)$는 $x = 1,\ 2,\ 3$에서 도약이 있고 각 점에서 도약의 크기는

$$p(1) = F(1) - F(1-) = \frac{1}{4},\ p(2) = \frac{1}{6},\ p(3) = \frac{1}{12}$$

이다. (그림 3.5 참조) 또한 구간 $(0,\ 1)$에서 $F'(x) = \dfrac{x}{2}$이고 $(1,\ 2)$에서 $F'(x) = \dfrac{1}{4}$이므로

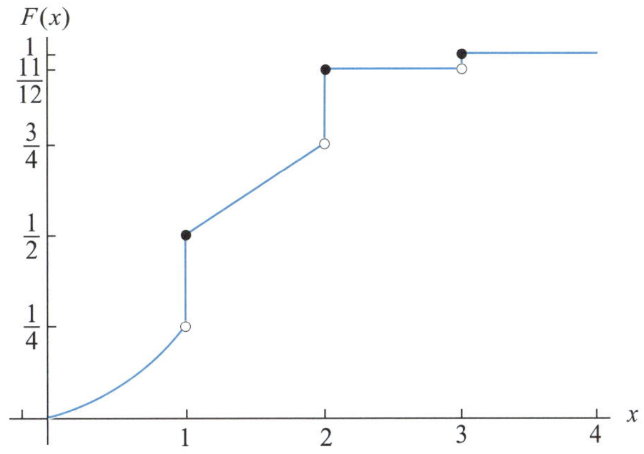

그림 3.5 $F(x)$의 그래프

$$E[X] = 1 \cdot p(1) + 2 \cdot p(2) + 3 \cdot p(3) + \int_0^1 x \frac{x}{2} dx + \int_1^2 x \frac{1}{4} dx$$
$$= \frac{11}{8},$$
$$E[X^2] = 1^2 \cdot p(1) + 2^2 \cdot p(2) + 3^2 \cdot p(3) + \int_0^1 x^2 \frac{x}{2} dx + \int_1^2 x^2 \frac{1}{4} dx$$
$$= \frac{19}{8}.$$

EXERCISES 3.3 연습문제

1. 한 개의 주사위를 두 번 던질 때 나오는 두 주사위의 눈에 대하여 다음을 구하라.
   (1) 두 눈의 합에 대한 기댓값
   (2) 두 눈의 최댓값에 대한 기댓값

2. 0, 1, ⋯, 9 중에서 임의로 한 숫자를 택할 때, 선택된 숫자 X에 대한 기댓값을 구하라.

3. X는 $A = \{-5, -4, \cdots, -1, 0, 1, \cdots, 10\}$에서 값을 갖고 확률질량함수가 $P(X=n) = \frac{1}{16}$, $n \in A$일 때, $E[X]$와 $\mathrm{Var}[X]$를 구하라.

4. 룰렛게임에서 검은색, 붉은색, 초록색이 나올 확률이 각각 $\frac{18}{38}$, $\frac{18}{38}$, $\frac{2}{38}$이다. 붉은색에 1단위의 돈을 걸었을 때, 붉은색이 나오면 1단위만큼의 돈을 받고 그렇지 않으면 건 돈을 잃는다고 할 때 기대금액을 계산하라.

5. 한 개의 주사위를 두 번 던져서 나오는 두 눈의 합이 7이면 5단위의 돈을 따고 그렇지 않으면 x단위의 돈을 잃게 되는 게임을 생각하자. 이 게임이 공정한 게임이 되기 위한 x의 값을 정하라.

6. 어떤 게임에 참가하기 위해서는 참가비로 얼마의 돈을 내야 한다고 한다. 그 다음 3개의 동전을 던져서 앞면이 1개 나오면 1단위, 2개 나오면 2단위, 3개 나오면 4단위의 돈을 받고 1개도 나오지 않으면 돈을 받지 못한다고 한다. 이 게임이 공정한 게임이 되기 위해서는 참가비가 얼마나 되어야 하는가?

7. 어떤 부품생산공장에서 생산방식을 새롭게 바꾸려고 한다. 새 방식으로 교체할 경우 불량률은 0.1에서 0.05로 감소하지만 생산단가는 현재의 50원에서 75원으로 증가한다고 한다. 불량품은 팔지 못하고 폐기처분해야 하며 합격된 제품은 100원에 팔린다고 한다. 새로운 방식으로 교체하는 것이 유리한지 판정하라.

8. 어느 보험회사는 1년 이내에 어떤 사건 E가 발생하면 A만큼 돈을 지불하는 보험상품을 만들었다. 보험회사에서는 1년 이내에 사건 E가 일어날 확률을 p로 추정한다면, 보험회사에서 금액 A의 10% 이익을 기대하기 위하여 고객에게 얼마의 보험료를 받아야 하는가?

9. 확률변수 X의 확률질량함수가 $p(n)=\frac{1}{n(n+1)}$, $n=1,\ 2,\ \cdots$ 일 때, X의 기댓값이 존재하지 않음을 보여라.

10. X의 확률밀도함수가 $f(x)=\frac{\lambda}{2}e^{-\lambda|x|}$, $-\infty<x<\infty$일 때, X는 **양면지수분포**(bilateral exponential distribution) 또는 **라플라스분포**(Laplace distribution)를 따른다고 한다. 이때 $E[X]$와 $\mathrm{Var}[X]$를 구하라.

11. X의 확률밀도함수가 다음과 같을 때, $E[X]$와 $\mathrm{Var}[X]$를 구하라.

(1) $f(x) = 2x - 4,\ 2 < x < 3$

(2) $f(x) = \dfrac{1}{4}|x|,\ |x| < 2$

(3) $f(x) = \begin{cases} 1, & \dfrac{1}{2} < x < 1, \\ \dfrac{1}{2}, & 2 < x < 3. \end{cases}$

12. X의 확률밀도함수가 $f(x) = 3x^2,\ 0 < x < 1$일 때, 가로 세로의 길이가 각각 X, $1 - X$인 사각형의 넓이의 기댓값을 구하라.

13. X의 확률밀도함수가 다음과 같다.

$$f(x) = \begin{cases} \dfrac{ck^c}{x^{c+1}}, & x \geq k, \\ 0, & \text{그 밖에} \end{cases}$$

단 $c > 0,\ k > 0$인 상수이다. 이때 $f(x)$를 **파레토(Pareto) 확률밀도함수**라 한다. X의 기댓값이 존재하는 c의 범위를 구하고 이때 $E[X]$를 구하라.

14. X의 확률밀도함수가 다음과 같을 때 $Y = e^{2X/3}$의 기댓값을 구하라.

$$f(x) = \begin{cases} e^{-x}, & x > 0 \\ 0, & \text{그 밖에} \end{cases}$$

15. X의 확률밀도함수가 $f(x) = rx^{r-1},\ 0 < x < 1$일 때 X의 k차 적률을 구하라.

16. X의 확률밀도함수가 $f(x)$일 때, 임의의 상수 c에 대하여 다음을 증명하라.

$$E[|X-c|] = E[|X-m|] + 2\int_{\min\{m,\ c\}}^{\max\{m,\ c\}} |c-x| f(x)\,dx$$

단, m은 X의 중위수.

17. $P(X \geq 0) = 1$일 때 다음을 증명하라.

$$E[X^n] = \int_0^{\infty} nx^{n-1} P(X > x)\,dx$$

18. c를 고정된 상수라 하자. X의 확률밀도함수 $f(x)$가 모든 x에 대하여 $f(c+x)=f(c-x)$일 때 $E[|X|]<\infty$이면 $E[X]=c$임을 보여라.

19. (1) X는 1, 2, $\cdots$에서 값을 갖는 이산확률변수이다. $P(X=k)\geq P(X=k+1)$, $k=1,\ 2,\ \cdots$일 때, 다음을 증명하라.

$$P(X=k)\leq 2\frac{E[X]}{k^2},\ k=1,\ 2,\ \cdots$$

(2) X는 음이 아닌 연속확률변수이다. X의 확률밀도함수 $f(x)$가 감소함수일 때, 다음을 증명하라.

$$f(x)\leq 2\frac{E[X]}{x^2},\ x>0$$

20. 다음 부등식을 증명하라.

$$E[X^2]\geq (E[X])^2$$

21. 다음과 같은 분포함수를 갖는 확률변수 X에 대하여 $E[X]$와 $E[X^2]$을 구하라.

(1) $$F(x)=\begin{cases}0, & x<0\\ \dfrac{x}{4}, & 0\leq x<1\\ \dfrac{x^2}{4}, & 1\leq x<2\\ 1, & x\geq 2\end{cases}$$

(2) $$F(x)=\begin{cases}0, & x\leftarrow 1\\ \dfrac{1}{4}, & -1\leq x<0\\ \dfrac{1}{4}(1+x^2), & 0\leq x<1\\ \dfrac{2}{3}x, & 1\leq x<\dfrac{3}{2}\\ 1, & x\geq \dfrac{3}{2}\end{cases}$$

3.4 적률생성함수와 확률생성함수

> **정의 3.5** [적률생성함수] 확률변수 X가 0을 포함하는 적당한 개구간 $(-h, h)$, $(h>0)$의 모든 점 $-h<t<h$에 대하여 $E[e^{tX}]<\infty$일 때, X의 적률생성함수가 존재한다고 하고
>
> $$M(t)=E[e^{tX}]$$
>
> 를 X의 **적률생성함수**(moment generating function)라 한다.

예제 3.32 $P(X=n)=\left(\frac{1}{2}\right)^n$, $n=1, 2, \cdots$일 때, X의 적률생성함수 $M(t)$를 구하라.

풀이 $$M(t)=\sum_{n=1}^{\infty}e^{tn}P(X=n)=\sum_{n=1}^{\infty}\left(\frac{e^t}{2}\right)^n=\frac{e^t}{2-e^t},\ t<\log 2$$ ✤

예제 3.33 X의 확률밀도함수가 $f(x)=e^{-x}$, $x\ge 0$일 때, X의 적률생성함수 $M(t)$를 구하라.

풀이 $$M(t)=E[e^{tX}]=\int_0^{\infty}e^{tx}e^{-x}dx=\frac{1}{1-t},\ t<1$$ ✤

예제 3.34 X의 확률질량함수가 $p(n)=\frac{6}{\pi^2}\frac{1}{n^2}$, $n=1, 2, \cdots$일 때, X의 적률생성함수는 존재하지 않는다.

풀이 $$E[e^{tX}]=\sum_{n=1}^{\infty}e^{tn}p(n)=\frac{6}{\pi^2}\sum_{n=1}^{\infty}\frac{e^{tn}}{n^2}$$

위의 급수는 $t>0$이면 발산한다. 따라서 $M(t)$는 $t=0$의 어떠한 근방에서도 존재하지 않는다. 따라서 적률생성함수는 존재하지 않는다. ✤

> **정리 3.15** [적률생성함수와 적률] X의 적률생성함수 $M(t)$가 존재할 때,
>
> $$M^{(n)}(0)=E[X^n],\ n=1, 2, \cdots$$
>
> 여기서 $M^{(n)}(t)$는 $M(t)$의 n차 도함수이다.

증명 적률생성함수가 존재하면 미분과 기댓값의 순서를 바꾸어도 그 연산의 결과는 변하지 않는다는 것이 알려져 있다. 따라서 다음을 얻는다.

$$M'(t) = \frac{d}{dt}E[e^{tX}] = E\left[\frac{d}{dt}e^{tX}\right] = E[Xe^{tX}]$$

다시 $M'(t)$를 미분하면

$$M''(t) = E[X^2 e^{tX}].$$

이와 같은 과정을 반복하면

$$M^{(n)}(t) = \frac{d^n}{dt^n}M(t) = E[X^n e^{tX}],\ n = 1,\ 2,\ \cdots$$

이므로 $M^{(n)}(0) = E[X^n]$이 성립한다. ✺

예제 3.35 X의 적률생성함수가 $M(t) = \exp(\lambda(e^t - 1))$일 때, $E[X]$와 $\mathrm{Var}[X]$를 구하라.

풀이 $M(0) = 1$이고

$$\begin{aligned} M'(t) &= \lambda e^t M(t), \\ M''(t) &= \lambda e^t M(t) + \lambda^2 e^{2t} M(t) \end{aligned}$$

이므로

$$E[X] = M'(0) = \lambda,\ E[X^2] = M''(0) = \lambda + \lambda^2$$

이다. 따라서

$$\mathrm{Var}[X] = E[X^2] - (E[X])^2 = \lambda.$$ ✤

$e^x = \sum_{n=0}^{\infty} \frac{x^n}{n!}$ 이므로 적률생성함수를

$$M(t) = E[e^{tX}] = \sum_{n=0}^{\infty} E[X^n]\frac{t^n}{n!} \tag{3.3}$$

와 같이 나타낼 수 있다. 따라서 $M(t)$를 매클로린(Maclaurin) 급수전개하였을 때 $\frac{t^n}{n!}$ 의 계수가 X의 n차 적률 $E[X^n]$이 되는 것을 알 수 있다.

예제 3.36 적률생성함수가 다음과 같을 때 $E[X^n]$을 구하라.

(1) $M(t)=(1-t)^{-3}$　　(2) $M(t)=\dfrac{\lambda}{\lambda-t},\ \lambda>0$

풀이 (1) 일반화된 이항정리(정리 1.14)에 의하여

$$M(t)=(1-t)^{-3}=\sum_{n=0}^{\infty}\binom{-3}{n}(-t)^n$$
$$=\sum_{n=0}^{\infty}\frac{3\cdot 4\cdots(3+n-1)}{n!}t^n,\ (t<1)$$

이므로

$$E[X^n]=3\cdot 4\cdots(3+n-1),\ n=1,\ 2,\ \cdots .$$

(2) 분모와 분자를 λ로 나누어준 다음 전개하면

$$M(t)=\frac{1}{1-t/\lambda}=\sum_{n=0}^{\infty}\left(\frac{t}{\lambda}\right)^n=\sum_{n=0}^{\infty}\frac{n!}{\lambda^n}\cdot\frac{t^n}{n!}$$

이므로

$$E[X^n]=\frac{n!}{\lambda^n},\ n=1,\ 2,\ \cdots .$$

예제 3.37 확률변수 X의 n차 적률이 $E[X^n]=\dfrac{1}{n+1}$일 때, 적률생성함수 $M(t)$를 구하라.

풀이 적률생성함수의 정의에 의하여 $M(0)=1$이다. $t\neq 0$일 때,

$$M(t)=\sum_{n-0}^{\infty}E[X^n]\frac{t^n}{n!}=\sum_{n-0}^{\infty}\frac{t^n}{(n+1)!}=\frac{1}{t}\sum_{n-0}^{\infty}\frac{t^{n+1}}{(n+1)!}=\frac{e^{t-1}}{t}.$$

적률생성함수에 대한 다음의 두 정리를 증명없이 소개한다.4)

> **정리 3.16** X와 Y의 적률생성함수를 각각 $M_X(t)$와 $M_Y(t)$라 할 때 적당한 $h>0$에 대하여 $M_X(t)=M_Y(t),\ -h<t<h$이면 X와 Y는 같은 분포함수를 갖는다.

4) 증명에 관심이 있는 독자는 이 책의 참고문헌 [6], [19]를 참조하기 바란다.

두 확률변수 X와 Y의 적률생성함수가 존재할 때, (3.3)으로부터 $M_X(t) = M_Y(t)$일 필요충분조건은 $E[X^n] = E[Y^n]$, $n = 1, 2, \cdots$임을 알 수 있다. 따라서 두 확률변수 X와 Y의 모든 차수의 적률이 존재하고 $E[X^n] = E[Y^n]$, $n = 1, 2, \cdots$이면 정리 3.16에 의하여 각각의 분포함수는 서로 같음을 알 수 있다.

정리 3.17 확률변수 X와 X_n의 적률생성함수를 각각 $M(t)$과 $M_n(t)$, $n = 1, 2, \cdots$라고 할 때, 적당한 $h > 0$에 대하여

$$\lim_{n \to \infty} M_n(t) = M(t),\ t \in (-h,\ h)$$

이면, $F(x) = P(X \le x)$의 연속인 점 $x = a$에서 다음이 성립한다.

$$\lim_{n \to \infty} F_n(a) = F(a)$$

단, $F_n(x) = P(X_n \le x)$는 X_n의 분포함수이다.

참고

적률생성함수와 유사한 성질을 가지는 함수로 특성함수와 라플라스-스틸체스변환이 있다.

(1) **특성함수**(characteristic function): 특성함수는

$$\psi(t) = E[e^{itX}],\ (\text{단 } i = \sqrt{-1})$$

와 같이 정의된다. 적당한 n에 대하여 X의 n차 적률이 존재하지 않으면 적률생성함수는 존재하지 않는다. 그러나 특성함수는 X에 대한 적률의 존재성에 관계 없이 항상 존재한다. 그러나 적률 생성함수는 실수값 함수인데 반해 특성함수는 복소수 값을 갖는 함수이므로 특성함수의 성질을 알아보기 위해서는 복소함수에 대한 이론을 필요로 한다.

(2) **라플라스–스틸체스 변환**(Laplace-Stieltjes transform): X가 음이 아닌 확률변수이면, $s > 0$에 대하여 $E[e^{-sX}] < \infty$이다. 이때 $F^*(s) = E[e^{-sX}]$, $s > 0$을 X 또는 X의 분포함수 $F(x)$의 라플라스-스틸체스 변환이라고 한다.

(3) 적률생성함수에 대한 정리 3.16과 정리 3.17은 특성함수와 라플라스-스틸체스 변환에 대하여도 성립한다. 예를 들어 확률변수 X와 Y의 각각의 특성함수 $\psi_X(t)$와 $\psi_Y(t)$가 모든 t에 대하여 $\psi_X(t) = \psi_Y(t)$이면 X와 Y의 분포함수는 서로 같다.

정의 3.6 **[확률생성함수]** X가 $\{0, 1, 2, \cdots\}$에서 값을 갖는 이산확률변수일 때

$$P(z) = E[z^X] = \sum_{n=0}^{\infty} z^n P(X=n)$$

을 X의 **확률생성함수(probability generating function)** 또는 간단히 생성함수라고 한다.

참고

$\{0, 1, 2, \cdots\}$에서 값을 취하는 이산확률변수 X의 적률생성함수가 존재할 때, 확률생성함수 $P(z)$와 적률생성함수 $M(t)$ 사이에는 다음과 같은 관계가 성립한다.

$$P(e^t) = M(t)$$

예제 3.38 X의 확률질량함수 $p(n) = P(X=n)$이 다음과 같을 때, $P(z) = E[z^X]$를 구하라.

(1) $p(n) = p(1-p)^n, \ n = 0, 1, 2, \cdots$ (2) $p(n) = \dfrac{e^{-1}}{n!}, \ n = 0, 1, 2, \cdots$

풀이 (1) $P(z) = \sum_{n=0}^{\infty} z^n pq^n = p\sum_{n=0}^{\infty}(qz)^n = \dfrac{p}{1-qz}$ (단, $q = 1-p$)

(2) $P(z) = e^{-1}\sum_{n=0}^{\infty}\dfrac{z^n}{n!} = e^{-1}e^z = e^{z-1}$ ✤

정리 3.18 **[확률생성함수와 적률]** 확률변수 X의 확률생성함수가 $P(z)$일 때, 다음이 성립한다.

(1) $P(X=n) = \dfrac{P^{(n)}(0)}{n!}, \ n = 0, 1, 2, \cdots$

(2) $P^{(n)}(1) = E[X(X-1)\cdots(X-n+1)]$

이때, $E[X(X-1)\cdots(X-n+1)]$를 X의 n차 **계승적률(factorial moment)**이라고 한다.

증명 $P(z)$를 연속하여 미분하면 다음을 얻는다.

$$P'(z) = E[Xz^{X-1}] = \sum_{n=1}^{\infty} nz^{n-1}P(X=n),$$

$$P''(z) = E[X(X-1)z^{X-2}] = \sum_{n=2}^{\infty} n(n-1)z^{n-2}P(X=n),$$

$$\vdots$$

$$P^{(k)}(z) = E[X(X-1)\cdots(X-k+1)z^{X-k}]$$
$$= \sum_{n=k}^{\infty} n(n-1)\cdots(n-k+1)z^{n-k}P(X=n).$$

$z=0$에서 $P^{(k)}(z)$를 계산하면

$$P^{(k)}(0) = k!P(X=k),\ k \ge 1$$

이고 $P(0) = P(X=0)$이므로 다음을 얻는다.

$$P(X=k) = \frac{P^{(k)}(0)}{k!},\ k = 0,\ 1,\ 2,\ \cdots$$

다시 $z=1$에서 $P^{(k)}(z)$를 계산하면 다음을 얻는다.

$$P^{(k)}(1) = \sum_{n=k}^{\infty} n(n-1)\cdots(n-k+1)P(X=n)$$
$$= E[X(X-1)\cdots(X-k+1)].$$

✺

따름정리 3.19 $\mathrm{Var}[X] = P^{(2)}(1) + P^{(1)}(1) - [P^{(1)}(1)]^2$

증명 $P^{(1)}(1) = E[X]$, $P^{(2)}(1) = E[X(X-1)] = E[X^2] - E[X]$이므로 자명하다. ✺

예제 3.39 X의 확률생성함수가 $P(z) = e^{z-1}$일 때 X의 확률질량함수와 기댓값, 분산을 구하라.

풀이 $P(z) = e^{z-1}$를 급수전개하면 다음과 같다.

$$P(z) = e^{z-1} = \sum_{n=0}^{\infty} e^{-1}\frac{1}{n!}z^n$$

확률생성함수의 정의로부터 z^n의 계수가 $P(X=n)$이다. 따라서

$$P(X=n)=e^{-1}\frac{1}{n!},\ n=0,\ 1,\ 2,\ \cdots.$$

한편 $P'(z)=P''(z)=e^{z-1}$ 이므로

$$E[X]=P'(1)=1,$$
$$\mathrm{Var}[X]=P^{(2)}(1)+P^{(1)}(1)-[P^{(1)}(1)]^2=1.$$

✣

> **정리 3.20** 확률변수 X와 Y의 생성함수 $P_X(z)$와 $P_Y(z)$에 대하여 $P_X(z)=P_Y(z),\ 0\le z\le 1$이면 $P(X=n)=P(Y=n),\ n=0,\ 1,\ 2,\ \cdots$이다.

증명 생성함수의 정의에 의하여

$$P_X(z)=\sum_{n=0}^{\infty}P(X=n)z^n,\ P_Y(z)=\sum_{n=0}^{\infty}P(Y=n)z^n$$

이다. 두 멱급수가 같기 위해서는 같은 차수에 해당하는 계수가 같아야 하므로 $P(X=n)=P(Y=n),\ n=0,\ 1,\ 2,\ \cdots$이다. ✺

> **정리 3.21** 음이 아닌 정수값을 갖는 이산확률변수열 $\{X_n\}$의 생성함수와 확률질량함수를 각각 $p_n(z)$와 $p_n(k)=P(X_n=k),\ k\ge 0$이라 하자. 각각의 $k\ge 0$에 대하여 극한
>
> $$p(k)=\lim_{n\to\infty}p_n(k) \tag{3.4}$$
>
> 이 존재할 필요충분조건은 모든 $0<z<1$에 대하여 극한
>
> $$P(z)=\lim_{n\to\infty}P_n(z) \tag{3.5}$$
>
> 이 존재하는 것이다. 이때 $P(z)=\sum_{k=0}^{\infty}p(k)z^k$가 된다.5)

증명 먼저 (3.4)를 가정하고 $P(z)=\sum_{k=0}^{\infty}p(k)z^k$로 두자. 임의로 주어진 양의 실수 $\epsilon>0$과 $0<z<1$에 대하여

5) 수열의 극한에 대하여 익숙하지 않은 독자는 이 정리의 증명을 생략하기 바란다.

$$\frac{z^M}{1-z} < \epsilon$$

을 만족하는 양의 정수 M을 택한다. $p(k) = \lim_{n \to \infty} p_n(k)$이므로 $n \geq N$이면

$$\sum_{k=0}^{M} |p_n(k) - p(k)| < \epsilon$$

을 만족하는 자연수 N이 존재한다. 한편 $|p_n(k) - p(k)| \leq 1$이므로 $n \geq N$에 대하여 다음을 얻는다.

$$|P_n(z) - P(z)| \leq \sum_{k=0}^{M} |p_n(k) - p(k)| + \frac{z^M}{1-z} < 2\epsilon$$

그러므로 각각의 $0 < z < 1$에 대하여 $P(z) = \lim_{n \to \infty} P_n(z)$이 성립한다.

역으로 (3.5)를 가정하자. $P(z)$는 구간 $(0,\ 1)$에서 증가함수이므로 $\lim_{z \to 0^+} P(z)$가 존재하고 그것을 $P(0)$로 두자. $0 < z < 1$에 대하여

$$p_n(0) \leq P_n(z) \leq p_n(0),\ n = 1,\ 2,\ \cdots$$

이므로 $n \to \infty$이면

$$P(z) - \frac{z}{1-z} \leq \liminf_{n \to \infty} p_n(0) \leq \limsup_{n \to \infty} p_n(0) \leq P(z) \tag{3.6}$$

이다. (3.6)에서 $z \to 0$하면

$$\lim_{n \to \infty} p_n(0) = P(0)$$

가 되어 $k = 0$일 때 (3.4)가 증명되었다. 이제 수학적 귀납법을 이용하여 $k \geq 1$일 때를 증명한다. 먼저

$$\begin{aligned} P_{n,\,1}(z) &= \frac{P_n(z) - p_n(0)}{z} \\ &= \sum_{k=0}^{\infty} p_n(k+1) z^k,\ 0 < z < 1 \end{aligned}$$

이라 두고 앞의 $k = 0$일 때와 같은 방법을 $P_{n,\,1}(z)$에 적용하면

$$\lim_{n\to\infty} p_n(1) = \lim_{z\to 0}\frac{P(z)-P(0)}{z} = P'(0)$$

을 얻는다. 이제 $j=0,\ 1,\ 2,\ \cdots,\ k$에 대하여

$$\lim_{n\to\infty} p_n(j) = \frac{P^{(j)}(0)}{j!}$$

를 가정하자. 그리고

$$P_{n,\ k+1}(z) = \frac{P_n(z) - \sum_{j=0}^{k} p_n(j)z^j}{z^{k+1}} = \sum_{j=0}^{\infty} p_n(k+1+j)z^j$$

라고 두면 다음을 얻는다.

$$\lim_{n\to\infty} P_{n,\ k+1}(z) = \frac{P(z) - \sum_{j=0}^{k}\frac{P^{(j)}(0)}{j!}z^j}{z^{k+1}}$$

그러므로 $k=0$일 때와 같은 방법을 적용한 다음 $z\to 0$할 때 로피탈(L'Hospital)의 법칙을 $k+1$번 적용하면 다음을 얻는다.

$$\lim_{n\to\infty} p_n(k+1) = \lim_{z\to 0}\frac{P(z) - \sum_{j=0}^{k}\frac{P^{(j)}(0)}{j!}z^j}{z^{k+1}} = \frac{P^{(k+1)}(0)}{(k+1)!}$$

수학적 귀납법에 의하여 모든 $k \geq 0$에 대하여 성립한다.

$$\lim_{n\to\infty} p_n(k) = \frac{P^{(k)}(0)}{k!}$$ ✱

예제 3.40 확률변수 X_n의 확률질량함수가

$$p_n(k) = \binom{n}{k}\left(\frac{1}{n}\right)^k\left(1-\frac{1}{n}\right)^{n-k},\ k=0,\ 1,\ \cdots,\ n$$

일 때, 각각의 $k=0,\ 1,\ 2,\ \cdots$에 대하여 $p(k) = \lim_{n\to\infty} p_n(k)$를 구하라.

풀이 이항정리에 의하여 X_n의 확률생성함수는 다음과 같음을 알 수 있다.

$$P_n(z) = \sum_{k=0}^{n} \binom{n}{k} \left(\frac{1}{n}\right)^k \left(1 - \frac{1}{n}\right)^{n-k} z^k = \left(1 + \frac{z-1}{n}\right)^n$$

한편

$$\lim_{n \to \infty} \left(1 + \frac{x}{n}\right)^n = e^x, \quad e^x = \sum_{k=0}^{\infty} \frac{x^k}{k!}$$

이므로

$$\lim_{n \to \infty} P_n(z) = e^{z-1} = \sum_{k=0}^{\infty} e^{-1} \frac{1}{k!} z^k$$

이다. 정리 3.21에 의하여 $p(k)$는 다음과 같다.

$$p(k) = e^{-1} \frac{1}{k!}, \quad k = 0, 1, 2, \cdots$$ ✤

3.4 연습문제

1. X의 적률생성함수 $M(t)$를 이용하여 $Y = aX + b$ ($a \neq 0$와 b는 상수)의 적률생성함수를 나타내라.

2. X의 확률밀도함수가 다음과 같을 때, X의 적률생성함수를 구하라.
   (1) $f(x) = 3e^{-3x}, \ x > 0$
   (2) $f(x) = 1, \ 0 < x < 1$
   (3) $f(x) = \frac{1}{2} e^{-|x|}, \ -\infty < x < \infty$
   (4) $f(x) = 1 - |x|, \ -1 < x < 1$

3. 확률밀도함수가

$$f(x) = \frac{1}{\pi} \frac{1}{1 + x^2}, \quad -\infty < x < \infty$$

인 확률변수의 적률생성함수는 존재하지 않음을 보여라.

4. 확률변수 X의 적률생성함수가 $M(t)$일 때, $\Psi(t)=\log M(t)$를 누적생성함수(cumulant generating function)라 한다. 다음을 보여라.

$$\Psi'(0)=E[X],\ \Psi''(0)=\mathrm{Var}[X]$$

5. X의 적률생성함수가 $M(t)=e^{t^2}$일 때, $E[X]$와 $\mathrm{Var}[X]$를 구하라.

6. $E[X^n]=(n+1)!2^n,\ n=0,\ 1,\ 2,\ \cdots$ 일 때, X의 적률생성함수를 구하라.

7. X의 확률질량함수가 $p(k)=P(X=k)$가 다음과 같을 때, X의 생성함수 $P(z)=E[z^X]$를 구하라.

(1) $p(k)=\dfrac{1}{6},\ k=1,\ 2,\ \cdots,\ 6$

(2) $p(k)=\dbinom{5}{k}\left(\dfrac{1}{3}\right)^k\left(\dfrac{2}{3}\right)^{5-k},\ k=0,\ 1,\ \cdots,\ 5$

(3) $p(k)=\dfrac{1}{k(k+1)},\ k=1,\ 2,\ \cdots$

8. X의 생성함수가 $P(z)=(3-2z)^{-1}$일 때, X의 확률질량함수와 $E[X]$를 구하라.

9. X의 생성함수가 $P(z)=E[z^X]$일 때, $X+1$과 $2X$의 생성함수를 $P(z)$로 나타내라.

10. X의 생성함수가 $P(z)=E[z^X]$일 때 다음의 생성함수를 $P(z)$를 이용하여 나타내라.

(1) $P(X\le n)$

(2) $P(X<n)$

(3) $P(X\ge n)$

(4) $P(X>n+1)$

(5) $P(X=2n)$

Element Probability

제 4 장

유용한 확률분포

앞에서는 일반적인 확률분포의 성질과 기댓값 등에 대하여 살펴보았다. 이 장에서는 통계학, 공학, 사회학, 경제학 등 여러 분야에서 자주 이용되는 확률분포를 소개하고 그 특성을 살펴본다.[1)]

이 장의 목표

1. 이항분포, 기하분포, 음이항분포, 푸아송분포로 모형화되는 현상을 설명할 수 있다.
2. 푸아송분포를 이용한 이항분포의 근사방법을 이해하고 적용할 수 있다.
3. 정규분포, 지수분포, 감마분포의 특성을 설명할 수 있다.
4. 정규분포, 지수분포, 감마분포의 기댓값과 분산, 적률생성함수를 구할 수 있다.
5. 정규분포를 이용하여 이항분포의 확률을 근사할 수 있다.

1) 여기서 언급한 확률분포 이외에 더 많은 확률분포와 그에 대한 성질에 관심이 있는 독자는 이 책의 참고문헌 [12]를 참조하기 바란다.

4.1 이산확률분포

> 생각해보기
>
> 다음과 같은 확률변수의 확률분포가 어떤 형태인지 추측해보아라.
>
> 1. 공정한 주사위를 한 번 던질 때 나오는 눈의 수
> 2. 앞면이 나올 확률이 p인 동전을 던지는 실험에서
>   (1) 동전을 n번 던질 때 나오는 앞면의 수
>   (2) 앞면이 처음 나올 때까지 필요한 시행횟수
>   (3) 앞면이 r번 나올 때까지 필요한 시행횟수
> 3. 1등에 당첨될 확률이 $p = 1.228 \times 10^{-7}$과 같이 매우 작은 복권이 3000만장 팔렸을 때, 1등에 당첨될 복권의 수에 대한 근사분포

4.1.1 균등분포

공정한 주사위를 한 번 던질 때 나오는 눈의 수를 X라고 하면 X가 취할 수 있는 가능한 값은 $\{1, 2, \cdots, 6\}$이고 각각이 나타날 가능성은 같으므로 X의 확률질량함수는 다음과 같다.

$$P(X=i) = \frac{1}{6},\ i = 1, 2, \cdots, 6$$

이와 같이 유한 집합 $\{x_1, \cdots, x_N\}$에서 값을 취하는 확률변수 X의 확률질량함수가

$$P(X=x_i) = \frac{1}{N},\ i = 1, 2, \cdots, N$$

으로 일정할 때, X를 $\{x_1, \cdots, x_N\}$에서 **균등분포**(uniform distribution)를 따르는 확률변수 또는 **균등확률변수**(uniform random variable)라고 하며

$$X \sim \mathrm{U}\{x_1, \cdots, x_N\}$$

과 같이 나타내기로 한다.[2] $A \subset \{x_1, \cdots, x_N\}$에 대하여, $|A|$를 A에 있는 원소의 개수라고 하면

2) 균등분포를 균일분포라고 하기도 한다.

$$P(X \in A) = \sum_{x_i \in A} P(X = x_i) = \frac{|A|}{N}$$

이다.

예제 4.1 각각 0, 1, ⋯, 9 번호가 붙은 10개의 공이 들어 있는 항아리에서 임의로 한 개의 공을 꺼낼 때, 꺼내진 공의 번호를 X라고 하자. 그러면 X는 $\{0,\ 1,\ 2,\ \cdots,\ 9\}$에서 값을 취하는 균등확률변수이다. 이때 홀수 번호가 적힌 공이 추출될 확률은 다음과 같다.

$$P(X \in \{1,\ 3,\ 5,\ 7,\ 9\}) = \frac{5}{10} = \frac{1}{2}$$ ✣

예제 4.2 $X \sim \mathrm{U}\{1,\ 2,\ \cdots,\ N\}$일 때 X의 기댓값과 분산, 확률생성함수, 적률생성함수를 구하라.

풀이 확률질량함수는 $p(n) = \frac{1}{N},\ n = 1,\ 2,\ \cdots,\ N$이므로

$$E[X] = \sum_{n=1}^{N} np(n) = \sum_{n=1}^{N} \frac{n}{N} = \frac{N+1}{2},$$

$$E[X^2] = \sum_{n=1}^{N} n^2 \frac{1}{N} = \frac{(N+1)(2N+1)}{6},$$

$$\mathrm{Var}[X] = E[X^2] - (E[X])^2 = \frac{N^2-1}{12}.$$

확률생성함수와 적률생성함수는 각각 다음과 같다.

$$P(z) = \sum_{n=1}^{N} z^n \frac{1}{N} = \frac{z(1-z^N)}{N(1-z)},\quad |z| < 1$$

$$M(t) = P(e^t) = \begin{cases} \dfrac{e^t(1-e^{tN})}{N(1-e^t)}, & t \neq 0 \\ 1, & t = 0 \end{cases}$$ ✣

4.1.2 베르누이분포와 이항분포

동전을 한 번 던지는 실험에서 나타날 수 있는 결과는 '앞면' 또는 '뒷면' 두 가지 중 하나이다. 동전던지기와 마찬가지로 결과가 두 가지로 나타나는 경우는 우리 주변에서 자주 나타난다. 예를 들어 5지 선다형 문제에서 임의로 정답을 고를 때, 결과는 정답이거나 오답이다. 또한 생산공장에서 만들어진 제품의 결과는 합격품이거나 불량품, 아파트

분양을 신청한 경우 결과는 당첨이거나 탈락이다. 이와 같이 결과가 두 가지로 나타나는 실험을 독립적으로 반복할 때, 각 실험을 **베르누이시행**(Bernoulli trial)이라 한다.

베르누이분포 결과가 '성공'이나 '실패'와 같이 두 가지로만 나타나는 실험에서 성공할 확률을 $0 < p < 1$, 실패할 확률을 $q = 1 - p$라 하자. 이때 실험의 결과가 '성공'이면 1의 값을 '실패'면 0의 값을 갖는 확률변수를 X라고 하면 X의 확률질량함수는

$$P(X=0) = q, \ P(X=1) = p$$

이다. 이와 같은 확률변수 X를 성공할 확률이 p (또는 모수가 p)인 **베르누이분포**(Bernoulli distribution)를 따르는 확률변수 또는 모수가 p인 베르누이확률변수라고 한다. 모수가 p인 베르누이확률변수 X의 기댓값과 분산은 각각 다음과 같다.

$$E[X] = p, \ \mathrm{Var}[X] = p(1-p)$$

이항분포 성공할 확률이 $0 < p < 1$인 베르누이시행을 n회 반복할 때 성공한 횟수를 X라고 하면, X가 취할 수 있는 값은 $\{0, 1, 2, \cdots, n\}$이고 정리 2.9에 의하여 X의 확률질량함수는 다음과 같다.

$$P(X=k) = \binom{n}{k} p^k (1-p)^{n-k}, \ k = 0, 1, 2, \cdots, n$$

이와 같은 확률질량함수를 갖는 확률변수 X를 모수가 (n, p)인 **이항확률변수**(binomial random variable) 또는 모수가 (n, p)인 **이항분포**를 따르는 확률변수라 하고

$$X \sim \mathrm{B}(n, p)$$

와 같이 나타내기로 한다. 베르누이확률변수는 모수가 $(1, p)$인 이항확률변수이다.

예제 4.3 [윷놀이 게임] 앞면이 나올 확률이 p, 뒷면이 나올 확률이 $q = 1 - p$인 윷가락 4개를 가지고 윷놀이를 하려고 한다. 도(앞면이 3개, 뒷면이 1개), 개(앞면이 2개, 뒷면이 2개), 걸(앞면이 1개, 뒷면이 3개), 윷(모두 뒷면), 모(모두 앞면)가 나올 확률을 각각 구하라.

풀이 4개의 윷가락을 던질 때 나오는 앞면이 개수를 X라고 하면 $X \sim \mathrm{B}(4, p)$이고 도가 나올 사건은 $\{X=3\}$이다. 같은 방법으로 개, 걸, 윷, 모가 나올 사건은 각각 $\{X=2\}$, $\{X=1\}$, $\{X=0\}$, $\{X=4\}$이다. 따라서

$$P(\text{도}) = \binom{4}{3}p^3q = 4p^3q, \quad P(\text{개}) = \binom{4}{2}p^2q^2 = 6p^2q^2,$$

$$P(\text{걸}) = \binom{4}{1}pq^3 = 4pq^3, \quad P(\text{윷}) = \binom{4}{0}q^4 = q^4,$$

$$P(\text{모}) = \binom{4}{4}p^4 = p^4.$$

✤

예제 4.4 빨간공이 r개 파란공이 b개 들어 있는 항아리에서 임의로 n개의 공을 복원추출할 때, k개의 파란공이 나올 확률을 구하라.

풀이 매 시행에서 파란공이 나오면 '성공', 검은 공이 나오면 '실패'로 보면 이 실험은 성공할 확률이 $p = \dfrac{b}{r+b}$인 베르누이시행을 n번 독립적으로 시행하는 것과 같다. 따라서 이 실험에서 나오는 파란공의 개수는 모수가 $\left(n, \dfrac{b}{r+b}\right)$인 이항분포를 따른다. 그러므로 구하는 확률은 다음과 같다.

$$\binom{n}{k}\left(\frac{b}{r+b}\right)^k\left(\frac{r}{r+b}\right)^{n-k}$$

✤

> **정리 4.1** $X \sim \mathrm{B}(n, p)$일 때, $P(X=k)$는 $k = \lfloor (n+1)p \rfloor$에서 최댓값을 갖는다. 단 $\lfloor x \rfloor$는 x를 넘지 않는 최대의 정수이다.

증명 이항분포의 확률질량함수로부터 다음을 얻는다.

$$\frac{P(X=k)}{P(X=k-1)} = \frac{(n-k+1)p}{k(1-p)} \tag{4.1}$$

그러므로 $P(X=k) \geq P(X=k-1)$일 필요충분조건은 $k \leq (n+1)p$이다. 따라서 k가 $(n+1)p$를 넘지 않는 최대의 정수일 때 $P(X=k)$는 최대가 된다. ✺

참고

식 (4.1)로부터 $m=(n+1)p$이 정수이면 $P(X=m)=P(X=m-1)$이 됨을 알 수 있다.

예제 4.5 $X \sim \mathrm{B}(n, 0.7)$일 때 각각의 $n=7$과 $n=10$에 대하여, $P(X=k)$을 최대로 하는 k의 값을 각각 구하라.

풀이 $k(n)$을 $\mathrm{B}(n, 0.7)$에서 $P(X=k)$를 최대로 하는 k의 값이라고 하면 정리 4.1에

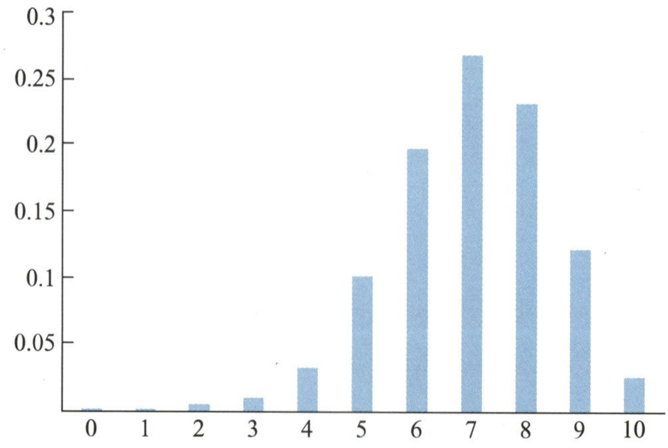

그림 4.1 B(10, 0.7)의 확률질량함수

의하여 $k(7) = \lfloor (7+1)0.7 \rfloor = \lfloor 5.6 \rfloor = 5$이다. 한편 $(10+1)0.7 = 7.7$이므로 $k(10) = 7$이다. 그림 4.1에서 B(10, 0.7)의 확률질량함수는 $k = 7$일 때 최대가 됨을 알 수 있다. ✤

예제 4.6 자유투 성공률이 80%인 한 농구선수가 여섯 번을 던진다고 할 때, 몇 개를 성공할 가능성이 가장 높겠는가? 단, 매번 시행은 독립적으로 이루어진다고 가정한다.

풀이 매 시행은 독립적으로 이루어지며 성공할 확률이 $p = 0.8$로 동일하므로 여섯 번 시행할 때 성공할 횟수를 X라고 하면 $X \sim \mathrm{B}(6,\ 0.8)$이다. 따라서 $k = \lfloor (6+1)0.8 \rfloor = 5$번 성공할 확률이 가장 크다. ✤

이항분포의 적률과 생성함수 $X \sim \mathrm{B}(n,\ p)$일 때 X의 적률과 적률생성함수, 확률생성함수를 구해보자. 먼저 k차 적률을 구해보자.

$$
\begin{aligned}
E[X^k] &= \sum_{i=0}^{n} i^k \binom{n}{i} p^i (1-p)^{n-i} \\
&= \sum_{i=0}^{n} i^{k-1} np \binom{n-1}{i-1} p^{i-1} (1-p)^{n-i} \quad \left(\because\ i\binom{n}{i} = n\binom{n-1}{i-1} \right) \\
&= np \sum_{j=0}^{n-1} (j+1)^{k-1} \binom{n-1}{j} p^j (1-p)^{n-1-j} \ (i-1=j\text{로 치환})
\end{aligned}
$$

$Y \sim \mathrm{B}(n-1,\ p)$라고 하면

$$\sum_{j=0}^{n-1}(j+1)^{k-1}\binom{n-1}{j}p^j(1-p)^{n-1-j}=E[(Y+1)^{k-1}].$$

따라서 $E[X^k]$는 다음과 같이 모수가 $(n-1,\ p)$인 이항확률변수 Y의 $(k-1)$차 적률로 나타낼 수 있다.

$$E[X^k]=npE[(Y+1)^{k-1}] \tag{4.2}$$

(4.2)에서 $k=1$일 때,

$$E[X]=np$$

이므로 모수가 $(n,\ p)$인 이항확률변수의 기댓값은 np가 됨을 알 수 있다. 한편 $Y\sim \mathrm{B}(n-1,\ p)$이므로 $E[Y]=(n-1)p$이다. 따라서 (4.1)로부터

$$E[X^2]=npE[Y+1]=np(E[Y]+1)=(np)^2+np(1-p)$$

이고

$$\mathrm{Var}[X]=E[X^2]-(E[X])^2=np(1-p).$$

이항정리에 의하여 이항분포의 확률생성함수 $P(z)$와 적률생성함수 $M(t)$는 각각 다음과 같음을 알 수 있다.

$$P(z)=\sum_{i=0}^{n}z^i\binom{n}{i}p^i(1-p)^{n-i}=(pz+1-p)^n$$

$$M(t)=P(e^t)=(pe^t+1-p)^n,\ \infty<t<\infty$$

예제 4.7 5개의 문항 중에서 1개를 선택하는 5지 선다형 문제가 20개가 있다. 각 면이 나올 가능성이 모두 같은 5각 연필을 굴려서 각각의 문제에 답을 할 때 얻을 수 있는 점수의 기댓값은 얼마인가? 단, 각 문제는 정답이 하나뿐이고 한 문제에 1점씩이다.

풀이 정답을 맞힌 문제의 수를 X라고 하자. 각 문제의 정답을 맞힐 확률은 $\frac{1}{5}$로 동일하고 한 문제에 답하는 것은 다른 문제에 답하는 것과 서로 독립이므로 $X\sim \mathrm{B}\left(20,\ \frac{1}{5}\right)$이다. 각 문제당 1점이므로 점수의 기댓값은 $E[X]=\frac{20}{5}=4$점이다. ✤

확률질량함수의 계산 $X \sim \mathrm{B}(50,\ 0.6)$일 때,

$$P(X=23) = \frac{50!}{23!27!}0.9^{23}0.4^{27}$$

을 직접 계산하기 위해서는 매우 큰 수 $\frac{50!}{23!27!}$와 아주 작은 수 $0.9^{23}0.4^{27}$의 계산이 필요하다. 이와 같이 $X \sim \mathrm{B}(n,\ p)$이고 n이 클 때, 확률질량함수

$$P(X=k) = \frac{n!}{k!(n-k)!}p^k(1-p)^{n-k},\ k=0,\ 1,\ 2,\ \cdots,\ n$$

를 직접 계산하기 위해서는 매우 큰 수와 아주 작은 수를 계산하고 그 결과끼리 곱셈을 할 필요가 있는 경우가 나타난다. 이와 같은 경우에는 다음의 방법이 효과적일 수 있다.

먼저 $P(X=k)$ 최대로 하는 $m = \lfloor (n+1)p \rfloor$에 대하여 $P(X=m)$의 양변에 log를 취하면

$$\log(P(X=m)) = \sum_{i=1}^{m}\log(n+1-i) - \sum_{i=1}^{m}\log(i) + m\log(p) + (n-m)\log(1-p)$$

을 얻는다. 따라서

$$P(X=m) = \exp[\log(P(X=m))]$$

이 되어 직접적인 $n!$의 계산을 피할 수 있다. 그 다음 다른 k에 대하여는 다음과 같은 반복적인 방법을 따라서 계산한다.

$$P(X=m+1+i) = \left(\frac{p}{1-p}\right)\frac{n-m-i}{m+1+i}P(X=m+i),\ i=0,\ 1,\ \cdots,\ n-m-1,$$
$$P(X=m-(i+1)) = \left(\frac{1-p}{p}\right)\frac{m-i}{n-m-i+1}P(X=m-i),\ i=0,\ 1,\ \cdots,\ m-1.$$

4.1.3 푸아송분포

음이 아닌 정수의 집합 $\{0,\ 1,\ 2,\ \cdots\}$에서 값을 취하는 확률변수 X의 확률질량함수가

$$P(X=k) = e^{-\lambda}\frac{\lambda^k}{k!},\ k=0,\ 1,\ 2,\ \cdots\ (\text{단},\ \lambda > 0)$$

일 때, X를 모수가 λ인 **푸아송확률변수(Poisson random variable)** 또는 모수가 λ인 **푸아송분포**를 따르는 확률변수라고 하고

$$X \sim \mathrm{Poi}(\lambda)$$

로 나타내기로 한다.

예제 4.8 고속도로의 어떤 구간에서 매주 발생하는 교통사고의 수는 모수가 $\lambda=3$인 푸아송분포를 따른다고 하자. 다음을 구하라.

(1) 일주일 동안 교통사고가 세 건 이상 발생할 확률

(2) 일주일 동안 교통사고가 적어도 한 건 발생한다는 가정하에 세 건 이상 발생할 확률

풀이 (1) 그 구간에서 일주일 동안 발생한 교통사고의 수를 X라고 하면 $X \sim \mathrm{Poi}(3)$이므로 세 건 이상의 교통사고가 발생할 확률은

$$\begin{aligned} P(X \geq 3) &= 1 - P(X=0) - P(X=1) - P(X=2) \\ &= 1 - e^{-3}\left(1 + \frac{3}{1!} + \frac{3^2}{2!}\right) \\ &= 1 - e^{-3}\frac{17}{2} \approx 0.5768. \end{aligned}$$

(2) 일주일 동안 적어도 한 건 발생한다는 가정하에 세 건 이상 발생할 확률은

$$\begin{aligned} P(X \geq 3 | X \geq 1) &= \frac{P(X \geq 3,\ X \geq 1)}{P(X \geq 1)} = \frac{P(X \geq 3)}{P(X \geq 1)} \\ &= \left(1 - e^{-3}\frac{17}{2}\right) / (1 - 4e^{-3}) \approx 0.6070. \end{aligned}$$

✤

예제 4.9 $X \sim \mathrm{Poi}(\lambda)$일 때 $P(X \in \{0,\ 2,\ 4,\ \cdots\})$를 구하라.

풀이 다음을 주목하자.

$$e^{\lambda} + e^{-\lambda} = \sum_{n=0}^{\infty} \frac{\lambda^n}{n!} + \sum_{n=0}^{\infty} (-1)^n \frac{\lambda^n}{n!} = 2\sum_{k=0}^{\infty} \frac{\lambda^{2k}}{(2k)!}$$

따라서

$$\begin{aligned} P(X \in \{0,\ 2,\ 4,\ \cdots\}) &= \sum_{k=0}^{\infty} P(X=2k) = \sum_{k=0}^{\infty} e^{-\lambda}\frac{\lambda^{2k}}{(2k)!} \\ &= e^{-\lambda}\frac{e^{\lambda} + e^{-\lambda}}{2} = \frac{1 + e^{-2\lambda}}{2}. \end{aligned}$$

✤

정리 4.2 [이항분포의 푸아송근사] $X_n \sim B(n, p_n)$이고 $n \to \infty$일 때, $\lambda_n = np_n \to \lambda$이라고 하자. 그러면 각각의 $k = 0, 1, 2, \cdots$에 대하여 $n \to \infty$일 때,

$$P(X_n = k) \to e^{-\lambda}\frac{\lambda^k}{k!}.$$

증명 고정된 k에 대하여

$$\begin{aligned} P(X_n = k) &= \binom{n}{k} p_n^k (1-p_n)^{n-k} \\ &= \frac{n(n-1)\cdots(n-k+1)}{k!} p_n^k (1-p_n)^{n-k} \\ &= \frac{n(n-1)\cdots(n-k+1)}{k!}\left(\frac{\lambda_n}{n}\right)^k \left(1-\frac{\lambda_n}{n}\right)^{n-k} \\ &= 1\cdot\left(1-\frac{1}{n}\right)\cdots\left(1-\frac{k-1}{n}\right)\frac{\lambda_n^k}{k!}\left(1-\frac{\lambda_n}{n}\right)^n\left(1-\frac{\lambda_n}{n}\right)^{-k}. \end{aligned}$$

여기서

$$\lim_{n\to\infty} 1\cdot\left(1-\frac{1}{n}\right)\cdots\left(1-\frac{k-1}{n}\right) = 1$$

은 쉽게 알 수 있다.

또한 $\lim_{n\to\infty}\lambda_n = \lambda$이므로 $\lim_{n\to\infty}\frac{\lambda_n}{n} = 0$이다. 따라서

$$\lim_{n\to\infty}\left(1-\frac{\lambda_n}{n}\right)^{-k} = 1.$$

한편 $n\to\infty$일 때, $\frac{\lambda_n}{n} = p_n \to 0$이므로 로피탈(L'Hospital)의 정리에 의하여

$$\lim_{n\to\infty}\log\left(1-\frac{\lambda_n}{n}\right)^n = \lim_{n\to\infty}\frac{\log(1-p_n)}{p_n}\lambda_n = -\lambda$$

이다. 그러므로

$$\lim_{n\to\infty}\left(1-\frac{\lambda_n}{n}\right)^n = \lim_{n\to\infty}\exp\left[\log\left(1-\frac{\lambda_n}{n}\right)^n\right] = e^{-\lambda}.$$

따라서 정리가 증명된다. ✸

위의 정리는 성공할 확률 p가 매우 작은 베르누이시행을 아주 많이 행할 때 성공한 횟수의 분포는 근사적으로 모수가 $\lambda = np$인 푸아송분포가 된다는 것을 보여준다. 이러한 이유로 인하여 어떤 책의 한 쪽 또는 여러 쪽에 있는 오타의 수, 어느 지역에 거주하는 100세 이상인 사람의 수, 일정기간 동안 잘못 걸려온 전화의 수, 고속도로의 특정 구간에서 발생한 교통사고의 수와 같이 일어날 가능성은 매우 희박하지만 많은 시행을 하는 현상을 모형화하는데 푸아송분포가 유용하게 쓰인다. 예를 들어 어떤 회사의 전화교환대에 한 시간 동안 걸려오는 전화의 수에 대하여 생각하자. 시간의 단위를 초단위로 나누면 매 1초 동안 전화가 올 확률은 매우 작을 것이다. 그래서 매 1초 동안 한 통 이상의 전화가 오면 '성공' 그렇지 않으면 '실패'로 보는 베르누이시행을 여러 번(3600번) 시행한 것으로 생각할 수 있다. 따라서 매 1초당 전화가 올 확률을 p라 할 때, 한 시간 동안 걸려온 전화의 수는 모수가 $3600p$인 푸아송분포로 모형화하여도 좋을 것이다.

다음 표는 $np = 1$일 때, 이항분포 $\mathrm{B}(n,\ p)$의 확률질량함수 $b(k;n,\ p)$와 푸아송분포 $\mathrm{Poi}(1)$의 확률질량함수 $p(k;1)$를 비교한 결과이다.

k	$b(k\ ;\ 20,\ 0.05)$	$b(k\ ;\ 50,\ 0.02)$	$b(k\ ;\ 100,\ 0.01)$	$b(k\ ;\ 1000,\ 0.001)$	$p(k\ ;\ 1)$
0	0.3584	0.3642	0.3660	0.3677	0.3679
1	0.3774	0.3716	0.3697	0.3681	0.3679
2	0.1887	0.1858	0.1849	0.1840	0.1839
3	0.0596	0.0607	0.0610	0.0613	0.0613
4	0.0133	0.0145	0.0149	0.0153	0.0153

표 4.1 이항분포의 푸아송근사

예제 4.10 전구를 생산하는 공장에서 만든 전구의 불량률은 1%라고 하자. 25개들이 한 상자에 한 개 이하의 불량품이 포함될 확률은 얼마인가? 정확한 값과 푸아송분포로 근사한 근삿값을 비교하여 보아라.

풀이 한 상자에 들어 있는 불량품의 개수를 X라고 하면 $X \sim \mathrm{B}(25,\ 0.01)$이므로

$$P(X \le 1) = \binom{25}{0}(0.01)^0(0.99)^{25} + \binom{25}{1}(0.01)^1(0.99)^{24} = 0.9742$$

이다. 이를 모수가 $\lambda = (25)(0.01) = 0.25$인 푸아송분포로 근사하면

$$p(0;0.25) + p(1;0.25) = e^{-0.25}(1.0 + 0.25) \approx 0.9735$$

이다. ✤

예제 4.11 500명을 임의로 선택할 때 생일이 1월 1일인 사람이 k $(k=0,\ 1,\ \cdots,\ 6)$명일 확률의 정확한 값과 푸아송분포로 근사한 값을 비교하라. 단 1년은 365일로 가정하고 1년 중 어느날이든지 생일일 가능성은 동일하다고 가정하자.

풀이 한 사람을 임의로 선택할 때 1월 1일이 그의 생일이 될 확률은 $p=\dfrac{1}{365}$이다. 따라서 생일이 1월 1일인 사람의 수를 X라 하면 $X\sim \mathrm{B}\left(500,\ \dfrac{1}{365}\right)$이다. X의 확률질량함수 $b(k)$를 푸아송분포 $\mathrm{Poi}\left(\dfrac{500}{365}\right)$로 근사한 값 $p(k)$와 비교하면 다음과 같다.

k	0	1	2	3	4	5	6
$b(k)$	0.2537	0.3484	0.2388	0.1089	0.0372	0.0101	0.0023
$p(k)$	0.2541	0.3481	0.2385	0.1089	0.0373	0.0102	0.0023

✤

푸아송분포의 적률과 생성함수 $X\sim \mathrm{Poi}(\lambda)$일 때, 적률과 적률생성함수, 확률생성함수를 구해보자. 먼저 k차 적률을 구해보자.

$$\begin{aligned} E[X^k] &= \sum_{i=0}^{\infty} i^k e^{-\lambda}\frac{\lambda^i}{i!} \\ &= \lambda\sum_{i=1}^{\infty} i^{k-1}e^{-\lambda}\frac{\lambda^{i-1}}{(i-1)!} \\ &= \lambda\sum_{j=0}^{\infty}(j+1)^{k-1}e^{-\lambda}\frac{\lambda^j}{j!}\ \ (j=i-1\text{로 치환}). \end{aligned}$$

$Y\sim \mathrm{Poi}(\lambda)$라고 하면

$$\sum_{j=0}^{\infty}(j+1)^{k-1}e^{-\lambda}\frac{\lambda^j}{j!}=E[(Y+1)^{k-1}]$$

이다. 따라서 $E[X^k]$는 다음과 같이 $Y\sim \mathrm{Poi}(\lambda)$의 $(k-1)$차 적률로 나타낼 수 있다.

$$E[X^k]=\lambda E[(Y+1)^{k-1}],\ k=1,\ 2,\ \cdots \tag{4.3}$$

(4.3)에서 $k=1$을 대입하면

$$E[X] = \lambda$$

이다. 또한 $Y \sim \text{Poi}(\lambda)$이므로 (4.3)에서 $k = 2$를 대입하면

$$E[X^2] = \lambda E[Y+1] = \lambda(\lambda+1)$$

이고 X의 분산은 다음과 같다.

$$\text{Var}[X] = E[X^2] - (E[X])^2 = \lambda$$

푸아송분포의 확률생성함수 및 적률생성함수는 각각 다음과 같다.

$$P(z) = \sum_{i=0}^{\infty} e^{-\lambda} \frac{z^i \lambda^i}{i!} = \exp[-\lambda(1-z)]$$

$$M(t) = P(e^t) = \exp[-\lambda(1-e^t)].$$

참고

푸아송분포는 기댓값과 분산이 같다는 사실에 주목하자.

예제 4.12 $X \sim \text{Poi}(\lambda)$이고, $P(X=1) = P(X=3)$일 때 $E[X]$를 구하라.

풀이 $P(X=1) = \lambda e^{-\lambda}$, $P(X=3) = e^{-\lambda}\dfrac{\lambda^3}{6}$이고 $P(X=1) = P(X=3)$이므로

$$\lambda^3 - 6\lambda = 0$$

이다. 한편 $\lambda > 0$이므로 $\lambda = \sqrt{6}$이다. 따라서 $E[X] = \sqrt{6}$이다. ✣

> **정리 4.3** $X \sim \text{Poi}(\lambda)$일 때 X의 확률실량함수 $P(X=k)$는 $k = \lfloor \lambda \rfloor$에서 최댓값을 갖는다.

증명 다음을 주목하자.

$$\frac{P(X=k)}{P(X=k-1)} = \frac{\lambda}{k}, \quad k = 1, 2, \cdots$$

그러므로 $P(X=k) \geq P(X=k-1)$일 필요충분조건은 $\lambda \geq k$이다. 따라서 k가 λ를 넘지 않는 최대의 정수일 때 $P(X=k)$는 최댓값을 갖는다. ✺

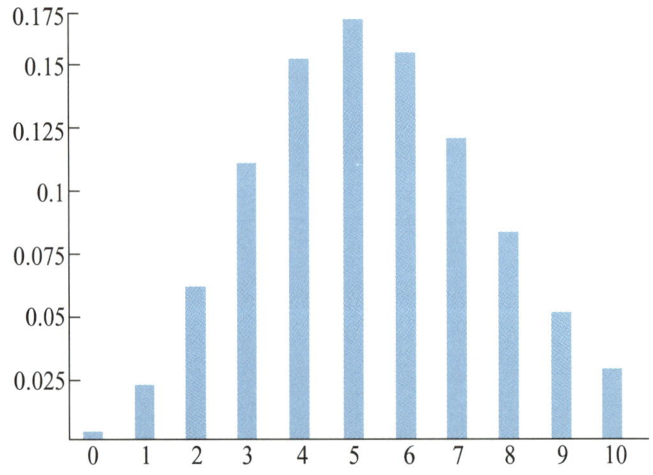

그림 4.2 $X \sim \text{Poi}(5.4)$의 확률질량함수

그림 4.2는 $X \sim \text{Poi}(5.4)$일 때, $P(X=k)$를 나타낸 것이다. 그림에서 $k = \lfloor 5.4 \rfloor = 5$일 때, $P(X=k)$가 최대가 됨을 알 수 있다.

푸아송분포의 확률질량함수의 계산 $X \sim \text{Poi}(\lambda)$의 확률질량함수를 계산할 때, λ가 크면 $e^{-\lambda}$가 매우 작아지고 n이 크면 $\dfrac{\lambda^n}{n!}$이 아주 작아져서 실제 컴퓨터를 이용한 계산에서 문제점이 발생할 수 있다. 이 문제를 피하면서 푸아송확률질량함수를 계산하는 방법에 대하여 살펴보자.

먼저 $P(X=k)$를 최대로 하는 k의 값을 $m = \lfloor \lambda \rfloor$이라 하고 $\log(P(X=m))$를 구하면

$$\log(P(X=m)) = -\lambda + m \log \lambda - \sum_{k=1}^{m} \log k$$

를 얻는다. 그 다음 log의 역함수를 취하면

$$P(X=m) = \exp[\log(P(X=m))].$$

다른 k에 대하여는 다음의 반복식을 이용한다.

$$P(X=m+i+1) = \frac{\lambda}{m+i+1} P(X=m+i), \ i=0, 1, 2, \cdots$$

$$P(X=m-i-1) = \frac{m-i}{\lambda} P(X=m-i), \ i=0, 1, \cdots, m-1$$

4.1.4 기하분포

성공할 확률이 $0 < p < 1$인 베르누이시행을 반복할 때 성공할 때까지 시행한 횟수를 X라고 하자. A_i, $i = 1, 2, \cdots$를 i번째 시행에서 성공할 사건이라 하면 A_i는 서로 독립이고 $P(A_i) = p$이다. 따라서 n번째 만에 처음으로 성공하기 위해서는 처음 $n-1$번의 시행에서는 모두 실패하고 n번째 시행에서 성공하여야 한다. 그러므로

$$
\begin{aligned}
P(X=n) &= P\left(A_1^c \cdots A_{n-1}^c A_n\right) \\
&= \left(\prod_{i=1}^{n-1} P(A_i^c)\right) P(A_n) \\
&= (1-p)^{n-1} p, \ n \\
&= 1, 2, \cdots
\end{aligned}
$$

한편 베르누이시행을 계속한다고 할 때 언젠가는 성공이 일어날 확률은

$$
\begin{aligned}
P(X < \infty) &= \sum_{n=1}^{\infty} P(X=n) \\
&= p \sum_{n=1}^{\infty} (1-p)^{n-1} \\
&= 1
\end{aligned}
$$

이므로 $p > 0$이면 반드시 성공이 일어난다. 이와 같이 $\{1, 2, \cdots\}$에서 값을 갖는 확률변수 X의 확률질량함수가

$$P(X=n) = p(1 \quad p)^{n-1}, \ n = 1, 2, \cdots$$

일 때, X를 모수가 p인 **기하확률변수**(geometric random variable) 또는 모수가 p인 **기하분포**를 따르는 확률변수라고 하고

$$X \sim \text{Geo}(p)$$

로 나타내기로 한다.

예제 4.13 w개의 흰 공과 b개의 검은 공이 들어 있는 항아리에서 임의로 1개를 택하여 복원추출하는 실험에서 검은 공이 나올 때 까지 정확하게 n번 추출할 확률과 적어도 k번 추출해야 할 확률을 각각 구하라.

풀이 검은 공이 나올 때까지 시행한 횟수를 X라고 하면 X는 모수가 $p=\dfrac{b}{b+w}$인 기하확률변수이다. 그러므로 정확하게 n번 추출할 확률은

$$P(X=n)=(1-p)^{n-1}p=\frac{bw^{n-1}}{(b+w)^n}$$

이고 k번 이상 추출할 확률은 다음과 같다.

$$P(X\geq k)=p\sum_{n=k}^{\infty}(1-p)^{n-1}=(1-p)^{k-1}=\left(\frac{w}{b+w}\right)^{k-1}$$ ✤

기하분포의 평균, 분산, 생성함수 이제 $X\sim \text{Geo}(p)$의 기댓값과 분산 및 생성함수를 구해보자. 기호의 편의를 위하여 $q=1-p$로 두면

$$E[X]=p+2pq+3pq^2+\cdots.$$

위 식의 양변에 q를 곱한 다음 $E[X]-qE[X]$를 구하면 다음과 같다.

$$\begin{aligned}pE(X)&=E(X)-qE(X)\\&=p+pq+pq^2+\cdots\\&=\sum_{n=1}^{\infty}pq^{n-1}=1.\end{aligned}$$

따라서

$$E[X]=\frac{1}{p}.$$

한편

$$\begin{aligned}E[X(X-1)]&=\sum_{n=1}^{\infty}n(n-1)pq^{n-1}\\&=2\cdot 1p+3\cdot 2pq+4\cdot 3p^2+\cdots\end{aligned}$$

이므로 이 식의 양변에 q를 곱한 후 $E[X(X-1)]-qE[X(X-1)]$를 구하면

$$\begin{aligned}pE(X(X-1))&=E[X(X-1)]-qE[X(X-1)]\\&=2q\sum_{n=1}^{\infty}npq^{n-1}\\&=\frac{2q}{p}=\frac{2}{p}-2.\end{aligned}$$

따라서

$$E[X(X-1)] = \frac{2}{p^2} - \frac{2}{p}$$

이다. 그러므로 다음을 얻는다.

$$E[X^2] = E[X(X-1)] + E[X] = \frac{2}{p^2} - \frac{1}{p},$$

$$\mathrm{Var}[X] = E[X^2] - (E[X])^2 = \frac{q}{p^2}.$$

확률생성함수 및 적률생성함수는 각각 다음과 같다.

$$P(z) = \sum_{n=1}^{\infty} z^n q^{n-1} p = \frac{pz}{1-qz}, \quad |qz| < 1,$$

$$M(t) = P(e^t) = \frac{pe^t}{1-qe^t}, \quad qe^t < 1.$$

정리 4.4 $\{1, 2, \cdots\}$에서 값을 갖는 확률변수 X가 $X \sim \mathrm{Geo}(p)$일 필요충분조건은 각각의 $n = 1, 2, \cdots$에 대하여 다음을 만족하는 것이다.

$$P(X = n+k | X > n) = P(X = k), \quad k = 1, 2, \cdots \tag{4.4}$$

단, $p = P(X = 1) > 0$

정리 4.4의 증명을 위하여 다음의 보조정리가 필요하다.

보조정리 4.5 (4.4)는 $P(X > n+k) = P(X > n)P(X > k)$와 동치이다.

증명 (4.4)를 가정하자. 그러면

$$\frac{P(X > n+k)}{P(X > n)} = P(X > n+k | X > n)$$

$$= \sum_{i=1}^{\infty} P(X = n+k+i | X > n)$$

$$= \sum_{i=1}^{\infty} P(X = k+i) \ ((4.4)\text{로부터})$$
$$= P(X > k).$$

역으로 $P(X > n+k) = P(X > n)P(X > k)$이 성립하면

$$\begin{aligned} P(X = n+k) &= P(X > n+k-1) - P(X > n+k) \\ &= P(X > n)P(X > k-1) - P(X > n)P(X > k) \\ &= P(X > n)(P(X > k-1) - P(X > k)) \\ &= P(X > n)P(X = k). \end{aligned}$$

이 식의 양변을 $P(X > n)$으로 나누면

$$P(X = n+k | X > n) = \frac{P(X = n+k)}{P(X > n)} = P(X = k)$$

이 되어 (4.4)가 성립한다. ✱

증명 [정리 4.4의 증명] $q = 1 - p = P(X > 1)$로 두자. $X \sim \text{Geo}(p)$이면

$$P(X > n) = \sum_{k=n+1}^{\infty} pq^{k-1} = \frac{pq^n}{1-q} = q^n$$

이므로

$$\begin{aligned} P(X = n+k | X > n) &= \frac{P(X = n+k,\ X > n)}{P(X > n)} = \frac{P(X = n+k)}{P(X > n)} \\ &= \frac{pq^{n+k-1}}{q^n} = P(X = k). \end{aligned}$$

역으로 (4.4)가 성립한다고 가정하자. 보조정리 4.5에 의하여

$$P(X > 2) = P(X > 1+1) = P(X > 1)P(X > 1) = q^2$$

이다. 수학적 귀납법에 의하여

$$P(X > n) = P(X > \overbrace{1+1+\cdots+1}^{n\text{개}}) = [P(X > 1)]^n = q^n,\ n = 1,\ 2,\ \cdots$$

이 성립함을 알 수 있다. 그러므로

$$P(X = k) = P(X > k-1) - P(X > k) = q^{k-1} - q^k = q^{k-1}p$$

이므로 $X \sim \mathrm{Geo}(p)$이다. ✺

정리 4.4에서 식 (4.4)는 n번째까지 성공하지 못했다는 가정하에 $n+k$번째에서 처음 성공할 확률 $P(X=n+k|X>n)$은 처음부터 시작하여 k번째 만에 처음 성공할 확률 $P(X=k)$과 같다는 것을 의미한다. 이는 과거의 이력이 앞으로의 결과에 영향을 미치지 않는다는 것을 의미한다.

예제 4.14 어떤 백화점에서 매주 추첨을 통하여 경품을 제공한다고 한다. 매번 경품에 당첨될 확률은 0.01이라 하자. 어떤 사람이 열 번을 추첨에 참가하였으나 한 번도 경품을 타지 못하였다. 그 사람이 열한 번째에 경품을 받게 될 확률은 얼마인가?

풀이 경품의 추첨 결과는 당첨 혹은 탈락 두 가지이므로 매번의 시행은 성공할 확률이 $p=0.01$인 베르누이시행이다. 따라서 처음 당첨될 때까지 시도해야 하는 횟수는 모수가 $p=0.01$인 기하분포를 따른다. 따라서 이제까지 실패한 횟수는 다음 번 결과에 영향을 미치지 않는다. 따라서 열 번 실패한 사람이 열한 번째에 경품을 받게 될 확률은 변함없이 0.01이다.

4.1.5 음이항분포

성공할 확률이 $0<p<1$인 베르누이시행에서 r번 성공할 때까지 필요한 시행 횟수를 X라 하자. n번 만에 r번 성공하기 위해서는 $n-1$번 시행하는 동안 이미 $r-1$번 성공하고 n번째 시행에서 성공하면 된다. 따라서

$$P(X=n)=\binom{n-1}{r-1}p^r q^{n-r},\ n=r,\ r+1,\ \cdots\ (\text{단, } q=1-p).$$

이 시행을 계속한다고 할 때 언젠가는 r번 성공할 확률은

$$\begin{aligned} P(X<\infty) &= \sum_{n=r}^{\infty} P(X=n) = \sum_{n=r}^{\infty}\binom{n-1}{r-1}p^r q^{n-r} \\ &= \sum_{n=r}^{\infty}\binom{n-1}{n-r}p^r q^{n-r} \\ &= p^r\sum_{k=0}^{\infty}\binom{r+k-1}{k}q^k\ (n-r=k\text{로 치환}) \\ &= p^r(1-q)^{-r}=1.\ (\text{따름정리 1.15}) \end{aligned}$$

확률변수 X의 확률질량함수가

$$P(X=n)=\binom{n-1}{r-1}p^r q^{n-r},\ n=r,\ r+1,\ \cdots,\ (\text{단 } q=1-p) \tag{4.5}$$

일 때, X를 모수가 $(r,\ p)$인 **음이항분포**(negative binomial distribution)를 따르는 확률변수 또는 모수가 $(r,\ p)$인 **음이항확률변수**라고 하고

$$X \sim \mathrm{NB}(r,\ p)$$

로 나타내기로 한다. 기하분포 $\mathrm{Geo}(p)$는 음이항분포의 특수한 경우 $\mathrm{NB}(1,\ p)$이다.

참고

1. 성공할 확률이 $0<p<1$인 베르누이시행에서 r번 성공할 때까지 실패한 횟수를 Y라 하자. $Y=n$이기 위해서는 $n+r-1$번의 시행에서 정확하게 n번 실패하고 $r-1$번 성공한 다음 $n+r$번째는 성공해야 한다. 그러므로

$$P(Y=n)=\binom{n+r-1}{n}p^r q^n,\ n=0,\ 1,\ 2,\ \cdots. \tag{4.6}$$

한편 일반화된 이항계수를 이용하여 $P(Y=n)$을 나타내면

$$P(Y=n)=\binom{-r}{n}p^r(-q)^n$$

이고 이것은 $(1-x)^{-r}$을 $x=0$ 근방에서 급수 전개했을 때 n번째 항 $\binom{-r}{n}(-x)^n$과 유사하다. 이와 같은 이유에서 확률질량함수를 (4.6)으로 갖는 확률분포를 음이항분포, 확률질량함수가 (4.5)인 확률분포를 파스칼(Pascal)분포라고 부르는 경우도 있다. 이 책에서는 특별한 언급이 없는 한 음이항분포의 확률질량함수는 (4.5)를 의미한다.

2. 성공할 확률이 p인 베르누이시행을 반복할 때 r번째 성공이 n번 이전에 발생할 필요충분조건은 n번의 시행에서 r번 이상 성공이 발생하는 것이다. 따라서 음이항분포 $X \sim NB(r,\ p)$와 이항분포 $Y \sim B(n,\ p)$에 대하여

$$P(X \le n)=p(Y \ge r)$$

이 성립한다.

예제 4.15 성공할 확률이 p인 베르누이시행을 반복할 때 m번 실패하기 전에 r번 성공할 확률은 얼마인가?

풀이 m번 실패하기 전에 r번 성공할 필요충분조건은 r번째 성공이 $m+r-1$번이나 그 이전에 나타나야 한다. 그러므로 구하는 확률은 (4.5)에 의하여

$$\sum_{n=r}^{r+m-1}\binom{n-1}{r-1}p^r(1-p)^{n-r}$$

이다. 한편 이 확률은 m번 실패하기 전에 r번 성공하기 위해서는 r번 성공할 때까지 실패한 횟수가 m번 미만일 확률과 같으므로 (4.6)에 의하여

$$\sum_{n=0}^{m-1}\binom{n+r-1}{n}p^r(1-p)^n$$

과 같다. ✣

예제 4.16 세일즈맨인 갑돌이는 A와 B 두 종류의 명함을 가지고 다니며 만나는 사람에 따라 어느 명함을 건넬지를 정한다. 갑돌이가 명함 A를 줄 사람을 만날 확률은 p이고 명함 B를 줄 사람을 만날 확률은 $q=1-p$라 하자. 처음 가지고 다니는 명함 A의 수는 N_1장이고 명함 B의 수는 N_2장이다. 명함 A를 모두 사용했을 때 명함 B가 k장 남아있을 확률은 얼마인가?

풀이 명함 A를 모두 사용했을 때 명함 B가 k장 남아있을 사건을 E라 하자. 갑돌이가 명함을 건넬 때마다 명함 A를 사용하면 '성공', 명함 B를 사용하면 '실패'로 하는 베르누이시행을 하는 것으로 생각할 수 있다. 따라서 사건 E의 확률은 N_1번의 성공이 일어날 때까지 N_2-k번의 실패가 일어날 확률과 같다. 따라서

$$P(E)=\binom{N_1+N_2-k-1}{N_2-k}p^{N_1}q^{N_2-k}.$$ ✣

음이항분포의 적률과 생성함수 이제 $X\sim \mathrm{NB}(r,\ p)$의 적률과 생성함수를 구해보자. $q=1-p$로 두자. $E[X^k]$는 다음과 같이 $Y\sim \mathrm{NB}(r+1,\ p)$의 $k-1$차 적률로 나타낼 수 있다.

$$\begin{aligned}E[X^k]&=\sum_{n=r}^{\infty}n^k\binom{n-1}{r-1}p^rq^{n-r}\\&=\frac{r}{p}\sum_{n=r}^{\infty}n^{k-1}\binom{n}{r}p^{r+1}q^{n-r}\end{aligned}$$

$$= \frac{r}{p} \sum_{m=r+1}^{\infty} (m-1)^{k-1} \binom{m-1}{r} p^{r+1} q^{m-(r+1)} \quad (m = n+1\text{로 치환})$$

$$= \frac{r}{p} E[(Y-1)^{k-1}]$$

위 식에서 $k=1$과 $k=2$를 차례로 대입하면 다음을 얻는다.

$$E[X] = \frac{r}{p},$$

$$E[X^2] = \frac{r}{p} E[Y-1] = \frac{r}{p}\left(\frac{r+1}{p} - 1\right)$$

따라서

$$\mathrm{Var}[X] = E[X^2] - (E[X])^2 = \frac{rq}{p^2}.$$

X의 확률생성함수는 다음과 같다.

$$P(z) = \sum_{n=r}^{\infty} z^n \binom{n-1}{r-1} p^r q^{n-r} = \sum_{n=r}^{\infty} \binom{n-1}{n-r} (zp)^r (zq)^{n-r}$$

$$= (zp)^r \sum_{k=0}^{\infty} \binom{r+k-1}{k} (zq)^k \quad (n-r = k\text{로 치환})$$

$$= (zp)^r (1-zq)^{-r} \quad (\text{따름정리 } 1.15)$$

$$= \left(\frac{pz}{1-qz}\right)^r, \quad |zq| < 1.$$

또한 X의 적률생성함수는 다음과 같다.

$$M(t) = P(e^t) = \left(\frac{pe^t}{1-qe^t}\right)^r$$

예제 4.17 한 개의 주사위를 던지는 실험에서 1의 눈이 네 번 나올 때까지 던진다면 평균 몇 번을 던져야 하겠는가?

풀이 X를 필요한 횟수라 하면 $X \sim \mathrm{NB}\left(4, \frac{1}{6}\right)$이므로 평균 시행 횟수는 24회다. ✤

4.1.6 초기하분포

m개의 흰 공과 $N-m$개의 검은 공이 들어 있는 항아리에서 한 번에 한 개씩 n개의 공을 비복원추출할 때 나오는 흰 공의 개수를 X라고 하면

$$P(X=k)=\frac{\binom{m}{k}\binom{N-m}{n-k}}{\binom{N}{n}},\ k=0,\ 1,\ 2,\ \cdots,\ \min(n,\ m). \tag{4.7}$$

확률변수 X의 확률질량함수가 (4.7)과 같을 때 X를 **초기하분포**(hypergeometric distribution)를 따르는 확률변수 또는 **초기하확률변수**라 하고

$$X\sim \mathrm{HG}(N,\ n,\ m)$$

로 나타내기로 한다.

정리 4.6 [초기하분포의 이항근사] $X\sim \mathrm{HG}(N,\ n,\ m)$일 때 $p=\dfrac{m}{N}$을 고정시킨 상태에서 $N\to\infty$ 하면

$$P(X=k)\to\binom{n}{k}p^k(1-p)^{n-k}.$$

증명

$$\begin{aligned}P(X=k)&=\frac{\binom{m}{k}\binom{N-m}{n-k}}{\binom{N}{n}}\\&=\frac{m!}{(m-k)!k!}\frac{(N-m)!}{(N-m-n+i)!(n-k)!}\frac{(N-n)!n!}{N!}\\&=\binom{n}{k}\frac{m}{N}\frac{m-1}{N-1}\cdots\frac{m-k+1}{N-k+1}\frac{N-m}{N-k}\frac{N-m-1}{N-k-1}\\&\quad\cdots\frac{N-m-(n-k-1)}{N-k-(n-k-1)}.\end{aligned}$$

위 식의 마지막 항에서 $N\to\infty$일 때, $\dfrac{m-i}{N-i}\to p$이고 $\dfrac{N-m-i}{N-k-i}\to 1-p$이므로

$$P(X=k)\to\binom{n}{k}p^k(1-p)^{n-k}$$

이다. 따라서 정리가 증명된다. ✻

$\binom{n}{k}p^k(1-p)^{n-k}$은 특정한 성질을 갖는 개체의 비율이 p인 집단에서 임의로 n개를 복원추출할 때 특정한 성질을 갖는 개체가 k개 추출될 확률을 의미한다. 따라서 정리 4.6은 특정한 성질을 갖는 개체의 비율이 p로 일정할 때, 모집단의 크기 N이 매우 크면 복원추출과 비복원추출은 거의 유사한 결과를 나타낸다는 것을 보여준다.

아래 표 4.2는 $p=\frac{m}{N}=0.4$로 고정된 상태에서 N이 커질 때 $X\sim \mathrm{HG}(N,\ 5,\ m)$의 확률질량함수 $P(X=k)$와 $Y\sim \mathrm{B}(5,\ 0.4)$의 확률질량함수 $P(Y=k)$ $(k=0,\ 1,\ 2,\ 3,\ 4,\ 5)$의 값을 나타낸 것이다. 이 표에서 N이 커질 때 $P(X=k)$의 값이 $P(Y=k)$의 값에 가까이 가는 것을 알 수 있다.

N	$P(X=k)$					
	$k=0$	$k=1$	$k=2$	$k=3$	$k=4$	$k=5$
100	0.0725	0.2591	0.3515	0.2323	0.0728	0.0087
400	0.0765	0.2592	0.3478	0.2309	0.0758	0.0099
1000	0.0772	0.2592	0.3464	0.2306	0.0764	0.0101
2000	0.0775	0.2592	0.3460	0.2305	0.0766	0.0102
10000	0.0777	0.2592	0.3457	0.2304	0.0768	0.0102
$P(Y=k)$	0.0778	0.2592	0.3456	0.2304	0.0768	0.0102

표 4.2 초기하분포의 이항근사

예제 4.18 어떤 지역에 서식하는 특정한 동물의 수를 추정하기 위하여 생태학자들은 다음과 같은 실험을 한다. 먼저 n_1마리의 동물을 생포한 다음 적당한 표시를 하여 놓아 준다. 적당한 시간이 흐른 다음 다시 n_2마리의 동물을 잡았을 때, 그들 중 표시가 있는 동물의 수가 n_3라면 그 지역에 서식하는 동물의 수를 $N=\left\lfloor \frac{n_1 n_2}{n_3} \right\rfloor$로 추정한다. 이 방법의 타당성과 필요한 가정을 설명하라.

풀이 먼저 그 지역에 서식하고 있는 특정한 동물의 수를 N이라 하자. 여기서 N은 미지의 수이다. 그리고 X를 두 번째 잡았을 때 표시가 있는 동물의 수라 하면 X는 다음과 같은 확률질량함수 $P_k(N)=P(X=k)$를 갖는 초기하확률변수가 된다.

$$P_k(N)=\frac{\binom{n_1}{k}\binom{N-n_1}{n_2-k}}{\binom{N}{n_2}}$$

$P_{n_3}(N)$은 그 지역에 실제로 N마리의 동물이 서식하고 있을 때, 관측된 사건의 확률을 나타낸다. 따라서 N의 합리적인 추정값은 $P_{n_3}(N)$을 최대로 하는 N값이 될 것이다. 이러한 추정값을 최대-우도 추정값(maximum-likelihood estimate)이라 한다. 이제 $P_{n_3}(N)$을 최대로 하는 N을 구해보자.

$$\frac{P_{n_3}(N)}{P_{n_3}(N-1)}=\frac{(N-n_1)(N-n_2)}{N(N-n_1-n_2+n_3)}$$

이므로 $P_{n_3}(N) \geq P_{n_3}(N-1)$일 필요충분조건은 $N \leq \dfrac{n_1 n_2}{n_3}$임을 알 수 있다. 따라서 $P_{n_3}(N)$은 N이 $\dfrac{n_1 n_2}{n_3}$보다 작을 때는 증가하다가 $\dfrac{n_1 n_2}{n_3}$보다 커지면 감소한다. 따라서 $P_{n_3}(N)$은 $N=\left\lfloor \dfrac{n_1 n_2}{n_3} \right\rfloor$일 때 최대이다.

예를 들어 50마리의 동물을 처음 사로잡아 표시를 하여 놓아주었다가 다시 40마리를 포획하여 보니 그들 중 4 마리가 표시되어 있었다면, 그 지역에 서식하고 있는 동물의 수는 $\dfrac{50 \cdot 40}{4}=500$마리로 추정할 수 있다.

여기서는 확률모형을 위하여 몇 가지 가정이 필요하다. 초기하분포 모형을 적용하기 위하여 표시된 것이나 아닌 것이나 각각의 동물들이 잡힐 확률은 모두 동일해야 한다. 또한 그 지역에 서식하는 동물의 수는 두 번 포획한 시간 사이에 변함없이 일정하여야 한다. ✣

초기하분포의 적률 이제 $X \sim \mathrm{HG}(N,\ n,\ m)$의 적률을 구해보자. 먼저 다음의 사실에 주목하자.

$$k\binom{n}{k}=n\binom{n-1}{k-1}$$

그러면

$$\begin{aligned}
E[X^k] &= \sum_{i=1}^{n} i^k \binom{m}{i}\binom{N-m}{n-i}\Big/\binom{N}{n} \\
&= \sum_{i=1}^{n} i^{k-1}\left[i\binom{m}{i}\right]\binom{N-m}{n-i}\Big/\left[\frac{1}{n}n\binom{N}{n}\right] \\
&= \frac{nm}{N}\sum_{j=0}^{n-1}(j+1)^{k-1}\binom{m-1}{j}\binom{N-m}{n-1-j}\Big/\binom{N-1}{n-1} \\
&= \frac{nm}{N}E[(Y+1)^{k-1}],\ \text{단}\ Y \sim \mathrm{HG}(N-1,\ n-1,\ m-1).
\end{aligned}$$

따라서 $X \sim \mathrm{HG}(N,\ n,\ m)$의 k차 적률은 모수가 $(N-1,\ n-1,\ m-1)$인 초기하확률변수의 $k-1$차 적률로부터 구할 수 있다. 위 식에서 $k=1$과 $k=2$를 차례로 대입하면 다음을 얻는다.

$$
\begin{aligned}
E[X] &= \frac{nm}{N}, \\
E[X^2] &= \frac{nm}{N} E[Y+1] = \frac{nm}{N}\left(\frac{(n-1)(m-1)}{N-1}+1\right), \\
\mathrm{Var}[X] &= E[X^2] - (E[X])^2 \\
&= n \cdot \frac{m}{N}\ \frac{N-m}{N}\ \frac{N-m}{N-1}
\end{aligned}
$$

여기서 $p = \dfrac{m}{N}$으로 두면 X의 평균과 분산은 다음과 같음을 알 수 있다.

$$
E(X) = np,\ \ Var(X) = np(1-p)\frac{N-m}{N-1}.
$$

EXERCISES

4.1 연습문제

1. 5개 중에서 1개를 선택하는 5지 선다형 문제가 4개 있는데, 한 학생이 단지 추측으로 2개 이상 정답을 맞힐 확률은 얼마인가?

2. 한 개의 동전을 $2n$번 던질 때 앞면이 나타난 횟수와 뒷면이 나타난 횟수의 차를 X라 할 때 X의 확률질량함수를 구하라.

3. 어떤 기계에서 생산되는 제품의 15%는 불량품이라 한다. 이미 만들어진 제품 중 10개를 무작위로 선택할 때, 불량품이 하나도 없을 확률은 얼마인가? 또한 최소한 하나의 불량품이 있을 확률은 얼마인가?

4. 7전 4선승제를 택한 어느 경기에서 두 팀의 실력이 비슷하다고 할 때, 첫 번째 경기에서 이긴 팀이 우승할 확률은 얼마인가?

5. 시스템이 중단되었을 경우 손실이 매우 큰 생산 시스템에서 여러 대의 동일한 기계를 병렬로 연결하여 시스템을 작동한다고 하자. 각 기계가 특정한 기간 동안 고장날 확률은 p이며 각 기계가 고장날 가능성은 서로 독립이라 하자. 또한 병렬로 연결한 기계의 반 이상이 작동하면 그 시스템은 가동된다고 할 때, 3대의 기계를 연결한 시스템 보다 5대의 기계를 연결한 시스템이 더 안전할 p값의 범위를 구하라.

6. 어떤 질병에 걸린 사람이 그 병으로 인하여 죽을 확률이 5%라고 한다. 현재 13명이 그 병에 걸렸다고 할 때 이들 중 몇 명이 죽을 가능성이 가장 높겠는가?

7. $X \sim \mathrm{B}(n,\ p)$일 때 각각의 k에 대하여 $P(X=k)$를 최대로 하는 p의 값을 구하라.

8. 어떤 기계에서 생산된 제품이 불량품일 확률은 0.1이라 한다. 제품 10개의 표본이 기껏해야 한 개의 불량제품을 포함할 확률을 구하라.

9. 한 개의 동전을 4번 던질 때 나오는 앞면의 수를 X라고 할 때 $E[X]$와 $\mathrm{Var}[X]$를 구하라.

10. 한 개의 동전을 4번 던질 때 나오는 앞면의 수를 X라고 할 때 $X-2$의 확률질량함수를 구하라.

11. X는 평균이 6이고 분산이 2.4인 이항확률변수일 때 $P(X=5)$를 구하라.

12. $X \sim \mathrm{B}(n,\ p)$일 때, $\dfrac{X}{n}$의 평균과 분산을 구하라.

13. $X \sim \mathrm{B}(50,\ 0.6)$일 때 $P(27 \le X \le 35)$의 값을 구하라.

14. 어떤 사무실에 하루 동안 걸려오는 전화 중 잘못 걸린 전화는 모수가 $\lambda = 3.5$인 푸아송분포를 따른다고 한다. 특정한 날에 잘못 걸려온 전화의 수가 5통 이상일 확률을 구하라.

15. $X \sim \mathrm{Poi}(\lambda)$일 때 생성함수를 이용하여 기댓값과 분산을 구하라.

16. $X \sim \mathrm{Poi}(\lambda)$일 때 $E[X!]$이 존재하는 λ의 범위를 구하고, 이때 $E[X!]$을 계산하라.

17. 보험 설계사인 갑순이는 상담자 중 3%의 비율로 보험계약에 성공한다고 한다. 갑순이가 100명을 상담한다고 할 때, 이들 중 5명 이상이 보험에 계약할 확률의 근삿값을 푸아송분포를 사용하여 구하고 정확한 값과 비교하라.

18. 어떤 골프코스에서 홀인원(hole-in-one)이 나올 확률은 $\frac{1}{5000}$이라 한다. 3000명이 홀인원 대회에 참석하였다 할 때, 한 명도 홀인원을 기록하지 못할 확률을 정확한 값과 푸아송분포로 근사한 값을 구하여 비교하라.

19. 푸아송확률변수 X가 $P(X=1)=P(X=2)$를 만족할 때, $P(X=k)$, $k=0, 1, 2, \cdots$를 구하라.

20. 3000명의 가입자가 있는 보험회사가 있다. 각 가입자가 1년 이내에 사고를 낼 확률은 0.001이라고 할 때, 1년 이내에 2명 이상 사고를 낼 확률을 푸아송 근사를 이용하여 구하라.

21. 로또6/45는 1부터 45까지의 숫자 중 서로 다른 6개의 숫자를 써넣어서 당첨번호를 맞추는 복권이다. 복권이 1000만장이 팔렸다고 할 때 일등 당첨자의 수를 X라 할 때 $P(X=i)$, $i=0, 1, 2, 3$을 이항분포로 구한 것과 푸아송분포로 근사한 값을 비교하여라. 단 각 복권의 번호는 6개의 조합 중 임의로 선택되며 1000만장 모두 독립적으로 작성된다고 가정한다.

22. k를 고정된 양의 정수라고 하자. $X \sim \mathrm{Poi}(\lambda)$일 때 $P(X=k)$를 최대로 하는 λ의 값은 무엇인가?

23. $X \sim \mathrm{Poi}(\lambda)$일 때, $E[1/(1+X)]$를 구하라.

24. $X \sim \mathrm{Poi}(100)$일 때 $P(95 \leq X \leq 103)$의 값을 구하라.

25. $X \sim \mathrm{B}(n, p)$일 때 $np=\lambda$로 고정한 상태에서, $n \to \infty$하면 $P(z)=E[z^X] \to e^{\lambda(z-1)}$임을 보여라. 이 결과를 이용하여 정리 4.2를 증명하여라. (힌트: 정리 3.21

을 이용할 것)

26. 2개의 동전을 연속해서 던지는 실험에서 2개 모두 앞면이 나올 때까지 던진 횟수를 X라 할 때 열 번 이상 던져야 할 확률을 구하라.

27. A, B, C 세 사람이 순서대로 동전을 계속해서 던지는 게임을 한다고 하자. 이 게임에서 앞면이 나오면 게임은 중단되고 먼저 앞면이 나오는 사람이 이긴다고 하자. 이 게임에서 A, B, C가 승리할 확률을 각각 구하라.

28. 룰렛게임에서 붉은색이 나타날 확률은 $\frac{18}{38}$, 검은색이 나타날 확률은 $\frac{18}{38}$, 초록색이 나타날 확률은 $\frac{2}{38}$이다. 붉은 색에 1단위의 돈을 걸었을 때 붉은색이 나타나면 1단위의 돈을 받고 그렇지 않으면 돈을 잃는다. 어떤 사람이 다음과 같은 게임 전략을 세웠다. 처음 1단위의 돈을 붉은색에 건 다음 돈을 따면 게임을 그만하고 잃으면 다음 게임에서 2단위의 돈을 건다. 이와 같은 방법으로 이제 까지 잃었던 돈보다 1단위만큼 많은 돈을 걸고 게임을 계속하여 돈을 딸 때까지 게임을 하려고 한다. X를 돈을 딸 때까지 시행한 횟수라 할 때, 다음 물음에 답하라.

(1) $P(X < \infty)$를 구하라.

(2) 얼마의 돈을 가지고 시작을 하면 돈을 딸 확률이 0.99 이상이 되겠는가?

(3) 100단위의 돈을 가지고 시작할 때, 돈을 딸 확률은 얼마인가?

29. $X \sim \text{Geo}(p)$일 때, 생성함수를 이용하여 X의 기댓값과 분산을 구하라.

30. $X \sim \text{Geo}(p)$일 때, $E[1/X]$를 구하라.

31. 4개의 동전을 가지고 윷놀이를 한다. T_k를 k번 '개'(앞면이 2개, 뒷면이 2개)가 나올 때까지 시행한 횟수라고 할 때, T_k의 기댓값과 분산을 구하라.

32. A, B 두 팀이 한국 시리즈에 진출하였다. 먼저 네 경기를 이기는 팀이 한국 시리즈에서 우승하게 된다. 매 경기는 다른 경기의 결과와 독립적으로 이루어지며 한 경기에서 A팀이 이길 확률을 0.6, B팀이 이길 확률을 0.4라고 할 때 다음을 구하라.

(1) A팀이 우승할 확률

(2) 우승자가 결정되기 위하여 필요한 게임의 수 X의 확률질량함수

33. $X \sim \mathrm{NB}(r,\ p)$의 생성함수를 이용하여 X의 기댓값과 분산을 구하라.

34. 확률변수 Y의 확률질량함수가

$$P(Y=n)=\binom{n+r-1}{n}p^r q^n,\ n=0,\ 1,\ 2,\ \cdots\quad (p>0,\ q=1-p)$$

일 때, 다음 물음에 답하라.

(1) Y의 생성함수는 다음과 같음을 보여라.

$$P(z)=\left(\frac{p}{1-qz}\right)^r$$

(2) Y의 기댓값과 분산을 구하라. (힌트: 따름정리 1.15를 이용할 것)

(3) $rq=\lambda$로 고정한 상태에서 $r\to\infty$일 때, 각각의 $n\ge 0$에 대하여

$$\lim_{r\to\infty}P(Y=n)=e^{-\lambda}\frac{\lambda^n}{n!}$$

임을 보여라. (힌트: 정리 3.21을 이용할 것)

35. 10개의 붉은 공과 7개의 파란 공이 들어 있는 항아리에서 임의로 5개의 공을 비복원추출할 때 추출된 파란공의 개수 X의 확률질량함수를 구하라.

36. $X \sim \mathrm{HG}(N,\ n,\ m)$일 때, r차 계승적률 $E[(X)_r]=E[X(X-1)\cdots(X-r+1)]$ $(N\ge r)$이 다음과 같음을 보여라.

$$E[(X)_r]=\frac{m(m-1)\cdots(m-r+1)n(n-1)\cdots(n-r+1)}{N(N-1)\cdots(N-r+1)}$$

4.2 연속확률분포

생각해보기

다음 함수 $f(x)$(단, 지정된 x의 영역 외에서는 $f(x)=0$)에 대하여 양의 실수 a 또는 b가 주어졌을 때, $f(x)$가 확률밀도함수가 되기 위한 상수 c의 값은 다음과 같음을 확인하라(예제 3.10 참조).

1. $f(x)=ce^{-ax}$, $x>0$일 때, $c=a$
2. $f(x)=ce^{-a(x-b)^2}$, $-\infty<x<\infty$일 때, $c=\sqrt{\dfrac{a}{\pi}}$
3. $f(x)=cx^a e^{-bx}$, $x>0$일 때, $c=\dfrac{b^{a+1}}{\Gamma(a+1)}$ (단 $\Gamma(a)$는 감마함수)
4. $f(x)=cx^{b-1}e^{-ax^b}$, $x>0$일 때, $c=ab$

4.2.1 균등분포

확률변수 X의 확률밀도함수가

$$f(x)=\begin{cases}\dfrac{1}{b-a}, & a<x<b\\ 0, & \text{그 밖에}\end{cases}$$

일 때 X를 $(a,\ b)$에서 **균등분포**(uniform distribution)를 따르는 확률변수 또는 **균등확률변수**라고 하고

$$X\sim \mathrm{U}(a,\ b)$$

로 나타내기로 한다.[3] 균등확률변수의 분포함수는

$$F(x)=\int_{-\infty}^{x} f(x)dx=\begin{cases}0, & x<a\\ \dfrac{x-a}{b-a}, & a\le x<b\\ 1, & x\ge b\end{cases}$$

이고 그래프는 그림 4.3과 같다.

3) 이산확률변수의 경우와 같이 균등분포를 **균일분포**라고 하기도 한다.

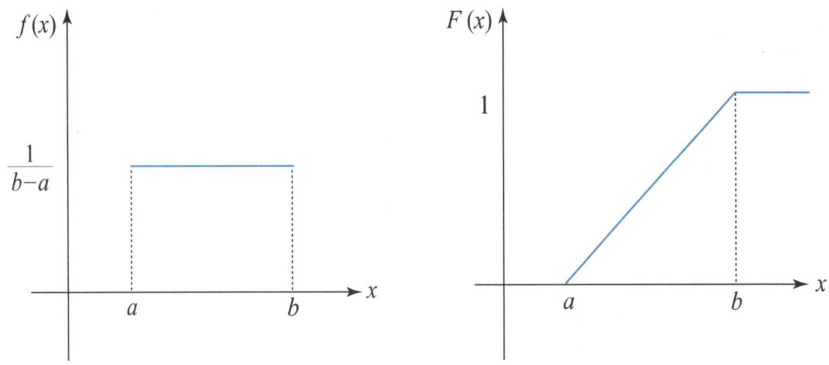

| 그림 4.3 | 균등분포 U$(a,\ b)$의 확률밀도함수와 분포함수

예제 4.19 $X \sim \mathrm{U}(0,\ 10)$일 때 X의 확률밀도함수는 $f(x) = \dfrac{1}{10},\ 0 < x < 10$이므로

(1) $P(X < 3) = \displaystyle\int_0^3 \frac{1}{10}\, dx = \frac{3}{10}$

(2) $P(3 < X < 8) = \displaystyle\int_3^8 \frac{1}{10}\, dx = \frac{1}{2}$ ✤

예제 4.20 구간 $(a,\ b)$ $(a < b)$에서 임의로 한 점을 택할 때, 선택되는 점에 대응되는 실수를 X라고 하면 예제 3.13에 의하여 $X \sim \mathrm{U}(a,\ b)$이다. ✤

예제 4.21 $Y \sim \mathrm{U}(0,\ 5)$일 때 2차 방정식 $4x^2 + 4xY + Y + 2 = 0$이 서로 다른 두 실근을 가질 확률은 얼마인가?

풀이 2차 방정식 $4x^2 + 4xY + Y + 2 = 0$이 서로 다른 두 실근을 가지기 위해서는 판별식 $D = 16Y^2 - 4 \cdot 4(Y+2)$이 0보다 커야 한다. 따라서 구하는 확률은

$$\begin{aligned} P(D > 0) &= P(Y^2 - Y - 2 > 0) = P((Y-2)(Y+1) > 0) \\ &= P(Y < -1 \text{ 또는 } Y > 2) = P(Y < -1) + P(Y > 2) \\ &= 0 + \int_2^5 \frac{1}{5}\, dx = \frac{3}{5}. \end{aligned}$$ ✤

$X \sim \mathrm{U}(a,\ b)$의 적률은 다음과 같다.

$$E[X^k] = \int_a^b x^k \frac{1}{b-a}\, dx = \frac{b^{k+1} - a^{k+1}}{(k+1)(b-a)},\quad k = 0,\ 1,\ 2,\ \cdots$$

따라서

$$E[X] = \frac{b^2 - a^2}{2(b-a)} = \frac{b+a}{2},$$

$$E[X^2] = \frac{b^3 - a^3}{3(b-a)} = \frac{a^2 + ab + b^2}{3},$$

$$\mathrm{Var}[X] = E[X^2] - (E[X])^2 = c\frac{(b-a)^2}{12}.$$

또한 X의 적률생성함수는 다음과 같다.

$$M(t) = \int_a^b e^{tx}\frac{1}{b-a}dx = \begin{cases} \dfrac{e^{tb} - e^{ta}}{t(b-a)}, & t \neq 0 \\ 1, & t = 0 \end{cases}$$

균등분포 U(0, 1)은 시뮬레이션 등에서 매우 유용한 분포이다. $U \sim \mathrm{U}(0,\ 1)$의 확률밀도함수와 분포함수는 각각 다음과 같다.

$$f(x) = \begin{cases} 1, & 0 < x < 1 \\ 0, & \text{그 밖에} \end{cases} \qquad F(x) = \begin{cases} 0, & x \le 0 \\ x, & 0 < x < 1 \\ 1, & x \ge 1 \end{cases}$$

확률변수 X의 분포함수를 $F(x)$라고 할 때 $F(x) \ge y$가 되는 x중 가장 작은 값을 $F^{-1}(y)$라고 하자(그림 4.4 참조). 즉,

$$F^{-1}(y) = \inf\{x : F(x) \ge y\}.$$

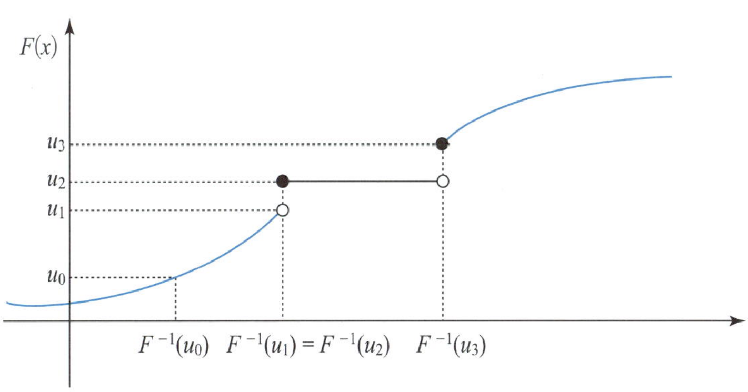

그림 4.4 $F^{-1}(x)$의 정의

그러면 $F^{-1}(y)$는 증가함수이고 $F(F^{-1}(y))=y,\ 0<y<1$과 $F^{-1}(F(x))=x,\ x\in\mathbb{R}$이 성립한다.

확률변수 $Y=F(X)$의 분포함수는

$$\begin{aligned} F_Y(y) &= P(Y\le y)=P(F(X)\le y) \\ &= P(X\le F^{-1}(y))=F(F^{-1}(y))=y,\ 0<y<1 \end{aligned}$$

이므로 $Y\sim \mathrm{U}(0,\ 1)$이다.

다음 정리는 균등분포를 이용하여 분포함수가 $F(x)$인 확률변수를 나타내는 방법을 보여준다.

> **정리 4.7** $U\sim \mathrm{U}(0,\ 1)$이고, $F(x)$가 확률분포함수일 때, 확률변수 $X=F^{-1}(U)$의 분포함수는 $F(x)$이다.

증명 확률변수 $X=F^{-1}(U)$의 분포함수를 $F_X(x)$라고 하면

$$F_X(x)=P(X\le x)=P(F^{-1}(U)\le x)=P(U\le F(x))=F(x).$$ ✺

예제 4.22 다음과 같은 확률밀도함수를 갖는 확률변수를 $U\sim \mathrm{U}(0,\ 1)$를 이용하여 나타내어라.

$$f(x)=\begin{cases} e^{-x}, & 0\le x<\infty \\ 0, & \text{그 밖에} \end{cases}$$

풀이 $f(x)$의 분포함수는

$$F(x)=\int_{-\infty}^{x} f(y)dy=\begin{cases} 0, & x<0 \\ 1-e^{-x}, & x\ge 0 \end{cases}$$

이므로 $F^{-1}(y)=-\log(1-y),\ 0<y<1$이다. 따라서 $X=-\log(1-U)$의 확률밀도함수는 $f(x)$이다. ✣

4.2.2 삼각분포

확률변수 X의 확률밀도함수가

$$f(x) = \begin{cases} \dfrac{2}{b-a}\dfrac{x-a}{m-a}, & a < x \le m \\ \dfrac{2}{b-a}\dfrac{b-x}{b-m}, & m \le x < b \\ 0, & \text{그 밖에} \end{cases}$$

(단, $a < m < b$)일 때 X를 모수가 $(a,\ b,\ m)$인 **삼각분포**(triangular distribution)를 따르는 확률변수 또는 모수가 $(a,\ b,\ m)$인 **삼각확률변수**라고 하고

$$X \sim \text{Tri}(a,\ b,\ m)$$

으로 나타내기로 한다. 삼각분포의 확률밀도함수는 그림 4.5와 같다.

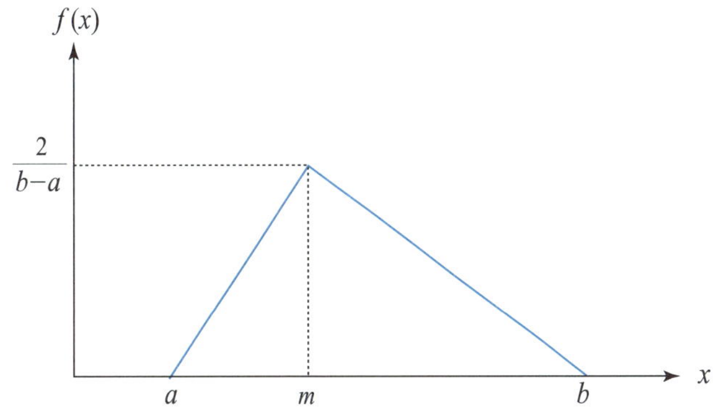

그림 4.5 삼각분포의 확률밀도함수의 그래프

삼각분포 $\text{Tri}(a,\ b,\ m)$를 따르는 확률변수는 자명하게 $[a,\ b]$에서 값을 갖고 확률밀도함수는 $x = m$에서 최댓값을 갖는다. 삼각분포는 어떤 확률실험을 설명하기 위한 확률변수가 취할 수 있는 최솟값과 최댓값, 가장 빈번하게 발생할 것으로 예상되는 값(최빈값)에 대한 정보만 알려진 경우에 이용될 수 있다.

삼각분포의 분포함수 $F(x)$는 다음과 같음을 쉽게 알 수 있다. $x \le a$에 대하여 $F(x) = 0$이고 $x \ge b$일 때 $F(x) = 1$이다. 또한 $a < x < b$에 대하여

$$F(x) = \begin{cases} \dfrac{(x-a)^2}{(b-a)(m-a)}, & a < x \le m \\ 1 - \dfrac{(b-x)^2}{(b-a)(b-m)}, & m \le x < b. \end{cases}$$

평균과 분산은 각각 다음과 같다.

$$E[X] = \frac{1}{3}(a+b+m),$$
$$\mathrm{Var}[X] = \frac{1}{18}(a^2+b^2+m^2-ab-am-bm)$$

4.2.3 정규분포

확률변수 X의 확률밀도함수가

$$f(x) = \frac{1}{\sqrt{2\pi}\,\sigma} e^{-\frac{(x-\mu)^2}{2\sigma^2}}, \quad -\infty < x < \infty$$

(단 $-\infty < \mu < \infty$, $\sigma > 0$)일 때 X를 모수가 $(\mu,\ \sigma^2)$인 **정규분포**(normal distribution)를 따르는 확률변수 또는 모수가 $(\mu,\ \sigma^2)$인 **정규확률변수**라고 하고

$$X \sim \mathrm{N}(\mu,\ \sigma^2)$$

로 나타낸다. 정규분포를 가우스분포(Gaussian distribution)라고 하기도 한다. 이 절의 생각해보기(또는 예제 3.10)로부터 $\int_{-\infty}^{\infty} f(x)dx = 1$이 됨을 쉽게 보일 수 있다. 그림 4.6은 정규분포의 확률밀도함수 $f(x)$의 그래프를 나타낸 것이다. 이 그림에서 알 수 있듯이 $f(x)$는 $x=\mu$에서 최댓값 $\frac{1}{\sqrt{2\pi}\,\sigma}$를 갖고 그 그래프는 직선 $x=\mu$에 대하여 대칭인 종 모양이다.

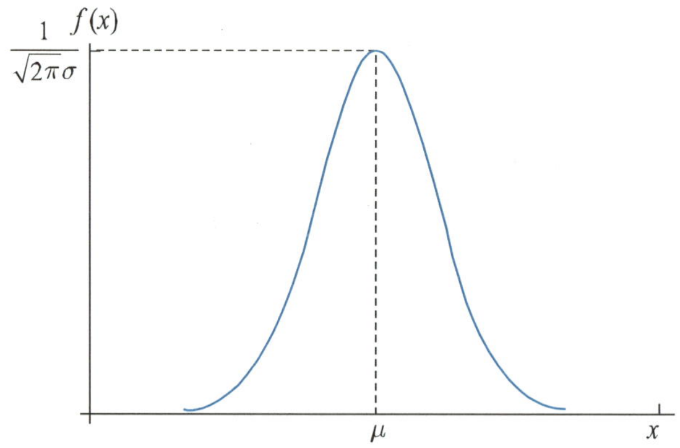

그림 4.6 정규확률밀도함수의 그래프

그림 4.7은 $\sigma_1^2 = \sigma_2^2$이고 $\mu_1 < \mu_2$일 때 $\mathrm{N}(\mu_1,\ \sigma_1^2)$과 $\mathrm{N}(\mu_2,\ \sigma_2^2)$의 확률밀도함수의 그래프를 나타낸 것이다. 그림에서 보는 바와 같이 μ는 그래프의 모양에는 영향을 미치

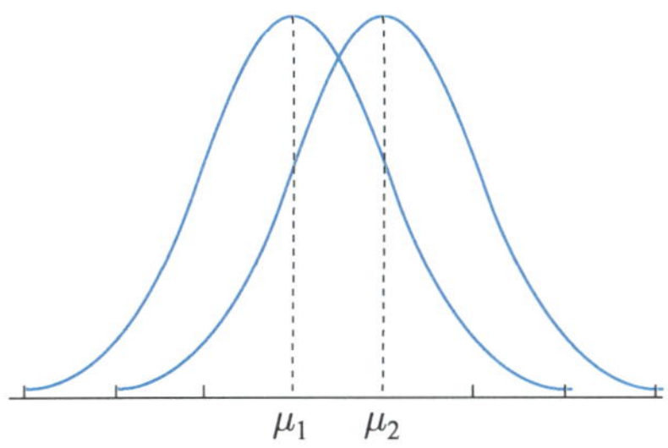

그림 4.7 $\sigma_1^2 = \sigma_2^2$이고 $\mu_1 < \mu_2$일 때 두 정규확률밀도함수의 그래프

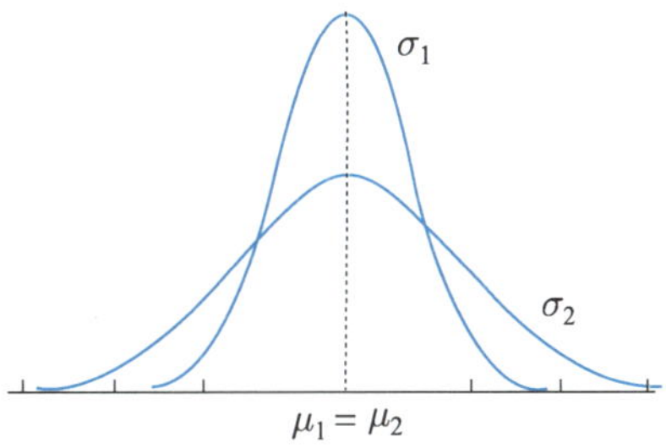

그림 4.8 $\mu_1 = \mu_2$, $\sigma_1^2 < \sigma_2^2$일 때 두 정규확률밀도함수의 그래프

지 않고 그래프의 대칭축의 위치에만 영향을 미치는 것을 알 수 있다. 따라서 μ를 정규분포의 위치모수(location parameter)라고 하기도 한다. 그림 4.8은 $\mu_1 = \mu_2$이고 $\sigma_1^2 < \sigma_2^2$일 때 $\mathrm{N}(\mu_1, \sigma_1^2)$과 $\mathrm{N}(\mu_2, \sigma_2^2)$의 확률밀도함수의 그래프를 나타낸 것이다. 그림 4.8은 σ^2커질수록 $f(x)$의 최댓값이 작아지며 그래프는 더 평평해지는 것을 보여준다.

정리 4.8 $X \sim \mathrm{N}(\mu, \sigma^2)$일 때, $Y = aX + b \sim \mathrm{N}(a\mu + b, a^2\sigma^2)$ $(a \neq 0)$이다.

증명 X와 Y의 분포함수를 각각 $F_X(x)$와 $F_Y(x)$라고 하자. $a > 0$일 때

$$F_Y(x) = P(aX + b \le x) = P\left(X \le \frac{x-b}{a}\right) = F_X\left(\frac{x-b}{a}\right)$$

이므로 Y의 확률밀도함수는

$$f_Y(x) = \frac{d}{dx}F_Y(x) = \frac{1}{a}F'_X\left(\frac{x-b}{a}\right) = \frac{1}{\sqrt{2\pi a^2\sigma^2}}\exp\left\{-\frac{[x-(a\mu+b)]^2}{2a^2\sigma^2}\right\}.$$

같은 방법으로 $a < 0$일 때,

$$f_Y(x) = \frac{1}{\sqrt{2\pi a^2\sigma^2}}\exp\left\{-\frac{[x-(a\mu+b)]^2}{2a^2\sigma^2}\right\}$$

을 보일 수 있다. 따라서 $Y \sim \mathrm{N}(a\mu + b, a^2\sigma^2)$이다. ✳

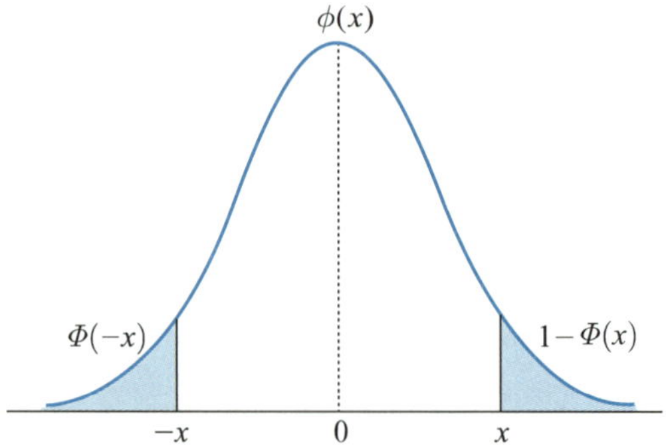

그림 4.9 $\Phi(-x)$와 $1-\Phi(x)$

정리 4.8로부터 $X \sim \mathrm{N}(\mu, \sigma^2)$일 때

$$Z = \frac{X-\mu}{\sigma} \sim \mathrm{N}(0, 1)$$

임을 알 수 있다. 이와 같이 모수가 $(0, 1)$인 정규분포를 **표준정규분포**(standard normal distribution)라고 한다. 앞으로 표준정규분포의 확률밀도함수를 $\phi(x)$, 분포함수를 $\Phi(x)$로 나타낸다. 즉,

$$\phi(x) = \frac{1}{\sqrt{2\pi}} e^{-x^2/2}, \ \Phi(x) = \frac{1}{\sqrt{2\pi}} \int_{-\infty}^{x} e^{-y^2/2} dy$$

$\phi(x) = \phi(-x)$이므로 $\phi(x)$는 y축에 대하여 대칭이다. 또한 $\int_{-\infty}^{\infty} \phi(x) dx = 1$이므로 $\Phi(0) = 0.5$이다. 한편

$$\frac{1}{\sqrt{2\pi}} \int_{-\infty}^{-x} e^{-y^2/2} dy = \frac{1}{\sqrt{2\pi}} \int_{x}^{\infty} e^{-t^2/2} dt$$

이므로 $\Phi(x)$는 다음을 만족한다(그림 4.9 참조).

$$\Phi(-x) = 1 - \Phi(x)$$

다음은 표준정규분포를 이용하여 $X \sim \mathrm{N}(\mu, \sigma^2)$에 대한 확률을 구하는 방법을 알아보자. X의 분포함수 $F_X(x)$는 $\Phi(x)$를 이용하여 다음과 같이 나타낼 수 있다.

$$\begin{aligned} F_X(x) &= P(X \le x) = P\left(\frac{X-\mu}{\sigma} \le \frac{x-\mu}{\sigma}\right) \\ &= P\left(Z \le \frac{x-\mu}{\sigma}\right) \end{aligned}$$

$$= \Phi\left(\frac{x-\mu}{\sigma}\right)$$

$x \geq 0$일 때 $\Phi(x)$의 값은 부록 B의 표준정규분포표를 이용하여 구할 수 있다.

예제 4.23 $X \sim \mathrm{N}(3,\ 4)$일 때 다음을 구하라.

(1) $P(2 < X < 5)$ (2) $P(|X-3| > 6)$

풀이 (1)
$$\begin{aligned} P(2 < X < 5) &= P\left(\frac{2-3}{2} < \frac{X-3}{2} < \frac{5-3}{2}\right) \\ &= P\left(-\frac{1}{2} < Z < 1\right) \\ &= \Phi(1) - \Phi\left(-\frac{1}{2}\right) \\ &= \Phi(1) - \left[1 - \Phi\left(\frac{1}{2}\right)\right] \\ &\approx 0.5328 \end{aligned}$$

(2)
$$\begin{aligned} P(|X-3| > 6) &= P(X > 9) + P(X < -3) \\ &= P\left(\frac{X-3}{2} > \frac{9-3}{2}\right) + P\left(\frac{X-3}{2} < \frac{-3-3}{2}\right) \\ &= P(Z > 3) + P(Z < -3) \\ &= 1 - \Phi(3) + \Phi(-3) \\ &= 2[1 - \Phi(3)] \\ &\approx 0.0026 \end{aligned}$$

✤

이제 $X \sim \mathrm{N}(\mu,\ \sigma^2)$의 기댓값과 분산, 적률생성함수를 구해보자. 먼저 $Z \sim \mathrm{N}(0,\ 1)$에 대하여 살펴보자.

$g(x) = xe^{-\frac{x^2}{2}}$는 홀함수(odd function) ($g(-x) = -g(x)$)이므로

$$E[Z] = \frac{1}{\sqrt{2\pi}} \int_{-\infty}^{\infty} xe^{-\frac{x^2}{2}}\, dx = 0$$

이다. 따라서 $\mathrm{Var}[Z] = E[Z^2]$이고 부분적분법을 사용하면 다음을 알 수 있다.

$$\begin{aligned} \mathrm{Var}[Z] &= \frac{1}{\sqrt{2\pi}} \int_{-\infty}^{\infty} x^2 e^{-\frac{x^2}{2}}\, dx \\ &= \frac{1}{\sqrt{2\pi}} \left(-xe^{-\frac{x^2}{2}} \Big|_{-\infty}^{\infty} + \int_{-\infty}^{\infty} e^{-\frac{x^2}{2}}\, dx \right) = 1 \end{aligned}$$

또한 $Z \sim \mathrm{N}(0,\ 1)$의 적률생성함수는 다음과 같다.

$$\begin{aligned} M_Z(t) &= \frac{1}{\sqrt{2\pi}} \int_{-\infty}^{\infty} e^{tx} e^{-x^2/2} dx \\ &= \frac{1}{\sqrt{2\pi}} \int_{-\infty}^{\infty} \exp\left\{-\frac{(x-t)^2}{2} + \frac{t^2}{2}\right\} dx \\ &= e^{t^2/2} \frac{1}{\sqrt{2\pi}} \int_{-\infty}^{\infty} e^{-(x-t)^2/2} dx \\ &= e^{t^2/2} \end{aligned}$$

정리 4.8에 의하여 $X = \mu + \sigma Z \sim \mathrm{N}(\mu,\ \sigma^2)$이므로

$$E[X] = \mu + \sigma E[Z] = \mu$$
$$\mathrm{Var}[X] = \sigma^2 \mathrm{Var}[Z] = \sigma^2$$

이고 X의 적률생성함수는

$$M(t) = e^{t\mu} E[e^{t\sigma Z}] = \exp\left(\mu t + \frac{\sigma^2 t^2}{2}\right)$$

이다.

예제 4.24 $X \sim \mathrm{N}(\mu,\ \sigma^2)$일 때, 적률생성함수를 이용하여 $E[X] = \mu$, $\mathrm{Var}[X] = \sigma^2$임을 보여라.

풀이 적률생성함수를 미분하면 다음과 같다.

$$M'(t) = (\mu + t\sigma^2)\exp\left(\mu t + \frac{\sigma^2 t^2}{2}\right)$$
$$M''(t) = (\mu + t\sigma^2)^2 \exp\left(\mu t + \frac{\sigma^2 t^2}{2}\right) + \sigma^2 \exp\left(\mu t + \frac{\sigma^2 t^2}{2}\right)$$

따라서

$$\begin{aligned} E[X] &= M'_X(0) = \mu, \\ E[X^2] &= M''_X(0) = \mu^2 + \sigma^2, \\ \mathrm{Var}[X] &= E[X^2] - (E[X])^2 = \sigma^2. \end{aligned}$$ ✤

예제 4.25 $Z \sim \mathrm{N}(0,\ 1)$의 n차 적률 $E[Z^n]$을 구하라.

풀이 적률생성함수의 정의와 $e^x = \sum_{n=0}^{\infty} \frac{x^n}{n!}$ 를 이용하면

$$\begin{aligned} M_Z(t) &= E[e^{tZ}] = \sum_{n=0}^{\infty} \frac{E[Z^n]}{n!} t^n \\ &= \sum_{k=0}^{\infty} \left(\frac{E[Z^{2k+1}]}{(2k+1)!} t^{2k+1} + \frac{E[Z^{2k}]}{(2k)!} t^{2k} \right) \end{aligned}$$

임을 알 수 있다. 한편

$$M_Z(t) = e^{t^2/2} = \sum_{k=0}^{\infty} \frac{1}{k!} \left(\frac{t^2}{2} \right)^k = \sum_{k=0}^{\infty} \frac{(2k)!}{2^k (k!)} \frac{1}{(2k)!} t^{2k}$$

이므로 위의 두 식에서 t^n 의 계수를 비교하면 다음을 얻는다.

$$\begin{aligned} &E[Z^{2k+1}] = 0, \ k = 0, \ 1, \ 2, \ \cdots \\ &E[Z^{2k}] = \frac{(2k)!}{2^k (k!)} = 1 \cdot 3 \cdot \ \cdots \ \cdot (2k-1), \ k = 1, \ 2, \ \cdots \end{aligned}$$

✤

이항분포의 정규근사 성공할 확률이 p 인 베르누이시행을 n 회 반복할 때, 성공한 횟수 X 는 이항분포 $\mathrm{B}(n, \ p)$ 를 따른다는 것을 이미 살펴보았다. 확률 $0 < p < 1$ 를 고정하고 반복횟수를 증가시키면 $X \sim \mathrm{B}(n, \ p)$ 의 분포는 정규분포에 가까워진다는 사실이 알려져 있다. 그림 4.10은 $p = 0.625$ 일 때, 여러 가지 n 에 대하여 $\mathrm{B}(n, \ p)$ 의 확률질량함수 $p_n(k) = P(X = k)$ 의 그래프를 직선으로 연결한 것이다. 그림에서 n 이 증가함에 따라 그래프의 모양이 좌우대칭인 종 모양에 가까워짐을 알 수 있다. 정리 4.9는 n 이 증가

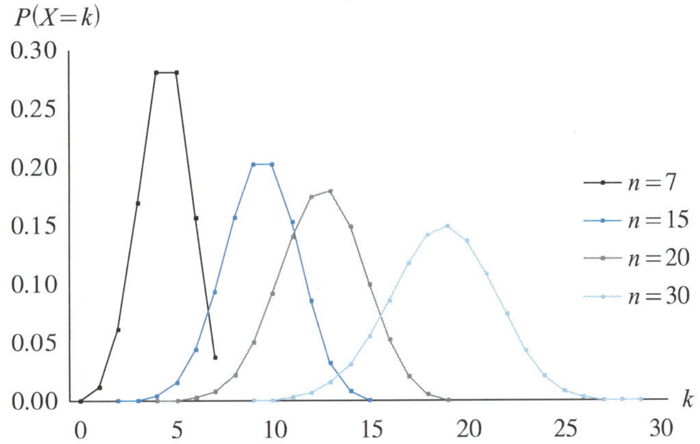

그림 4.10 이항분포 $\mathrm{B}(n, \ 0.625)$ 의 확률질량함수

함에 따라 $B(n,\ p)$의 분포는 정규분포에 수렴한다는 것을 의미한다.

정리 4.9 [이항분포의 정규근사] $X_n \sim B(n,\ p)$일 때, 임의의 실수 $a<b$에 대하여 다음이 성립한다.

$$\lim_{n\to\infty} P\left(a \le \frac{X_n - np}{\sqrt{np(1-p)}} \le b\right) = \Phi(b) - \Phi(a)$$

증명 제7장에서 일반적인 경우에 대한 증명을 하므로 여기서는 증명을 생략한다. ✵

드무아브르-라플라스(DeMoivre-Laplace)의 극한정리로 알려진 위의 정리는 제7장에서 다룰 중심극한 정리의 특수한 경우로서 1773년 드무아브르가 $p=\frac{1}{2}$인 경우를 증명하였으며, 1812년에 라플라스가 일반적인 $0<p<1$의 경우로 확장하였다.

예제 4.26 $X \sim B(n,\ p)$일 때, 모든 $0<p<1$에 대하여

$$P\left(\left|\frac{X}{n} - p\right| \le 0.05\right) \ge 0.95$$

를 만족하기 위한 n값의 범위를 이항분포의 정규근사법을 이용하여 구하라.

풀이 $P\left(\left|\dfrac{X}{n} - p\right| \le 0.05\right)$

$$= P\left(-0.05\sqrt{\frac{n}{p(1-p)}} \le \frac{X-np}{\sqrt{np(1-p)}} \le 0.05\sqrt{\frac{n}{p(1-p)}}\right)$$

$$\approx 2\Phi\left(0.05\sqrt{\frac{n}{p(1-p)}}\right) - 1 \ge 0.95$$

그러므로

$$\Phi\left(0.05\sqrt{\frac{n}{p(1-p)}}\right) \ge 0.975.$$

한편 $\Phi(1.96) = 0.975$이므로

$$0.05\sqrt{\frac{n}{p(1-p)}} \ge 1.96 \quad \text{즉,} \quad n \ge \left(\frac{1.96}{0.05}\right)^2 p(1-p)$$

이어야 한다. $p(1-p)$는 $p=0.5$일 때 최댓값 0.25를 가지므로 n은 다음을 만족해야 한다.

$$n \geq \left(\frac{1.96}{0.05}\right)^2 0.25 = 384.16$$

✤

정리 4.9에 의하여 $X \sim \mathrm{B}(n,\ p)$일 때, 충분히 큰 n에 대하여 X의 분포는 다음과 같이 정규분포 $\mathrm{N}(np,\ np(1-p))$로 근사할 수 있다.

$$\begin{aligned} P(a \leq X \leq b) &= P\left(\frac{a-np}{\sqrt{np(1-p)}} \leq \frac{X-np}{\sqrt{np(1-p)}} \leq \frac{b-np}{\sqrt{np(1-p)}}\right) \\ &\approx \Phi\left(\frac{b-np}{\sqrt{np(1-p)}}\right) - \Phi\left(\frac{a-np}{\sqrt{np(1-p)}}\right) \end{aligned}$$

그러나 X는 이산확률변수이고 정규분포는 연속확률변수이므로 근사의 정밀도를 높이기 위하여 다음과 같이 연속성보정을 행한다.

$$\begin{aligned} P(a \leq X \leq b) &= P\left(\frac{a-0.5-np}{\sqrt{np(1-p)}} < \frac{X-np}{\sqrt{np(1-p)}} < \frac{b+0.5-np}{\sqrt{np(1-p)}}\right) \\ &\approx \Phi\left(\frac{b+0.5-np}{\sqrt{np(1-p)}}\right) - \Phi\left(\frac{a-0.5-np}{\sqrt{np(1-p)}}\right) \end{aligned}$$

다음 표 4.3은 $X \sim \mathrm{B}(n,\ 0.4)$일 때 확률 $P(a \leq x \leq b)$를 $Y \sim \mathrm{N}(0.4n,\ 0.24n)$으로 근사할 때, 연속성 보정을 하지 않은 근삿값 $P(a \leq Y \leq b)$와 보정을 한 근삿값 $P(a-0.5 < Y < b+0.5)$을 비교한 것이다. 이 표로부터 연속성보정을 한 것의 정밀도가 보정을 하지 않은 것보다 매우 높은 것을 알 수 있다.

n	np	a	b	$P(a \leq X \leq b)$	보정전 근삿값	보정후 근삿값
15	6	5	7	0.5696	0.4038	0.5704
		3	5	0.3761	0.2410	0.3645
200	80	72	88	0.7803	0.7498	0.7814
		60	72	0.1380	0.1232	0.1385

표 4.3 이항분포의 정규근사

예제 4.27 정규분포를 이용하여 1000명의 신생아 중에서 아들이 490명에서 510명 사이에 있을 확률의 근삿값을 구하라. 단 아들이 태어날 확률은 0.5라 하자.

풀이 아들의 수를 X라고 하면 $X \sim \mathrm{B}(1000,\ 0.5)$이다. 따라서 $E[X]=500$, $\mathrm{Var}[X]=250$이므로 정규분포 $\mathrm{N}(500,\ 250)$을 이용하여 근사한다. 연속성보정을 한 후 확률의 근삿값을 구하면 다음과 같다.

$$\begin{aligned} P(490 \le X \le 510) &= P\left(\frac{490-0.5-500}{\sqrt{250}} < \frac{X-500}{\sqrt{250}} < \frac{510+0.5-500}{\sqrt{250}}\right) \\ &\approx \Phi\left(\frac{2.1}{\sqrt{10}}\right) - \Phi\left(-\frac{2.1}{\sqrt{10}}\right) \\ &= 2\Phi\left(\frac{2.1}{\sqrt{10}}\right) - 1 \\ &\approx 2 \cdot (0.7454) - 1 = 0.4908 \end{aligned}$$

✤

참고

큰 n에 대하여 이항분포 $\mathrm{B}(n,\ p)$를 근사할 때 정규분포 $\mathrm{N}(np,\ np(1-p))$를 이용하는 경우와 푸아송분포 $\mathrm{Poi}(np)$를 이용하는 경우에 대하여 살펴보았다. 아래의 표 4.4와 표 4.5는 각각 $X \sim \mathrm{B}(50,\ 0.4)$와 $X \sim \mathrm{B}(50,\ 0.04)$의 확률질량함수를 $E[X]$ 근방에서 정규분포와 푸아송분포를 이용하여 근사한 결과를 나타낸 것이다.

k	18	19	20	21	22	23
$P(X=k)$	0.0987	0.1109	0.1146	0.1091	0.0959	0.0778
$\mathrm{N}(20,\ 12)$	0.0978	0.1107	0.1114	0.1107	0.0978	0.0796
$\mathrm{Poi}(20)$	0.0844	0.0888	0.0888	0.0846	0.0769	0.0669

표 4.4 이항분포 $X \sim \mathrm{B}(50,\ 0.4)$의 근사방법 비교

k	1	2	3	4	5	6
$P(X=k)$	0.2706	0.2762	0.1842	0.0902	0.0346	0.0108
$\mathrm{N}(2,\ 1.92)$	0.2193	0.2812	0.2193	0.1040	0.0297	0.0052
$\mathrm{Poi}(2)$	0.2707	0.2707	0.1804	0.0902	0.0361	0.0120

표 4.5 이항분포 $X \sim \mathrm{B}(50,\ 0.04)$의 근사방법 비교

위의 표로부터 n이 크지만 p가 작아서 np와 $np(1-p)$의 값이 거의 같을 때는 정규분포 보다는 푸아송분포를 이용하는 것이 더 정확한 근삿값을 제공하며, np와 $n(1-p)$의 값이 클 때는 정규분포로 근사하는 것이 더 좋은 근삿값을 제공한다는 것을 알 수 있다.

4.2.4 로그정규분포

$Y \sim \mathrm{N}(\mu,\ \sigma^2)$일 때, 확률변수 $X = e^Y$는 모수가 $(\mu,\ \sigma^2)$인 **로그정규분포(lognormal distribution)**를 따른다고 하고 기호로는

$$X \sim \mathrm{LN}(\mu,\ \sigma^2)$$

로 나타내기로 한다. 정의로부터 X는 $(0,\ \infty)$에서 값을 취하는 확률변수임을 알 수 있다. X와 Y의 분포함수를 각각 $F_X(x)$와 $F_Y(x)$라고 하면,

$$F_X(x) = P(X \le x) = P(e^Y \le x) = P(Y \le \log x) = F_Y(\log x)$$

이므로 X의 확률밀도함수는 다음과 같다.

$$\begin{aligned} f_X(x) &= \frac{d}{dx} F_Y(\log x) = \frac{1}{x} f_Y(\log x) \\ &= \frac{1}{\sqrt{2\pi}\,\sigma x} \exp\left(-\frac{(\log x - \mu)^2}{2\sigma^2} \right),\ x > 0. \end{aligned}$$

그림 4.11은 $\mu = 0$일 때, $f_X(x)$의 그래프를 나타낸 것이다. 그림 4.11로부터 σ^2이 클수록 로그정규분포의 확률밀도함수의 그래프는 왼쪽으로 치우침의 정도가 심해지고 $x \to \infty$할 때 $f(x)$의 값이 매우 천천히 0에 가까이 가는 것을 알 수 있다. 따라서 콜센터 등에서의 상담시간, 보험회사의 보험금 지급액 등과 같이 $x = 0$ 근방의 값을 취할 확률이 크지만 매우 큰 값을 가질 경우도 종종 나타나는 현상을 모형화하는데 $\sigma^2 > 1$인 로그정규분포가 이용되기도 한다.

$Y \sim \mathrm{N}(\mu,\ \sigma^2)$이므로 $X = e^Y \sim \mathrm{LN}(\mu,\ \sigma^2)$의 k차 적률은 다음과 같이 Y의 적률생

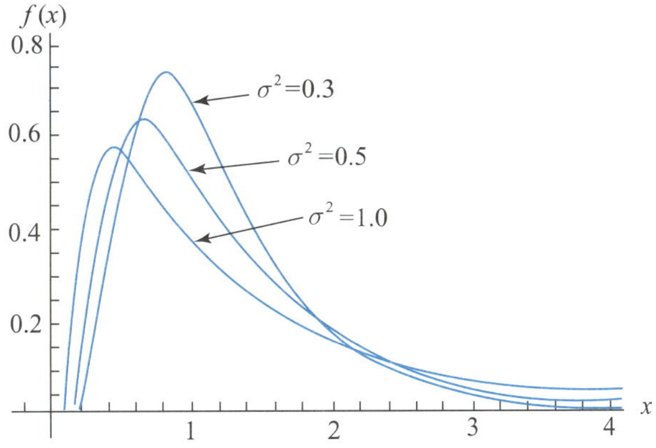

| 그림 4.11 | 로그정규분포의 확률밀도함수($\mu = 0$)

성함수 $M_Y(k)$로 나타난다.

$$E[X^k] = E[e^{kY}] = M_Y(k) = \exp\left(k\mu + \frac{\sigma^2 k^2}{2}\right)$$

따라서 X의 평균과 분산은 각각 다음과 같다.

$$E[X] = \exp\left(\mu + \frac{\sigma^2}{2}\right),$$

$$\mathrm{Var}[X] = \exp(2\mu + \sigma^2)(e^{\sigma^2} - 1)$$

또한 X의 변동계수의 제곱 C^2은 다음과 같다.

$$C^2 = \frac{\mathrm{Var}[X]}{(E[X])^2} = e^{\sigma^2} - 1$$

4.2.5 지수분포

확률변수 X의 확률밀도함수가

$$f(x) = \begin{cases} \lambda e^{-\lambda x}, & x \geq 0 \\ 0, & \text{그 밖에} \end{cases}$$

일 때 X를 모수가 $\lambda(\lambda > 0)$인 **지수분포**(exponential distribution)를 따르는 확률변수 또는 **지수확률변수**라고 하고

$$X \sim \mathrm{Exp}(\lambda)$$

와 같이 나타내기로 한다. 그림 4.12는 지수분포의 확률밀도함수의 그래프를 나타낸 것이다. 그림으로부터 λ의 값이 작아짐에 따라 확률밀도함수의 그래프가 평평해짐을 알 수 있다. 즉, λ는 분포의 퍼짐의 정도에 영향을 미치므로 λ를 지수분포의 척도모수(scale parameter)라고 하기도 한다. 실제 $X \sim \mathrm{Exp}(1)$일 때 $Y = \frac{1}{\lambda}X \sim \mathrm{Exp}(\lambda)$임을 보일 수 있다. 이와 같은 특성을 가지는 모수가 척도모수이다. 지수분포의 분포함수는 다음과 같다.

$$F(x) = \int_0^x \lambda e^{-\lambda t} dt = 1 - e^{-\lambda x}, \ x \geq 0$$

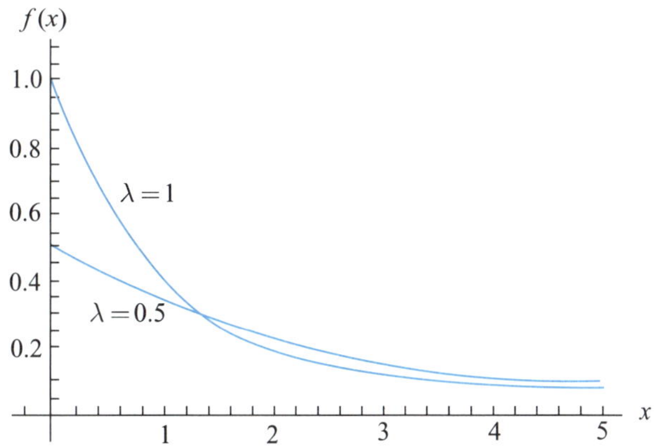

그림 4.12 지수분포의 확률밀도함수

예제 4.28 전화 한 통화의 통화시간(단위: 분)은 모수가 $\lambda = \frac{1}{3}$인 지수분포를 따른다고 하자. 방금 통화를 시작한 사람이 10분 이상 전화를 할 확률은 얼마인가?

풀이 X를 통화시간이라 하면 $X \sim \mathrm{Exp}\left(\frac{1}{3}\right)$이므로 10분 이상 통화할 확률은 다음과 같다.

$$P(X > 10) = 1 - F(10) = e^{-10/3} \approx 0.035$$ ✤

$X \sim \mathrm{Exp}(\lambda)$일 때, X의 적률생성함수는 다음과 같다.

$$M(t) = E[e^{tX}] = \int_0^\infty e^{tx} \lambda e^{-\lambda x} dx = \frac{\lambda}{\lambda - t}, \ t < \lambda.$$

한편 $|t| < \lambda$일 때,

$$M(t) = \frac{1}{1 - \frac{t}{\lambda}} = \sum_{n=0}^\infty \left(\frac{t}{\lambda}\right)^n$$

$$= \sum_{n=0}^\infty \frac{n!}{\lambda^n} \frac{t^n}{n!}$$

이고 $\frac{t^n}{n!}$의 계수가 $E[X^n]$이므로

$$E[X^n] = \frac{n!}{\lambda^n}, \ n = 0, 1, 2, \cdots$$

따라서

$$E[X] = \frac{1}{\lambda},$$

$$\mathrm{Var}[X] = E[X^2] - (E[X])^2 = \frac{2}{\lambda^2} - \frac{1}{\lambda^2} = \frac{1}{\lambda^2}.$$

지수분포의 변동계수의 제곱은 모수 λ에 관계없이 $C^2 = 1$임을 알 수 있다.

정리 4.10 [지수분포의 무기억성] 양의 연속인 확률변수 X가 지수확률변수일 필요충분조건은

$$P(X > s+t \mid X > t) = P(X > s),\ s,\ t \geq 0 \tag{4.8}$$

이다.

증명 $X \sim \mathrm{Exp}(\lambda)$라고 하면

$$P(X > s+t \mid X > t) = \frac{P(X > s+t,\ X > t)}{P(X > t)} = \frac{P(X > s+t)}{P(X > t)}$$
$$= \frac{e^{-\lambda(s+t)}}{e^{-\lambda t}} = e^{-\lambda s} = P(X > s)$$

이 되어 (4.8)이 증명된다.

역으로 양의 연속인 확률변수 X가 (4.8)을 만족한다고 가정하자.

$$P(X > s+t \mid X > t) = \frac{P(X > s+t,\ X > t)}{P(X > t)} = \frac{P(X > s+t)}{P(X > t)}$$

이므로 (4.8)은 다음과 동치이다.

$$P(X > s+t) = P(X > s)P(X > t),\ s,\ t \geq 0 \tag{4.9}$$

$G(t) = 1 - F(t) = P(X > t)$라 두면 적당한 $\lambda > 0$에 대하여 $G(t) = e^{-\lambda t}$을 보이면 충분하다.

명백하게 $0 \leq G(t) \leq 1$, $G(0) = 1$이고 $F(t)$가 우연속이므로 $G(t)$도 우연속이다. 또한 (4.9)로부터

$$G(s+t) = G(s)G(t)$$

임을 알 수 있다. 한편

$$G(1) = G\left(\frac{n}{n}\right) = G\left(\overbrace{\frac{1}{n} + \frac{1}{n} + \cdots + \frac{1}{n}}^{n\text{개}}\right) = \left[G\left(\frac{1}{n}\right)\right]^n$$

이므로 다음이 성립한다.

$$G\left(\frac{1}{n}\right) = [\,G(1)\,]^{\frac{1}{n}}$$

따라서 유리수 $\frac{m}{n}$(m, n은 양의 정수)에 대하여

$$G\left(\frac{m}{n}\right) = G\left(\overbrace{\frac{1}{n} + \frac{1}{n} + \cdots + \frac{1}{n}}^{m\text{개}}\right) = \left[G\left(\frac{1}{n}\right)\right]^m = [\,G(1)\,]^{\frac{m}{n}}.$$

$\{t_n\}$을 감소하면서 $\lim_{n\to\infty} t_n = t$이 되는 유리수열이라 하면, $G(t)$는 우연속이므로 다음을 얻는다.

$$G(t) = \lim_{n\to\infty} G(t_n) = \lim_{n\to\infty} [G(1)]^{t_n} = [G(1)]^t$$

또한 $G(0) = 1$이고 $G(t)$가 우연속이므로

$$\lim_{n\to\infty} [G(1)]^{\frac{1}{n}} = \lim_{n\to\infty} G\left(\frac{1}{n}\right) = 1$$

이다. 따라서 $G(1) > 0$이다. 한편

$$\lim_{n\to\infty} [G(1)]^n = \lim_{n\to\infty} P(X > n) = 0$$

이므로 $G(1) < 1$이다. 따라서 $\lambda = -\log[G(1)]$로 두면 $0 < \lambda < \infty$이고 $G(t)$를 다음과 같이 쓸 수 있다.

$$G(t) = e^{-\lambda t}$$

따라서 X는 모수가 $\lambda = -\log(P(X > 1))$인 지수분포를 따른다. ✺

정리 4.10은 다음과 같이 해석할 수 있다. X가 어떤 부품의 수명을 나타낸다고 하자. 그러면 식 (4.8)의 좌변은 t시간 동안 작동했다는 가정하에서 앞으로 s시간 이상 더 작

동할 조건부확률을 의미하고 우변은 새 제품이 s시간 이상 작동할 확률을 의미한다. 따라서 (4.8)은 t시간 동안 작동한 부품의 잔여수명은 원래 부품의 수명과 같은 분포라는 것을 의미한다. 이러한 이유로 확률변수 X가 식 (4.8)을 만족할 때 X는 **무기억성**(memoryless property)을 갖는다고 한다. 정리 4.10은 양의 연속인 확률변수 중 오직 지수확률변수만 무기억성을 갖는다는 것을 보여준다. 지수분포는 방사능물질의 감쇄기간이나 전화통화시간, 어떤 사건의 발생시간 등과 같은 현상을 모형화하는데 자주 이용된다. 또한 지수분포의 무기억성은 수학적 분석을 용이하게 해주므로 위에 언급한 현상 이외에 실생활에서 나타나는 현상들을 모형화하는데 많이 이용되고 있다.

예제 4.29 어느 지점에 두 대의 공중전화가 설치되어 있다고 하자. A가 전화를 걸기 위하여 그 지점에 도착했을 때, 두 대의 공중전화는 B와 C가 사용하고 있었다. 만약 통화시간이 모수가 λ인 지수분포를 따른다면 3명의 고객 중 A가 마지막으로 통화를 마칠 확률은 얼마인가?

풀이 B와 C 중 한 사람이 통화를 마치면 A는 통화를 시작할 수 있다. 그러면 남아 있는 사람(B 또는C)이 통화를 마치는 데 필요한 시간은 지수 분포의 무기억성에 의하여 모수가 λ인 지수분포를 따른다. 즉 A가 통화를 마치는 데 필요한 시간과 같은 분포를 따른다. 따라서 A가 마지막으로 통화를 마칠 확률은 $\frac{1}{2}$이다. ✤

예제 4.30 어떤 전자제품의 수명(단위: 년)이 모수가 $\lambda = \frac{1}{10}$인 지수분포를 따른다고 하자. 어떤 사람이 중고 전자제품을 구입했다면 앞으로 8년 이상 더 사용할 확률은 얼마인가?

풀이 X를 새 전자제품의 수명이라 하자. 지수 분포의 무기억성에 의하여 중고품의 잔여수명은 새 제품의 잔여수명과 같은 분포를 따른다. 따라서 구하는 확률은

$$P(X > 8) = \int_8^\infty \frac{1}{10} e^{-x/10} dx = e^{-0.8}.$$

✤

기하분포와 지수분포 앞에서 무기억성을 가지며 $\{1, 2, \cdots\}$에서 값을 갖는 확률변수는 기하분포를 따르고 $(0, \infty)$에서 값을 갖는 연속확률변수는 지수분포를 따른다는 것을 살펴보았다. 기하분포와 지수분포의 관계를 살펴보기 위하여 고정된 $t > 0$에 대하여 길이가 $\frac{t}{n}$인 각 구간 $\left(\frac{kt}{n}, \frac{(k+1)t}{n}\right)$, $n = 0, 1, 2, \cdots$에서 어떤 실험을 독립적으로 수행할 때 특정한 사건이 발생할 확률은 $p_n = \frac{\lambda t}{n}$($\lambda > 0$은 고정된 상수)와 같이 구간의

길이에 비례한다고 하자. T_n을 특정한 사건이 발생할 때까지 시행한 횟수라 하면 $T_n \sim \text{Geo}\left(\frac{\lambda t}{n}\right)$임을 알 수 있다. 한편 $n \to \infty$일 때, 특정한 사건이 발생하는데 걸리는 시간을 T라 하자. 그러면

$$P(T > t) = \lim_{n\to\infty} P(T_n > n) = \lim_{n\to\infty}\left(1 - \frac{\lambda t}{n}\right)^n = e^{-\lambda t}$$

이 되어 $T \sim \text{Exp}(\lambda)$임을 알 수 있다.

4.2.6 감마분포

감마분포를 정의하기 전에 **감마함수**(gamma function) $\Gamma(t)$에 대하여 간단히 살펴보자. 감마함수는 다음과 같이 정의한다.

$$\Gamma(\alpha) = \int_0^\infty e^{-x} x^{\alpha-1} dx$$

부분적분법을 이용하여 $\Gamma(\alpha)$를 다시 정리하면 다음을 얻는다.

$$\begin{aligned}\Gamma(\alpha) &= \int_0^\infty e^{-x} x^{\alpha-1} dx \\ &= -x^{\alpha-1}e^{-x}\Big|_0^\infty + (\alpha-1)\int_0^\infty e^{-x}x^{\alpha-2}dx \\ &= (\alpha-1)\Gamma(\alpha-1),\ \alpha > 1\end{aligned}$$

$\Gamma(1) = \int_0^\infty e^{-x}dx = 1$이므로 n이 양의 정수일 때

$$\begin{aligned}\Gamma(n) &= (n-1)\Gamma(n-1) \\ &\ \vdots \\ &= (n-1)(n-2)\cdots 2 \cdot 1 \cdot \Gamma(1) \\ &= (n-1)!.\end{aligned}$$

또한

$$\begin{aligned}\Gamma\left(\frac{1}{2}\right) &= \int_0^\infty e^{-x}x^{-1/2}dx \\ &= 2\int_0^\infty e^{-y^2}dy\ \left(y = x^{\frac{1}{2}}\text{로 치환}\right) \\ &= \sqrt{\pi}.\end{aligned}$$

확률변수 X의 확률밀도함수가

$$f(x)=\begin{cases}\lambda e^{-\lambda x}\dfrac{(\lambda x)^{\alpha-1}}{\Gamma(\alpha)}, & x\ge 0\\ 0, & \text{그 밖에}\end{cases}$$

일 때 X를 모수가 $(\alpha,\ \lambda)$인 **감마분포(gamma distribution)**를 따르는 확률변수 또는 수가 $(\alpha,\ \lambda)$인 **감마확률변수**라고 하고

$$X\sim \mathrm{Gam}(\alpha,\ \lambda)$$

로 나타내기로 한다.

그림 4.13는 $\lambda=1$일 때, α의 값이 변함에 따라 감마분포의 확률밀도함수의 그래프를 나타낸 것이다. 그림으로부터 $f(x)$는 $\alpha\le 1$일 때, $x=0$에서 최댓값을 갖는 감소함수이나 $\alpha>1$일 때 $f(x)$는 $0<x\le m=\dfrac{\alpha-1}{\lambda}$에서 증가하다가 $x=m$일 때 최댓값을 갖고 $x\ge m$일 때 감소하는 것을 알 수 있다. 이와 같이 α는 확률밀도함수의 형태에 영향을 미치므로 모수 α를 형태모수(shape parameter)라고 하기도 한다. $Y\sim\mathrm{Gam}(\alpha,\ 1)$일 때 $X=\dfrac{Y}{\lambda}\sim\mathrm{Gam}(\alpha,\ \lambda)$임을 쉽게 보일 수 있다. 따라서 λ를 감마분포의 척도모수라고 부르기도 한다.

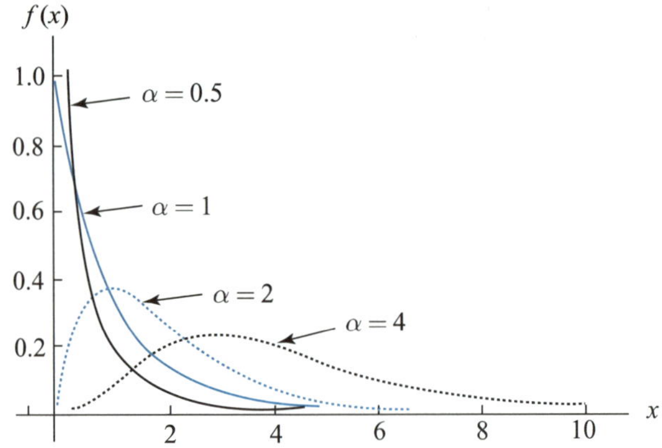

그림 4.13 감마분포 $\mathrm{Gam}(\alpha,\ 1)$의 확률밀도함수

참고

감마분포는 특별한 모수에 대하여 다음과 같이 불리기도 한다.

(1) $X\sim\mathrm{Gam}(1,\ \lambda)$의 확률밀도함수는 $f(x)=\lambda e^{-\lambda x}$가 되며, 이것은 $\mathrm{Exp}(\lambda)$의 확률밀도함수이다. $\mathrm{Gam}(1,\ \lambda)$는 지수분포 $\mathrm{Exp}(\lambda)$이다.

(2) $X \sim \text{Gam}\left(\frac{n}{2}, \frac{1}{2}\right)$인 X의 분포를 자유도(degree of freedom)가 n인 **카이제곱분포**(chi-square distribution)라고 하며 $\chi^2(n)$으로 나타내기로 한다.[4] $\chi^2(n)$의 확률밀도함수는 다음과 같다.

$$f(x) = \frac{1}{2}e^{-x/2}\frac{\left(\frac{x}{2}\right)^{\frac{n}{2}-1}}{\Gamma\left(\frac{n}{2}\right)}, \ x \ge 0.$$

(3) n이 양의 정수일 때 $\text{Gam}(n, \lambda)$를 **얼랑-n 분포**(Erlang-n distribution)라고 하며 기호로 $\text{Er}(n, \lambda)$ 또는 $\text{E}_n(\lambda)$와 같이 나타내기도 한다. 얼랑-n 분포의 확률밀도함수는 다음과 같다.

$$f(x) = \lambda e^{-\lambda x}\frac{(\lambda x)^{n-1}}{(n-1)!}, \ x \ge 0.$$

$X \sim \text{Gam}(\alpha, \lambda)$일 때, X의 k차 적률은 다음과 같다.

$$\begin{aligned} E[X^k] &= \frac{1}{\Gamma(\alpha)}\int_0^\infty x^k \lambda e^{-\lambda x}(\lambda x)^{\alpha-1}dx \\ &= \frac{1}{\lambda^k}\frac{1}{\Gamma(\alpha)}\int_0^\infty y^{k+\alpha-1}e^{-y}dy \ (y = \lambda x\text{로 변수변환}) \\ &= \frac{1}{\lambda^k}\frac{\Gamma(\alpha+k)}{\Gamma(\alpha)} \\ &= \frac{1}{\lambda^k}\frac{(\alpha+k-1)(\alpha+k-2)\cdots\alpha\Gamma(\alpha)}{\Gamma(\alpha)} \\ &= \frac{\alpha(\alpha+1)\cdots(\alpha+k-1)}{\lambda^k} \end{aligned}$$

따라서 위 식에서 $k=1$, $k=2$를 대입하면 다음을 얻는다.

$$E[X] = \frac{\alpha}{\lambda}, \ E[X^2] = \frac{\alpha(\alpha+1)}{\lambda^2},$$

$$\text{Var}[X] = \frac{\alpha(\alpha+1)}{\lambda^2} - \left(\frac{\alpha}{\lambda}\right)^2 = \frac{\alpha}{\lambda^2}$$

감마분포의 변동계수의 제곱은

4) χ는 그리스문자로 카이(chi)라고 읽는다.

$$C^2 = \frac{1}{\alpha}$$

가 되어 모수 λ에는 영향을 받지 않음을 알 수 있다.

감마분포의 적률생성함수는 다음과 같다.

$$\begin{aligned} M(t) &= E[e^{tX}] \\ &= \frac{1}{\Gamma(\alpha)} \int_0^\infty e^{tx} \lambda e^{-\lambda x} (\lambda x)^{\alpha - 1} dx \\ &= \frac{1}{\Gamma(\alpha)} \int_0^\infty (\lambda x)^{\alpha - 1} e^{-(\lambda - t)x} \lambda dx \\ &= \left(\frac{\lambda}{\lambda - t} \right)^\alpha \frac{1}{\Gamma(\alpha)} \int_0^\infty y^{\alpha - 1} e^{-y} dy \\ &= \left(\frac{\lambda}{\lambda - t} \right)^\alpha, \ t < \lambda \end{aligned}$$

정리 4.11 $X \sim \mathrm{N}(0,\ 1)$일 때 $X^2 \sim \mathrm{Gam}\left(\frac{1}{2},\ \frac{1}{2}\right) = \chi^2(1)$이다.

증명 X^2의 적률생성함수는 다음과 같다.

$$\begin{aligned} M_{X^2}(t) &= \int_{-\infty}^\infty e^{tx^2} \frac{1}{\sqrt{2\pi}} e^{-\frac{x^2}{2}} dx \\ &= (1 - 2t)^{-\frac{1}{2}} \int_{-\infty}^\infty \frac{1}{\sqrt{2\pi(1-2t)^{-1}}} e^{-\frac{x^2}{2(1-2t)^{-1}}} dx \\ &= (1 - 2t)^{-\frac{1}{2}}, \ t < \frac{1}{2} \end{aligned}$$

$M_{X^2}(t)$가 $\mathrm{Gam}\left(\frac{1}{2},\ \frac{1}{2}\right) = \chi^2(1)$의 적률생성함수와 같으므로 적률생성함수의 유일성에 의하여 $X^2 \sim \chi^2(1)$이다. 참고로 위의 세번째 등식에서

$$g(x) = \frac{1}{\sqrt{2\pi(1-2t)^{-1}}} e^{-\frac{x^2}{2(1-2t)^{-1}}}$$

가 $\mathrm{N}(0,\ (1-2t)^{-1})$의 확률밀도함수라는 사실을 이용하였다. ✺

4.2.7* 와이블분포

확률변수 X의 확률밀도함수가

$$f(x) = \begin{cases} \alpha\lambda(\lambda x)^{\alpha-1}\exp[-(\lambda x)^{\alpha}], & x \ge 0 \\ 0, & \text{그 밖에} \end{cases}$$

일 때 X를 모수가 (α, λ)인 **와이블분포(Weibull distribution)**를 따르는 확률변수 또는 모수가 (α, λ)인 **와이블확률변수**라고 하고

$$X \sim \text{Weib}(\alpha, \lambda)$$

로 나타내기로 한다. 특별한 경우로서 $\alpha = 1$일 때, 와이블분포 Weib$(1, \lambda)$는 지수분포 Exp(λ)와 같음을 알 수 있다. 그림 4.14는 $\lambda = 1$일 때, 여러가지 α의 값에 대한 확률밀도함수의 그래프를 나타낸 것이다. 그래프의 형태가 $\alpha \le 1$과 $\alpha > 1$일 때 달라지는 것을 알 수 있다. $\alpha > 0$와 $\lambda > 0$는 각각 와이블분포의 형태모수와 척도모수이다.

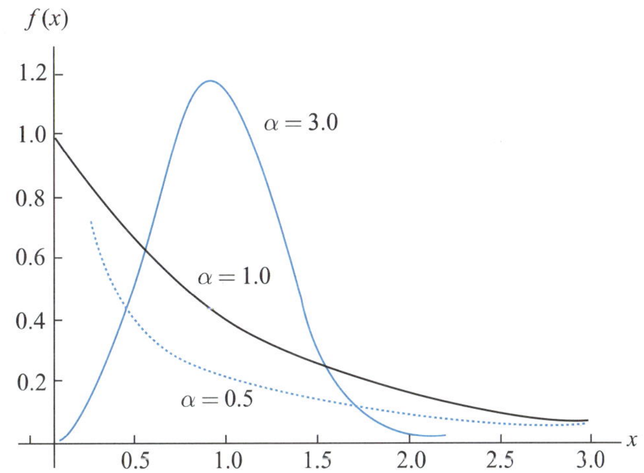

그림 4.14 와이블분포 Weib$(\alpha, 1)$의 확률밀도함수

치환적분을 이용하면 와이블분포의 분포함수는 다음과 같음을 알 수 있다.

$$F(x) = 1 - \exp\left[-(\lambda x)^{\alpha}\right], \; x \ge 0$$

$X \sim \text{Weib}(\alpha, \lambda)$일 때, X의 적률은 다음과 같다.

$$
\begin{aligned}
E[X^n] &= \int_0^\infty x^n \alpha\lambda(\lambda x)^{\alpha-1}\exp[-(\lambda x)^\alpha]dx \\
&= \frac{1}{\lambda^n}\int_0^\infty y^{n/\alpha}e^{-y}dy \quad (y=(\lambda x)^\alpha \text{로 치환}) \\
&= \frac{1}{\lambda^n}\Gamma\left(\frac{n}{\alpha}+1\right) \\
&= \frac{1}{\lambda^n}\frac{n}{\alpha}\Gamma\left(\frac{n}{\alpha}\right)
\end{aligned}
$$

위 식의 마지막 등식은 $\Gamma(x)=(x-1)\Gamma(x-1)$을 이용하였다. X의 평균과 분산은 각각 다음과 같다.

$$
\begin{aligned}
E[X] &= \frac{1}{\lambda\alpha}\Gamma\left(\frac{1}{\alpha}\right) \\
\mathrm{Var}[X] &= \frac{1}{\lambda^2}\frac{2}{\alpha}\Gamma\left(\frac{2}{\alpha}\right)-\left(\frac{1}{\lambda\alpha}\Gamma\left(\frac{1}{\alpha}\right)\right)^2
\end{aligned}
$$

또한 변동계수의 제곱은

$$
C^2 = 2\alpha\frac{\Gamma\left(\frac{2}{\alpha}\right)}{\left[\Gamma\left(\frac{1}{\alpha}\right)\right]^2}-1
$$

이 되어 모수 λ에는 영향을 받지 않는다.

4.2.8* 초지수분포

확률변수 X의 확률밀도함수가

$$
f(x)=\begin{cases} p\lambda_1 e^{-\lambda_1 x}+q\lambda_2 e^{-\lambda_2 x}, & x \ge 0 \\ 0, & \text{그 밖에} \end{cases}
$$

(단, $0 \le p,\ q \le 1,\ p+q=1$)일 때 X를 2차 **초지수분포**(hyperexponential distribution of order 2)를 따르는 확률변수라고 하고

$$
X \sim \mathrm{H}_2(p;\ \lambda_1,\ \lambda_2)
$$

로 나타내기로 한다. 지수분포의 적률로부터 초지수분포의 1차 적률과 2차적률은 다음과 같음을 쉽게 알 수 있다.

$$E[X]=\frac{p}{\lambda_1}+\frac{q}{\lambda_2},\ E[X^2]=\frac{2p}{\lambda_1^2}+\frac{2q}{\lambda_2^2}$$

따라서

$$\begin{aligned}E[X^2]-2(E[X])^2&=\frac{2p}{\lambda_1^2}+\frac{2q}{\lambda_2^2}-2\left(\frac{p}{\lambda_1}+\frac{q}{\lambda_2}\right)^2\\&=2pq\left(\frac{1}{\lambda_1}-\frac{1}{\lambda_2}\right)^2\geq 0.\end{aligned}$$

그러므로

$$C^2-1=\frac{\mathrm{Var}[X]-(E[X])^2}{(E[X])^2}=\frac{E[X^2]-2(E[X])^2}{(E[X])^2}\geq 0$$

이 되어 초지수분포의 변동계수의 제곱은 $C^2\geq 1$임을 알 수 있다. 더욱이 $C^2=1$일 필요충분조건은 $\lambda_1=\lambda_2$가 되며 이때 $H_2(p;\ \lambda_1,\ \lambda_1)=\mathrm{Exp}(\lambda_1)$임을 알 수 있다.

초지수분포는 변동계수의 제곱이 1보다 큰 양의 연속인 확률변수의 1차, 2차, 3차 적률을 적합시키는 데 사용된다. 확률변수 Y의 적률 $E[Y^k]=m_k,\ k=1,\ 2,\ 3$가

$$m_1m_3>\frac{3}{2}m_2^2 \tag{4.10}$$

을 만족한다고 하자. 이때

$$a_1=\frac{6m_1^2-3m_2}{\frac{3}{2}m_2^2-m_1m_3},\ a_2=\frac{1}{m_1}\left(1+\frac{1}{2}m_2a_1\right)$$

로 두고

$$\lambda_1=\frac{1}{2}\left(a_2+\sqrt{a_2^2-4a_1}\right),\ \lambda_2=\frac{1}{2}\left(a_2-\sqrt{a_2^2-4a_1}\right), \tag{4.11}$$

$$p=\frac{\lambda_1(1-\lambda_2m_1)}{\lambda_1-\lambda_2} \tag{4.12}$$

라 하자. 그러면 $X\sim \mathrm{H}_2(\mathrm{p};\lambda_1,\lambda_2)$에 대하여 $E[X^k]=m_k,\ k=1,\ 2,\ 3$임을 알 수 있다(연습문제 27). 변동계수의 제곱이 $C^2>1$인 감마분포, 로그정규분포와 와이블분포는 (4.10)을 만족한다. 다음 그림 4.15는 평균이 1이고 $C^2=2$인 로그정규분포와 와이블분포와 각각 3차적률까지 일치하는 초지수분포로 적합시킨 것을 나타낸 것이다.

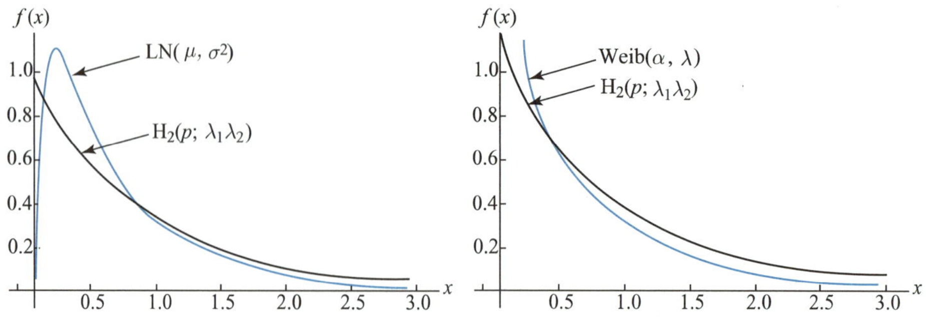

그림 4.15 초지수분포를 이용한 $C^2 > 1$인 확률분포의 근사

4.2.9* 베타분포

다음과 같이 정의되는 함수를 **베타함수(beta function)**라 한다.[5)]

$$B(a,\ b) = \int_0^1 x^{a-1}(1-x)^{b-1}dx$$

베타함수와 감마함수는 다음과 같은 관계가 있다.

$$B(a,\ b) = \frac{\Gamma(a)\Gamma(b)}{\Gamma(a+b)}$$

확률변수 X의 확률밀도함수가

$$f(x) = \frac{1}{B(a,\ b)}x^{a-1}(1-x)^{b-1},\ 0 < x < 1$$

일 때 X를 모수가 $(a,\ b)$인 **베타분포**를 따르는 확률변수 또는 모수가 $(a,\ b)$인 **베타확률변수**라고 하고

$$X \sim \text{Beta}(a,\ b)$$

와 같이 나타내기로 한다.

$X \sim \text{Beta}(a,\ b)$의 적률은 다음과 같다.

$$E[X^k] = \frac{1}{B(a,\ b)}\int_0^1 x^{a+k-1}(1-x)^{b-1}dx$$

5) 이항분포 $\text{B}(n,\ p)$와 베타함수 $B(a,\ b)$를 혼동하지 말 것.

$$
\begin{aligned}
&= \frac{B(a+k,\ b)}{B(a,\ b)} = \frac{\Gamma(a+k)\Gamma(b)}{\Gamma(a+b+k)} \frac{\Gamma(a+b)}{\Gamma(a)\Gamma(b)} \\
&= \frac{(a+k-1)_k \Gamma(a)\Gamma(b)}{(a+b+k-1)_k \Gamma(a+b)} \frac{\Gamma(a+b)}{\Gamma(a)\Gamma(b)} \\
&= \frac{(a+k-1)_k}{(a+b+k-1)_k} \\
&= \frac{a(a+1)\cdots(a+k-1)}{(a+b)(a+b+1)\cdots(a+b+k-1)},\ k=0,\ 1,\ 2,\ \cdots
\end{aligned}
$$

이다. 평균과 분산은 다음과 같다.

$$
\begin{aligned}
&E[X] = \frac{a}{a+b},\ E[X^2] = \frac{a(a+1)}{(a+b)(a+b+1)}, \\
&\mathrm{Var}[X] = \frac{a(a+1)}{(a+b)(a+b+1)} - \left(\frac{a}{a+b}\right)^2 = \frac{ab}{(a+b)^2(a+b+1)}
\end{aligned}
$$

베타분포의 적률생성함수는 적률로부터 다음과 같이 초기하함수로 나타낼 수 있다.[6)]

$$
M(t) = \sum_{n=0}^{\infty} E[X^n] \frac{t^n}{n!} = \sum_{n=0}^{\infty} \frac{(a+n-1)_n}{(a+b+n-1)_n} \frac{t^n}{n!}
$$

4.2.10* 코시분포

확률변수 X의 확률밀도함수가

$$
f(x) = \frac{1}{\pi\beta} \frac{1}{1+\left(\dfrac{x-\alpha}{\beta}\right)^2},\ -\infty < x < \infty
$$

일 때 X를 모수가 $(\alpha,\ \beta)$ $(-\infty < \alpha < \infty,\ \beta > 0)$인 **코시분포(Cauchy distribution)**을 따르는 확률변수 또는 모수가 $(\alpha,\ \beta)$인 **코시확률변수**라고 하고

$$
X \sim \mathrm{Cau}(\alpha,\ \beta)
$$

로 나타내기로 한다. 코시분포의 확률밀도함수 $f(x)$는 $x=\alpha$일 때 최댓값 $\frac{1}{\pi\beta}$을 가지고 $f(x)$의 그래프는 직선 $x=\alpha$에 대하여 대칭임을 알 수 있다. 또한 $f(x)$의 최댓값은

6) 다음과 같이 무한급수로 주어지는 함수를 초기하함수라고 한다.

$$
F(\alpha,\ \beta;\gamma;z) = \sum_{n=0}^{\infty} \frac{(\alpha+n-1)_n(\beta+n-1)_n}{(\gamma+n-1)_n} \frac{z^n}{n!}
$$

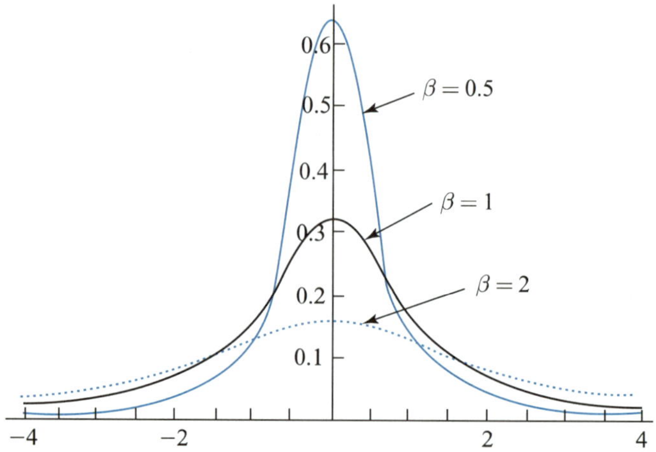

그림 4.16 코시분포의 Cau(0, β)의 확률밀도함수

β의 값에만 영향을 받는다. 모수 α와 β는 각각 코시분포 Cau(α, β)의 위치모수와 척도모수이다. 그림 4.16은 $\alpha = 0$일 때 코시확률밀도함수의 그래프를 나타낸 것이다. 코시분포의 분포함수는 다음과 같다.

$$
\begin{aligned}
F(x) &= \frac{1}{\pi}\int_{-\infty}^{x} \frac{1}{\beta}\frac{1}{1+((y-\alpha)/\beta)^2}dy \\
&= \frac{1}{\pi}\int_{-\infty}^{(x-\alpha)/\beta} \frac{1}{1+t^2}dt = \frac{1}{\pi}\tan^{-1}t\Big|_{-\infty}^{(x-\alpha)/\beta} \\
&= \frac{1}{\pi}\tan^{-1}\left(\frac{x-\alpha}{\beta}\right) + \frac{1}{2}
\end{aligned}
$$

참고

$X \sim$ Cau(α, β)일 때 $\int_{-\infty}^{\infty}|x|f(x)dx = \infty$이므로 코시분포는 기댓값이 존재하지 않는다.

4.2 연습문제

1. $X \sim \mathrm{U}(0,\ 1)$일 때, 다음을 보여라.

   (1) $1-X \sim \mathrm{U}(0,\ 1)$　　(2) $a+(b-a)X \sim \mathrm{U}(a,\ b)$

2. $U \sim \mathrm{U}(0,\ 1)$일 때, $X=\sin(2\pi U)$와 $Y=\cos(2\pi U)$ 각각의 기댓값과 분산을 구하라.

3. 구간 $[-2,\ 3]$에서 임의로 한 점을 택할 때 그 값이 0보다 클 확률은 얼마인가?

4. 어느 시외버스 터미널에서 특정지역으로 가는 버스의 출발시간이 다음과 같다고 한다.

   8:00　8:15　8:40　9:00

   어떤 사람이 8시와 9시 사이에 도착하는 시간은 균등분포를 따른다고 할 때, 그 사람이 기다리는 시간이 10분 이상 될 확률은 얼마인가?

5. $X \sim \mathrm{N}(10,\ 36)$일 때 다음을 계산하라.

   (1) $P(4 < X < 6)$　　(2) $P(X > 16)$

6. $X \sim \mathrm{N}(-1,\ 3^2)$일 때, $P(|X+1| < x) = 0.95$를 만족하는 x의 값을 구하라.

7. $X \sim \mathrm{N}(3,\ 4)$일 때 $P(X > x) = 2P(X \le x)$를 만족하는 x를 구하라.

8. $X \sim \mathrm{N}(\mu,\ \sigma^2)$일 때 다음을 구하라.

   (1) $E[X^5]$　　(2) $E[|X-\mu|]$

9. $Z \sim \mathrm{N}(0,\ 1)$일 때 다음과 같이 정의된 확률변수 X의 기댓값 $E[X]$를 구하라.

$$X = \begin{cases} Z, & Z > x \\ 0, & Z \le x \end{cases}$$

10. $X \sim \mathrm{N}(0,\ \sigma^2)$일 때, $Y = X^2$의 확률밀도함수를 구하라.

11. 한 개의 주사위를 1000번 던질 때 6의 눈이 나오는 횟수를 X라 하자. 정규분포를 이용하여 $P(150 \le X \le 180)$의 근삿값을 구하라.

12. 어떤 반도체 공장에서 만드는 칩의 10%가 불량품이라 한다. 100개를 임의로 뽑았을 때, 불량품이 12개 이하일 확률에 대한 정규근사를 하라.

13. 다음을 보여라.

$$\int_{-\infty}^{\infty} e^{-y^2/2} dy = \sqrt{2\pi}$$

14. (1) $\Phi(x)$는 다음을 만족함을 보여라.

$$\left(\frac{1}{x} - \frac{1}{x^3}\right)\phi(x) < 1 - \Phi(x) < \frac{1}{x}\phi(x),\ x > 0$$

(2) 위의 (1)의 결과를 이용하여 $x \to \infty$일 때, 다음이 성립함을 보여라.

$$\lim_{x \to \infty} \frac{\frac{1}{x}\phi(x)}{1 - \Phi(x)} = 1$$

15. 어느 특정한 지점에서 자동차 사고가 발생하는 시간 간격은 모수가 $\lambda = \frac{1}{10}$인 지수분포를 따른다고 한다. 오늘 오전 10시에 그 지점에서 사고가 발생하였다고 한다.

(1) 내일 오전 10시까지 사고가 발생하지 않을 확률은 얼마인가?

(2) 오늘 오후 5시까지는 아무 사고가 발생하지 않았다고 할 때 내일 오전 10시까지 사고가 발생하지 않을 확률은 얼마인가?

16. 어떤 병원에서는 주차장에 주차할 경우 주차요금을 받는다. 주차요금은 치료를 받으러 온 사람의 경우에는 처음 한 시간은 무료이고 한 시간이 지난 다음부터 매 30분을 초과할 때마다 500원씩 받는다. 치료받는 데 걸리는 시간은 평균이 1(단위 : 시간)인 지수분포를 따른다고 한다. 치료받으러 한 번 갈 때마다 내야 하는 주차요금의 기댓값을 구하라.

17. 확률변수 $X \sim \text{Exp}(\lambda)$일 때, $Y = \lceil X \rceil$의 분포를 구하라. 단 $\lceil x \rceil$은 x보다 작지 않은 최소의 정수이다.

18. 적률생성함수를 미분하여 $X \sim \text{Gam}(\alpha,\ \lambda)$의 기댓값과 분산을 구하라.

19. $X \sim \text{Gam}(\alpha,\ \lambda)$일 때, 다음 확률변수의 확률밀도함수를 구하라.

(1) $Y = cX$　　　(2) $Y = \sqrt{X}$

20. $X \sim \chi^2(n)$일 때, $Y = \sqrt{X/n}$의 확률밀도함수를 구하라.

21. $X \sim \text{Gam}(n,\ \lambda)$일 때, $Y = 2\lambda X \sim \chi^2(2n)$을 보여라.

22. $Y \sim \text{Gam}(\alpha,\ 1)$일 때 $X = \dfrac{Y}{\lambda} \sim \text{Gam}(\alpha,\ \lambda)$임을 보여라.

23. $Y \sim \text{Weib}(\alpha,\ 1)$일 때, $X = \dfrac{Y}{\lambda} \sim \text{Weib}(\alpha,\ \lambda)$임을 보여라.

24. $Y \sim \text{Cau}\left(\dfrac{\alpha}{\beta},\ 1\right)$일 때 $X = \beta Y \sim \text{Cau}(\alpha,\ \beta)$임을 보여라.

25. $X \sim \text{Gam}(n,\ 1)$, $Y \sim \text{Poi}(\lambda)$일 때 $P(X \ge \lambda) = P(Y < n)$을 보여라.

26. $X \sim \text{Beta}(k,\ n-k+1)$, $Y \sim \text{B}(n,\ p)$일 때 $P(X \ge p) = P(Y < k)$을 보여라.

27. 확률변수 Y의 처음 3차적률 $E[Y^k] = m_k,\ k = 1,\ 2,\ 3$이 (4.10)을 만족한다고 하자. $\lambda_1,\ \lambda_2,\ p$이 각각 (4.11)과 (4.12)와 같을 때 $X \sim \text{H}_2(p;\lambda_1,\ \lambda_2)$에 대하여 $E[X^k] = m_k,\ k = 1,\ 2,\ 3$임을 보여라.

28. 다음 확률분포의 위험률 함수를 구하라.

(1) $\text{Gam}(n,\ \lambda)$　　　(2) $F(x) = 1 - e^{-\lambda x^{\alpha}},\ x \ge 0,\ \alpha > 0$

29. 확률변수 X의 평균을 μ, 표준편차를 σ라 할 때 표준화된 확률변수 $Z = \dfrac{X-\mu}{\sigma}$의 3차적률 $E[Z^3]$과 4차적률 $E[Z^4]$을 각각 X의 비대칭도(또는 왜도)(skewness)와 뾰족한 정도(또는 첨도)(kurtosis)라고 한다. 다음 각 경우에 대하여 비대칭도와 뾰족한 정도를 구하라.

(1) $X \sim \text{U}(a,\ b)$　　　(2) $X \sim \text{Beta}(\alpha,\ \beta)$

(3) $X \sim \mathrm{Gam}(\alpha,\ \lambda)$　　(4) $X \sim \mathrm{Exp}(\lambda)$

(5) $X \sim \mathrm{N}(\mu,\ \sigma^2)$　　(6) $f(x) = \dfrac{x+1}{2},\ \ -1 < x < 1$

30. 다음 각 경우에 중위수를 구하라.

(1) $X \sim \mathrm{Exp}(\lambda)$　　(2) $X \sim \mathrm{N}(\mu,\ \sigma^2)$

(3) $f(x) = 12x^2(1-x),\ 0 < x < 1$

31. X의 확률밀도함수 $f(x)$가 최대가 되는 x의 값을 X의 최빈값(mode)이라 한다. 다음 각 경우에 최빈값을 구하라.

(1) $X \sim \mathrm{Gam}(\alpha,\ \lambda)$　　(2) $X \sim \mathrm{U}(a,\ b)$

(3) $X \sim \mathrm{Exp}(\lambda)$　　(4) $X \sim \mathrm{N}(\mu,\ \sigma^2)$

(5) $X \sim \mathrm{Beta}(\alpha,\ \alpha)$　　(6) $f(x) = 12x^2(1-x),\ 0 < x < 1$

Element Probability

제 5 장

결합확률분포

제3장에서는 한 개의 확률변수에 대한 확률분포와 기댓값 등에 대하여 살펴보았다. 그러나 비만도 측정을 위한 몸무게와 허리둘레의 길이, 어느 자격시험에 통과하기 위한 필기시험과 실기시험 점수 등과 같이 두 개 이상의 확률변수로 나타나는 사건을 다룰 필요가 있는 경우가 있다. 이 장에서는 동일한 표본공간에서 정의된 확률변수들의 결합으로 만들어지는 사건에 대하여 생각한다.

이 장의 목표

1. 결합분포와 주변분포의 뜻을 알고 두 확률변수의 결합 확률을 계산할 수 있다.
2. 확률변수의 합에 대한 기댓값과 분산을 구할 수 있다.
3. 공분산과 상관계수의 성질을 알 수 있다.
4. 확률변수의 독립성을 판정할 수 있고 독립인 확률변수의 성질을 알 수 있다.
5. 독립인 확률변수의 합의 분포를 구할 수 있다.
6. 확률변수들의 함수의 분포를 구할 수 있다.
7. 순서통계량의 뜻을 알고 순서통계량의 결합분포와 주변분포를 구할 수 있다.

5.1 결합확률분포

생각해보기

1. 시험과목이 A, B, C 세 과목인 자격시험이 있다. 이 자격시험에 통과하기 위해서는 각 과목의 점수가 60점 이상이어야 하며 세 과목 점수의 산술평균이 70점 이상이어야 한다. X, Y, Z를 각각 A, B, C의 시험점수라 할 때, 이 자격시험 응시자가 시험에 통과할 사건을 X, Y, Z를 이용하여 나타내어라.
2. 기성복 바지를 만드는 공장에서 바지의 길이와 허리둘레의 길이를 정하려고 한다. 그 바지를 판매할 지역 주민 중 임의로 1명을 택할 때, 그 주민의 다리 길이를 L, 허리둘레의 길이를 W라 하자. 그 주민의 다리길이는 $(a,\ b)$ 사이이고 허리둘레의 길이는 $(c,\ d)$사이에 있을 사건을 L과 W를 이용하여 나타내어라.

위의 생각해보기에서 자격시험에 통과할 사건은

$$\left\{X \ge 60,\ Y \ge 60,\ Z \ge 60,\ \frac{1}{3}(X+Y+Z) \ge 70\right\}$$

와 같이 세 확률변수 X, Y, Z가 결합된 형태로 나타난다.

이와 같이 동일한 표본공간 위에서 정의된 두 개 이상의 확률변수와 관련된 사건의 확률을 다루기 위하여 결합확률분포에 대한 개념이 필요하다. 이 장에서는 동일한 표본공간 Ω에서 정의된 확률변수 $X_1,\ \cdots,\ X_n$과 실수의 부분집합들 $B_1,\ \cdots,\ B_n$에 대하여

$$\{\omega \in \Omega : X_1(\omega) \in B_1,\ \cdots,\ X_n(\omega) \in B_n\} = \bigcap_{i=1}^{n} \{\omega \in \Omega : X_i(\omega) \in B_i\}$$

와 같은 형태의 사건에 대한 확률을 다룬다. 기호의 편의를 위하여 혼동이 없는 한

$$\{\omega \in \Omega : X_1(\omega) \in B_1,\ \cdots,\ X_n(\omega) \in B_n\}$$

대신 ω를 생략하고

$$\{X_1 \in B_1,\ X_2 \in B_2,\ \cdots,\ X_n \in B_n\} \text{ 또는 } \bigcap_{i=1}^{n} \{X_i \in B_i\}$$

와 같은 기호를 사용하기도 한다.

논의의 편의를 위하여 두 개의 확률변수에 대하여 먼저 살펴보고 일반적인 경우에 대

해서는 결과만 언급하기로 한다. 두 확률변수 X와 Y에 의하여 만들어지는 사건 $\{X\in A,\ Y\in B\}$ $(A,\ B\subset \mathbb{R})$에 확률 $P(X\in A,\ Y\in B)$를 대응시키는 함수를 X와 Y의 **결합확률분포**(joint distribution) 또는 간단히 결합분포라고 한다. X와 Y의 결합분포 대신 순서쌍을 이용하여 $(X,\ Y)$의 결합분포라고 하기도 한다. 제3장에서와 같이 결합확률분포는 $\{X\le a,\ Y\le b\}$와 같은 형태의 사건에 대한 확률에 의하여 정해진다는 것이 알려져 있다.

정의 5.1 [결합분포함수] 확률변수 X와 Y에 대하여

$$F(x,\ y)=P(X\le x,\ Y\le y),\ x,\ y\in\mathbb{R}$$

를 X와 Y의 **결합누적분포함수**(joint distribution function) 또는 간단히 결합분포함수라고 한다.

정리 5.1 X와 Y의 결합분포함수 $F(x,\ y)$에 대하여 다음이 성립한다.

(1) $a<b,\ c<d$일 때,

$$P(a<X\le b,\ c<Y\le d)=F(b,\ d)-F(a,\ d)-F(b,\ c)+F(a,\ c) \quad (5.1)$$

(2) X와 Y의 분포함수를 각각 $F_X(x)$와 $F_Y(y)$라고 하면,

$$F_X(x)=\lim_{y\to\infty}F(x,\ y)\equiv F(x,\ \infty).$$
$$F_Y(y)=\lim_{x\to\infty}F(x,\ y)\equiv F(\infty,\ y).$$

(3) $\lim_{x\to-\infty}F(x,\ y)=\lim_{y\to-\infty}F(x,\ y)=0.$

(4) $\lim_{\substack{x\to\infty\\ y\to\infty}}F(x,\ y)=1.$

증명 (1) 집합 $B_i,\ i=1,\ 2,\ 3,\ 4$를 다음과 같이 정의하자. (그림 5.1 참조)

$$B_1=(a,\ b]\times(c,\ d],\quad B_2=(-\infty,\ a]\times(c,\ d]$$
$$B_3=(a,\ b]\times(-\infty,\ c],\quad B_4=(-\infty,\ a]\times(-\infty,\ c]$$

그러면 $B_iB_j=\varnothing,\ i\ne j$이고 $(-\infty,\ b]\times(-\infty,\ d]=\cup_{i=1}^{4}B_i$이다. 그러므로

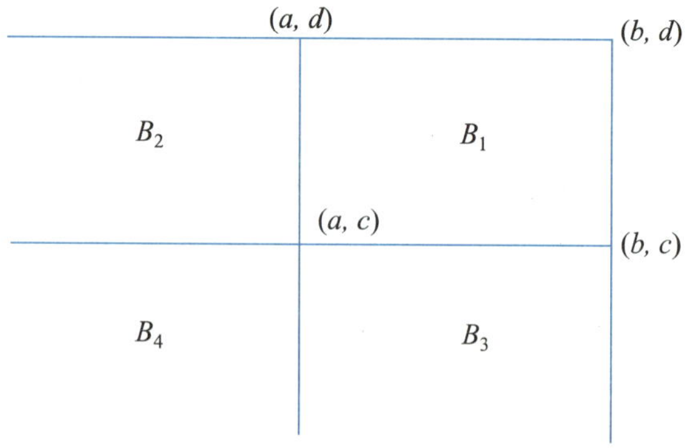

그림 5.1

$$\begin{aligned} F(b,\ d) &= \sum_{i=1}^{4} P((X,\ Y) \in B_i) \\ &= P(a < X \le b,\ c < Y \le d) + P(X \le a,\ c < Y \le d) \\ &\quad + P(a < X \le b,\ Y \le c) + P(X \le a,\ Y \le c) \end{aligned}$$

따라서,

$$\begin{aligned} P(a < X \le b,\ c < Y \le d) = F(b,\ d) - F(a,\ c) - P(X \le a,\ c < Y \le d) \\ - P(a < X \le b,\ Y \le c). \end{aligned}$$

또한

$$\begin{aligned} P(X \le a,\ c < Y \le d) &= F(a,\ d) - F(a,\ c), \\ P(a < X \le b,\ Y \le c) &= F(b,\ c) - F(a,\ c) \end{aligned}$$

이므로 이것을 정리하면 (5.1)을 얻는다.

(2) $\{Y < \infty\} = \Omega$이므로 확률측도의 연속성에 의하여

$$\begin{aligned} F_X(x) &= P(X \le x) = P(X \le x,\ Y < \infty) \\ &= \lim_{y \to \infty} P(X \le x,\ Y \le y) = \lim_{y \to \infty} F(x,\ y). \end{aligned}$$

같은 방법으로 Y의 분포함수 $F_Y(y) = F(\infty,\ y)$를 얻는다.

(3) 각각의 $x,\ y \in \mathbb{R}$에 대하여 $F(x,\ y) = P(X \le x,\ Y \le y) \le P(X \le x)$이고 $\lim_{x \to -\infty} P(X \le x) = 0$이므로 $\lim_{x \to -\infty} F(x,\ y) = 0$이다. $\lim_{y \to -\infty} P(X \le x) = 0$도 같은 방법으로 증명된다.

(4) 확률측도의 연속성에 의하여

$$\lim_{\substack{x\to\infty\\y\to\infty}} F(x,\ y) = \lim_{\substack{x\to\infty\\y\to\infty}} P(X \le x,\ Y \le y)$$
$$= P(X < \infty,\ Y < \infty) = 1.$$

✺

예제 5.1 X와 Y의 결합분포함수 $F(x,\ y)$가 다음과 같다.

$$F(x,\ y) = \begin{cases} 1, & 1 \le x < \infty,\ 1 \le y < \infty, \\ x^3, & 0 < x < 1,\ 1 \le y < \infty, \\ y^2, & 1 \le x < \infty,\ 0 < y < 1, \\ x^3y^2, & 0 < x < 1,\ 0 < y < 1, \\ 0, & \text{그 밖에} \end{cases}$$

(1) $P\left(0 < X < \frac{1}{2},\ \frac{1}{2} < Y < 1\right)$을 구하라.

(2) X와 Y의 분포함수를 각각 구하라.

풀이 (1) $P\left(0 < X < \frac{1}{2},\ \frac{1}{2} < Y < 1\right) = F\left(\frac{1}{2},\ 1\right) - F(0,\ 1) - F\left(\frac{1}{2},\ \frac{1}{2}\right) + F\left(0,\ \frac{1}{2}\right)$

$$= \frac{1}{8} - 0 - \left(\frac{1}{2}\right)^3\left(\frac{1}{2}\right)^2 + 0 = \frac{3}{32}$$

(2) X와 Y의 분포함수는 각각 다음과 같다.

$$F_X(x) = \lim_{y\to\infty} F(x,\ y) = \begin{cases} 0, & x < 0 \\ x^3, & 0 < x < 1 \\ 1, & x \ge 1 \end{cases}$$

$$F_Y(y) = \lim_{x\to\infty} F(x,\ y) = \begin{cases} 0, & y < 0 \\ y^2, & 0 < y < 1 \\ 1, & y \ge 1 \end{cases}$$

✤

결합분포함수는 여러가지 형태로 나타날 수 있으나 여기서는 X와 Y가 모두 이산확률변수인 경우와 연속확률변수와 같이 어떤 함수의 적분으로 표현되는 특수한 형태에 대해서만 생각하기로 한다.

먼저 X와 Y가 모두 이산확률변수인 경우로 다음 예를 생각하자.

예제 5.2 두 개의 주사위를 던질 때 나오는 두 눈의 최솟값을 X, 두 눈의 최댓값을 Y라고 하자. 그러면 X와 Y는 각각 $\{1,\ 2,\ 3,\ 4,\ 5,\ 6\}$에서 값을 갖는 확률변수이다. 먼저 확률 $p(i,\ j) = P(X = i,\ Y = j),\ i,\ j = 1,\ 2,\ \cdots,\ 6$을 구해보자. 명백하게 $X \le Y$이므로

$i > j$이면 $p(i,\ j) = 0$이다. 또한 $i < j$일 때 $\{X = i,\ Y = j\} = \{(i,\ j),\ (j,\ i)\}$이므로

$$p(i,\ j) = \begin{cases} \dfrac{1}{36}, & i = j,\ i = 1,\ 2,\ \cdots,\ 6 \\ \dfrac{2}{36}, & i < j \end{cases}$$

이다. 표 5.1은 $p(i,\ j)$와 함께 각 행과 열의 $p(i,\ j)$의 값을 각각 합하여 표의 오른쪽과 아래쪽 주변에 나타낸 것이다.

j \ i	1	2	3	4	5	6	$\Sigma_{i=1}^{6} p(i,\ j)$
1	$\frac{1}{36}$	0	0	0	0	0	$\frac{1}{36}$
2	$\frac{2}{36}$	$\frac{1}{36}$	0	0	0	0	$\frac{3}{36}$
3	$\frac{2}{36}$	$\frac{2}{36}$	$\frac{1}{36}$	0	0	0	$\frac{5}{36}$
4	$\frac{2}{36}$	$\frac{2}{36}$	$\frac{2}{36}$	$\frac{1}{36}$	0	0	$\frac{7}{36}$
5	$\frac{2}{36}$	$\frac{2}{36}$	$\frac{2}{36}$	$\frac{2}{36}$	$\frac{1}{36}$	0	$\frac{9}{36}$
6	$\frac{2}{36}$	$\frac{2}{36}$	$\frac{2}{36}$	$\frac{2}{36}$	$\frac{2}{36}$	$\frac{1}{36}$	$\frac{11}{36}$
$\Sigma_{j=1}^{6} p(i, j)$	$\frac{11}{36}$	$\frac{9}{36}$	$\frac{7}{36}$	$\frac{5}{36}$	$\frac{3}{36}$	$\frac{1}{36}$	1

표 5.1 $p(i,\ j) = P(X = i,\ Y = j)$

표 5.1로부터 X와 Y에 관련된 여러 가지 사건에 대한 확률을 구할 수 있다. $A = \{1,\ 3,\ 5\}$, $B = \{2,\ 4,\ 6\}$일 때

$$\begin{aligned} P(X \in A,\ Y \in B) &= P([\cup_{i \in A}\{X = i\}] \cap [\cup_{j \in B}\{Y = j\}]) \\ &= P(\cup_{i \in A} \cup_{j \in B}\{X = i,\ Y = j\}) \\ &= \sum_{i \in A}\sum_{j \in B} p(i,\ j) \\ &= p(1,\ 2) + p(1,\ 4) + p(1,\ 6) + p(3,\ 2) + p(3,\ 4) + p(3,\ 6) \\ &\quad + p(5,\ 2) + p(5,\ 4) + p(5,\ 6) \\ &= \frac{1}{3}. \end{aligned}$$

이제 X와 Y의 확률질량함수 $P(X=i)$, $P(Y=j)$를 구해 보자. 먼저

$$\{X=i\}=\cup_{j=1}^{6}\{X=i,\ Y=j\}$$

이고 $\{X=i,\ Y=j\}\cap\{X=i,\ Y=k\}=\varnothing,\ j\neq k$이므로

$$P(X=i)=\sum_{j=1}^{6}P(X=i,\ Y=j)=\sum_{j=1}^{6}p(i,\ j),\ i=1,\ 2,\ \cdots,\ 6.$$

X의 확률질량함수를 표로 나타내면 다음과 같다.

i	1	2	3	4	5	6	합계
$P(X=i)$	$\frac{11}{36}$	$\frac{9}{36}$	$\frac{7}{36}$	$\frac{5}{36}$	$\frac{3}{36}$	$\frac{1}{36}$	1

같은 방법으로 Y의 확률질량함수는

$$P(Y=j)=\sum_{i=1}^{6}p(i,\ j),\ j=1,\ 2,\ \cdots,\ 6$$

이고 이것을 표로 나타내면 다음과 같다.

j	1	2	3	4	5	6	합계
$P(X=j)$	$\frac{1}{36}$	$\frac{3}{36}$	$\frac{5}{36}$	$\frac{7}{36}$	$\frac{9}{36}$	$\frac{11}{36}$	1

위에서 X와 Y의 확률질량함수는 각각 표 5.1의 아래쪽 주변과 오른쪽 주변에 나타난 확률질량함수와 같음을 알 수 있다. ✤

정의 5.2 [결합확률질량함수] 표본공간 Ω 위에서 정의된 확률변수 X와 Y가 각각 $\mathcal{S}_X=\{x_1,\ x_2,\ \cdots\}$와 $\mathcal{S}_Y=\{y_1,\ y_2,\ \cdots\}$에서 값을 갖는 이산확률변수일 때, $\mathcal{S}_X\times\mathcal{S}_Y=\{(x,\ y):x\in\mathcal{S}_X,\ y\in\mathcal{S}_Y\}$에서 정의된 함수

$$p(x,\ y)=P(X=x,\ Y=y),\ x\in\mathcal{S}_X,\ \ y\in\mathcal{S}_Y$$

를 X와 Y의 **결합확률질량함수**(joint probability mass function)라고 한다.

X와 Y의 결합확률질량함수가 $p(x,\ y)$일 때, 명백하게 다음이 성립함을 알 수 있다.

(1) $p(x,\ y) \geq 0,\ (x,\ y) \in \mathcal{S}_X \times \mathcal{S}_Y$

(2) $\sum_{x \in \mathcal{S}_X} \sum_{y \in \mathcal{S}_Y} p(x,\ y) = P(X \in \mathcal{S}_X,\ Y \in \mathcal{S}_Y) = 1$

또한 $A \subset \mathcal{S}_X$, $B \subset \mathcal{S}_Y$에 대하여

$$\{X \in A\} = \cup_{x \in A} \{X = x\},\ \{Y \in B\} = \cup_{y \in B} \{Y = y\}$$

이므로

$$\{X \in A,\ Y \in B\} = \cup_{x \in A} \cup_{y \in B} \{X = x,\ Y = y\}$$

이다. 또한 $x \neq x'$ 또는 $y \neq y'$이면

$$\{X = x,\ Y = y\} \cap \{X = x',\ Y = y'\} = \varnothing$$

이므로

$$P(X \in A,\ Y \in B) = \sum_{x \in A} \sum_{y \in B} p(x,\ y).$$

따라서 X와 Y의 결합분포는 결합확률질량함수 $p(x,\ y)$에 의하여 정해짐을 알 수 있다.

한편 $\{X = x\} = \cup_{y \in \mathcal{S}_Y} \{X = x,\ Y = y\}$이므로 X의 확률질량함수는

$$p_X(x) = P(X = x) = \sum_{y \in \mathcal{S}_Y} p(x,\ y),\ x \in \mathcal{S}_X.$$

같은 방법으로 Y의 확률질량함수는 다음과 같다.

$$p_Y(y) = P(Y = y) = \sum_{x \in \mathcal{S}_X} p(x,\ y),\ y \in \mathcal{S}_X.$$

이때 $p_X(x)$와 $p_Y(y)$를 각각 X와 Y의 **주변확률질량함수**(marginal probability mass function)라고 한다.

예제 5.3 X와 Y의 결합확률질량함수 $p(i,\ j) = P(X = i,\ Y = j)$가 다음 표와 같을 때, $P(X = 1)$, $P(X \in \{1,\ 3\},\ Y = 2)$를 각각 구하라.

j \ i	1	2	3
1	$\frac{2}{9}$	$\frac{1}{9}$	$\frac{1}{3}$
2	$\frac{1}{9}$	$\frac{1}{18}$	$\frac{1}{6}$

풀이 $P(X=1)=p(1,\ 1)+p(1,\ 2)=\frac{2}{9}+\frac{1}{9}=\frac{1}{3}$,

$P(X\in\{1,\ 3\},\ Y=2)=p(1,\ 2)+p(3,\ 2)=\frac{1}{9}+\frac{1}{6}=\frac{5}{18}$. ✤

정의 5.3 [결합확률밀도함수] 확률변수 X와 Y의 결합분포함수 $F(x,\ y)$가

$$F(a,\ b)=\int_{-\infty}^{b}\int_{-\infty}^{a} f(x,\ y)dxdy,\ a,\ b\in\mathbb{R}$$

와 같이 음이 아닌 함수 $f(x,\ y)$의 적분으로 나타날 때 X와 Y는 **공동연속**(jointly continuous)이라고 한다. 또한 함수 $f(x,\ y)$를 X와 Y의 **결합확률밀도함수**(joint probability density function)라 한다.

결합확률밀도함수의 정의와 결합분포함수의 성질로부터 결합확률밀도함수 $f(x,\ y)$는 다음을 만족함을 쉽게 알 수 있다.

(1) $f(x,\ y)\geq 0$

(2) $\int_{-\infty}^{\infty}\int_{-\infty}^{\infty} f(x,\ y)dxdy=\lim_{\substack{x\to\infty \\ y\to\infty}} F(x,\ y)=1$

참고

일반적으로 함수 $f(x,\ y)$가 위의 성질 (1)과 (2)를 만족하면 $f(x,\ y)$를 결합확률밀도함수로 갖는 확률변수 X와 Y가 존재한다는 것이 알려져 있다. 따라서 확률변수에 대한 언급이 없더라도 위의 성질 (1)과 (2)를 만족하는 함수를 결합확률밀도함수라고 한다.

결합확률밀도함수의 정의로부터 다음이 성립함을 알 수 있다.

$$\frac{\partial^2}{\partial x\partial y}F(x,\ y)=f(x,\ y)$$

또한

$$P(a<X\leq b,\ c<Y\leq d)=\int_{c}^{d}\int_{a}^{b} f(x,\ y)dxdy,\ a<b,\ c<d$$

일반적으로 $C\subset\mathbb{R}^2$에 대하여

$$P((X,\ Y)\in C)=\iint_C f(x,\ y)dxdy$$

가 성립한다. 따라서 공동연속인 두 확률변수의 결합분포는 결합확률밀도함수에 의하여 정해지는 것을 알 수 있다.

한편 결합분포함수의 성질로부터 X와 Y의 분포함수는 다음과 같음을 알 수 있다.

$$F_X(x)=\lim_{y\to\infty}F(x,\ y)=\int_{-\infty}^{x}\left(\int_{-\infty}^{\infty}f(u,\ y)dy\right)du$$

$$F_Y(y)=\lim_{x\to\infty}F(x,\ y)=\int_{-\infty}^{y}\left(\int_{-\infty}^{\infty}f(x,\ v)dx\right)dv$$

이때 $F_X(x)$와 $F_Y(y)$를 각각 X와 Y의 **주변분포함수**(marginal distribution function)라고 한다. 주변분포함수와 확률밀도함수의 정의로부터

$$f_X(x)=\int_{-\infty}^{\infty}f(x,\ y)dy,$$

$$f_Y(y)=\int_{-\infty}^{\infty}f(x,\ y)dx$$

는 각각 X와 Y의 확률밀도함수가 되는 것을 알 수 있다. 이때 $f_X(x)$와 $f_Y(y)$를 각각 X와 Y의 **주변확률밀도함수**(marginal probability density function)라고 한다.

참고

1. X와 Y가 공동연속이면, X, Y도 각각 연속이 되는 것을 알 수 있다. 그러나 일반적으로 그 역은 성립하지 않는다. 즉 X와 Y가 각각 확률밀도함수를 갖는다 하여도 $(X,\ Y)$가 공동연속이 아닐 수 있다. 예를 들어 X의 확률밀도함수가 $g(x)$이고 $Y\equiv X$, 즉 모든 $\omega\in\Omega$에 대하여 $Y(\omega)=X(\omega)$이면 Y의 확률밀도함수도 $g(x)$이다. $A=\{(x,\ y):-\infty<x=y<\infty\}$로 두면 $P((X,\ Y)\in A)=1$이다. 만약 $(X,\ Y)$의 결합확률밀도함수 $f(x,\ y)$가 존재한다면 $\int\int_A f(x,\ y)dxdy=0$이 되어

$$P((X,\ Y)\in A)\neq\iint_A f(x,\ y)dxdy$$

이 됨을 알 수 있다. 이것을 결합확률밀도함수의 정의에 맞지 않는다. 따라서 $(X,\ Y)$는 공동연속이 아니다.
2. 다음 확률을 생각해 보자. $\Delta x\geq 0$와 $\Delta y\geq 0$가 매우 작을 때

$$
\begin{aligned}
&P\left(x-\frac{1}{2}\Delta x \le X \le x+\frac{1}{2}\Delta x,\ y-\frac{1}{2}\Delta y \le Y \le y+\frac{1}{2}\Delta y\right)\\
&=\int_{y-\frac{1}{2}\Delta y}^{y+\frac{1}{2}\Delta y}\int_{x-\frac{1}{2}\Delta x}^{x+\frac{1}{2}\Delta x} f(u,\ v)\,du\,dv\\
&\approx f(x,\ y)\Delta x\Delta y.
\end{aligned}
$$

따라서 결합확률밀도함수 $f(x,\ y)$는 $(X,\ Y)$가 $(x,\ y)$ 근방에 있을 가능성에 대한 평균치로서의 측도임을 알 수 있다.

예제 5.4 X와 Y의 결합확률밀도함수가 다음과 같다.

$$
f(x,\ y)=\begin{cases} x+2y^3, & 0<x<1,\ 0<y<1 \\ 0, & \text{그 밖에} \end{cases}
$$

(1) X와 Y의 주변확률밀도함수를 각각 구하라.

(2) $P(X>Y)$를 구하라.

(3) $P\left(X<\frac{1}{2},\ Y>\frac{1}{2}\right)$를 구하라.

풀이 (1) X와 Y의 주변확률밀도함수를 각각 $f_X(x)$와 $f_Y(y)$라 하면

$$
f_X(x)=\int_0^1 (x+2y^3)\,dy = x+\frac{1}{2},\ 0<x<1,
$$

$$
f_Y(y)=\int_0^1 (x+2y^3)\,dx = \frac{1}{2}+2y^3,\ 0<y<1.
$$

(2) $C=\{(x,\ y)\in\mathbb{R}^2 : x>y\}$라 하면

$$
\begin{aligned}
P(X>Y)=P((X,\ Y)\in C)&=\iint_{\{(x,\ y)\,:\,x>y\}} f(x,\ y)\,dx\,dy\\
&=\int_{x=0}^1\left(\int_{y=0}^x (x+2y^3)\,dy\right)dx\\
&=\int_0^1\left(x^2+\frac{1}{2}x^4\right)dx=\frac{13}{30}.
\end{aligned}
$$

(3)
$$
\begin{aligned}
P\left(X<\frac{1}{2},\ Y>\frac{1}{2}\right)&=\int_{y=1/2}^1\left(\int_{x=0}^{1/2}(x+2y^3)\,dx\right)dy\\
&=\int_{y=1/2}^1\left(\frac{1}{8}+y^3\right)dy=\frac{19}{64}
\end{aligned}
$$

예제 5.5 두 확률변수 X와 Y의 결합확률밀도함수가 다음과 같다.

$$f(x,\ y) = \begin{cases} ce^{-x-2y}, & 0 < x < \infty,\ 0 < y < \infty \\ 0, & \text{그 밖에} \end{cases}$$

다음을 구하라.

(1) c의 값　　　　(2) $Z = \dfrac{X}{Y}$의 확률밀도함수

풀이 (1) $f(x,\ y)$가 결합확률밀도함수가 되기 위해서는

$$\iint_{\mathbb{R}^2} f(x,\ y)dxdy = 1$$

이어야 한다. 따라서

$$1 = c\int_0^\infty \int_0^\infty e^{-x-2y}dxdy = c\int_0^\infty e^{-2y}dy = \frac{c}{2}$$

이므로 $c = 2$이다.

(2) $G(z) = P\left(\dfrac{X}{Y} \le z\right) = P(X \le zY)$

$$= \iint_{\{(x,\ y)\,:\,x \le zy\}} 2e^{-x-2y}dxdy = \int_{y=0}^\infty \left(\int_{x=0}^{zy} e^{-x}dx\right)2e^{-2y}dy$$

$$= \int_{y=0}^\infty (1-e^{-zy})2e^{-2y}dy$$

$$= 1 - \frac{2}{z+2},\ z > 0.$$

따라서 $Z = \dfrac{X}{Y}$의 확률밀도함수는 다음과 같다.

$$g(z) = \frac{d}{dz}G(z) = \frac{2}{(z+2)^2},\ z > 0$$

일반적으로 확률변수들 $X_1,\ X_2,\ \cdots,\ X_n$에 대하여 $\mathbb{R}^n$상에서 정의된 함수

$$F(x_1,\ x_2,\ \cdots,\ x_n) = P(X_1 \le x_1,\ X_2 \le x_2,\ \cdots,\ X_n \le x_n)$$

을 $X_1,\ X_2,\ \cdots,\ X_n$의 결합분포함수라고 한다. 결합분포함수에 대하여 다음이 성립한다.

(1) 각각의 $i=1, \cdots, n$에 대하여 $\lim_{x_i \to \infty} F(x_1, \cdots, x_n)=0$

(2) $F(\infty, \cdots, \infty)=1$

(3) X_i의 분포함수 F_i는 F로부터 다음과 같이 얻을 수 있다.

$$\begin{aligned} F_i(x_i) &= P(X_i \le x_i) \\ &= P(X_1 < \infty, \cdots, X_i \le x_i, \cdots, X_n < \infty) \\ &= F(\infty, \cdots, x_i, \cdots, \infty). \end{aligned}$$

이때 F_i를 X_i의 **주변분포함수**(marginal distribution function)라고 한다.

(4) $F_{ij}(x_i, x_j)=P(X_i \le x_i, X_j \le x_j)$, $(i, j=1, 2, \cdots, n)$을 X_i와 X_j의 주변분포함수라고 한다.

(5) 결합분포함수가

$$F(x_1, x_2, \cdots, x_n)=\int_{-\infty}^{x_n} \cdots \int_{-\infty}^{x_1} f(u_1, \cdots, u_n)du_1 \cdots du_n$$

와 같이 표현될 때, $X_1, \cdots, X_n$ 또는 $(X_1, X_2, \cdots, X_n)$은 공동연속이라 하고 $f(x_1, \cdots, x_n)$을 $X_1, \cdots, X_n$의 결합확률밀도함수라고 한다.

(6) $X_1, \cdots, X_n$의 결합확률밀도함수가 $f(X_1, \cdots, x_n)$일 때, X_i, X_j의 결합확률밀도함수 $f_{ij}(x_i, x_j)$는 x_i와 x_j를 제외한 모든 변수에 대하여 $f(x_1, \cdots, x_n)$을 적분하여 얻는다. 예를 들어 X_1, X_2, X_3, X_4의 결합확률밀도함수가 $f(x_1, x_2, x_3, x_4)$일 때, X_1과 X_3의 결합확률밀도함수 $f_{13}(x_1, x_3)$는 다음과 같이 주어진다.

$$f_{13}(x_1, x_3)=\int_{-\infty}^{\infty}\int_{-\infty}^{\infty} f(x_1, x_2, x_3, x_4)dx_2dx_4$$

EXERCISES

5.1 연습문제

1. X와 Y의 결합확률질량함수 $p(x, y)$가 다음과 같다.

y \ x	-2	-1	0	1	2
-1	$\frac{1}{9}$	$\frac{1}{9}$	$\frac{1}{9}$	$\frac{2}{27}$	0
1	$\frac{1}{27}$	$\frac{1}{9}$	$\frac{1}{9}$	$\frac{1}{9}$	$\frac{1}{27}$
2	$\frac{2}{27}$	$\frac{2}{27}$	0	$\frac{1}{27}$	0

다음을 구하라.

(1) $P(Y>0)$　　(2) $P(X=0)$

(3) $P(|XY|=1)$　　(4) $P(X>0,\ Y<2)$

2. X와 Y의 결합확률질량함수가 $P(X=x,\ Y=y)=c(x+y),\ x,\ y=1,\ 2,\ 3$일 때 다음을 구하라.

(1) c의 값　　(2) $P(X=Y)$

3. 두 개의 공정한 주사위를 던질 때 다음의 각 경우에 대하여 X와 Y의 결합확률질량함수를 구하라.

(1) X는 두 눈 중 최댓값, Y는 두 눈의 합

(2) X는 첫 번째 주사위의 눈, Y는 두 눈의 최댓값

4. 앞면이 나올 확률이 p인 동전을 던지는 실험에서 앞면이 처음 나올 때까지 던진 횟수를 X, 앞면이 두 번째 나올 때까지 던진 횟수를 Y라 할 때, X와 Y의 결합확률질량함수를 구하라.

5. 확률변수 X와 Y의 결합확률밀도함수가

$$f(x,\ y)=8xy,\ 0<x\le y<1$$

일 때 다음을 구하라.

(1) $E(X)$　　(2) $E(Y)$

(3) $P(X<Y)$　　(4) $P(X>Y)$

6. X와 Y의 결합확률밀도함수가

$$f(x,\ y) = c\left(x^2 + \frac{xy}{2}\right),\ \ 0 < x < 1,\ 0 < y < 2$$

일 때, 다음을 구하라.

(1) 상수 c의 값

(2) X의 주변확률밀도함수 $f_X(x)$

(3) $P\{X > Y\}$

(4) $P\left(Y > \frac{1}{2} \middle| X < \frac{1}{2}\right)$

7. 다음 결합분포함수의 결합확률밀도함수를 구하라.

$$F(x,\ y) = \begin{cases} 1 - e^{-x} - e^{-y} + e^{-(x+y)}, & 0 < x < \infty,\ 0 < y < \infty, \\ 0, & \text{그 밖에} \end{cases}$$

8. 원점을 중심으로 하고 반지름이 1인 원의 내부의 점을 임의로 택할 때 선택되는 점의 좌표를 $(X,\ Y)$라고 하자. 다음을 구하라.

(1) $(X,\ Y)$의 결합확률밀도함수

(2) X와 Y의 주변확률밀도함수

(3) 원점에서 $(X,\ Y)$까지의 거리를 D라 할 때, D의 확률밀도함수

9. X와 Y가 공동연속이면 $P(X = Y) = 0$임을 보여라.

10. 항아리에 n가지 서로 다른 색깔의 공이 들어 있다고 하자. 색깔이 i인 공의 개수를 r_i, $i = 1,\ \cdots,\ n$라고 하자. 이 항아리에서 임의로 k개의 공을 동시에 꺼낼 때, 나오는 i색깔의 공의 개수를 X_i라고 하자. 그러면 X_i, $i = 1,\ 2,\ \cdots,\ n$의 결합확률질량함수는 다음과 같다.

$$P(X_1 = k_1,\ \cdots,\ X_n = k_n) = \frac{\binom{r_1}{k_1}\cdots\binom{r_n}{k_n}}{\binom{r_1 + \cdots + r_n}{k}}\ \ \left(\text{단 } k = \sum_{i=1}^{n} k_i\right)$$

이때 $X_1,\ \cdots,\ X_n$은 n**변량 초기하분포**를 따른다고 한다.

(1) X_i의 주변확률질량함수를 구하라.

(2) $(X_i,\ X_j)$의 확률질량함수를 구하라.

5.2 기댓값의 성질

두 확률변수 X와 Y의 결합으로 만들어지는 확률변수는 $\mathbb{R}^2$에서 정의된 실수값 함수 $u(x, y)$와 (X, Y)를 합성한 확률변수 $u(X, Y)$로 나타낼 수 있다. 예를 들어

(1) $u(x, y) = x + y$이면 $u(X, Y) = X + Y$

(2) $u(x, y) = x^2y^3$이면 $u(X, Y) = X^2Y^3$

이 절에서는 별도의 언급이 없더라도 확률변수 $u(X, Y)$의 기댓값이 존재한다고 가정을 하고, $E[u(X, Y)]$를 구하는 방법과 $u(x, y)$가 특별한 모양일 때 $E[u(X, Y)]$의 성질에 대하여 살펴본다.

5.2.1 확률변수의 함수의 기댓값

정리 5.2 (1) X와 Y가 각각 $\mathcal{S}_X = \{x_1, x_2, \cdots\}$와 $\mathcal{S}_Y = \{y_1, y_2, \cdots\}$에서 값을 갖는 이산확률변수이고, X와 Y의 결합확률질량함수가 $p(x, y)$일 때 다음이 성립한다.

$$E[u(X, Y)] = \sum_{x \in \mathcal{S}_X} \sum_{y \in \mathcal{S}_X} u(x, y)p(x, y)$$

(2) X와 Y의 결합확률밀도함수가 $f(x, y)$일 때,

$$E[u(X, Y)] = \int_{-\infty}^{\infty} \int_{-\infty}^{\infty} u(x, y)f(x, y)dxdy.$$

증명 여기서는 이산인 경우에 대해서만 증명한다. X와 Y가 모두 이산이므로 $u(X, Y)$는 기껏해야 가산 무한개의 값을 갖는다. 따라서 $u(X, Y)$도 이산확률변수이다. $u(X, Y)$가 취하는 값의 집합을 $\{u_k, k = 1, 2, \cdots\}$라고 하고

$$B_k = \{(x, y) \in \mathcal{S}_X \times \mathcal{S}_Y : u(x, y) = u_k\}, \; k = 1, 2, \cdots$$

로 두자. 그러면

$$P(u(X, Y) = u_k) = \sum_{(x, y) \in B_k} p(x, y).$$

한편 $\cup_{k=1}^{\infty} B_k = \mathcal{S}_X \times \mathcal{S}_Y$이므로

$$E[u(X,\ Y)] = \sum_{k=1}^{\infty} u_k P(u(X,\ Y) = u_k) = \sum_{k=1}^{\infty} u_k \sum_{(x,\ y) \in B_k} p(x,\ y)$$

$$= \sum_{k=1}^{\infty} \sum_{(x,\ y) \in B_k} u(x,\ y) p(x,\ y)$$

$$= \sum_{x \in \mathcal{S}_X} \sum_{y \in \mathcal{S}_X} u(x,\ y) p(x,\ y).$$ ✺

정리 5.2를 일반적인 형태로 쓰면 다음과 같다. $\mathbb{R}^n$ 위에서 정의된 실수값 함수 $u(x_1,\ \cdots,\ x_n)$과 $(X_1,\ \cdots,\ X_n)$을 합성한 확률변수 $u(X_1,\ \cdots,\ X_n)$에 대하여 다음이 성립한다.

(1) $X_1,\ \cdots,\ X_n$의 결합확률질량함수가 $p(x_1,\ \cdots,\ x_n)$일 때

$$E[u(X_1,\ \cdots,\ X_n)] = \sum_{x_1} \cdots \sum_{x_n} u(x_1,\ \cdots,\ x_n) p(x_1,\ \cdots,\ x_n).$$

(2) $X_1,\ \cdots,\ X_n$의 결합확률밀도함수가 $f(x_1,\ \cdots,\ x_n)$일 때

$$E[u(X_1,\ \cdots,\ X_n)] = \int_{-\infty}^{\infty} \cdots \int_{-\infty}^{\infty} u(x_1,\ \cdots,\ x_n) f(x_1,\ \cdots,\ x_n) dx_1 \cdots dx_n.$$

예제 5.6 X와 Y의 결합확률밀도함수가 다음과 같을 때 $E[X+Y]$와 $E[X^2Y]$를 구하라.

$$f(x,\ y) = \begin{cases} x + 2y^3, & 0 < x < 1,\ 0 < y < 1 \\ 0, & \text{그 밖에} \end{cases}$$

풀이 $$E[X+Y] = \int_0^1 \int_0^1 (x+y)(x+2y^3) dx dy$$

$$= \int_0^1 \left(\frac{1}{3} + y^3 + \frac{y}{2} + 2y^4 \right) dy$$

$$= \frac{1}{3} + \frac{1}{4} + \frac{1}{4} + \frac{2}{5} = \frac{37}{30},$$

$$E[X^2Y] = \int_0^1 \int_0^1 x^2 y (x + 2y^3) dx dy$$

$$= \int_0^1 \left(\frac{1}{4} y + \frac{2}{3} y^4 \right) dy$$

$$= \frac{1}{8} + \frac{2}{15} = \frac{31}{120}.$$ ✤

> **따름정리 5.3** $E[aX+bY]=aE[X]+bE[Y]$ $(a,\ b\in\mathbb{R})$

증명 $(X,\ Y)$가 공동연속인 경우에 대해서만 증명한다. 정리 5.2에서 $u(x,\ y)=ax+by$로 두면

$$
\begin{aligned}
E[aX+bY] &= \int_{-\infty}^{\infty}\int_{-\infty}^{\infty}(ax+by)f(x,\ y)dxdy \\
&= a\int_{-\infty}^{\infty}\int_{-\infty}^{\infty}xf(x,\ y)dxdy+b\int_{-\infty}^{\infty}\int_{-\infty}^{\infty}yf(x,\ y)dxdy \\
&= a\int_{-\infty}^{\infty}x\left[\int_{-\infty}^{\infty}f(x,\ y)dy\right]dx+b\int_{-\infty}^{\infty}y\left[\int_{-\infty}^{\infty}f(x,\ y)dx\right]dy \\
&= a\int_{-\infty}^{\infty}xf_X(x)dx+b\int_{-\infty}^{\infty}yf_Y(y)dy \\
&= aE[X]+bE[Y].
\end{aligned}
$$

이산확률변수인 경우는 유사한 방법으로 증명된다. ✺

따름정리 5.3은 다음과 같이 일반적인 경우에도 성립한다. 확률변수 $X_1,\ X_2,\ \cdots,\ X_n$과 실수 $a_1,\ a_2,\ \cdots,\ a_n$에 대하여

$$E\left[\sum_{i=1}^{n}a_iX_i\right]=\sum_{i=1}^{n}a_iE[X_i].$$

확률변수 X와 Y가 표본공간 Ω 위에서 정의되어 있다고 하자. 모든 $\omega\in\Omega$에 대하여 $X(\omega)\geq Y(\omega)$일 때 X는 Y보다 크거나 같다고 하고 $X\geq Y$와 같이 나타낸다.

> **따름정리 5.4** $X\geq Y$이면 $E[X]\geq E[Y]$

증명 $X\geq Y$이므로 $X-Y\geq 0$이다. 따라서 따름정리 3.8에 의하여

$$E[X]-E[Y]=E[X-Y]\geq 0$$

이다. ✺

예제 5.7 [쿠폰 수집문제] 어느 제과 회사에서는 과자 봉지 속에 N종류의 쿠폰 중 한 가지씩 넣어서 판매를 하고 N종류의 쿠폰을 모두 가져오면 상품을 주기로 하였다. 각 과자봉지 속에 특정한 쿠폰이 들어 있을 확률은 동일하다고 하자. 다음 물음에 답하라.

(1) 임의로 택한 n개의 과자봉지 속에 들어 있는 서로 다른 종류의 쿠폰의 수를 X라고 할 때 X의 기댓값을 구하라.

(2) 각 종류의 쿠폰을 모두 얻기 위하여 사야 되는 과자봉지의 수를 Y라고 할 때 Y의 기댓값을 구하라.

풀이 (1) 확률변수 X_i를 다음과 같이 정의하자.

$$X_i = \begin{cases} 1, & n\text{개의 과자봉지 속에 쿠폰 } i\text{가 포함되어 있는 경우} \\ 0, & \text{그렇지 않은 경우} \end{cases}$$

그러면

$$X = X_1 + X_2 + \cdots + X_N$$

이다. 한편

$$\begin{aligned} E[X_i] &= P(X_i = 1) \\ &= 1 - P(n\text{개 중에 쿠폰 } i\text{가 포함되어 있지 않음}) \\ &= 1 - \left(\frac{N-1}{N}\right)^n \end{aligned}$$

이므로 $E[X]$는 다음과 같다.

$$E[X] = E[X_1] + E[X_2] + \cdots + E[X_N] = N\left[1 - \left(\frac{N-1}{N}\right)^n\right]$$

(2) Y_i, $i = 0, 1, \cdots, N-1$를 i개의 서로 다른 종류의 쿠폰을 수집한 후에 다른 종류의 쿠폰을 얻기 위해 추가로 구매한 과자봉지의 수라 하자. 모든 종류의 쿠폰을 모으는 데 필요한 쿠폰의 수는 처음 쿠폰을 수집할 때까지 필요한 과자봉지의 수 $Y_0 = 1$, 한 장의 쿠폰이 있을 때 다른 종류의 쿠폰을 얻을 때까지 필요한 과자봉지의 수 Y_1, 두 종류의 쿠폰을 구한 다음 세 종류의 쿠폰을 얻을 때까지 필요한 과자봉지의 수 Y_2 등을 합한 것과 같다. 즉,

$$Y = Y_0 + Y_1 + \cdots + Y_{N-1}$$

쿠폰을 구할 때마다, N종류 중 어느 종류나 선택될 가능성이 동일하므로 Y_i ~

$\text{Geo}\left(\frac{N-i}{N}\right)$, $i=0, 1, \cdots, N-1$이다. 따라서

$$E[Y_i] = \frac{N}{N-i}$$

이고

$$\begin{aligned} E[Y] &= E[Y_0] + E[Y_1] + \cdots + E[Y_{N-1}] \\ &= 1 + \frac{N}{N-1} + \frac{N}{N-2} + \cdots + \frac{N}{1} \\ &= N\left(1 + \frac{1}{2} + \cdots + \frac{1}{N-1} + \frac{1}{N}\right). \end{aligned}$$

✤

예제 5.8 [포함과 배제의 공식] 사건 $A_1, A_2, \cdots, A_n$에 대하여

$$P(\cup_{i=1}^n A_i) = \sum_{i=1}^n P(A_i) - \sum_{i<j} P(A_i A_j) + \cdots + (-1)^{n+1} P(A_1 \cdots A_n).$$

증명 A_i의 지시확률변수를 X_i라고 하자. 즉,

$$X_i = \begin{cases} 1, & A_i \text{ 발생} \\ 0, & A_i^c \text{ 발생} \end{cases}$$

그러면 $\{X_{i_1} X_{i_2} \cdots X_{i_k} = 1\} = A_{i_1} \cap A_{i_2} \cap \cdots \cap A_{i_k}$이므로

$$E[X_{i_1} X_{i_2} \cdots X_{i_k}] = P(A_{i_1} A_{i_2} \cdots A_{i_k})$$

또한

$$Y = 1 - \prod_{i=1}^n (1 - X_i)$$

라고 두면 Y가 취할 수 있는 값은 0, 1이고 $\{Y=1\} = \cup_{i=1}^n A_i$이다. 따라서

$$E[Y] = P(\cup_{i=1}^n A_i)$$

이다. 한편

$$Y = 1 - \prod_{i=1}^n (1 - X_i)$$

$$= \sum_{i=1}^{n} X_i - \sum_{i<j} X_i X_j + \sum_{i<j<k} X_i X_j X_k - \cdots + (-1)^{n+1} X_1 \cdots X_n$$

이므로

$$\begin{aligned} E[Y] &= \sum_{i=1}^{n} E[X_i] - \sum_{i<j} E[X_i X_j] + \sum_{i<j<k} E[X_i X_j X_k] \\ &\quad - \cdots + (-1)^{n+1} E[X_1 \cdots X_n] \\ &= \sum_{i=1}^{n} P(A_i) - \sum_{i<j} P(A_i A_j) + \cdots + (-1)^{n+1} P(A_1 \cdots A_n). \end{aligned}$$ ✺

5.2.2 공분산과 확률변수의 합의 분산

정의 5.4 [공분산] 확률변수 X와 Y에 대하여

$$\mathrm{Cov}(X,\ Y) = E[(X - E[X])(Y - E[Y])] \tag{5.2}$$

를 X와 Y의 공분산(covariance)이라 한다.

$\mu_x = E[X]$, $\mu_y = E[Y]$로 두고 (5.2)의 우변을 전개하여 정리하면

$$\begin{aligned} \mathrm{Cov}(X,\ Y) &= E[XY - \mu_x Y - X\mu_y + \mu_x\mu_y] \\ &= E[XY] - \mu_x\mu_y - \mu_x\mu_y + \mu_x\mu_y \\ &= E[XY] - \mu_x\mu_y \end{aligned}$$

이다. 따라서 공분산은 다음과 같은 간편식으로 계산할 수 있다.

$$\mathrm{Cov}(X,\ Y) - E[XY] - E[X]E[Y]$$

예제 5.9 확률변수 X와 Y의 확률밀도함수가

$$f(x,\ y) = \begin{cases} \dfrac{2}{x} e^{-2x}, & 0 < y \le x < \infty, \\ 0, & \text{그 밖에} \end{cases}$$

일 때, $\mathrm{Cov}(X,\ Y)$를 구하라.

풀이

$$E[XY] = \int_0^\infty \int_0^x xy \frac{1}{x} 2e^{-2x} dy dx = \int_0^\infty x^2 e^{-2x} dx = \frac{1}{4},$$

$$E[X] = \int_0^\infty \int_0^x x \frac{1}{x} 2e^{-2x} dy dx = \int_0^\infty 2x e^{-2x} dx = \frac{1}{2},$$

$$E[Y] = \int_0^\infty \int_0^x y \frac{1}{x} 2e^{-2x} dy dx = \int_0^\infty x e^{-2x} dx = \frac{1}{4}.$$

따라서

$$\text{Cov}(X, Y) = E[XY] - E[X]E[Y] = \frac{1}{4} - \frac{1}{2} \cdot \frac{1}{4} = \frac{1}{8}$$

다음은 공분산의 정의에 의하여 쉽게 보일 수 있다. 증명은 연습문제로 남겨둔다.

(1) $\text{Cov}(X, Y) = \text{Cov}(Y, X)$

(2) $\text{Cov}(aX + b, cY + d) = ac\text{Cov}(X, Y)$

(3) $\text{Cov}(X, X) = \text{Var}[X]$

(4) $\text{Cov}\left(\sum_{i=1}^{n} X_i, \sum_{j=1}^{m} Y_j\right) = \sum_{i=1}^{n}\sum_{j=1}^{m} \text{Cov}(X_i, Y_j)$

정리 5.5 [확률변수의 합에 대한 분산]

$$\text{Var}\left[\sum_{i=1}^{n} X_i\right] = \sum_{i=1}^{n} \text{Var}[X_i] + 2\sum_{i<j} \text{Cov}(X_i, X_j)$$

증명 $\mu_i = E[X_i]$ $i = 1, 2, \cdots, n$으로 두면 $E\left[\sum_{i=1}^{n} X_i\right] = \sum_{i=1}^{n} \mu_i$이므로

$$\begin{aligned}
\text{Var}\left[\sum_{i=1}^{n} X_i\right] &= E\left[\left(\sum_{i=1}^{n} (X_i - \mu_i)\right)^2\right] \\
&= \sum_{i=1}^{n}\sum_{j=1}^{n} E[(X_i - \mu_i)(X_j - \mu_j)] \\
&= \sum_{i=1}^{n} \text{Var}[X_i] + \sum_{i \neq j} \text{Cov}(X_i, X_j) \\
&= \sum_{i=1}^{n} \text{Var}[X_i] + 2\sum_{i<j} \text{Cov}(X_i, X_j).
\end{aligned}$$

예제 5.10 [짝을 찾는 문제] N명이 자신의 이름을 적은 카드를 섞은 다음 한 장씩 선택할 때, 자신의 이름이 적힌 카드를 선택한 사람의 수를 X라고 할 때, $E[X]$와 $\mathrm{Var}[X]$를 구하라.

풀이 확률변수 X_i를 다음과 같이 정의하자.

$$X_i = \begin{cases} 1, & i\text{번째 사람이 자신의 카드를 선택한 경우} \\ 0, & \text{그렇지 않은 경우} \end{cases}$$

그러면

$$X = X_1 + X_2 + \cdots + X_N.$$

각 i에 대하여 i번째 사람이 N장의 카드 중에 어느 것이나 선택할 가능성은 동일하므로

$$E[X_i] = P(X_i = 1) = \frac{1}{N},$$

$$\mathrm{Var}[X_i] = P(X_i = 1) - [P(X_i = 1)]^2 = \frac{N-1}{N^2}$$

이다. 따라서

$$E[X] = E\left[\sum_{i=1}^{N} X_i\right] = \sum_{i=1}^{N} E[X_i] = \sum_{i=1}^{N} \frac{1}{N} = 1.$$

한편 $i < j$일 때,

$$\begin{aligned} E[X_iX_j] &= P(X_i = 1,\ X_j = 1) \\ &= P(X_j = 1 \mid X_i = 1)P(X_i = 1) \\ &= \frac{1}{(N-1)N} \end{aligned}$$

이므로

$$\mathrm{Cov}(X_i,\ X_j) = \frac{1}{(N-1)N} - \frac{1}{N^2} = \frac{1}{N^2(N-1)}.$$

따라서

$$\mathrm{Var}[X] = \mathrm{Var}\left[\sum_{i=1}^{N} X_i\right]$$

$$= \sum_{i=1}^{N} \mathrm{Var}[X_i] + 2\sum_{i<j} \mathrm{Cov}(X_i,\ X_j)$$

$$= N \cdot \frac{N-1}{N^2} + 2\binom{N}{2}\frac{1}{N^2(N-1)} = 1.$$ ✣

예제 5.11 [초기하분포의 기댓값과 분산] 흰 공 N개와 검은 공 M개가 들어 있는 상자에서 무작위로 n개의 공을 비복원추출할 때, 추출된 흰 공의 개수를 X라고 하자. $E[X]$와 $\mathrm{Var}[X]$를 구하라.

풀이 확률변수 X_i를 다음과 같이 정의하자.

$$X_i = \begin{cases} 1, & i\text{번째 선택된 공이 흰 공인 경우} \\ 0, & \text{그렇지 않은 경우} \end{cases}$$

그러면

$$X = X_1 + X_2 + \cdots + X_n$$

이다. 제2장의 예제 2.24(폴리아의 항아리모형)로부터 $P(X_i = 1) = \frac{N}{M+N}$, $i = 1,\ 2,\ \cdots,\ n$임을 알 수 있다. 따라서

$$E[X_i] = P(X_i = 1) = \frac{N}{N+M},$$

$$\mathrm{Var}[X_i] = \frac{MN}{(M+N)^2}$$

이다. 따라서

$$E[X] = E[X_1] + E[X_2] + \cdots + E[X_n] = \frac{nN}{N+M}.$$

또한 제2장의 예제 2.24로부터

$$E[X_iX_j] = P(X_i = 1,\ X_j = 1)$$

$$= \frac{N-1}{M+N-1} \cdot \frac{N}{M+N},\ i<j$$

이므로

$$\mathrm{Cov}(X_i,\ X_j) = \frac{N-1}{M+N-1} \cdot \frac{N}{M+N} - \frac{N^2}{(M+N)^2}$$

$$= -\frac{MN}{(M+N)^2(M+N-1)}.$$

그러므로

$$\begin{aligned}
\mathrm{Var}[X] &= \sum_{i=1}^{n} \mathrm{Var}[X_i] + 2\sum_{i<j} \mathrm{Cov}(X_i,\ X_j) \\
&= \frac{MNn}{(M+N)^2} + 2\cdot\binom{n}{2}\left(-\frac{MN}{(M+N)^2(M+N-1)}\right) \\
&= \frac{nMN}{(M+N)^2}\left(1-\frac{n-1}{M+N-1}\right) \\
&= n\cdot\frac{M}{M+N}\cdot\frac{N}{M+N}\cdot\frac{M+N-N}{M+N-1}.
\end{aligned}$$

✤

예제 5.12 [다항분포] 한 번의 시행에서 나올 수 있는 결과가 r개인 실험을 독립적으로 반복하는 경우를 생각해보자. 매 시행에서 결과 i가 발생할 확률을 $0 < p_i < 1,\ i = 1,\ 2,\ \cdots,\ r$ $(\sum_{i=1}^{r} p_i = 1)$이라 하자. n번의 시행에서 결과 i가 발생한 횟수를 $X_i,\ i=1,\ 2,\ \cdots,\ r$라고 할 때 다음을 보여라.

(1) $(X_1,\ X_2,\ \cdots,\ X_r)$의 결합질량함수는 다음과 같다.

$$P(X_1 = n_1,\ X_2 = n_2,\ \cdots,\ X_r = n_r) = \frac{n!}{n_1!n_2!\cdots n_r!}p_1^{n_1}p_2^{n_2}\cdots p_r^{n_r} \tag{5.3}$$

단 $\sum_{i=1}^{r} n_i = n$이다. 이때 $X_i,\ i=1,\ 2,\ \cdots,\ r$는 **다항분포**(multinomial distribution)를 따른다고 한다.

(2) X_i와 $X_j,\ i \neq j$의 공분산은 다음과 같다.

$$\mathrm{Cov}(X_i,\ X_j) = -np_ip_j$$

풀이 (1) 매 시행은 독립적으로 이루어지므로 n번의 시행에서 결과 i가 $n_i(i=1,\ 2,\ \cdots,\ r)$번 발생할 확률은 $p_1^{n_1}p_2^{n_2}\cdots p_r^{n_r}$이다. 또한 n번의 시행에서 각각의 결과 i가 $n_i\ (i=1,\ 2,\ \cdots,\ r)$번 나오는 경우의 수는 $\dfrac{n!}{n_1!n_2!\cdots n_r!}$이므로 (5.3)을 얻는다.

(2) 공분산을 구하기 위하여 X_{ki}를 다음과 같이 정의하자.

$$X_{ki} = \begin{cases} 1, & k\text{번째 시행에서 결과 } i\text{가 발생할 경우} \\ 0, & \text{그렇지 않을 경우} \end{cases}$$

그러면 X_i를 다음과 같이 나타낼 수 있다.

$$X_i = \sum_{k=1}^{n} X_{ki},\ i = 1,\ 2,\ \cdots,\ n$$

한편 $p_i = P(X_{ki} = 1)$이므로 $E[X_{ki}] = p_i$, $\mathrm{Var}[X_{ki}] = p_i(1-p_i)$이다. 또한 시행은 독립적으로 이루어지므로 $k \neq l$일 때,

$$\begin{aligned} E[X_{ki}X_{lj}] &= P(X_{ki} = 1,\ X_{lj} = 1) \\ &= P(X_{ki} = 1)P(X_{lj} = 1) = p_i p_j. \end{aligned}$$

따라서 $k \neq l$이면

$$\mathrm{Cov}(X_{ki},\ X_{lj}) = E[X_{ki}X_{lj}] - E[X_{ki}]E[X_{li}] = 0$$

만약 $i \neq j$이고 $k = l$이면 i와 j가 동시에 발생할 수는 없으므로

$$E[X_{ki}X_{kj}] = P(X_{ki} = 1,\ X_{kj} = 1) = 0$$

이다. 따라서 $k = 1,\ 2,\ \cdots,\ n$에 대하여

$$\mathrm{Cov}(X_{ki},\ X_{kj}) = \begin{cases} -p_i p_j, & i \neq j \\ p_i(1-p_i), & i = j \end{cases}$$

그러므로

$$\begin{aligned} \mathrm{Cov}(X_i,\ X_j) &= \sum_{k=1}^{n}\sum_{l=1}^{n} \mathrm{Cov}(X_{ki},\ X_{lj}) \\ &= \sum_{k=1}^{n} \mathrm{Cov}(X_{ki},\ X_{kj}) = \begin{cases} -np_i p_j, & i \neq j \\ np_i(1-p_i), & i = j. \end{cases} \end{aligned}$$ ✤

공분산의 부호 앞의 몇몇 예제에서 공분산의 부호가 양인 경우와 음인 경우를 보았다. 공분산의 부호는 어떠한 의미를 지닐까? 공분산의 정의를 살펴보면 X의 평균을 중심으로 하여 X가 커질 때 Y도 자신의 평균을 중심으로 하여 커지거나, X가 작아질 때 Y도 작아지면 $(X-E[X])(Y-E[Y])$의 값은 양이 될 가능성이 높을 것이다. 결과적으로 X와 Y가 같은 경향을 가지면 두 확률변수의 공분산은 양이 될 것이다. 역으로 X가 커질 때 Y는 작아진다든지 하여 서로 반대의 경향을 가지면 두 확률변수의 공분산은 음이 될 것이다. 이러한 현상을 위의 예에서 살펴보자. 예제 5.10의 짝을 찾는 문제에서 첫 번째 사람이 자신의 이름표를 찾았다면 두 번째 사람이 자신의 이름표를 찾을 가

능성은 커질 것이다.($N=2$인 경우에 생각해보면 자명하다.) 실제 조건부확률을 보면

$$P(X_2=1 | X_1=1)=\frac{1}{N-1}>\frac{1}{N}=P(X_2=1)$$

이 되어 X_1과 X_2가 같은 경향을 갖는 것을 알 수 있다. 실제 이 경우 공분산은 $\mathrm{Cov}(X_1, X_2)=\frac{1}{N^2(N-1)}>0$이었다. 다른 예로 예제 5.11의 초기하분포의 경우를 생각해보자. 첫 번째 꺼낸 공이 흰 공이었다면, 즉 $X_1=1$이면 두 번째 공을 꺼낼 때 흰 공을 꺼낼 가능성은 더 작아질 것이다. 사실

$$P(X_2=1 | X_1=1)=\frac{N-1}{M+N-1}<\frac{N}{M+N}=P(X_2=1)$$

이다. 즉 X_1과 X_2는 서로 반대의 경향이 있다. 앞에서 이 경우 공분산은 음이 됨을 알았다. 이와 같은 이유에서 키와 몸무게, 수학성적과 과학성적 사이는 각각 양의 공분산을 가질 것이고 결석시간과 시험성적 사이에는 음의 공분산을 가질 것으로 예상할 수 있다.

5.2.3* 상관계수

앞에서 살펴본 바와 같이 공분산은 두 확률변수의 경향이 서로 같은지 그렇지 않은지를 판단하는 데 도움을 준다. 그러나 부호는 바뀌지 않는다 하더라도 공분산의 값은 확률실험의 결과를 측정하는 단위에 따라 바뀔 수 있다. 예를 들어 X_1과 Y_1은 각각 cm단위로 측정한 키와 g단위로 측정한 몸무게를, X_2와 Y_2는 각각 m단위로 측정한 키와 kg단위로 측정한 몸무게를 나타낸다고 하자. 그러면 $X_1=100X_2$, $Y_1=1000Y_2$가 되어

$$\mathrm{Cov}(X_1, Y_1)=10^5\mathrm{Cov}(X_2, Y_2)$$

가 된다. 단위에 불변이면서 두 확률변수 간의 경향을 측정하기 위하여 표준화된 확률변수에 대한 공분산을 생각할 수 있다. 즉, μ_x, μ_y를 각각 X와 Y의 기댓값, σ_x, σ_y를 각각 X와 Y의 표준편차라고 할 때 단위에 의존하지 않는 표준화된 확률변수

$$X^*=\frac{X-\mu_x}{\sigma_x},\quad Y^*=\frac{Y-\mu_y}{\sigma_y}$$

의 공분산

$$\mathrm{Cov}(X^*, Y^*)=\frac{\mathrm{Cov}(X, Y)}{\sigma_x\sigma_y}$$

을 X와 Y의 상관계수라 한다.

> **정의 5.5** [상관계수] 표준편차가 각각 σ_x와 σ_y인 확률변수 X와 Y에 대하여
>
> $$\rho(X,\ Y)=\frac{\mathrm{Cov}(X,\ Y)}{\sigma_x\sigma_y}.$$
>
> 를 X와 Y의 **상관계수(correlation coefficient)**라고 한다.

$aX+b$와 $cY+d$의 표준편차는 각각 $|a|\sigma_x$와 $|c|\sigma_y$이고 $\mathrm{Cov}(aX+b,\ cY+d)=ac\mathrm{Cov}(X,\ Y)$이므로 다음이 성립함을 쉽게 알 수 있다.

$$\rho(aX+b,\ cY+d)=\begin{cases}\rho(X,\ Y), & ac>0\\ -\rho(X,\ Y), & ac<0\end{cases}$$

따라서 확률변수 X와 Y를 $aX+b$, $cY+d$와 같이 변환하였을 때 상관계수는 a와 c의 부호에만 영향을 받는다.

예제 5.13 X와 Y의 결합확률밀도함수가

$$f(x,\ y)=\begin{cases}8xy, & 0<y<x<1\\ 0, & \text{그 밖에}\end{cases}$$

일 때 다음을 구하라.

(1) $\rho(X,\ Y)$ (2) $\rho(3X-1,\ -2Y+5)$

풀이 (1) 정리 5.2에 의하여

$$E[XY]=\int_0^1\left(\int_0^x 8x^2y^2dy\right)dx=\frac{4}{9}$$

이다. 같은 방법으로 다음을 얻는다.

$$E[X]=\frac{4}{5},\ E[Y]=\frac{8}{15},\ E[X^2]=\frac{2}{3},\ E[Y^2]=\frac{1}{3}$$

따라서

$$\mathrm{Var}[X]=E[X^2]-(E[X])^2=\frac{2}{3}-\left(\frac{4}{5}\right)^2=\frac{2}{75},$$

$$\mathrm{Var}[Y] = E[Y^2] - (E[Y])^2 = \frac{1}{3} - \left(\frac{8}{15}\right)^2 = \frac{11}{225},$$

$$\mathrm{Cov}[X,\ Y] = E[XY] - E[X]E[Y] = \frac{4}{9} - \frac{4}{5} \cdot \frac{8}{15} = \frac{4}{225}.$$

그러므로 다음을 얻는다.

$$\rho(X,\ Y) = \frac{\mathrm{Cov}(X,\ Y)}{\sigma_x \sigma_y} = \frac{4}{\sqrt{66}}$$

(2) $\rho(3X-1,\ -2Y+5) = -\rho(X,\ Y) = -\dfrac{4}{\sqrt{66}}$. ✣

> **정리 5.6** 확률변수 X와 Y의 상관계수 $\rho(X,\ Y)$는 다음을 만족한다.
>
> $$|\rho(X,\ Y)| \le 1$$
>
> 특히 $|\rho(X,\ Y)| = 1$일 필요충분조건은 X와 Y가 적당한 상수 a, b에 대하여 $X = aY + b$를 만족하는 것이다.

증명 X와 Y의 평균을 각각 μ_x, μ_y, 분산을 각각 σ_x^2, σ_y^2이라고 하고

$$a = \frac{\mathrm{Cov}(X,\ Y)}{\sigma_y^2},\quad b = \mu_x - a\mu_y \tag{5.4}$$

라고 두자. 그러면

$$\begin{aligned} E[(X-(aY+b))^2] &= E[((X-\mu_x) - a(Y-\mu_y))^2] \\ &= \sigma_x^2 - 2a\mathrm{Cov}(X,\ Y) + a^2\sigma_y^2 \\ &= \sigma_x^2 - \frac{\mathrm{Cov}(X,\ Y)}{\sigma_y^2} \\ &= \sigma_x^2(1-\rho(X,\ Y)^2). \end{aligned} \tag{5.5}$$

한편 $E[(X-(aY+b))^2] \ge 0$이므로

$$0 \le \rho(X,\ Y)^2 \le 1$$

이다. 따라서 $|\rho(X,\ Y)| \le 1$이다. (5.5)로부터 $|\rho(X,\ Y)| = 1$일 필요충분조건은 $X = aY + b$임을 알 수 있다. ✺

정리 5.6의 증명은 다음과 같은 의미를 갖는다. 확률변수 X를 Y에 관한 일차식 $aY+b$로 근사할 때 오차의 제곱의 평균[1] $E[(X-(aY+b))^2]$을 최소화하는 상수 a와 b는 (5.4)와 같이 주어진다(연습문제 16). 이 사실과 (5.5)로부터 $E[(X-(aY+b))^2]$의 최솟값은 $\sigma_x^2(1-\rho(X,\ Y)^2)$임을 알 수 있다. 이런 의미에서 상관계수는 두 확률변수 X와 Y의 선형성의 척도로 여겨진다. 즉, $|\rho(X,\ Y)|$가 1에 가까울수록 X와 Y는 선형관계가 강하다는 것을 의미한다. 또한 $\rho(X,\ Y)=0$일 때 **무상관**(uncorrelated)이라고 한다.

5.2.4 결합적률생성함수와 결합확률생성함수

확률변수 $X_1,\ X_2,\ \cdots,\ X_n$에 대하여

$$M(t_1,\ \cdots,\ t_n)=E[e^{t_1X_1+\cdots+t_nX_n}]$$

을 $X_1,\ X_2,\ \cdots,\ X_n$의 **결합적률생성함수**라 한다. 특히 $X_1,\ X_2,\ \cdots,\ X_n$이 음이 아닌 정수값을 갖는 확률변수들일 때

$$P(z_1,\ \cdots,\ z_n)=E[z_1^{X_1}\cdots z_n^{X_n}]$$

을 $X_1,\ X_2,\ \cdots,\ X_n$의 **결합확률생성함수**라 한다.

논의를 간단히 하기 위하여 두 개의 확률변수 X와 Y에 대한 결합적률생성함수 $M(s,\ t)=E[e^{sX+tY}]$에 대한 성질을 살펴보자. 정의에 의하여 다음이 성립하는 것은 쉽게 알 수 있다.

$$M(s,\ 0)=E[e^{sX}]=M_X(s),$$
$$M(0,\ t)=E[e^{tY}]=M_Y(t)$$

또한

$$\frac{\partial^{n+m}}{\partial s^n\partial t^m}M(s,\ t)=E[X^nY^me^{sX+tY}]$$

이므로 결합적률생성함수로부터 X와 Y의 결합적률을 다음과 같이 구할 수 있다.

$$\left.\frac{\partial^{n+m}}{\partial s^n\partial t^m}M(s,\ t)\right|_{s=t=0}=E[X^nY^m]$$

1) 이것을 간단히 평균제곱오차(mean square error)라고도 한다.

기댓값과 분산, 공분산을 다음과 같이 적률생성함수를 이용하여 구할 수 있다.

$$\mu_x = E[X] = \frac{\partial}{\partial s} M(0,\ 0),\ \mu_y = E[Y] = \frac{\partial}{t} M(0,\ 0),$$

$$\mathrm{Var}[X] = E[X^2] - \mu_x^2 = \frac{\partial^2}{\partial s^2} M(0,\ 0) - \mu_x^2,$$

$$\mathrm{Var}[Y] = E[Y^2] - \mu_y^2 = \frac{\partial^2}{\partial t^2} M(0,\ 0) - \mu_y^2,$$

$$\mathrm{Cov}(X,\ Y) = E[XY] - E[X]E[Y] = \frac{\partial^2}{\partial s\,\partial t} M(0,\ 0) - \mu_x\mu_y$$

예제 5.14 결합확률밀도함수가

$$f(x,\ y) = \begin{cases} e^{-y}, & 0 < x < y < \infty \\ 0, & \text{그 밖에} \end{cases}$$

인 두 확률변수 X와 Y의 결합적률생성함수를 구하고 이것을 이용하여 두 확률변수의 상관계수와 각각의 주변확률 분포를 구하라.

풀이 결합적률생성함수를 구하면 다음과 같다.

$$\begin{aligned} M(s,\ t) &= \int_{x=0}^{\infty}\int_{y=x}^{\infty} e^{sx+ty}e^{-y}dydx \\ &= \frac{1}{(1-t)(1-s-t)},\ s+t<1,\ t<1 \end{aligned}$$

따라서

$$E[XY] = \frac{\partial^2}{\partial s\,\partial t} M(0,\ 0) = 3.$$

한편

$$M_X(s) = M(s,\ 0) = \frac{1}{1-s},$$

$$M_Y(t) = M(0,\ t) = \frac{1}{(1-t)^2}$$

이므로 $X \sim \mathrm{Exp}(1)$, $Y \sim \mathrm{Gam}(2,\ 1)$이고 X와 Y의 주변확률밀도함수는 각각 다음과 같다.

$$f_X(x) = e^{-x},\ 0 < x < \infty$$
$$f_Y(y) = ye^{-y},\ 0 < y < \infty.$$

또한 X와 Y의 기댓값과 분산은 다음과 같다.

$$\mu_x = M'_X(0) = 1,\ \sigma_x^2 = M''_X(0) - [M'_X(0)]^2 = 1,$$
$$\mu_y = M'_Y(0) = 2,\ \sigma_y^2 = M''_Y(0) - [M'_Y(0)]^2 = 2.$$

따라서

$$\rho(X,\ Y) = \frac{\mathrm{Cov}(X,\ Y)}{\sigma_x\sigma_y} = \frac{3 - 1 \cdot 2}{1 \cdot \sqrt{2}} = \frac{1}{\sqrt{2}}.$$

✤

예제 5.15 예제 5.12에서 주어진 다항분포를 따르는 확률변수 $(X_1,\ \cdots,\ X_r)$에 대한 결합적률생성함수를 구하고 이를 이용하여 $\mathrm{Cov}(X_i,\ X_j)$를 구하라.

풀이 다항정리(정리 1.17)에 의하여

$$\begin{aligned} M(t_1,\ \cdots,\ t_r) &= E[e^{t_1X_1 + \cdots + t_rX_r}] \\ &= \sum_{(k_1,\ \cdots,\ k_r) \in \mathcal{S}} \binom{n}{k_1,\ k_2,\ \cdots,\ k_r} \prod_{i=1}^{r} (p_ie^{t_i})^{k_i} \\ &= \left(\sum_{i=1}^{r} p_ie^{t_i}\right)^n. \end{aligned}$$

여기서 $\mathcal{S} = \{(n_1,\ \cdots,\ n_r) : n_i \ge 0,\ \Sigma_{i=1}^{r} n_i = n\}$이다. 따라서 X_i와 X_j의 결합적률생성함수는 다음과 같다.

$$\begin{aligned} M_{ij}(t_i,\ t_j) &= M(0,\ \cdots,\ 0,\ t_i,\ 0,\ \cdots,\ 0,\ t_j,\ 0\cdots,\ 0) \\ &= (p_ie^{t_i} + p_je^{t_j} + 1 - (p_i + p_j))^n \end{aligned}$$

따라서

$$\begin{aligned} E[X_iX_j] &= \frac{\partial^2}{\partial t_i \partial t_j} M_{ij}(0,\ 0) = n(n-1)p_ip_j, \\ E[X_i] &= \frac{\partial}{\partial t_i} M_{ij}(0,\ 0) = np_i, \\ E[X_j] &= \frac{\partial}{\partial t_j} M_{ij}(0,\ 0) = np_j \end{aligned}$$

이고

$$\mathrm{Cov}(X_i,\ X_j) = n(n-1)p_ip_j - n^2p_ip_j = -np_ip_j.$$

이것은 예제 5.12의 결과와 일치하는 것을 알 수 있다. ✤

정리 3.16과 유사하게 결합분포도 결합적률생성함수에 의하여 유일하게 결정된다는 사실이 알려져 있다. 증명없이 언급하도록 한다.

정리 5.7 $(X_1,\ X_2)$와 $(Y_1,\ Y_2)$의 결합적률생성함수가 서로 같으면 $(X_1,\ X_2)$의 결합분포와 $(Y_1,\ Y_2)$의 결합분포는 서로 같다.

EXERCISES

5.2 연습문제

1. 한 개의 주사위를 10번 던질 때 나오는 눈의 수의 합에 대한 기댓값을 구하라.

2. X와 Y의 결합확률밀도함수가 다음과 같을 때 $E[XY]$를 구하라.

$$f(x,\ y) = 6x,\ 0 < x < y < 1$$

3. X와 Y의 결합밀도함수가 다음과 같을 때 $E[X+Y]$를 구하라.

(1) $f(x,\ y) = \dfrac{1}{y}e^{-(y+x/y)},\ x > 0,\ y > 0$

(2) $f(x,\ y) = \dfrac{1}{4}(y-x)e^{-y},\ -y < x < y,\ 0 < y < \infty$

4. N쌍의 부부가 참석한 파티에서 각 참석자의 이름이 적힌 카드 $2N$장을 바구니에 넣고 임의로 m장의 카드를 꺼내어 카드에 이름이 있는 사람에게 경품을 준다고 하자. 경품을 하나도 받지 못하는 부부의 쌍의 수를 X라 할 때 $E[X]$를 구하라.

5. 항아리 속에 다음과 같은 숫자가 적힌 카드가 들어 있다.

$$1,\ 8,\ 9,\ 17,\ 26,\ 43,\ 69$$

임의로 두 장의 카드를 비복원추출할 때, 첫 번째 카드와 두 번째 카드에 적힌 번호를 각각 X와 Y라 하자. 이때 $\mathrm{Cov}(X,\ Y)$를 구하라.

6. 한 개의 주사위를 n번 던질 때 1의 눈이 나타나는 횟수를 X, 2의 눈이 나타나는 횟수를 Y라 하자. $\mathrm{Cov}(X,\ Y)$를 구하라.

7. $U \sim \mathrm{U}\left(0,\ \frac{\pi}{2}\right)$, $V \sim \mathrm{U}(0,\ \pi)$일 때, $\mathrm{Cov}(\sin U,\ \cos U)$와 $\mathrm{Cov}(\sin V,\ \cos V)$를 구하라.

8. $E[X]=3$, $\mathrm{Var}[X]=1$, $E[Y]=-2$, $\mathrm{Var}[Y]=4$일 때, $\mathrm{Cov}(X+Y,\ X-Y)$를 구하라.

9. X와 Y의 분산이 같으면 $\mathrm{Cov}(X+Y,\ X-Y)=0$임을 보여라.

10. 다음을 증명하라.

$$\mathrm{Cov}\left(\sum_{i=1}^{n} X_i,\ \sum_{j=1}^{m} Y_j\right) = \sum_{i=1}^{n}\sum_{j=1}^{m} \mathrm{Cov}(X_i,\ Y_j)$$

11. 앞면이 나올 확률이 p인 동전을 n번 던질 때, X를 앞면의 수, Y를 뒷면의 수라 하자. $\rho(X,\ Y)$를 구하라.

12. $U \sim \mathrm{U}(0,\ 1)$일 때, $\rho(U^2,\ U^3)$를 구하라.

13. $E[X]=2$, $E[Y]=3$, $E[X^2]=5$, $E[Y^2]=13$일 때, $\mathrm{Var}[X+Y]$의 최댓값과 최솟값을 구하라.

14. $E[X]=1$, $E[Y]=3$, $E[X^2]=5$, $E[Y^2]=10$, $E[XY]=0$을 만족하는 두 확률변수 X와 Y는 존재할 수 없음을 보여라.

15. $E[X]=1$, $E[Y]=3$, $E[X^2]=2$, $E[Y^2]=13$, $E[XY]=5$일 때, X와 Y의 관계식을 써라.

16. $E[(X-(aY+b))^2]$을 최소화하는 a와 b의 값을 구하고 이때 $E[(X-(aY+b))^2]$의 최솟값을 $\rho(X, Y)$를 이용하여 나타내어라.

17. X와 Y의 결합확률밀도함수가 다음과 같다.

$$f(x, y)=\frac{1}{2}(1+x)e^{-x-y}, \quad 0<x<\infty, 0<y<\infty$$

X와 Y의 결합적률생성함수와 X와 Y 각각의 적률생성함수를 구하라.

18. $E[X^2]<\infty$, $E[Y^2]<\infty$일 때, 다음 부등식을 증명하라.

$$(E[|XY|])^2 \leq E[X^2]E[Y^2]$$

이 부등식을 코시-슈바르츠(Cauchy-Schwarz) 부등식이라고 한다.

19. $E[X^2]<\infty$, $E[Y^2]<\infty$일 때, 다음 부등식을 증명하라.

$$(E[(X+Y)^2])^{1/2} \leq (E[X^2])^{1/2}+(E[Y^2])^{1/2}$$

이 부등식을 민코프스키(Minkowski) 부등식이라고 한다.

5.3 확률변수의 독립성

제2장에서는 사건의 독립성에 대하여 알아보았다. 여기서는 확률변수의 독립성에 대한 정의와 독립인 확률변수들 사이의 성질에 대하여 살펴본다.

5.3.1 확률변수의 독립성

생각해보기

갑돌이와 갑순이가 주사위를 각각 한 번씩 던지는 실험을 생각하자. 갑돌이가 던진 주사위의 눈의 수가 i이고 갑순이가 던진 주사위의 눈의 수가 j일 때, 그 결과를 $(i,\ j)$로 표기하면 표본공간은 다음과 같다.

$$\Omega = \{(i,\ j),\ i,\ j = 1,\ 2,\ \cdots,\ 6\}$$

이 실험에서 갑돌이와 갑순이가 던져서 나오는 주사위의 눈의 수를 각각 X와 Y라 하자.

1. 사건 $\{X=3\}$과 사건 $\{Y=4\}$를 표본공간의 원소로 표시하라.
2. $\{X=3\}$과 $\{Y=4\}$는 서로 독립인가?
3. 임의의 자연수 n과 k에 대하여 $\{X=n\}$과 $\{Y=k\}$는 서로 독립인가?

위의 생각해보기에서 $n,\ k \in \{1,\ 2,\ \cdots,\ 6\}$일 때

$$P(X=n,\ Y=k) = \frac{1}{36} = P(X=n)P(Y=k)$$

이고 $n \notin \{1,\ 2,\ \cdots,\ 6\}$ 또는 $k \notin \{1,\ 2,\ \cdots,\ 6\}$이면

$$P(X=n,\ Y=k) = 0 = P(X=n)P(Y=k)$$

이 되어 임의의 자연수 n과 k에 대하여 $\{X=n\}$과 $\{Y=k\}$는 서로 독립임을 알 수 있다. 또한 임의의 실수의 부분집합 A와 B에 대하여 $\{X \in A\}$와 $\{Y \in B\}$는 서로 독립임을 보일 수 있다. 이와 같이 확률변수 X에 의하여 만들어지는 사건 $\{X \in A\}$와 확률변수 Y에 의하여 만들어지는 사건 $\{Y \in B\}$가 서로 독립일 때 두 확률변수는 서로 독립이라 한다.

확률변수를 도입한 목적 중의 하나는 관심이 있는 사건들을 효율적으로 나타내고 분

석을 용이하게 하는 것이다. 따라서 궁극적으로는 확률변수 자체보다는 그에 관련된 사건에 관심이 있으므로 두 확률변수의 독립성은 각각의 확률변수에 의하여 만들어지는 사건의 독립성으로 정의하는 것이 자연스러울 것이다. 일반적으로 확률변수의 독립은 다음과 같이 정의한다.

정의 5.6 [확률변수의 독립] 확률변수 $X_1, X_2, \cdots, X_n$에 대하여 임의의 사건 $\{X_i \in B_i\}(B_i \subset \mathbb{R}),\ i=1, 2, \cdots, n$이

$$P(X_1 \in B_1, \cdots, X_n \in B_n) = P(X_1 \in B_1) \cdots P(X_n \in B_n) \tag{5.6}$$

을 만족할 때, $X_1, X_2, \cdots, X_n$은 서로 **확률적으로 독립** 또는 간단히 **독립**이라고 한다.

정리 5.8 다음은 서로 동치이다.

(1) $X_1, X_2, \cdots, X_n$이 서로 독립이다.

(2) $X_1, X_2, \cdots, X_n$의 결합분포함수 F가 X_i의 주변분포함수 F_i의 곱으로 나타난다.

$$F(x_1, \cdots, x_n) = F_1(x_1) \cdots F_n(x_n) \tag{5.7}$$

(3) $X_1, X_2, \cdots, X_n$가 모두 이산확률변수일 때

$$P(X_1 = x_1, \cdots, X_n = x_n) = P(X_1 = x_1) \cdots P(X_n = x_n). \tag{5.8}$$

$X_1, X_2, \cdots, X_n$가 공동연속인 경우는 결합확률밀도함수 $f(x_1, \cdots, x_n)$가 X_i의 주변확률밀도함수 $f_i(x_i)$의 곱으로 나타난다.

$$f(x_1, \cdots, x_n) = f_1(x_1) \cdots f_n(x_n) \tag{5.9}$$

증명 여기서는 두 개의 확률변수 X와 Y가 공동연속일 때 (5.6) ⇒ (5.7) ⇒ (5.9) ⇒ (5.6)을 보인다. 이산확률변수인 경우는 유사한 방법으로 증명한다.

X와 Y의 결합분포함수와 결합확률밀도함수를 각각 $F(x, y)$와 $f(x, y)$라 하자. 또한 X와 Y의 주변분포함수를 $F_X(x)$, $F_Y(y)$, 주변확률밀도함수를 $f_X(x)$, $f_Y(y)$라 하자.

먼저 (5.6)을 가정하고 $B_1 - (-\infty, x]$, $B_2 = (-\infty, y]$로 두면

$$\begin{aligned} F(x,\ y) &= P(X\in(-\infty,\ x],\ \ Y\in(-\infty,\ y]) \\ &= P(X\in(-\infty,\ x])P(Y\in(-\infty,\ y]) \\ &= F_X(x)F_Y(y) \end{aligned}$$

이므로 (5.7)이 증명된다. 이제 (5.7)을 가정하고 (5.7)의 양변을 x와 y로 편미분하면

$$\frac{\partial^2}{\partial x\partial y}F(x,\ y) = \left(\frac{\partial}{\partial x}F_X(x)\right)\left(\frac{\partial}{\partial y}F_Y(y)\right) = f_X(x)f_Y(y)$$

이 되어 (5.9)가 증명된다. 끝으로 (5.9)를 가정하면

$$\begin{aligned} P(X\in B_1,\ \ Y\in B_2) &= \int_{B_2}\int_{B_1} f(x,\ y)dxdy \\ &= \int_{B_2}\int_{B_1} f_X(x)f_Y(y)dxdy \\ &= \left(\int_{B_1} f_X(x)dx\right)\left(\int_{B_2} f_Y(y)dy\right) \\ &= P(X\in B_1)P(Y\in B_2) \end{aligned}$$

이 되어 (5.6)이 증명된다. ✻

예제 5.16 X와 Y의 결합확률밀도함수가 다음과 같을 때 X와 Y는 서로 독립인가?

$$f(x,\ y) = \begin{cases} xe^{-(x+y)}, & x>0,\ y>0 \\ 0, & \text{그 밖에} \end{cases}$$

풀이 X와 Y의 주변확률밀도함수를 각각 구하면

$$f_X(x) = \begin{cases} \displaystyle\int_0^\infty xe^{-(x+y)}dy = xe^{-x}, & x>0 \\ 0, & \text{그 밖에} \end{cases}$$

$$f_Y(y) = \begin{cases} \displaystyle\int_0^\infty xe^{-(x+y)}dx = e^{-y}, & y>0 \\ 0, & \text{그 밖에} \end{cases}$$

따라서 모든 $x,\ y\in\mathbb{R}$에 대하여

$$f(x,\ y) = f_X(x)f_Y(y).$$

이므로 X와 Y는 서로 독립이다. ✤

예제 5.17 X와 Y의 결합확률질량함수 $p(i,\ j)$가 다음과 같을 때 X와 Y는 서로 독립인가?

$$p(1,\ 1)=0.3,\ p(1,\ 2)=0,\ p(2,\ 1)=0.4,\ p(2,\ 2)=0.3$$

풀이 X와 Y의 주변확률질량함수를 구하면 다음과 같다.

$$\begin{aligned} P(X=1) &= p(1,\ 1)+p(1,\ 2)=0.3, \\ P(Y=1) &= p(1,\ 1)+p(2,\ 1)=0.7 \end{aligned}$$

그런데

$$P(X=1)P(Y=1)=0.21 \neq p(1,\ 1)=P(X=1,\ Y=1)$$

이므로 X와 Y는 서로 독립이 아니다. ✤

예제 5.18 $X,\ Y,\ Z$가 서로 독립이고 각각은 균등분포 $\mathrm{U}(0,\ 1)$을 따를 때 $P(X \geq YZ)$를 구하라.

풀이 $X,\ Y,\ Z$가 서로 독립이므로 결합확률밀도함수는

$$f(x,\ y,\ z)=f_X(x)f_Y(y)f_Z(z)=1,\ 0<x<1,\ 0<y<1,\ 0<z<1$$

이다. 따라서

$$\begin{aligned} P(X \geq YZ) &= \iiint_{\{(x,\ y,\ z)\,:\,x \geq yz\}} f(x,\ y,\ z)dxdydz \\ &= \int_0^1\int_0^1\int_{yz}^1 dxdydz = \int_0^1\int_0^1 (1-yz)dydz \\ &= \int_0^1\left(1-\frac{z}{2}\right)dz = \frac{3}{4}. \end{aligned}$$

✤

예제 5.19 어느 쇼핑센터에 하루 동안 오는 고객의 수는 모수가 λ인 푸아송분포를 따른다고 한다. 쇼핑센터에 오는 고객 중 1명을 임의로 선택할 때 그 고객이 남자일 확률은 p, 여자일 확률은 $q=1-p$라고 하자. 이 쇼핑센터에 하루 동안 오는 남자고객의 수를 X, 여자고객의 수를 Y라고 할 때, $X \sim \mathrm{Poi}(\lambda p)$, $Y \sim \mathrm{Poi}(\lambda(1-p))$이고 X와 Y는 서로 독립임을 보여라.

풀이 전확률공식에 의하여

$$\begin{aligned} P(X=i,\ Y=j) &= P(X=i,\ Y=j \mid X+Y=i+j)P(X+Y=i+j) \\ &\quad + P(X=i,\ Y=j \mid X+Y \neq i+j)P(X+Y \neq i+j) \end{aligned}$$

그런데 $P(X=i,\ Y=j \mid X+Y \neq i+j)=0$이므로

$$P(X=i,\ Y=j)=P(X=i,\ Y=j \mid X+Y=i+j)P(X+Y=i+j)$$

이다. 가정에 의하여 $X+Y \sim \mathrm{Poi}(\lambda)$이므로

$$P(X+Y=i+j)=e^{-\lambda}\frac{\lambda^{i+j}}{(i+j)!}$$

이다. 한 사람이 쇼핑센터에 왔을 때 그가 남자일 확률이 p이므로 $i+j$명의 고객이 도착한다고 할 때 그들 중 남자의 수는 모수가 $(i+j,\ p)$인 이항분포를 따른다. 따라서

$$P(X=i,\ Y=j \mid X+Y=i+j)=\binom{i+j}{i}p^i q^j$$

이다. 그러므로

$$\begin{aligned} P(X=i,\ Y=j) &= P(X=i,\ Y=j \mid X+Y=i+j)P(X+Y=i+j) \\ &= \binom{i+j}{i}p^i q^j e^{-\lambda}\frac{\lambda^{i+j}}{(i+j)!} = e^{-\lambda}\frac{(\lambda p)^i}{i!j!}(\lambda q)^j \\ &= e^{-\lambda p}\frac{(\lambda p)^i}{i!}e^{-\lambda q}\frac{(\lambda q)^j}{j!},\quad i,\ j=0,\ 1,\ 2,\cdots \end{aligned} \tag{5.10}$$

한편 (5.10)으로부터

$$P(X=i)=\sum_{j=0}^{\infty}P(X=i,\ Y=j)=e^{-\lambda p}\frac{(\lambda p)^i}{i!},\quad i=0,\ 1,\ 2,\cdots \tag{5.11}$$

$$P(Y=j)=\sum_{i=0}^{\infty}P(X=i,\ Y=j)=e^{-\lambda q}\frac{(\lambda q)^j}{j!},\quad j=0,\ 1,\ 2,\cdots \tag{5.12}$$

이므로 $X \sim \mathrm{Poi}(\lambda p)$, $Y \sim \mathrm{Poi}(\lambda(1-p))$이다. 또한 (5.10), (5.11), (5.12)로부터 $P(X=i,\ Y=j)=P(X=i)P(Y=j)$이 성립함을 알 수 있다. 따라서 X와 Y는 서로 독립이다. ✤

예제 5.20 구간 $(0,\ 1)$에서 임의로 두 점을 택할 때 두 점 사이의 거리가 $\frac{1}{2}$보다 작을 확률을 구하라. 또한 두 점 사이의 거리의 기댓값을 구하라.

풀이 임의로 선택한 두 점을 X와 Y라고 하면 $X \sim U(0,\ 1)$, $Y \sim U(0,\ 1)$이고 이들은 서로 독립이다. 따라서 X와 Y의 결합확률밀도함수는 다음과 같다.

$$f(x,\ y) = 1,\quad 0 < x < 1,\ 0 < y < 1$$

구간 $(0,\ 1)$ 위의 두 점 x와 y 사이의 거리가 $\frac{1}{2}$보다 작기 위해서는 $(x,\ y)$가 영역

$$\mathcal{S} = \left\{(x,\ y) : |x - y| < \frac{1}{2},\ 0 < x < 1,\ 0 < y < 1\right\}$$

에 포함되어야 한다(그림 5.2).

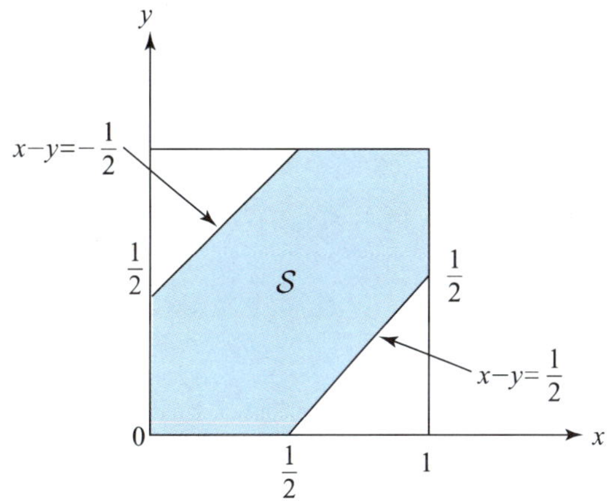

그림 5.2

따라서 두 점 사이의 거리가 $\frac{1}{2}$보다 작을 확률은

$$P\left(|X - Y| < \frac{1}{2}\right) = \iint_{\mathcal{S}} dxdy = \mathcal{S}\text{의 면적} = \frac{3}{4}$$

이다. 이제 두 점사이의 거리의 기댓값 $E[|X - Y|]$를 구하자. 먼저 다음의 두 집합을 정의한다.

$$\mathcal{S}_1 = \{(x,\ y) : x \geq y,\ 0 < x < 1,\ 0 < y < 1\}$$
$$\mathcal{S}_2 = \{(x,\ y) : x < y,\ 0 < x < 1,\ 0 < y < 1\}$$

그러면

$$\begin{aligned} E[|X - Y|] &= \int_0^1 \int_0^1 |x - y| dxdy \\ &= \iint_{\mathcal{S}_1} |x - y| dxdy + \iint_{\mathcal{S}_2} |x - y| dxdy \end{aligned}$$

$$= \int_0^1 \int_y^1 (x-y)dxdy + \int_0^1 \int_x^1 (y-x)dydx$$

$$= \frac{1}{6} + \frac{1}{6} = \frac{1}{3}.$$

✤

예제 5.21 $X_1, X_2, \cdots, X_n$이 서로 독립이고 각각의 주변확률분포함수가 $F_i(x_i)$, $i=1, 2, \cdots, n$일 때, 확률변수

$$X = \min(X_1, \cdots, X_n),\ Y = \max(X_1, \cdots, X_n)$$

의 분포함수를 각각 구하라.

풀이 $P(X > x) = P(X_1 > x, \cdots, X_n > x) = P(X_1 > x) \cdots P(X_n > x)$
$= (1 - F_1(x)) \cdots (1 - F_n(x))$

따라서

$$P(X \le x) = 1 - P(X > x) = 1 - \prod_{i=1}^{n} (1 - F_i(x)).$$

같은 방법으로

$$P(Y \le x) = P(X_1 \le x, \cdots, X_n \le x)$$

$$= P(X_1 \le x) \cdots P(X_n \le x) = \prod_{i=1}^{n} F_i(x).$$

✤

예제 5.22 구간 $(0, 1)$에서 임의로 한 점을 택할 때 얻어지는 수를 U라 하자. U를 십진수 소수로 표현할 때 U의 소수점이하 k번째 자리의 수를 X_k라고 하자. 예를 들어 $U = 0.1702\cdots$이면, $X_1 = 1$, $X_2 = 7$, $X_3 = 0$, $X_4 = 2$, $\cdots$이다. (단 소수 표현방법은 유한 소수로 표현할 수 있는 것은 유한 소수로 표현한다. 예를 들어 $\frac{1}{2}$을 소수로 표현할 때 $0.4999\cdots$로 표현하지 않고 $0.500\cdots$으로 표현한다.) 이때 각각의 n에 대하여, $X_n \sim \mathrm{U}\{0, 1, 2, \cdots, 9\}$이고 $X_1, X_2, \cdots, X_n$은 서로 독립임을 보여라.

풀이 $U \sim U(0, 1)$이므로 각각의 $k = 0, 1, \cdots, 9$에 대하여

$$P(X_1 = k) = P(U \in [0.k,\ 0.k + 0.1)) = \frac{1}{10},$$

$$\begin{aligned} P(X_2=k) &= P(U\in \cup_{i=0}^{9}[0.ik,\ 0.ik+0.01)) \\ &= \sum_{i=0}^{9} P(U\in [0.ik,\ 0.ik+0.01)) \\ &= \sum_{i=0}^{9}\frac{1}{100}=\frac{1}{10}. \end{aligned}$$

일반적으로

$$\begin{aligned} P(X_{n+1}=k) &= P(U\in \cup_{i_1=0}^{9}\cdots \cup_{i_n=0}^{9}[0.i_1\cdots i_nk,\ 0.i_1\cdots i_nk+10^{-n-1})) \\ &= \sum_{i_1=0}^{9}\cdots \sum_{i_n=0}^{9} P(U\in [0.i_1\cdots i_nk,\ 0.i_1\cdots i_nk+10^{-n-1})) \\ &= \sum_{i_1=0}^{9}\cdots \sum_{i_n=0}^{9} 10^{-n-1}=\frac{1}{10} \end{aligned}$$

이다. 따라서

$$P(X_n=k)=\frac{1}{10},\ k=0,\ 1,\ 2,\ \cdots,\ 9.$$

독립성의 증명에 대한 이해를 돕기 위하여 구체적인 예를 먼저 생각해 보자.

$$\begin{aligned} P(X_1=3,\ X_2=2,\ X_3=4) &= P(U\in [0.324,\ 0.325)) \\ &= 10^{-3}=P(X_1=3)P(X_2=2)P(X_3=4) \end{aligned}$$

일반적으로 $\{k_1,\ \cdots,\ k_n\}\subset \{0,\ 1,\ 2,\ \cdots,\ 9\}$이면

$$\begin{aligned} P(X_1=k_1,\ \cdots,\ X_n=k_n) &= P(U\in [0.k_1\cdots k_n,\ 0.k_1\cdots k_n+10^{-n})) \\ &= 10^{-n}=P(X_1=k_1)\cdots P(X_n=k_n). \end{aligned}$$

따라서 $X_1,\ X_2,\ \cdots,\ X_n$은 서로 독립이다. ✤

예제 5.23 [뷔퐁(Buffon)의 바늘 문제] 평면상에서 거리가 $d>0$만큼 떨어져 있는 평행한 두 직선을 생각하자. 길이가 $l(0<l\le d)$인 바늘을 임의로 던질 때 바늘이 두 직선 중 하나와 만나게 될 확률을 구하라. 단 바늘이 두 직선 사이에 떨어지지 않고 완전히 벗어나면 무효로 하고 다시 던진다.

풀이 바늘의 중심으로부터 가장 가까운 직선까지의 거리를 X라 하고 바늘의 중심에서 직선에 내린 수선과 바늘이 이루는 각을 Θ라 하자(그림 5.3).

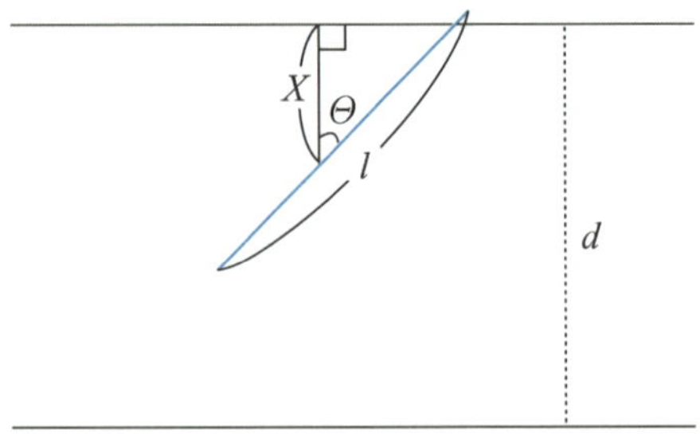

| 그림 5.3 |

두 확률변수 X와 Θ는 서로 독립이고

$$X \sim \mathrm{U}\left(0,\ \frac{d}{2}\right),\ \Theta \sim \mathrm{U}\left(0,\ \frac{\pi}{2}\right)$$

이므로 X와 Θ의 결합확률밀도함수는 다음과 같다.

$$f(x,\ \theta) = \begin{cases} \dfrac{4}{\pi d}, & 0 < x < \dfrac{d}{2},\ 0 < \theta < \dfrac{\pi}{2} \\ 0, & \text{그 밖에} \end{cases}$$

바늘이 직선과 만나기 위해서는 $X < \dfrac{l}{2}\cos\Theta$이어야 하므로 바늘이 직선과 만날 확률은 다음과 같다.

$$\begin{aligned} P\left(X < \frac{l}{2}\cos\Theta\right) &= \iint_{\{(x,\ \theta)\,:\,x < (l\cos\theta)/2\}} f(x,\ \theta)\,dx\,d\theta \\ &= \frac{4}{\pi d}\int_{\theta=0}^{\pi/2}\int_{x=0}^{(l\cos\theta)/2} dx\,d\theta \\ &= \frac{4}{\pi d}\int_{\theta=0}^{\pi/2}\frac{l}{2}\cos\theta\,d\theta \\ &= \frac{2l}{\pi d} \end{aligned}$$

✤

다음의 정리는 확률변수 X, Y의 결합확률밀도함수의 형태만 보고 두 확률변수의 독립성을 판단할 수 있도록 해준다.

정리 5.9 공동연속인 확률변수 X와 Y가 서로 독립일 필요충분조건은 결합확률밀도함수 $f(x,\ y)$가 다음과 같이 x만의 함수 $h(x)$와 y만의 함수 $g(y)$의 곱으로 나타나는 것이다.

$$f(x, y) = h(x)g(y), \ x, y \in \mathbb{R} \tag{5.13}$$

증명 $f_X(x)$와 $f_Y(y)$를 각각 X와 Y의 주변확률밀도함수라 하자. X와 Y가 서로 독립이면 $f(x, y) = f_X(x)f_Y(y)$가 되어 (5.13)이 증명된다. 역으로 $f(x, y) = h(x)g(y)$라 하자. 또한

$$c_1 = \int_{-\infty}^{\infty} h(x)dx, \ c_2 = \int_{-\infty}^{\infty} g(y)dy$$

로 두자. $f(x, y)$가 결합확률밀도함수이므로

$$\begin{aligned} 1 &= \int_{-\infty}^{\infty}\int_{-\infty}^{\infty} f(x, y)dxdy \\ &= \int_{-\infty}^{\infty} h(x)dx \int_{-\infty}^{\infty} g(y)dy \\ &= c_1 c_2. \end{aligned}$$

한편

$$f_X(x) = \int_{-\infty}^{\infty} f(x, y)dy = h(x)\int_{-\infty}^{\infty} g(y)dy = c_2 h(x)$$

$$f_Y(y) = \int_{-\infty}^{\infty} f(x, y)dx = g(y)\int_{-\infty}^{\infty} h(x)dy = c_1 g(y)$$

이므로

$$f_X(x)f_Y(y) = c_1c_2h(x)g(y) = h(x)g(y) = f(x, y)$$

이다. 따라서 X와 Y는 서로 독립이다. ✺

정리 5.9로부터 두 확률변수 X와 Y의 결합확률밀도함수 $f(x, y)$에 대하여 $f(x, y) > 0$인 영역이 $(a, b)\times(c, d)$와 같이 두 구간의 데카르트곱으로 나타나며 $f(x, y)$가 x만의 함수와 y만의 함수의 곱으로 나타나면 X와 Y는 서로 독립임을 알 수 있다. 이산확률변수인 경우에도 정리 5.9와 유사한 결과가 성립한다.

예제 5.24 X와 Y의 결합확률밀도함수가 다음과 같을 때, X와 Y의 독립성을 판정하라.

(1) $f(x,\ y) = \dfrac{y^{-1/2}\cos x}{(e-1)\sqrt{2\pi}}\exp\left(\sin x - \dfrac{1}{2}y\right),\ 0 < x < \dfrac{\pi}{2},\ 0 < y < \infty$

(2) $f(x,\ y) = 8xy,\ 0 < y < x < 1$

풀이 (1) $f(x,\ y) > 0$인 영역이 $\left(0,\ \dfrac{\pi}{2}\right) \times (0,\ \infty)$이고

$$f(x,\ y) = \left(\frac{\cos x}{e-1}e^{\sin x}\right)\left(\frac{y^{-1/2}}{\sqrt{2\pi}}e^{-\frac{1}{2}y}\right)$$

와 같이 $f(x,\ y)$가 x만의 함수와 y만의 함수의 곱으로 나타나므로 X와 Y는 서로 독립이다.

(2) $f(x,\ y) > 0$인 영역이 $\{(x,\ y) : 0 < y < x < 1\}$로 두 구간의 데카르트곱으로 나타나지 않는다(그림 5.4).

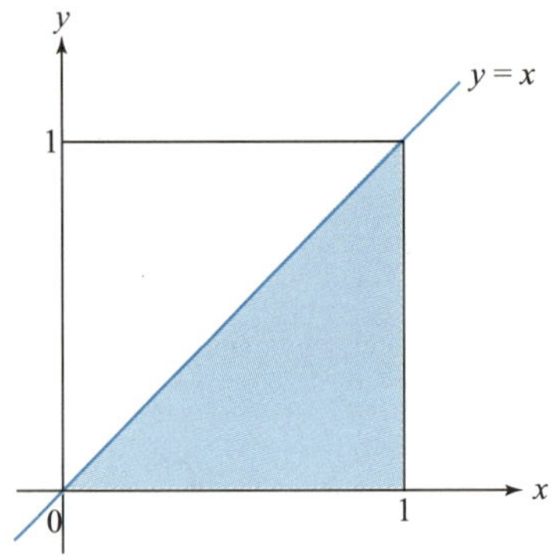

그림 5.4

따라서 X와 Y는 서로 독립이 아니다. ✤

정리 5.10 X와 Y가 서로 독립이면 실수상에서 정의된 임의의 실수값 함수 $u(x)$와 $v(y)$에 대하여

$$E[u(X)v(Y)] = E[u(X)]E[v(Y)] \tag{5.14}$$

이다.

증명 X와 Y가 각각 확률밀도함수 $f_X(x)$와 $f_Y(y)$를 갖는다고 하자. X와 Y는 서로 독

립이므로 결합확률밀도함수는 $f(x, y) = f_X(x) f_Y(y)$이다. 따라서

$$\begin{aligned} E[u(X)v(Y)] &= \int_{-\infty}^{\infty} \int_{-\infty}^{\infty} u(x)v(y) f_X(x) f_Y(y) dx dy \\ &= \int_{-\infty}^{\infty} u(x) f_X(x) \left(\int_{-\infty}^{\infty} v(y) f_Y(y) dy \right) dx \\ &= \int_{-\infty}^{\infty} u(x) f_X(x) dx \int_{-\infty}^{\infty} v(y) f_Y(y) dy \\ &= E[u(X)] E[v(Y)]. \end{aligned}$$

이산인 경우도 같은 방법으로 증명된다. ✺

따름정리 5.11 X와 Y가 서로 독립이면 $\mathrm{Cov}(X, Y) = 0$이다.

증명 $\mathrm{Cov}(X, Y) = E[XY] - E[X]E[Y] = E[X]E[Y] - E[X]E[Y] = 0$ ✺

참고

따름정리 5.11의 역은 일반적으로 성립하지 않는다. 즉, $\mathrm{Cov}(X, Y) = 0$이라 하더라도 X와 Y가 서로 독립이 아닐 수 있다. 예를 들어 $Z \sim N(0, 1)$일 때, $E[Z] = E[Z^3] = 0$이다. 따라서

$$\mathrm{Cov}(Z, Z^2) = E[Z \cdot Z^2] - E[Z]E[Z^2] = 0$$

이다. 그러나 명백하게 Z와 Z^2은 서로 독립이 아니다.

따름정리 5.12 $X_1, X_2, \cdots, X_n$이 서로 독립이면

$$\mathrm{Var}\left[\sum_{i=1}^{n} X_i\right] = \sum_{i=1}^{n} \mathrm{Var}[X_i].$$

증명 정리 5.5와 따름정리 5.11에 의하여 자명하다. ✺

예제 5.25 [표본평균과 표본분산의 평균] 서로 독립이며 같은 분포를 따르는 확률변수 X_1, X_2, $\cdots$, X_n에 대하여,

$$\overline{X} = \frac{1}{n}\sum_{i=1}^{n} X_i,\ S^2 = \frac{1}{n-1}\sum_{i=1}^{n}(X_i - \overline{X})^2$$

이라 하자. 이때 $\overline{X}$와 S^2을 각각 X_1, X_2, $\cdots$, X_n의 **표본평균**(sample mean)과 **표본분산**(sample variance)이라고 한다.

$E[X_i] = \mu$, $\mathrm{Var}[X_i] = \sigma^2$일 때 다음을 보여라.

$$E[\overline{X}] = \mu,\ \mathrm{Var}[\overline{X}] = \frac{\sigma^2}{n},\ E[S^2] = \sigma^2.$$

풀이 기댓값과 분산의 성질에 의하여

$$E[\overline{X}] = \frac{1}{n}\sum_{i=1}^{n} E[X_i] = \frac{1}{n}\sum_{i=1}^{n}\mu = \mu,$$
$$\mathrm{Var}[\overline{X}] = \mathrm{Var}\left[\frac{1}{n}\sum_{i=1}^{n} X_i\right] = \frac{1}{n^2}\sum_{i=1}^{n}\mathrm{Var}[X_i] = \frac{1}{n}\sigma^2.$$

이제 S^2의 평균을 구하기 위하여 다음을 주목하자.

$$\begin{aligned}(n-1)S^2 &= \sum_{i=1}^{n}((X_i-\mu)+(\mu-\overline{X}))^2 \\ &= \sum_{i=1}^{n}(X_i-\mu)^2 + 2(\mu-\overline{X})\sum_{i=1}^{n}(X_i-\mu) + \sum_{i=1}^{n}(\mu-\overline{X})^2 \\ &= \sum_{i=1}^{n}(X_i-\mu)^2 - n(\overline{X}-\mu)^2\end{aligned}$$

따라서

$$\begin{aligned}(n-1)E[S^2] &= \sum_{i=1}^{n} E[(X_i-\mu)^2] - nE[(\overline{X}-\mu)^2] = \sum_{i=1}^{n}\sigma^2 - n\mathrm{Var}[\overline{X}] \\ &= n\sigma^2 - n\cdot\frac{\sigma^2}{n} = (n-1)\sigma^2.\end{aligned}$$

그러므로 $E[S^2] = \sigma^2$이다. ✤

정리 5.13 X_1, X_2, $\cdots$, X_n이 서로 독립일 필요충분조건은 결합적률생성함수가 각각의 적률생성함수의 곱으로 나타나는 것이다. 즉,

$$M(t_1, \cdots, t_n) = M_1(t_1) \cdots M_n(t_n) \tag{5.15}$$

여기서 $M_i(t_i) = E[e^{t_i X_i}]$는 X_i의 적률생성함수이다.

증명 두 개의 확률변수 X와 Y가 공동연속인 경우에 대하여만 증명한다. 정리 5.10에서 $u(x) = e^{sx}$, $v(y) = e^{ty}$로 두면

$$M(s, t) = E[e^{sX}e^{tY}] = E[e^{sX}]E[e^{tY}] = M_X(s)M_Y(t)$$

가 되어 (5.15)가 증명된다. 역으로 (5.15)를 가정하자. $f_X(x)$와 $f_Y(y)$를 각각 X와 Y의 주변확률밀도함수, $f(x, y)$를 결합확률밀도함수라고 하면

$$\begin{aligned}\int_{-\infty}^{\infty}\int_{-\infty}^{\infty} e^{sx+ty}f(x, y)dxdy = M(s, t) = M_X(s)M_Y(t) \\ = \int_{-\infty}^{\infty} e^{sx}f_X(x)dx \int_{-\infty}^{\infty} e^{ty}f_Y(y)dy \\ = \int_{-\infty}^{\infty}\int_{-\infty}^{\infty} e^{sx+ty}f_X(x)f_Y(y)dxdy\end{aligned}$$

이다. 적률생성함수의 유일성(정리 5.7)에 의하여 $f(x, y) = f_X(x)f_Y(y)$이다. 따라서 X와 Y는 서로 독립이다. 이산인 경우에도 같은 방법으로 증명된다. ✱

참고

정리 5.10에서 $u(x) = e^{sx}$, $v(y) = e^{ty}$로 두면 정리 5.13에 의하여 (5.13)은 X와 Y가 서로 독립일 충분조건이 됨을 알 수 있다. 또한 X 와 Y가 서로 독립이면 $g(X)$와 $h(Y)$도 서로 독립이다.

정리 5.14 음이 아닌 정수값을 갖는 확률변수 $X_1, X_2, \cdots, X_n$이 서로 독립일 필요충분조건은 결합확률생성함수가 각각의 확률생성함수의 곱으로 나타나는 것이다. 즉,

$$P(z_1, \cdots, z_n) = P_1(z_1) \cdots P_n(z_n) \tag{5.16}$$

여기서 $P_i(z_i) = E[z_i^{X_i}]$는 X_i의 확률생성함수이다.

증명 두 개의 확률변수 X와 Y에 대하여만 증명한다. 먼저 $P(z_1, z_2) = E[z_1^X z_2^Y]$, $P_X(z_1) = E[z_1^X]$, $P_Y(z_2) = E[z_2^Y]$로 두자.

X와 Y가 서로 독립이라고 가정하자. 정리 5.10에서 $u(x) = z_1^x$, $v(y) = z_2^y$로 두면 (5.16)이 증명된다.

이제 (5.16)을 가정하자. 확률생성함수의 정의에 의하여 다음을 얻는다.

$$P(z_1, z_2) = \sum_{m=0}^{\infty}\sum_{n=0}^{\infty} z_1^m z_2^n P(X=m, Y=n),$$

$$P_X(z_1)P_Y(z_2) = \sum_{m=0}^{\infty} z_1^m P(X=m) \sum_{n=0}^{\infty} z_2^n P(Y=n)$$

$$= \sum_{m=0}^{\infty}\sum_{n=0}^{\infty} z_1^m z_2^n P(X=m)P(Y=n)$$

두 멱급수가 같기 위한 필요충분조건은 각각의 m, n에 대하여 $z_1^m z_2^n$의 계수가 같은 것이므로

$$P(X=m, Y=n) = P(X=m)P(Y=n),\ m, n = 0, 1, 2, \cdots$$

이다. 따라서 X와 Y는 서로 독립이다. ✱

앞에서 언급한 두 확률변수가 서로 독립일 필요충분조건을 요약하면 다음과 같다.

정리 5.15 X와 Y의 결합확률밀도함수가 $f(x, y)$이고 각각의 주변확률밀도함수가 $f_X(x)$와 $f_Y(y)$일 때 다음은 서로 동치이다.

(1) 확률변수 X와 Y는 서로 독립이다.

(2) $P(X \le x, Y \le y) = P(X \le x)P(Y \le y)$, $x, y \in \mathbb{R}$

(3) $f(x, y) = f_X(x) f_Y(y)$, $x, y \in \mathbb{R}$

(4) $f(x, y) = g(x)h(y)$, $x, y \in \mathbb{R}$

(5) 임의의 함수 $u(x)$와 $v(y)$에 대하여 $E[u(X)v(Y)] = E[u(X)]E[v(Y)]$

(6) $M(s, t) = M(s, 0)M(0, t)$ (단, $M(s, t) = E[e^{sX+tY}]$)

X와 Y가 이산확률변수일 때에도 결합확률질량함수 $p(x, y)$와 각각의 주변확률질량함수 $p_X(x)$와 $p_Y(y)$에 대하여 위의 결과가 성립한다.

5.3.2 독립인 확률변수의 합

> **정리 5.16** (1) 정수값을 가지며 서로 독립인 확률변수 X와 Y의 합을 $Z=X+Y$라고 할 때, Z의 확률질량함수 $p_Z(n)=P(Z=n)$은 다음과 같다.
>
> $$p_Z(n)=\sum_{k=-\infty}^{\infty} p_X(n-k)p_Y(k) \tag{5.17}$$
>
> $$=\sum_{k=-\infty}^{\infty} p_Y(n-k)p_X(k),\ n=0,\ \pm 1,\ \pm 2,\ \cdots. \tag{5.18}$$
>
> 단, $p_X(k)=P(X=k)$, $p_Y(k)=P(Y=k)$.
>
> (2) X와 Y의 확률밀도함수가 각각 $f_X(x)$와 $f_Y(y)$이고 서로 독립일 때, $Z=X+Y$의 확률밀도함수 $f_Z(x)$는 다음과 같다.
>
> $$f_Z(z)=\int_{-\infty}^{\infty} f_X(z-y)f_Y(y)dy \tag{5.19}$$
>
> $$=\int_{-\infty}^{\infty} f_Y(z-x)f_X(x)dx \tag{5.20}$$

증명 (1) X와 Y가 정수값을 가지면 $Z=X+Y$도 정수값을 갖는다. 사건 $\{Z=n\}$은

$$\{Z=n\}=\cup_{k=-\infty}^{\infty}\{X=n-k,\ Y=k\}$$

와 같이 나타낼 수 있다. 따라서 X와 Y가 서로 독립이므로

$$P(Z=n)=\sum_{k=-\infty}^{\infty} P(X=n-k,\ Y=k)$$

$$=\sum_{k=-\infty}^{\infty} P(X=n-k)P(Y-k)$$

$$=\sum_{k=-\infty}^{\infty} p_X(n-k)p_Y(k).$$

같은 방법으로 $\{Z=n\}=\cup_{k=-\infty}^{\infty}\{X=k,\ Y=n-k\}$로부터 (5.18)이 성립함을 보일 수 있다.

(2) X와 Y가 서로 독립이므로 결합확률밀도함수는 $f(x,\ y)=f_X(x)f_Y(y)$이다. 따라서 Z의 분포함수는

$$
\begin{aligned}
F_Z(z) &= P(X+Y \le z) \\
&= \iint_{\{(x,\ y)\,:\, x+y \le z\}} f(x,\ y)\,dx\,dy \\
&= \iint_{\{(x,\ y)\,:\, x+y \le z\}} f_X(x) f_Y(y)\,dx\,dy \\
&= \int_{y=-\infty}^{\infty} \int_{x=-\infty}^{z-y} f_X(x) f_Y(y)\,dx\,dy \\
&= \int_{-\infty}^{\infty} F_X(z-y) f_Y(y)\,dy.
\end{aligned}
$$

그러므로 Z의 확률밀도함수 $f_Z(z)$는 다음과 같다.

$$
\begin{aligned}
f_Z(z) &= \frac{dF_Z(z)}{dz} = \int_{-\infty}^{\infty} \frac{dF_X(z-y)}{dz} f_Y(y)\,dy \\
&= \int_{-\infty}^{\infty} f_X(z-y) f_Y(y)\,dy
\end{aligned}
$$

같은 방법으로

$$
F_Z(z) = \int_{-\infty}^{\infty} F_Y(z-x) f_X(x)\,dx
$$

를 보일 수 있으며 이것으로부터 (5.20)이 성립함을 보일 수 있다. ✱

참고

함수 f_X와 f_Y, f_Z가 (5.19)를 만족할 때 f_Z를 f_X와 f_Y의 합성곱(convolution)이라고 하고 기호로

$$
f_Z = f_X * f_Y
$$

로 나타낸다. (5.19)와 (5.20)으로부터 함수에 대한 합성곱 연산은 교환법칙이 성립함을 알 수 있다.

예제 5.26 [균등확률변수의 합] $X,\ Y \sim \mathrm{U}(0,\ 1)$이고 서로 독립일 때 $X+Y$의 확률밀도함수를 구하라.

풀이 X와 Y의 확률밀도함수는 각각 $f_X(x) = f_Y(x) = 1,\ 0 < x < 1$이므로 $f_X(z-x)$ $f_Y(x) = 1$이 되기 위한 $(x,\ z)$의 영역은

$$\mathcal{S} = \{(x,\ z) : 0 < x < 1,\ x < z < x+1\}$$

이다(그림 5.5 참조).

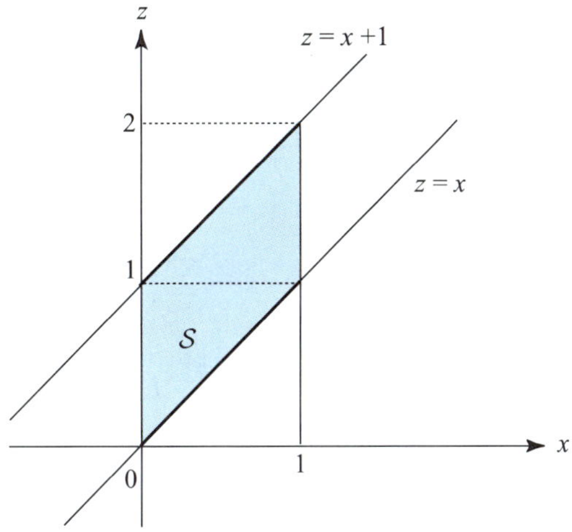

그림 5.5

따라서 정리 5.16에 의하여 $X+Y$의 확률밀도함수는

$$f_{X+Y}(z) = \int_0^1 f_X(z-x) f_Y(x)dx = \int_0^1 f_X(z-x)dx$$

$$= \begin{cases} \displaystyle\int_0^z 1dx = z, & 0 \le z \le 1 \\ \displaystyle\int_{z-1}^1 1dx = 2-z, & 1 < z < 2 \\ 0, & \text{그 밖에} \end{cases}$$

이다. 즉, $X+Y$는 삼각분포 $\mathrm{Tri}(0,\ 2,\ 1)$를 따른다. ✤

정리 5.17 [이항확률변수의 합] $X \sim \mathrm{B}(n,\ p)$, $Y \sim \mathrm{B}(m,\ p)$이고 서로 독립이면 $X+Y \sim \mathrm{B}(n+m,\ p)$이다.

증명 여기서는 확률질량함수를 이용한 방법과 확률생성함수를 이용한 방법을 소개한다. 기호의 편의를 위하여 $q = 1-p$로 두자.

(1) 확률질량함수를 이용하는 방법 : 먼저 다음 사실을 주목하자(1.3 연습문제 9번).

$$\sum_{i=0}^{n}\binom{n}{i}\binom{m}{k-i}=\binom{m+n}{k}$$

$X+Y$의 확률질량함수는 정리 5.16에 의하여

$$\begin{aligned}P(X+Y=k)&=\sum_{i=-\infty}^{\infty}P(X=i)P(Y=k-i)\\&=\sum_{i=0}^{n}\binom{n}{i}p^iq^{n-i}\binom{m}{k-i}p^{k-i}q^{m-k+i}\\&=\sum_{i=0}^{n}\binom{n}{i}\binom{m}{k-i}p^kq^{m+n-k}\\&=\binom{m+n}{k}p^kq^{m+n-k},\ k=0,\ 1,\ \cdots,\ n+m\end{aligned}$$

이고 이것은 $\mathrm{B}(n+m,\ p)$의 확률질량함수이다.

(2) 확률생성함수를 이용하는 방법 : $X+Y$의 확률생성함수는

$$\begin{aligned}P_{X+Y}(z)&=E[z^{X+Y}]=E[z^X]E[z^Y]\\&=(pz+q)^n(pz+q)^m\\&=(pz+q)^{m+n}\end{aligned}$$

이고 이것은 $\mathrm{B}(n+m,\ p)$의 확률생성함수이다. 확률생성함수의 유일성에 의하여 $X+Y\sim\mathrm{B}(n+m,\ p)$이다. ✺

참고

정리 5.17은 다음과 같이 직관적인 설명이 가능하다. 앞면이 나올 확률이 p인 동전을 n번 던진 다음 다시 m번을 던지는 실험을 생각하자. 이때 처음 n번의 시행에서 나오는 앞면의 수를 X라고 하고 그 다음 m번 던질 때 나오는 앞면의 수를 Y라고 하면 $X\sim\mathrm{B}(n,\ p)$, $Y\sim\mathrm{B}(m,\ p)$이다. 또한 각 시행은 독립적으로 이루어지므로 X와 Y는 서로 독립이다. 한편 $X+Y$는 $n+m$번의 시행에서 앞면이 나오는 횟수이므로 $X+Y\sim\mathrm{B}(n+m,\ p)$이다. 만약 $X\sim\mathrm{B}(n,\ p_1)$, $Y\sim\mathrm{B}(m,\ p_2)$이고 $p_1\neq p_2$이면 처음 n번의 시행과 그 다음 m번의 시행에서 사용한 동전의 앞면이 나올 확률이 서로 다르므로 X와 Y가 서로 독립이라 하더라도 $X+Y$는 이항분포를 따르지 않는다.

예제 5.27 $X\sim\mathrm{B}(n,\ p)$의 기댓값과 분산을 구하라.

풀이 $X_i \sim \mathrm{B}(1,\ p),\ i=1,\ 2,\ \cdots,\ n$이고 서로 독립이면 $\sum_{i=1}^{n} X_i \sim \mathrm{B}(n,\ p)$이다. $E[X_i] = p,\ \mathrm{Var}[X_i] = pq\ \ (q = 1-p)$이므로

$$E[X] = \sum_{i=1}^{n} E[X_i] = \sum_{i=1}^{n} p = np,$$
$$\mathrm{Var}[X] = \sum_{i=1}^{n} \mathrm{Var}[X_i] = \sum_{i=1}^{n} pq = npq.$$

✤

정리 5.18 [푸아송확률변수의 합] $X \sim \mathrm{Poi}(\lambda),\ Y \sim \mathrm{Poi}(\mu)$이고 서로 독립이면 $X+Y \sim \mathrm{Poi}(\lambda+\mu)$이다.

증명 확률질량함수를 이용한 방법과 확률생성함수를 이용하는 방법을 소개한다.

(1) $X+Y$의 확률질량함수는 정리 5.16에 의하여

$$\begin{aligned} P(X+Y=n) &= \sum_{k=0}^{n} P(X=k)P(Y=n-k) \\ &= \sum_{k=0}^{n} e^{-\lambda}\frac{\lambda^k}{k!} e^{-\mu}\frac{\mu^{n-k}}{(n-k)!} \\ &= e^{-(\lambda+\mu)}\frac{1}{n!}\sum_{k=0}^{n}\frac{n!}{k!(n-k)!}\lambda^k \mu^{n-k} \\ &= e^{-(\lambda+\mu)}\frac{(\lambda+\mu)^n}{n!} \end{aligned}$$

이고 이것은 $\mathrm{Poi}(\lambda+\mu)$의 확률질량함수이다.

(2) $X+Y$의 확률생성함수는

$$\begin{aligned} P_{X+Y}(z) &= E[z^{X+Y}] = E[z^X]E[X^Y] \\ &= \exp(\lambda(z-1))\exp(\mu(z-1)) \\ &= \exp[(\lambda+\mu)(z-1)]. \end{aligned}$$

이것은 $\mathrm{Poi}(\lambda+\mu)$의 확률생성함수이다. 따라서 $X+Y \sim \mathrm{Poi}(\lambda+\mu)$이다. ✺

정리 5.19 $X_i \sim \mathrm{Poi}(\lambda_i),\ i=1,\ 2,\ \cdots,\ n$이고

$$Y = \sum_{i=1}^{n} X_i \sim \mathrm{Poi}\left(\sum_{i=1}^{n} \lambda_i\right)$$

이면 $X_1, \cdots, X_n$는 서로 독립이다.

증명 $n=2$인 경우에 대하여 증명한다. $Y=X_1+X_2$이고 X_1과 X_2는 음이 아닌 정수값을 갖는 확률변수이므로 $X_1 \le Y$이고 $X_2 \le Y$이다. 그러므로 모든 음이 아닌 정수 $m,\ n \ge 0$에 대하여

$$E(X_1^m X_2^n) \le E(Y^{m+n})$$

이다. 또한 푸아송확률변수 Y의 확률생성함수

$$\varphi(z)=E(z^Y)=\exp(\lambda(z-1))\ (\text{단},\ \lambda=\lambda_1+\lambda_2)$$

는 $z=1$에서 해석적(analytic)이므로 X_1과 X_2의 결합확률생성함수

$$\psi(z_1,\ z_2)=E(z_1^{X_1} z_2^{X_2})$$

는 $(z_1,\ z_2)=(1,\ 1)$ 근방에서 잘 정의되고 해석적이다.[2)]
따라서

$$Q(z_1,\ z_2)=\log\psi(z_1,\ z_2)$$

는 $(z_1,\ z_2)=(1,\ 1)$에서 해석적이다. 그러므로

$$Q(1+u,\ 1+v)=c_0+\sum_{k=1}^{\infty} b_k u^k+\sum_{k=1}^{\infty} c_k v^k+\sum_{j=1}^{\infty}\sum_{k=1}^{\infty} d_{jk} u^j v^k$$

와 같이 쓸 수 있다. $\psi(1,\ 1)=1$이므로 $c_0=Q(1,\ 1)=0$이다. 따라서

$$Q(1+u,\ 1+v)=\sum_{k=1}^{\infty} b_k u^k+\sum_{k=1}^{\infty} c_k v^k+\sum_{j=1}^{\infty}\sum_{k=1}^{\infty} d_{jk} u^j v^k$$

이다. 또한

$$\begin{aligned} Q(1+u,\ 1) &= \log\psi(1+u,\ 1)=\log E((1+u)^{X_1}) \\ &= \log[e^{\lambda_1 u}]=\lambda_1 u \end{aligned}$$

2) 함수 $f(x,\ y)$가 $(a,\ b)$에서 해석적이라는 것은 $(a,\ b)$의 적당한 근방에서

$$f(x,\ y)=\sum_{j=0}^{\infty}\sum_{k=0}^{\infty} c_{jk}(x-a)^j(y-b)^k$$

와 같이 급수전개가 가능하다는 것을 의미한다.

이므로 $b_1 = \lambda_1,\ b_k = 0,\ k \geq 2$이다. 같은 방법으로

$$Q(1,\ 1+v) = \lambda_2 v$$

이므로 $c_1 = \lambda_2,\ c_k = 0,\ k \geq 2$이다. $Q(z_1,\ z_2)$의 정의로부터

$$\begin{aligned} Q(1+u,\ 1+u) &= \log\psi(1+u,\ 1+u) = \log E((1+u)^{X_1+X_2}) \\ &= \log E((1+u)^{Y}) = \lambda u \end{aligned}$$

를 얻는다. 한편

$$Q(1+u,\ 1+u) = \lambda_1 u + \lambda_2 u + \sum_{j=1}^{\infty}\sum_{k=1}^{\infty} d_{jk} u^{j+k}$$

이므로 $d_{jk} = 0,\ j \geq 1,\ k \geq 1$이다. 위의 결과를 종합하면

$$Q(1+u,\ 1+v) = \lambda_1 u + \lambda_2 v$$

이므로

$$Q(z_1,\ z_2) = \lambda_1(z_1 - 1) + \lambda_2(z_2 - 1).$$

그러므로

$$\psi(z_1,\ z_2) = \exp(\lambda_1(z_1-1))\exp(\lambda_2(z_2-1)) = E(z_1^{X_1})E(z_2^{X_2})$$

이고 이 사실로부터 X_1과 X_2는 서로 독립이라는 것이 증명된다. ✻

> **정리 5.20** [음이항확률변수의 합] $X \sim \mathrm{NB}(r_1,\ p),\ Y \sim \mathrm{NB}(r_2,\ p)$이 서로 독립이면 $X+Y \sim \mathrm{NB}(r_1 + r_2,\ p)$이다.

증명 $X+Y$의 확률생성함수를 구하면

$$\begin{aligned} P_{X+Y}(z) &= E[z^{X+Y}] = E[z^X]E[X^Y] \\ &= \left(\frac{pz}{1-qz}\right)^{r_1}\left(\frac{pz}{1-qz}\right)^{r_2} \\ &= \left(\frac{pz}{1-qz}\right)^{r_1+r_2} \end{aligned}$$

이고 이것은 $\mathrm{NB}(r_1+r_2,\ p)$의 확률생성함수이다. ✻

참고

정리 5.20은 다음과 같이 직관적인 설명이 가능하다. 앞면이 나올 확률이 p인 동전을 반복해서 던지는 실험을 생각하자. 앞면이 r_1번 나올 때까지 동전을 던진 다음 다시 앞면이 r_2번 나올 때까지 동전을 던질 때 처음 r_1번 나올 때까지 시행한 횟수를 X, 그 다음 다시 r_2번 나올 때까지 시행한 횟수를 Y라고 하면 $X \sim \mathrm{NB}(r_1,\ p)$, $Y \sim \mathrm{NB}(r_2,\ p)$이다. 한편 $X+Y$는 앞면이 r_1+r_2번 나올 때까지 시행한 횟수이므로 $X+Y \sim \mathrm{NB}(r_1+r_2,\ p)$이다. 정리 5.17의 경우와 마찬가지로 $X \sim \mathrm{NB}(r_1,\ p_1)$, $Y \sim \mathrm{NB}(r_2,\ p_2)$이고 $p_1 \neq p_2$이면 X와 Y가 서로 독립이라 하더라도 $X+Y$는 음이항분포를 따르지 않는다.

예제 5.28 $X \sim \mathrm{NB}(r,\ p)$의 평균과 분산을 구하라.

풀이 $X_i \sim \mathrm{NB}(1,\ p) = \mathrm{Geo}(p)$, $i = 1,\ 2,\ \cdots,\ r$이고 서로 독립이라고 하자. 그러면 $\sum_{i=1}^{r} X_i \sim \mathrm{NB}(r,\ p)$이다. $E[X_i] = \dfrac{1}{p}$, $\mathrm{Var}[X_i] = \dfrac{q}{p^2}$, $(q = 1-p)$이므로

$$E[X] = E\left[\sum_{i=1}^{r} X_i\right] = \sum_{i=1}^{r} E[X_i] = \frac{r}{p},$$

$$\mathrm{Var}[X] = \mathrm{Var}\left[\sum_{i=1}^{r} X_i\right] = \sum_{i=1}^{r} \mathrm{Var}[X_i] = \frac{rq}{p^2}.$$

✤

> **정리 5.21** [감마확률변수의 합] $X \sim \mathrm{Gam}(\alpha,\ \lambda)$, $Y \sim \mathrm{Gam}(\beta,\ \lambda)$이고 서로 독립이면 $X+Y \sim \mathrm{Gam}(\alpha+\beta,\ \lambda)$이다.

증명 정리 5.16을 이용하여 확률밀도함수를 직접 구하는 방법과 적률생성함수를 이용한 방법을 소개한다.

(1) $X+Y$의 적률생성함수는

$$\begin{aligned} M_{X+Y}(t) &= E\left[e^{t(X+Y)}\right] = E\left[e^{tX}\right]E\left[e^{tY}\right] \\ &= \left(\frac{\lambda}{\lambda-t}\right)^{\alpha}\left(\frac{\lambda}{\lambda-t}\right)^{\beta} \\ &= \left(\frac{\lambda}{\lambda-t}\right)^{\alpha+\beta},\ t < \lambda. \end{aligned}$$

이것은 $\mathrm{Gam}(\alpha+\beta,\ \lambda)$의 적률생성함수다.

(2) $X+Y$의 확률밀도함수는 정리 5.16에 의하여

$$
\begin{aligned}
f_{X+Y}(z) &= \int_{-\infty}^{\infty} f_X(z-y) f_Y(y)\,dy \\
&= \frac{1}{\Gamma(\alpha)\Gamma(\beta)} \int_0^z \lambda e^{-\lambda(z-y)} (\lambda(z-y))^{\alpha-1} \lambda e^{-\lambda y} (\lambda y)^{\beta-1} dy \\
&= \frac{\lambda^{\alpha+\beta}}{\Gamma(\alpha)\Gamma(\beta)} e^{-\lambda z} \int_0^z (z-y)^{\alpha-1} y^{\beta-1} dy \\
&= \frac{\lambda^{\alpha+\beta}}{\Gamma(\alpha)\Gamma(\beta)} e^{-\lambda z} z^{\alpha+\beta-1} \int_0^1 (1-x)^{\alpha-1} x^{\beta-1} dx \left(\frac{y}{z} = x\text{로 치환}\right) \\
&= \lambda e^{-\lambda z} (\lambda z)^{\alpha+\beta-1} \frac{B(\alpha,\ \beta)}{\Gamma(\alpha)\Gamma(\beta)} \\
&= \lambda e^{-\lambda z} \frac{(\lambda z)^{\alpha+\beta-1}}{\Gamma(\alpha+\beta)} \left(\because\ B(\alpha,\ \beta) = \frac{\Gamma(\alpha)\Gamma(\beta)}{\Gamma(\alpha+\beta)}\right)
\end{aligned}
$$

이 되고 이것은 $\mathrm{Gam}(\alpha+\beta,\ \lambda)$의 확률밀도함수이다. ✳

따름정리 5.22 [지수확률변수의 합] $X_i \sim \mathrm{Exp}(\lambda) = \mathrm{Gam}(1,\ \lambda),\ i = 1,\ 2,\ \cdots,\ n$이 서로 독립이면

$$X_1 + X_2 + \cdots + X_n \sim \mathrm{Gam}(n,\ \lambda)$$

이다. 즉 $X_1 + X_2 + \cdots + X_n$은 n-얼랑 분포를 따른다.

따름정리 5.23 [χ^2확률변수의 합] $X \sim \chi^2(n) = \mathrm{Gam}\left(\frac{n}{2},\ \frac{1}{2}\right),\ Y \sim \chi^2(m) = \mathrm{Gam}\left(\frac{m}{2},\ \frac{1}{2}\right)$이고 서로 독립이면

$$X + Y \sim \chi^2(n+m) = \mathrm{Gam}\left(\frac{n+m}{2},\ \frac{1}{2}\right)$$

이다.

제4장의 정리 4.11에서 $Z \sim \mathrm{N}(0,\ 1)$이면 $Y = Z^2 \sim \chi^2(1) = \mathrm{Gam}\left(\frac{1}{2},\ \frac{1}{2}\right)$임을 보였다. 따라서 따름정리 5.23에 의하여 다음을 얻는다.

> **따름정리 5.24** $Z_i \sim \mathrm{N}(0,\ 1),\ i=1,\ 2,\ \cdots$이 서로 독립이면
>
> $$Z_1^2+Z_2^2+\cdots+Z_n^2 \sim \chi^2(n)=\mathrm{Gam}\left(\frac{n}{2},\ \frac{1}{2}\right)$$
>
> 이다.

> **정리 5.25** [정규확률변수의 합] $X \sim \mathrm{N}(\mu_1,\ \sigma_1^2),\ Y \sim \mathrm{N}(\mu_2,\ \sigma_2^2)$이 서로 독립이면 $X+Y \sim \mathrm{N}(\mu_1+\mu_2,\ \sigma_1^2+\sigma_2^2)$이다.

증명 $X+Y$의 적률생성함수를 구하면

$$\begin{aligned} M_{X+Y}(t) &= E\left[e^{t(X+Y)}\right]=E\left[e^{tX}\right]E\left[e^{tY}\right] \\ &= \exp\left(\mu_1 t+\frac{\sigma_1^2 t^2}{2}\right)\exp\left(\mu_2 t+\frac{\sigma_2^2 t^2}{2}\right) \\ &= \exp\left((\mu_1+\mu_2)t+\frac{(\sigma_1^2+\sigma_2^2)t^2}{2}\right) \end{aligned}$$

이고 이것은 $\mathrm{N}(\mu_1+\mu_2,\ \sigma_1^2+\sigma_2^2)$의 적률생성함수다. ✻

> **정리 5.26** $X \sim \mathrm{N}(\mu_1,\ \sigma_1^2),\ Y \sim \mathrm{N}(\mu_2,\ \sigma_2^2)$이고 $X+Y \sim \mathrm{N}(\mu_1+\mu_2,\ \sigma_1^2+\sigma_2^2)$이면 X와 Y는 서로 독립이다.

증명 정리 5.19와 유사한 방법으로 증명한다. 여기서는 증명의 개요만 소개한다. X와 Y의 결합적률생성함수를 $M(s,\ t)=E[e^{sX+tY}]$라고 하고 $Q(s,\ t)=\log M(s,\ t)$라고 하자. $Q(s,\ t)$를 $(0,\ 0)$근방에서 다음과 같이 급수전개하였다고 하자.

$$Q(s,\ t)=a_0+\sum_{k=1}^{\infty}b_k s^k+\sum_{k=1}^{\infty}c_k t^k+\sum_{j=1}^{\infty}\sum_{k=1}^{\infty}d_{jk}s^j t^k$$

$M(0,\ 0)=1$이므로 $Q(0,\ 0)=\log M(0,\ 0)=0$이다. 따라서 $a_0=0$이다. 한편 $Q(s,\ 0)=\log M(s,\ 0)=\mu_1 s+\dfrac{\sigma_1^2}{2}s^2$이므로

$$b_1 = \mu_1,\ b_2 = \frac{\sigma_1^2}{2},\ b_k = 0,\ k \ge 3$$

이다. 같은 방법으로 $Q(0,\ t) = \mu_2 t + \frac{\sigma_2^2}{2} t^2$로부터 다음을 얻는다.

$$c_1 = \mu_2,\ c_2 = \frac{\sigma_2^2}{2},\ c_k = 0,\ k \ge 3$$

따라서

$$Q(s,\ t) = \mu_1 s + \frac{\sigma_1^2}{2} s^2 + \mu_2 t + \frac{\sigma_2^2}{2} t^2 + \sum_{j=1}^{\infty} \sum_{k=1}^{\infty} d_{jk} s^j t^k.$$

$M(t,\ t) = E[e^{t(X+Y)}]$는 $X+Y$의 적률생성함수이므로 $Q(t,\ t) = (\mu_1 + \mu_2)t + \frac{1}{2}(\sigma_1^2 + \sigma_2^2)t^2$이다. 따라서 $d_{jk} = 0,\ j,\ k = 1,\ 2,\ \cdots$이다. 그러므로

$$\begin{aligned} Q(s,\ t) &= \mu_1 s + \frac{\sigma_1^2}{2} s^2 + \mu_2 t + \frac{\sigma_2^2}{2} t^2 \\ &= \log E[e^{sX}] + \log E[e^{tY}] = \log\left(E[e^{sX}]E[e^{tY}]\right). \end{aligned}$$

따라서 $M(s,\ t) = E[e^{sX}]E[e^{tY}]$이 되어 X와 Y는 서로 독립이다. ✺

EXERCISES

5.3 연습문제

1. X와 Y의 결합확률밀도함수 $f(x,\ y)$가 다음과 같을 때, X와 Y의 주변확률밀도함수 $f_X(x)$, $f_Y(y)$를 각각 구하여 X와 Y가 서로 독립인지 판정하라.

(1) $f(x,\ y) = \frac{1}{2}(1+x)e^{-x-y},\ 0 < x < \infty,\ 0 < y < \infty$

(2) $f(x,\ y) = e^{-y},\ 0 < x < y < \infty$

2. X와 Y의 결합확률밀도함수가 다음과 같을 때 X와 Y는 서로 독립인지 판정하라.

(1) $f(x,\ y) = c(y-x)e^{-y},\ -y \le x \le y,\ 0 < y < \infty$

(2) $f(x,\ y) = 6e^{-2x-3y},\ 0 < x < \infty,\ 0 < y < \infty$

(3) $f(x,\ y) = 24xy,\ 0 < x < 1,\ 0 < y < 1,\ 0 < x + y < 1$

(4) $f(x,\ y) = x + y,\ 0 < x < 1,\ 0 < y < 1$

3. 다음과 같이 정의된 영역에서 임의로 한 점을 택할 때 선택된 점의 좌표를 $(X,\ Y)$라 하자. X와 Y는 서로 독립인가?

(1) $A = \{(x,\ y):\ -1 < x < 1,\ -1 < y < 1\}$

(2) $B = \{(x,\ y):\ x^2 + y^2 < 1\}$

4. $X_i \sim \text{Geo}(p_i),\ i = 1,\ 2$이고 서로 독립일 때, $X_1 + X_2$의 확률질량함수를 구하라.

5. X와 Y의 적률생성함수가 각각 $M_X(t) = \exp(\lambda e^t - \lambda)$이고 $M_Y(t) = (pe^t + 1 - p)^n$이며 X와 Y가 서로 독립일 때, $P(X+Y=2)$와 $P(XY=0)$을 구하라.

6. 구간 $(0,\ 1)$에서 임의로 세 점 $A,\ B,\ C$를 택할 때, 이차방정식 $Ax^2 + Bx + C = 0$이 실근을 가질 확률을 구하라.

7. $X \sim \text{Exp}(\lambda)$와 $Y \sim \text{Exp}(\lambda)$이고 서로 독립일 때 $P(X \geq 2Y)$를 구하라.

8. $X_i \sim \text{U}(0,\ 1),\ i = 1,\ 2,\ 3$이고 서로 독립일 때, $P(X_1 \geq 2X_2 \geq X_3)$를 구하라.

9. $X_1,\ X_2,\ X_3$이 $E[X_i] = 0,\ \text{Var}[X_i] = i,\ i = 1,\ 2,\ 3$이며 서로 독립일 때, $\rho(X_1 - X_2,\ X_2 + X_3)$를 구하라.

10. X와 Y가 서로 독립일 때, $Z = \theta X + (1-\theta)Y$의 분산을 최소화하는 θ의 값을 구하고 그 때의 $\text{Var}[Z]$를 구하라.

11. X와 Y가 서로 독립이고 $\text{Var}[X] > 0,\ \text{Var}[Y] > 0$일 때, $\text{Var}[XY] = \text{Var}[X]\text{Var}[Y]$일 필요충분조건은 $E[X] = E[Y] = 0$임을 보여라.

12. 균등분포 $\text{U}(0,\ 1)$를 따르는 세 확률변수 $U,\ V,\ W$가 서로 독립일 때, $\text{Var}[UV]$와 $\text{Cov}(UV,\ (1-V)W)$를 구하라.

13. 서로 독립이며 분산이 모두 같은 $X_1, X_2, \cdots, X_n$에 대하여 $S_k = \sum_{i=1}^{k} X_i$, $i = 1, 2, \cdots, n$이라 할 때, $\rho(S_k, S_n)$을 구하라.

14. $X \sim \mathrm{N}(0, 1)$, $Y \sim \mathrm{N}(0, 1)$이고 서로 독립일 때, $X+Y$와 $X-Y$의 결합적률생성함수를 구하고 서로 독립인지 판정하라.

15. $X_i \sim \mathrm{Exp}(\lambda_i)$, $i = 1, 2, \cdots, n$이 서로 독립일 때, $X = \min(X_1, \cdots, X_n) \sim \mathrm{Exp}(\sum_{i=1}^{n} \lambda_i)$임을 보여라.

16. X, Y가 서로 독립이고 $X \sim x^2(n)$, $X+Y \sim x^2(n+m)$이면 $Y \sim x^2(m)$임을 보여라.

17. X와 Y의 결합확률밀도함수가 다음과 같다.

$$f(x, y) = \frac{1}{2\pi\sigma_1\sigma_2\sqrt{1-\rho^2}} e^{-Q(x, y)}, \ -\infty < x, y < \infty$$

단

$$Q(x, y) = \frac{1}{2(1-\rho^2)} \left[\left(\frac{x-\mu_1}{\sigma_1} \right)^2 - \frac{2\rho(x-\mu_1)(y-\mu_2)}{\sigma_1\sigma_2} + \left(\frac{y-\mu_2}{\sigma_2} \right)^2 \right]$$

이고 $-1 < \rho < 1$, $-\infty < \mu_1, \mu_2 < \infty$, $\sigma_1 > 0$, $\sigma_2 > 0$인 상수이다. 이때 X와 Y는 **이변량정규분포**(bivariate normal distribution)를 따른다고 한다.
다음 물음에 답하라.

(1) X와 Y의 주변확률밀도함수 $f_X(x)$와 $f_Y(y)$를 각각 구하라.

(2) X와 Y가 독립일 필요충분조건은 $\mathrm{Cov}(X, Y) = 0$임을 보여라.

(3) X와 Y의 결합적률생성함수 $M(t_1, t_2)$를 구하라.

(4) $\mu_1 = \mu_2 = 0$, $\sigma_1 = \sigma_2 = 1$일 때, $X-Y$와 $X+Y$가 서로 독립인지 판정하라.

18. X_1, X_2, X_3, X_4의 결합확률밀도함수가 다음과 같을 때, (X_1, X_2)와 (X_3, X_4)는 서로 독립인지 판정하라.

$$f(x_1, x_2, x_3, x_4) = c, \ 0 < x_1 < x_2 < x_3 < x_4 < 1$$

5.4* 확률변수들의 함수에 대한 분포

제3장에서는 한 개의 확률변수의 함수에 대한 분포를 다루었다. 이 절에서는 두 개 이상의 확률변수의 함수로 나타나는 확률변수의 분포를 구하는 문제를 생각한다.

논의를 간단히 하기 위하여 결합확률밀도함수 $f(x_1, x_2)$를 갖는 확률변수 X_1과 X_2를 생각하자. $f(x_1, x_2) > 0$인 영역을

$$\mathcal{D} = \{(x_1, x_2) : f(x_1, x_2) > 0\}$$

로 두고 $u_i(x_1, x_2)$, $i = 1, 2$를 $\mathcal{D}$에서 정의된 실수값 함수라 하자. 이때 확률변수 $Y_1 = u_1(X_1, X_2)$와 $Y_2 = u_2(X_1, X_2)$의 결합확률밀도함수를 구하는 방법에 대하여 알아본다.

먼저 이차원 변환 $u(x_1, x_2) = (u_1(x_1, x_2), u_2(x_1, x_2))$의 치역을

$$\mathcal{B} = u(\mathcal{D}) = \{ (y_1, y_2) : u(x_1, x_2) = (y_1, y_2), (x_1, x_2) \in \mathcal{D} \}$$

라 하고 함수 $u_i(x_1, x_2)$, $i = 1, 2$에 대하여 다음을 가정한다.

(1) 이차원 변환 $u(x_1, x_2) : \mathcal{D} \to \mathcal{B}$는 일대일 변환으로서 $\mathcal{B}$로부터 $\mathcal{D}$로의 u의 역변환 $w(y_1, y_2) = (w_1(y_1, y_2), w_2(y_1, y_2))$가 유일하게 존재한다. 즉, 방정식 $y_1 = u_1(x_1, x_2)$, $y_2 = u_2(x_1, x_2)$에 대하여 $x_1 = w_1(y_1, y_2)$, $x_2 = w_2(y_1, y_2)$로 표현되는 $(x_1, x_2) \in \mathcal{D}$가 유일하게 존재한다.

(2) $u_i(x_1, x_2)$ $i = 1, 2$는 $\mathcal{D}$의 모든 점에서 연속인 1차 편도함수를 가지며 각 점에서 $u(x_1, x_2)$의 야코비행렬식이 0이 아니다. 즉,

$$\frac{\partial(u_1, u_2)}{\partial(x_1, x_2)} = \begin{vmatrix} \dfrac{\partial u_1}{\partial x_1} & \dfrac{\partial u_1}{\partial x_2} \\ \dfrac{\partial u_2}{\partial x_1} & \dfrac{\partial u_2}{\partial x_2} \end{vmatrix} = \frac{\partial u_1}{\partial x_1}\frac{\partial u_2}{\partial x_2} - \frac{\partial u_1}{\partial x_2}\frac{\partial u_2}{\partial x_1} \neq 0.$$

변환 $u = (u_1, u_2)$의 역변환에 대한 야코비행렬식을 J라 하면 다음의 결과는 고등 미적분학에서 잘 알려져 있다.

$$J = \frac{\partial(w_1, w_2)}{\partial(y_1, y_2)} = \left[\frac{\partial(u_1, u_2)}{\partial(x_1, x_2)}\right]^{-1}$$

위의 기호를 그대로 사용하여 Y_1, Y_2의 결합확률밀도함수 $g(y_1,\ y_2)$를 나타내면 아래 정리 5.27과 같다.

정리 5.27 확률변수 $Y_1 = u_1(X_1,\ X_2)$, $Y_2 = u_2(X_1,\ X_2)$의 결합확률밀도함수 $g(y_1,\ y_2)$는 다음과 같다.

$$g(y_1,\ y_2) = \begin{cases} f(w_1(y_1,\ y_2),\ w_2(y_1,\ y_2))|J|, & (y_1,\ y_2) \in \mathcal{B} \\ 0, & \text{그 밖에} \end{cases}$$

증명 $B \subset \mathcal{B}$에 대하여 $A = u^{-1}(B) = w(B)$라 하면 2변수 함수의 변수변환 공식에 의하여 다음을 얻는다.

$$\begin{aligned} P((Y_1,\ Y_2) \in B) &= P((X_1,\ X_2) \in A)) \\ &= \iint_A f(x_1,\ x_2)dx_1dx_2 \\ &= \iint_B f(w_1(y_1,\ y_2),\ w_2(y_1,\ y_2))|J|dy_1dy_2. \end{aligned}$$

결합확률밀도함수의 정의에 의하여 정리가 증명된다. ✻

예제 5.29 X_1과 X_2의 결합확률밀도함수가 $f(x_1,\ x_2) = 4x_1x_2$, $0 < x_1 < 1$, $0 < x_2 < 1$일 때 $Y_1 = X_1$과 $Y_2 = X_1X_2$의 결합확률밀도함수를 구하라. 또한 Y_2의 주변확률밀도함수를 구하라.

풀이 $f(x_1,\ x_2) > 0$인 영역은 $\mathcal{D} = \{(x_1,\ x_2) : 0 < x_1 < 1,\ 0 < x_2 < 1\}$이다. $\mathcal{D}$ 위에서 변환 $u(x_1,\ x_2) = (y_1,\ y_2)$를 $y_1 = x_1$, $y_2 = x_1x_2$라 하면 $u(x_1,\ x_2)$의 치역은 다음과 같다.

$$\mathcal{B} = \{(y_1,\ y_2) : 0 < y_2 < y_1 < 1\}$$

변환 $u(x_1,\ x_2)$의 역변환 $w(y_1,\ y_2) = (x_1,\ x_2)$은 $y_1 = x_1$, $y_2 = x_1x_2$을 x_1과 x_2에 대하여 풀면 된다. 따라서

$$x_1 = y_1,\ x_2 = \frac{y_2}{y_1}$$

이다. 역변환의 야코비행렬식은

$$J = \frac{\partial(x_1, x_2)}{\partial(y_1, y_2)} = \begin{vmatrix} 1 & 0 \\ -\frac{y_2}{y_1^2} & \frac{1}{y_1} \end{vmatrix} = \frac{1}{y_1}$$

이다. 따라서 Y_1과 Y_2의 결합확률밀도함수는

$$g(y_1, y_2) = f\left(y_1, \frac{y_2}{y_1}\right)|J| = \frac{4y_2}{y_1}, \ 0 < y_2 < y_1 < 1.$$

Y_2의 주변확률밀도함수는

$$g_2(y_2) = \int_{y_2}^{1} \frac{4y_2}{y_1} dy_1 = 4y_2 \log\left(\frac{1}{y_2}\right), \ 0 < y_2 < 1.$$ ✣

다음의 예제는 감마분포와 베타분포의 관계를 나타낸 것이다.

예제 5.30 $X_1 \sim \text{Gam}(\alpha, \lambda)$, $X_2 \sim \text{Gam}(\beta, \lambda)$이고 서로 독립일 때,

$$Y_1 = X_1 + X_2, \ Y_2 = \frac{X_1}{X_1 + X_2}$$

는 서로 독립이며 $Y_1 \sim \text{Gam}(\alpha + \beta, \lambda)$, $Y_2 \sim \text{Beta}(\alpha, \beta)$임을 보여라.

풀이 X_1과 X_2가 서로 독립이므로 X_1과 X_2의 결합확률밀도함수는

$$f(x_1, x_2) = \frac{\lambda^{\alpha+\beta}}{\Gamma(\alpha)\Gamma(\beta)} e^{-\lambda(x_1+x_2)} x_1^{\alpha-1} x_2^{\beta-1}, \ 0 < x_1 < \infty, \ 0 < x_2 < \infty.$$

$f(x_1, x_2) > 0$인 영역 $\mathcal{D} = \{(x_1, x_2) : 0 < x_1 < \infty, \ 0 < x_2 < \infty\}$ 위에서 변환 $u(x_1, x_2) = (y_1, y_2)$를

$$y_1 = x_1 + x_2, \ y_2 = \frac{x_1}{x_1 + x_2}$$

와 같이 정의하면 $u(x_1, x_2)$의 치역은

$$\mathcal{B} = \{(y_1, y_2) : 0 < y_1 < \infty, \ 0 < y_2 < 1\}$$

이다. 역변환을 구하기 위하여 x_1, x_2에 대하여 풀면

$$x_1 = y_1 y_2,\ x_2 = y_1 - x_1 = y_1(1-y_2)$$

이므로 야코비행렬식은 다음과 같다.

$$\frac{\partial(x_1,\ x_2)}{\partial(y_1,\ y_2)} = \begin{vmatrix} y_2 & y_1 \\ 1-y_2 & -y_1 \end{vmatrix} = -y_1 \neq 0,\ (y_1,\ y_2) \in \mathcal{B}$$

따라서 Y_1과 Y_2의 결합확률밀도함수 $g(y_1,\ y_2)$는 다음과 같다.

$$\begin{aligned} g(y_1, y_2) &= f(y_1 y_2, y_1(1-y_2))|-y_1| \\ &= \frac{\lambda^{\alpha+\beta}}{\Gamma(\alpha)\Gamma(\beta)} e^{-\lambda y_1} y_1^{\alpha+\beta-2} y_2^{\alpha-1}(1-y_2)^{\beta-1} y_1 \\ &= \left(\lambda e^{-\lambda y_1} \frac{(\lambda y_1)^{\alpha+\beta-1}}{\Gamma(\alpha+\beta)}\right)\left(\frac{\Gamma(\alpha+\beta)}{\Gamma(\alpha)\Gamma(\beta)} y_2^{\alpha-1}(1-y_2)^{\beta-1}\right),\ (y_1, y_2) \in \mathcal{B} \end{aligned}$$

따라서 Y_1과 Y_2는 서로 독립이고 $Y_1 \sim \text{Gam}(\alpha+\beta,\ \lambda)$, $Y_2 \sim \text{Beta}(\alpha,\ \beta)$이다. ✤

다음의 예제는 한 쌍의 독립인 균등확률변수로부터 서로 독립인 표준정규확률변수를 만드는 방법을 제시한다.

예제 5.31 [박스-뮬러(Box-Muller)의 방법] $X_1 \sim \text{U}(0,\ 1)$, $X_2 \sim \text{U}(0,\ 1)$이 서로 독립일 때,

$$\begin{aligned} Y_1 &= \sqrt{-2\log X_1}\cos(2\pi X_2) \\ Y_2 &= \sqrt{-2\log X_1}\sin(2\pi X_2) \end{aligned}$$

라 하면 $Y_i \sim \text{N}(0,\ 1)$, $i = 1,\ 2$이고 Y_1과 Y_2는 서로 독립임을 보여라.

풀이 X_1과 X_2의 결합확률밀도함수는

$$f(x_1,\ x_2) = 1,\ 0 < x_1 < 1,\ 0 < x_2 < 1.$$

$f(x_1,\ x_2) > 0$인 영역 $\mathcal{D} = \{(x_1,\ x_2) : 0 < x_1 < 1,\ 0 < x_2 < 1\}$ 위에서 변환 $u(x_1,\ x_2) = (y_1,\ y_2)$를

$$y_1 = \sqrt{-2\log x_1}\cos(2\pi x_2),\ y_2 = \sqrt{-2\log x_1}\sin(2\pi x_2)$$

와 같이 정의하자. 그러면 $u(x_1,\ x_2)$의 치역은 다음과 같다.

$$\mathcal{B}=\{(y_1,\ y_2):-\infty<y_1<\infty,\ -\infty<y_2<\infty\}$$

이 변환의 역변환을 구하기 위하여 $x_1,\ x_2$에 대하여 풀어보자. 먼저

$$y_1^2+y_2^2=-2\log x_1,\ \frac{y_2}{y_1}=\tan(2\pi x_2)$$

이므로

$$x_1=\exp\left(-\frac{y_1^2+y_2^2}{2}\right),\ x_2=\frac{1}{2\pi}\tan^{-1}\left(\frac{y_2}{y_1}\right)$$

이다. 따라서 야코비행렬식은

$$\frac{\partial(x_1,\ x_2)}{\partial(y_1,\ y_2)}=\begin{vmatrix}-y_1\exp\left(-\frac{y_1^2+y_2^2}{2}\right) & -y_2\exp\left(-\frac{y_1^2+y_2^2}{2}\right)\\ \frac{1}{2\pi}\frac{-y_2/y_1^2}{1+(y_2/y_1)^2} & \frac{1}{2\pi}\frac{1/y_1}{1+(y_2/y_1)^2}\end{vmatrix}$$
$$=-\frac{1}{2\pi}\exp\left(-\frac{y_1^2+y_2^2}{2}\right).$$

따라서 Y_1과 Y_2의 결합확률밀도함수 $g(y_1,\ y_2)$는 다음과 같다.

$$\begin{aligned}g(y_1,y_2)&=f(x_1,x_2)\left|\frac{\partial(x_1,x_2)}{\partial(y_1,y_2)}\right|\\&=\frac{1}{2\pi}\exp\left(-\frac{y_1^2+y_2^2}{2}\right)\\&=\frac{1}{\sqrt{2\pi}}e^{-\frac{1}{2}y_1^2}\cdot\frac{1}{\sqrt{2\pi}}e^{-\frac{1}{2}y_2^2},\quad(y_1,y_2)\in\mathcal{B}\end{aligned}$$

따라서 Y_1과 Y_2는 서로 독립이고 각각은 $N(0,\ 1)$을 따른다. ✤

두 개의 확률변수의 결합변환에 대한 결과는 다음과 같이 n개의 확률변수인 경우로 확장된다. $X_1,\ X_2,\ \cdots,\ X_n$을 결합확률밀도함수 $f(x_1,\ \cdots,\ x_n)$를 갖는 확률변수들이라 하자. $y_i=u_i(x_1,\ \cdots,\ x_n),\ i=1,\ 2,\ \cdots,\ n$은 $\mathbb{R}^n$의 부분집합 $\mathcal{D}$에서 정의된 실수값 함수들로 다음을 만족한다고 하자.

(1) 방정식 $y_i=u_i(x_1,\ \cdots,\ x_n),\ i=1,\ 2,\ \cdots,\ n$에 대하여

$$x_1 = w_1(y_1, \cdots, y_n), \cdots, x_n = w_n(y_1, \cdots, y_n)$$

로 표현되는 $(x_1, \cdots, x_n) \in \mathcal{D}$가 유일하게 존재한다.

(2) $u_i(x_1, \cdots, x_2)$, $i = 1, 2, \cdots, n$은 $\mathcal{D}$상의 모든 점에서 연속인 1차 편도함수를 가지며 각 점에서 $w_i(y_1, \cdots, y_n)$의 야코비행렬식이 0이 아니다. 즉,

$$J = \begin{vmatrix} \dfrac{\partial x_1}{\partial y_1} & \dfrac{\partial x_1}{\partial y_2} & \cdots & \dfrac{\partial x_1}{\partial y_n} \\ \dfrac{\partial x_2}{\partial y_1} & \dfrac{\partial x_2}{\partial y_2} & \cdots & \dfrac{\partial x_2}{\partial y_n} \\ \vdots & \vdots & \ddots & \vdots \\ \dfrac{\partial x_n}{\partial y_1} & \dfrac{\partial x_n}{\partial y_2} & \cdots & \dfrac{\partial x_n}{\partial y_n} \end{vmatrix} \neq 0.$$

이때 확률변수

$$Y_i = u_i(X_1, X_2, \cdots, X_n), \ i = 1, 2, \cdots, n$$

의 결합확률밀도함수 $g(y_1, y_2, \cdots, y_n)$은 다음과 같다. $\mathcal{B}(\subset \mathbb{R}^n)$를 $\mathcal{D}$에서 정의된 변환 $(u_1, u_2, \cdots, u_n)$의 치역이라 하면, $(y_1, \cdots, y_n) \in \mathcal{B}$일 때,

$$g(y_1, y_2, \cdots, y_n) = f(w_1(y_1, \cdots, y_n), \cdots, w_n(y_1, \cdots, y_n))|J|$$

이고 그 밖에서는 $g(y_1, y_2, \cdots, y_n) = 0$이다.

예제 5.32 $X_i \sim \text{Exp}(\lambda_i)$, $i = 1, 2, \cdots, n$이 서로 독립일 때,

$$Y_i = X_1 + \cdots + X_i, \ i = 1, 2, \cdots, n$$

의 결합확률밀도함수를 구하라.

풀이 $X_1, \cdots, X_n$의 결합확률밀도함수는

$$f(x_1, \cdots, x_n) = \prod_{i=1}^{n} \lambda_i e^{-\lambda_i x_i}, \ 0 < x_i < \infty, \ i = 1, 2, \cdots, n$$

이므로 $f(x_1, \cdots, x_n) > 0$인 영역은

$$\mathcal{D} = \{(x_1, \cdots, x_n) : 0 < x_i < \infty, \ i = 1, 2, \cdots, n\}$$

이다. $\mathcal{D}$ 위에서 변환 $u(x_1, \cdots, x_n) = (y_1, \cdots, y_n)$을

$$y_i = x_1 + \cdots + x_i,\ i = 1,\ 2,\ \cdots,\ n.$$

와 같이 정의하면 이 변환의 치역은 다음과 같음을 알 수 있다.

$$\mathcal{B} = \{(y_1,\ \cdots,\ y_n) : 0 < y_1 < y_2 < \cdots < y_n < \infty\}.$$

한편 이 변환의 역변환을 구하면

$$x_1 = y_1,\ x_2 = y_2 - y_1,\quad \cdots,\ x_i = y_i - y_{i-1},\ \cdots,\ x_n = y_n - y_{n-1}$$

이므로 야코비행렬식은

$$J = \begin{vmatrix} 1 & 0 & 0 & \cdots & 0 & 0 \\ -1 & 1 & 0 & \cdots & 0 & 0 \\ 0 & -1 & 1 & \cdots & 0 & 0 \\ \vdots & \vdots & \vdots & & \vdots & \vdots \\ 0 & 0 & 0 & \cdots & -1 & 1 \end{vmatrix} = 1.$$

따라서 $Y_i,\ i = 1,\ 2,\ \cdots,\ n$의 결합확률밀도함수는 $(y_1,\ \cdots,\ y_n) \in \mathcal{B}$일 때

$$\begin{aligned} g(y_1,\ \cdots,\ y_n) &= f(y_1,\ y_2 - y_1,\ \cdots,\ y_n - y_{n-1})|J| \\ &= \left(\prod_{i=1}^{n} \lambda_i\right) \exp\left(-\lambda_n y_n - \sum_{i=1}^{n-1} (\lambda_i - \lambda_{i-1}) y_i\right) \end{aligned}$$

이고 그 밖에서는 $g(y_1,\ \cdots,\ y_n) = 0$이다. 특히 X_i들이 같은 분포를 따를 때, 즉 $\lambda_i = \lambda,\ i = 1,\ 2,\ \cdots,\ n$이면

$$g(y_1,\ \cdots,\ y_n) = \begin{cases} \lambda^n e^{-\lambda y_n}, & 0 < y_1 < \cdots < y_n \\ 0, & \text{그 밖에} \end{cases}$$

이 된다. ✤

이제는 변환 $u = (u_1,\ \cdots,\ u_n) : \mathcal{D} \to \mathcal{B}$이 일대일이 아닌 경우에 대하여 생각해보자. $\mathcal{D}_i,\ i = 1,\ 2,\ \cdots,\ k$가 $\mathcal{D}$의 유한개의 분할로써 각각의 $i = 1,\ 2,\ \cdots,\ k$에 대하여 $u = (u_1,\ \cdots,\ u_n) : \mathcal{D}_i \to \mathcal{B}$이 일대일이라고 가정하자. 즉, $\mathcal{D}_i \cap \mathcal{D}_j = \varnothing,\ i \neq j$이며 $\cup_{i=1}^{k} \mathcal{D}_i = \mathcal{D}$이고 역변환 $u^{-1} \equiv w_i = (w_{i1},\ \cdots,\ w_{in}) : \mathcal{B} \to \mathcal{D}_i$가 유일하게 존재한다고 가정하자. 또한 각각의 w_i가 연속인 일차편도함수를 가지며 $\mathcal{D}_i$에서 w_i의 야코비 행렬식 J_i가 0이 아니라고 가정하자. 즉, $x_{ij} = w_{ij}(y_1,\ \cdots,\ y_n),\ j = 1,\ 2,\ \cdots,\ n,\ i = 1,\ 2,\ \cdots,\ k$일 때,

$$J_i = \begin{vmatrix} \frac{\partial x_{i1}}{\partial y_1} & \frac{\partial x_{i1}}{\partial y_2} & \cdots & \frac{\partial x_{i1}}{\partial y_n} \\ \frac{\partial x_{i2}}{\partial y_1} & \frac{\partial x_{i2}}{\partial y_2} & \cdots & \frac{\partial x_{i2}}{\partial y_n} \\ \vdots & \vdots & \ddots & \vdots \\ \frac{\partial x_{in}}{\partial y_1} & \frac{\partial x_{in}}{\partial y_2} & \cdots & \frac{\partial x_{in}}{\partial y_n} \end{vmatrix} \neq 0.$$

그러면 확률변수

$$Y_i = u_i(X_1, \cdots, X_n),\ i = 1,\ 2,\ \cdots,\ n$$

의 결합확률밀도함수는 $(y_1, \cdots, y_n) \in \mathcal{B}$일 때,

$$g(y_1, y_2, \cdots, y_n) = \sum_{i=1}^{k} f(w_{i1}(y_1, \cdots, y_n), \cdots, w_{in}(y_1, \cdots, y_n))|J_i|$$

이고 그 밖에서는 $g(y_1, y_2, \cdots, y_n) = 0$이다.

예제 5.33 $X_1 \sim \mathrm{N}(0,\ 1)$, $X_2 \sim \mathrm{N}(0,\ 1)$이 서로 독립일 때,

$$Y_1 = \frac{X_1 + X_2}{2},\ Y_2 = \frac{(X_1 - X_2)^2}{2}$$

는 서로독립이며 $Y_1 \sim \mathrm{N}\left(0,\ \frac{1}{2}\right)$, $Y_2 \sim \chi^2(1)$임을 보여라.

풀이 X_1과 X_2의 결합확률밀도함수는

$$f(x_1, x_2) = \frac{1}{2\pi}\exp\left(-\frac{x_1^2 + x_2^2}{2}\right),\ -\infty < x_1 < \infty,\ -\infty < x_2 < \infty.$$

$f(x_1, x_2) > 0$인 영역 $\mathcal{D} = \mathbb{R}^2$ 위에서 변환 $u(x_1, x_2) = (y_1, y_2)$를 다음과 같이 정하자.

$$y_1 = u_1(x_1, x_2) = \frac{x_1 + x_2}{2},\ y_2 = u_2(x_1, x_2) = \frac{(x_1 - x_2)^2}{2}$$

그러면 $u(x_1, x_2)$의 치역은

$$\mathcal{B} - \{(y_1, y_2) : -\infty < y_1 < \infty,\ y_2 \geq 0\}$$

이다. 이때 $u:\mathcal{D} \to \mathcal{B}$는 일대일이 아니다.(예를 들어 $u(0,\ 2) = u(2,\ 0) = (1,\ 2)$)

이제 $\mathcal{D}$를 분할하기 위하여 다음을 정의하자.

$$\mathcal{D}_0 = \{(x_1,\ x_2): -\infty < x_1 = x_2 < \infty\}$$
$$\mathcal{D}_1 = \{(x_1,\ x_2): -\infty < x_1 < x_2 < \infty\}$$
$$\mathcal{D}_2 = \{(x_1,\ x_2): -\infty < x_2 < x_1 < \infty\}$$

그러면 $\mathcal{D}_i \cap \mathcal{D}_j = \varnothing$, $i \neq j$이고 $\mathcal{D} = \mathcal{D}_0 \cup \mathcal{D}_1 \cup \mathcal{D}_2$이다.

한편 X_1, X_2가 공동연속이고 서로 독립이므로

$$P((X_1,\ X_2) \in \mathcal{D}_0) = P(X_1 = X_2) = 0.$$

따라서 $(x_1,\ x_2) \in \mathcal{D}_0$일 때, $f(x_1,\ x_2) = 0$이라고 하여도 X_1과 X_2의 결합분포에는 영향을 미치지 않는다. 이제 u를 $\mathcal{D}^* = \mathcal{D} - \mathcal{D}_0$에서 정의된 변환이라고 하면 u의 치역은 $\mathcal{B}^* = \{(y_1,\ y_2): -\infty < y_1 < \infty,\quad y_2 > 0\}$이다. 또한 $u:\mathcal{D}_i \to \mathcal{B}^*$, $i = 1,\ 2$는 일대일변환이 된다. 치역이 $\mathcal{D}_i$인 u의 역변환을 $w_i = (x_{i1},\ x_{i2})$, $i = 1,\ 2$라고 하면

$$x_{11} = y_1 - \sqrt{\frac{y_2}{2}},\quad x_{12} = y_1 + \sqrt{\frac{y_2}{2}},$$
$$x_{21} = y_1 + \sqrt{\frac{y_2}{2}},\quad x_{22} = y_1 - \sqrt{\frac{y_2}{2}}.$$

역변환 $w_1 = (x_{11},\ x_{12})$에 대한 야코비행렬식은

$$J_1 = \frac{\partial(x_{11},\ x_{12})}{\partial(y_1,\ y_2)} = \begin{vmatrix} 1 & -\dfrac{1}{2\sqrt{2y_2}} \\ 1 & \dfrac{1}{2\sqrt{2y_2}} \end{vmatrix} = \frac{1}{\sqrt{2y_2}}.$$

같은 방법으로 $w_2 = (x_{21},\ x_{22})$에 대한 야코비행렬식은 $J_2 = -\dfrac{1}{\sqrt{2y_2}}$이 됨을 알 수 있다. 따라서 Y_1과 Y_2의 결합확률밀도함수는 $-\infty < y_1 < \infty$, $0 < y_2 < \infty$일 때

$$g(y_1,\ y_2) = f\left(y_1 - \sqrt{\frac{y_2}{2}},\ y_1 + \sqrt{\frac{y_2}{2}}\right)\left|\frac{1}{\sqrt{2y_2}}\right|$$

$$+f\left(y_1+\sqrt{\frac{y_2}{2}},\ y_1-\sqrt{\frac{y_2}{2}}\right)\left|-\frac{1}{\sqrt{2y_2}}\right|$$

$$=\frac{1}{\pi}\exp\left(-y_1^2-\frac{1}{2}y_2\right)\frac{1}{\sqrt{2y_2}}$$

$$=\left(\frac{1}{\sqrt{\pi}}e^{-y_1^2}\right)\left(\frac{1}{2}e^{-\frac{1}{2}y_2}\frac{\left(\frac{y_2}{2}\right)^{\frac{1}{2}-1}}{\Gamma\left(\frac{1}{2}\right)}\right)$$

이고 그 밖의 (y_1, y_2)에 대해서는 $g(y_1, y_2)=0$이다. 따라서 $Y_1 \sim \mathrm{N}\left(0, \frac{1}{2}\right)$, $Y_2 \sim \mathrm{Gam}\left(\frac{1}{2}, \frac{1}{2}\right)=\chi^2(1)$이고 서로 독립이다. ✤

참고

예제 5.33에서 Y_1과 Y_2는 각각 $n=2$일 때 표본평균과 표본분산이다(예제 5.25 참조). 예제 5.33의 결과는 $X_i \sim \mathrm{N}(0, 1)$, $i=1, 2$이고 서로 독립일 때 표본평균과 표본분산은 서로 독립이고 각각은 $\mathrm{N}\left(0, \frac{1}{2}\right)$과 $\chi^2(1)$을 따른다는 것을 보여준다. 일반적으로 n개의 확률변수가 $X_i \sim \mathrm{N}(\mu, \sigma^2)$, $i=1, 2, \cdots, n$이고 서로 독립일 때, 표본평균 $\overline{X}$와 표본분산 S^2은 서로 독립이고 $\overline{X} \sim \mathrm{N}\left(\mu, \frac{\sigma^2}{n}\right)$, $\frac{(n-1)S^2}{\sigma^2} \sim \chi^2(n-1)$이다. 이에 대한 증명은 연습문제(연습문제 5.4의 14번)로 남겨둔다.

EXERCISES 5.4 연습문제

1. $X \sim \mathrm{U}(0, 1)$, $Y \sim \mathrm{Exp}(\lambda)$이고 서로 독립일 때, 다음 확률변수의 확률밀도함수를 구하라.

   (1) $X+Y$ (2) $\frac{X}{Y}$

2. X_1과 X_2가 서로 독립이고 각각 모수가 λ인 지수분포를 따를 때,

$$Y=X_1-X_2,\ Z=\frac{X_1}{X_2}$$

의 결합확률밀도함수와 각각의 주변확률밀도함수를 구하라.

3. X, Y의 결합확률밀도함수가 $f(x,\ y) = 4xy,\ 0 < x < 1,\ 0 < y < 1$일 때, XY의 확률밀도함수를 구하라.

4. $X \sim \mathrm{N}(0,\ 1)$, $Y \sim \mathrm{N}(0,\ 1)$이고 서로 독립일 때, $Z = \sqrt{X^2 + Y^2}$ 의 확률밀도함수를 구하라. 이때 Z는 레일리(Rayleigh)분포를 따른다고 한다.

5. X와 Y의 결합확률밀도함수가 $f(x,\ y) = \dfrac{1}{x^2y^2},\ x \ge 1,\ y \ge 1$일 때 확률변수 $U = XY$와 $V = \dfrac{X}{Y}$의 결합확률밀도함수와 각각의 주변확률밀도함수를 구하라.

6. $X \sim \mathrm{U}(0,\ 1)$와 $Y \sim \mathrm{U}(0,\ 1)$이 서로 독립일 때 다음 각각에 대하여 결합확률밀도함수를 구하라.

(1) $X + Y,\ \dfrac{X}{Y}$　　(2) $X,\ \dfrac{X}{Y}$　　(3) $X + Y,\ \dfrac{X}{X + Y}$

7. $X_1,\ X_2,\ \cdots,\ X_n$이 서로 독립이며 같은 분포를 따르는 연속확률변수일 때, 다음을 보여라.

$$P(X_1 < X_2 < \cdots < X_n) = \frac{1}{n!}$$

8. X와 Y의 결합확률밀도함수가 다음과 같다.

$$f(x,\ y) = cx^{\alpha - 1}y^{\beta - 1}(1 - x - y)^{\gamma - 1},\ 0 < x,\ 0 < y,\ x + y < 1$$

단 $\alpha > 0,\ \beta > 0,\ \gamma > 0,\ c = \dfrac{\Gamma(\alpha + \beta + \gamma)}{\Gamma(\alpha)\Gamma(\beta)\Gamma(\gamma)}$. 다음 물음에 답하라.

(1) X와 Y의 주변확률밀도함수 $f_X(x)$와 $f_Y(y)$를 구하라.

(2) $U = \dfrac{X}{1 - X}$와 $V = \dfrac{Y}{1 - Y}$의 결합확률밀도함수를 구하라.

(3) 확률변수 Y와 $Z = \dfrac{X}{1 - Y}$은 서로 독립임을 보여라.

9. X, Y, Z가 서로 독립이고 각각은 $\mathrm{Exp}(1)$을 따를 때, $U = X + Y$, $V = Y + Z$,

$W = Z + X$의 결합확률밀도함수를 구하라.

10. X와 Y의 결합확률밀도함수가 다음과 같다.

$$f(x,\ y) = \frac{1}{2\pi}\frac{1}{(1+x^2+y^2)^{3/2}},\ -\infty < x < \infty,\ -\infty < y < \infty$$

이와 같은 확률밀도함수를 **이변량 코시확률밀도함수**(bivariate Cauchy probability density function)라고 한다. 확률변수 Y와 $Z = \dfrac{X}{\sqrt{1+Y^2}}$은 서로 독립임을 보여라.

11. $B = \{(x,\ y) : x^2 + y^2 < 1\}$에서 임의로 한 점을 택할 때, 선택된 점의 좌표를 $(X,\ Y)$라고 하자. 다음 물음에 답하라.

$R = \sqrt{X^2 + Y^2}$과 $\Theta = \tan^{-1}\dfrac{Y}{X}$의 결합확률밀도함수 $g(r,\ \theta)$를 구하라.

12. 서로 독립이며 각각은 $\mathrm{N}(0,\ 1)$를 따르는 확률변수 $X,\ Y,\ Z$가 다음을 만족한다.

$$X = R\cos\Phi\cos\Theta,\ Y = R\cos\Phi\sin\Theta,\ Z = R\sin\Phi$$

단, $R \ge 0,\ -\dfrac{\pi}{2} \le \Phi \le \dfrac{\pi}{2},\ -\pi < \Theta < \pi.$

(1) $(R,\ \Phi,\ \Theta)$의 결합확률밀도함수가 다음과 같음을 보여라.

$$g(r,\ \phi,\ \theta) = \left(\frac{1}{2\pi}\right)^{\frac{3}{2}}(\cos\phi)r^2\exp\left(-\frac{1}{2}r^2\right),\ r>0,\ -\frac{\pi}{2} < \phi < \frac{\pi}{2},\ -\pi < \theta < \pi$$

(2) $(\Phi,\ \Theta)$의 결합확률밀도함수는 다음과 같음을 보여라.

$$g(\phi,\ \theta) = \frac{1}{4\pi}\cos\phi,\ -\frac{\pi}{2} < \phi < \frac{\pi}{2},\ -\pi < \theta < \pi.$$

(3) R의 주변확률밀도함수를 구하라. 이때 R의 분포를 **맥스웰(Maxwell)분포**라고 한다.

(4) $R,\ \Phi,\ \Theta$는 서로 독립인지 판정하라.

13. $X \sim \mathrm{N}(0,\ 1),\ Y \sim \chi^2(r)$이고 서로 독립일 때 확률변수

$$T = \frac{X}{\sqrt{Y/r}}$$

의 확률밀도함수는

$$g(t) = \frac{\Gamma((r+1)/2)}{\sqrt{\pi r}\,\Gamma(r/2)}\left(\frac{1}{1+t^2/r}\right)^{(r+1)/2}, \ -\infty < t < \infty$$

임을 보여라. 이와 같은 확률밀도함수를 자유도가 r인 t-**분포**의 확률밀도함수라 한다.

14. [문제 13의 연속] $X_i \sim \mathrm{N}(\mu, \sigma^2)$, $i = 1, 2, \cdots, n$이고 서로 독립일 때

$$\overline{X} = \frac{1}{n}\sum_{k=1}^{n} X_k, \ S^2 = \frac{1}{n-1}\sum_{k=1}^{n}(X_k - \overline{X})^2$$

에 대하여 다음을 증명하라.

(1) $\overline{X}$와 $(X_1 - \overline{X}, \cdots, X_n - \overline{X})$는 서로 독립이다.

(2) S^2과 $\overline{X}$는 서로 독립이다.

(3) $\dfrac{(n-1)S^2}{\sigma^2} \sim \chi^2(n-1)$

(4) $T = \dfrac{\overline{X} - \mu}{S/\sqrt{n}}$은 자유도가 $n-1$인 t분포를 따른다.

15. $U \sim \chi^2(r_1)$, $V \sim \chi^2(r_2)$이고 서로 독립일 때 확률변수

$$F = \frac{U/r_1}{V/r_2}$$

의 확률밀도함수는

$$g(f) = \frac{\Gamma((r_1+r_2)/2)(r_1/r_2)^{r_1/2}}{\Gamma(r_1/2)\Gamma(r_2/2)}\frac{f^{r_1/2-1}}{(1+r_2 f/r_1)^{(r_1+r_2)/2}}, \ 0 < f < \infty$$

임을 보여라. 이와 같은 확률밀도함수를 자유도가 (r_1, r_2)인 F-**분포**의 확률밀도함수라 한다.

16. $X_i \sim \text{Gam}(\alpha_i,\ 1),\ i=1,\ 2,\ \cdots,\ n+1$이 서로 독립일 때, 변환

$$Y_{n+1} = X_1 + \cdots + X_{n+1}$$
$$Y_k = \frac{X_k}{Y_{n+1}},\ k=1,\ 2,\ \cdots,\ n.$$

에 대하여 다음 물음에 답하라.

(1) $Y_1,\ \cdots,\ Y_{n+1}$의 결합확률밀도함수는 다음과 같음을 보여라.

$(y_1,\ \cdots,\ y_{n+1}) \in \mathcal{B}$에 대하여

$$g(y_1,\ \cdots,\ y_{n+1}) = \frac{1}{\Gamma(\alpha_{n+1})} y_{n+1}^{\alpha-1} e^{-y_{n+1}} \times \left(1-\sum_{i=1}^{n} y_i\right)^{\alpha_{n+1}-1} \prod_{i=1}^{n}\left(\frac{1}{\Gamma(\alpha_i)} y_i^{\alpha_i-1}\right)$$

단, $\alpha = \sum_{i=1}^{n+1} \alpha_i$이고, $\mathcal{B}=\{(y_1,\ \cdots,\ y_{n+1}) \mid 0 < y_i < 1,\ i=1,\ \cdots,\ n,\ y_1 + \cdots + y_n < 1,\ 0 < y_{n+1} < \infty\}$.

(2) $Y_1,\ \cdots,\ Y_n$의 결합확률밀도함수는 $0 < y_i,\ y_1 + \cdots + y_n < 1$일 때

$$g(y_1,\ \cdots,\ y_n) = c\left(1-\sum_{i=1}^{n} y_i\right)^{\alpha_{n+1}-1} \prod_{i=1}^{n} y_i^{\alpha_i-1}$$

임을 보여라. 단

$$c = \frac{\Gamma(\alpha_1 + \cdots + \alpha_{n+1})}{\Gamma(\alpha_1) \cdots \Gamma(\alpha_{n+1})}.$$

이와 같은 확률밀도함수를 모수가 $\alpha_1,\ \cdots,\ \alpha_{n+1}$인 **디리클레(Dirichlet)확률밀도함수**라 한다.

(3) 각각의 Y_j에 대한 주변확률밀도함수와 $(X_i,\ X_j)$ $(i \neq j)$의 결합확률밀도함수를 구하라.

5.5 순서통계량

서로 독립이며 같은 분포를 따르는 연속확률변수 $X_1, X_2, \cdots, X_n$에 대하여 $X_{(i)}$, $i=1, 2, \cdots, n$을 다음과 같이 정의하자.

$$\begin{aligned} X_{(1)} &= X_1, \cdots, X_n \text{ 중 가장 작은 값} \\ X_{(2)} &= X_1, \cdots, X_n \text{ 중 두 번째로 작은 값} \\ &\vdots \\ X_{(j)} &= X_1, \cdots, X_n \text{ 중 } j\text{번째로 작은 값} \\ &\vdots \\ X_{(n)} &= X_1, \cdots, X_n \text{ 중 } n\text{번째로 작은 값, 즉 가장 큰 값.} \end{aligned}$$

그러면 자명하게 $X_{(1)} \le X_{(2)} \le \cdots \le X_{(n)}$이다. 이때 $X_{(1)}, X_{(2)}, \cdots, X_{(n)}$을 $X_1, \cdots, X_n$에 대한 **순서통계량**(order statistic)이라 한다. 예를 들어 $n=3$일 때, $X_1(\omega)=3$, $X_2(\omega)=5$, $X_3(\omega)=1$이면 $X_{(1)}(\omega)=1$, $X_{(2)}(\omega)=3$, $X_{(3)}(\omega)=5$가 된다. 또한 X_i들은 서로 독립이며 연속인 확률변수들이므로 $i \ne j$일 때, $P(X_i = X_j)=0$이다. 따라서

$$\mathcal{D}_0 = \{(x_1, \cdots, x_n) : \text{적당한 } i \ne j\text{에 대하여 } x_i = x_j\}$$

라 하면

$$P((X_1, \cdots, X_n) \in \mathcal{D}_0) = 0$$

이다. 이제

$$\mathcal{D} = \{(x_1, \cdots, x_n) \in \mathbb{R}^n : f(x_i) > 0,\ i=1, 2, \cdots, n\} - \mathcal{D}_0$$

로 두고 각각의 $\boldsymbol{x}=(x_1, \cdots, x_n) \in \mathcal{D}$에 대하여 $x_1, x_2, \cdots, x_n$ 중에서 i번째로 작은 수를 y_i라 하자. 그리고 $\mathcal{D}$ 위에서 다음과 같은 변환을 생각하자.

$$u(\boldsymbol{x}) = (y_1, y_2, \cdots, y_n)$$

그러면 변환 $u : \mathcal{D} \to \mathcal{B} = \{(y_1, \cdots, y_n) : y_1 < y_2 < \cdots < y_n\}$는 일대일 변환이 아니다. 예를 들어 $y_1 = 1$, $y_2 = 3$, $y_3 = 5$일 때 $3! = 6$개의

$$(x_1, x_2, x_3) \in \{(1, 3, 5), (1, 5, 3), (3, 1, 5), (3, 5, 1), (5, 1, 3), (5, 3, 1)\}$$

에 대하여 $u(x_1, x_2, x_3) = (1, 3, 5)$이다. 그러나 변환 u를 일대일로 만드는 $n!$개의 $\mathcal{D}$

의 분할이 존재한다. 이해를 쉽게 하기 위하여 $n=3$일 때만 생각하자. $\mathcal{D}_i$를 다음과 같이 정의하자.

$$\begin{aligned}
\mathcal{D}_1 &= \{(x_1,\ x_2,\ x_3) \in \mathcal{D}: x_1 < x_2 < x_3\},\\
\mathcal{D}_2 &= \{(x_1,\ x_2,\ x_3) \in \mathcal{D}: x_1 < x_3 < x_2\},\\
\mathcal{D}_3 &= \{(x_1,\ x_2,\ x_3) \in \mathcal{D}: x_2 < x_1 < x_3\},\\
\mathcal{D}_4 &= \{(x_1,\ x_2,\ x_3) \in \mathcal{D}: x_2 < x_3 < x_1\},\\
\mathcal{D}_5 &= \{(x_1,\ x_2,\ x_3) \in \mathcal{D}: x_3 < x_1 < x_2\},\\
\mathcal{D}_6 &= \{(x_1,\ x_2,\ x_3) \in \mathcal{D}: x_3 < x_2 < x_1\}.
\end{aligned}$$

그러면 명백하게 $\mathcal{D}_i$, $i=1,\ \cdots,\ 6$은 $\mathcal{D}$의 분할이 되며 각각의 $\mathcal{D}_i$에서 u는 일대일이다. 이제 각 영역으로의 역변환 $w_i: \mathcal{B} \to \mathcal{D}_i$의 야코비 행렬식을 구해 보자. $\mathcal{D}_1$에서 $x_1=y_1$, $x_2=y_2$, $x_3=y_3$이고 $\mathcal{D}_2$에서는 $x_1=y_1$, $x_2=y_3$, $x_3=y_2$이므로 각 영역에서의 야코비 행렬식은 각각 다음과 같다.

$$J_1 = \begin{vmatrix} 1 & 0 & 0 \\ 0 & 1 & 0 \\ 0 & 0 & 1 \end{vmatrix} = 1,\ J_2 = \begin{vmatrix} 1 & 0 & 0 \\ 0 & 0 & 1 \\ 0 & 1 & 0 \end{vmatrix} = -1$$

같은 방법으로 J_i, $i=3,\ 4,\ 5,\ 6$가 다음과 같음을 알 수 있다.

$$J_3 = \begin{vmatrix} 0 & 1 & 0 \\ 1 & 0 & 0 \\ 0 & 0 & 1 \end{vmatrix} = -1, \quad J_4 = \begin{vmatrix} 0 & 0 & 1 \\ 1 & 0 & 0 \\ 0 & 1 & 0 \end{vmatrix} = 1$$

$$J_5 = \begin{vmatrix} 0 & 1 & 0 \\ 0 & 0 & 1 \\ 1 & 0 & 0 \end{vmatrix} = 1, \quad J_6 = \begin{vmatrix} 0 & 0 & 1 \\ 0 & 1 & 0 \\ 1 & 0 & 0 \end{vmatrix} = -1$$

X_i의 확률밀도함수를 $f(x_i)$라고 하면, X_1, X_2, X_3가 서로 독립이므로 X_1, X_2, X_3의 결합확률밀도함수는

$$f(x_1,\ x_2,\ x_3) = f(x_1)f(x_2)f(x_3)$$

이다. 따라서 $X_{(1)}$, $X_{(2)}$, $X_{(3)}$의 결합확률밀도함수는 $y_1 < y_2 < y_3$일 때,

$$\begin{aligned}
g(y_1,\ y_2,\ y_3) &= f(y_1)f(y_2)f(y_3)|J_1| + f(y_1)f(y_3)f(y_2)|J_2| + f(y_2)f(y_1)f(y_3)|J_3|\\
&\quad + f(y_2)f(y_3)f(y_1)|J_4| + f(y_3)f(y_1)f(y_2)|J_5| + f(y_3)f(y_2)f(y_1)|J_6|\\
&= 3!f(y_1)f(y_2)f(y_3)
\end{aligned}$$

이고 그 밖에서는 $g(y_1, y_2, y_3) = 0$이다.

위의 방법을 그대로 적용하면 다음과 같은 일반적인 결과를 얻는다.

> **정리 5.28** 서로 독립이고 같은 분포를 따르며 각각의 확률밀도함수가 $f(x)$인 확률변수 $X_1, \cdots, X_n$의 순서통계량 $X_{(1)}, X_{(2)}, \cdots, X_{(n)}$의 결합확률밀도함수는 다음과 같다.
>
> $$g(y_1, y_2, \cdots, y_n) = \begin{cases} n! f(y_1) f(y_2) \cdots f(y_n), & y_1 < y_2 < \cdots < y_n \\ 0, & \text{그 밖에} \end{cases}$$

예제 5.34 구간 $(0, 1)$에서 임의로 두 점을 택할 때 얻는 세 선분이 삼각형을 이룰 확률을 구하라.

풀이 임의로 택한 두 점을 X_1, X_2라 하면 $X_i \sim \mathrm{U}(0, 1)$, $i = 1, 2$이고 서로 독립이다.

$$Y_1 = \min\{X_1, X_2\}, \ Y_2 = \max\{X_1, X_2\}$$

으로 두면 $Y_1 < Y_2$이고 Y_1과 Y_2의 결합확률밀도함수는 다음과 같다.

$$g(y_1, y_2) = 2, \ 0 < y_1 < y_2 < 1.$$

또한 Y_1과 Y_2에 의하여 만들어지는 세 선분의 길이는 각각 다음과 같다.

$$L_1 = Y_1, \ L_2 = Y_2 - Y_1, \ L_3 = 1 - Y_2.$$

세 선분이 삼각형을 이루기 위해서는 어느 두 변의 길이의 합도 다른 한 변의 길이보다 커야 한다. 따라서 다음을 만족하여야 한다.

$$L_1 + L_2 = Y_2 > L_3 = 1 - Y_2, \ \text{즉} \ Y_2 > \frac{1}{2},$$

$$L_2 + L_3 = 1 - Y_1 > L_1 = Y_1, \ \text{즉} \ Y_1 < \frac{1}{2},$$

$$L_3 + L_1 = Y_1 + (1 - Y_2) > L_2 = Y_2 - Y_1, \ \text{즉} \ Y_2 - Y_1 < \frac{1}{2}.$$

먼저 S를 다음과 같이 정의하자. (그림 5.6 참조)

$$S = \left\{(y_1, y_2) : 0 < y_1 < \frac{1}{2} < y_2 < 1, \ y_2 - y_1 < \frac{1}{2}\right\}$$

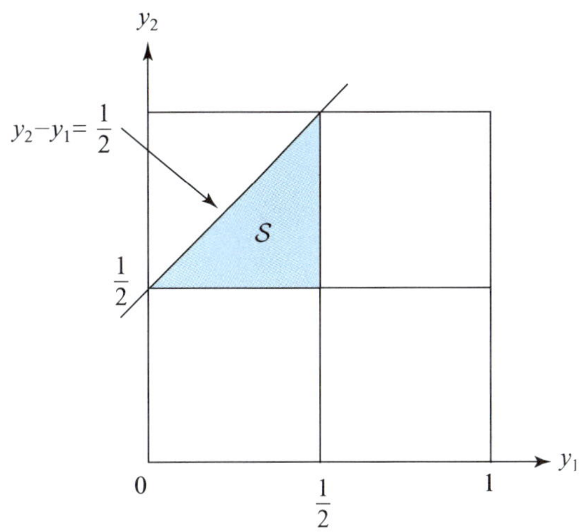

| 그림 5.6 |

따라서 구하는 확률은 다음과 같다.

$$P((Y_1,\ Y_2) \in \mathcal{S}) = \iint_{\mathcal{S}} g(y_1,\ y_2)dy_1 dy_2$$

$$= \int_{y_1=0}^{\frac{1}{2}} \left(\int_{y_2=\frac{1}{2}}^{y_1+\frac{1}{2}} 2dy_2 \right) dy_1 = \frac{1}{4}$$ ✣

정리 5.29 $X_1, \cdots, X_n$은 서로 독립이고 같은 분포를 따르며 X_1의 확률밀도함수와 분포함수가 각각 $f(x)$와 $F(x)$일 때, 순서통계량 $X_{(k)}$, $k = 1, 2, \cdots, n$의 주변확률밀도함수 $g_k(y)$는 다음과 같다.

$$g_k(y) = nf(y)\binom{n-1}{k-1}[F(y)]^{k-1}[1-F(y)]^{n-k},\ k = 1,\ 2,\ \cdots,\ n$$

증명 $X_1, \cdots, X_n$ 중 정확하게 k개가 y보다 작을 확률은 성공할 확률이 $p = P(X_1 \le y) = F(y)$인 베르누이시행을 n번 시행할 때, k번 성공할 확률과 같으므로

$$\binom{n}{k}(F(y))^k(1-F(y))^{n-k}$$

이다. 또한 사건 $\{X_{(k)} \le y\}$는 $X_1, \cdots, X_n$ 중 k개 이상이 y보다 작거나 같을 사건이므로 다음을 얻는다.

$$G_k(y) = P(X_{(k)} \le y) = \sum_{j=k}^{n} \binom{n}{j} (F(y))^j (1-F(y))^{n-j} \tag{5.20}$$

식 (5.20)의 양변을 미분하면

$$\begin{aligned} g_k(y) &= \frac{d}{dy} G_k(y) \\ &= nf(y) \left(\sum_{j=k}^{n} \binom{n-1}{j-1} (F(y))^{j-1} (1-F(y))^{n-j} \right. \\ &\quad \left. - \sum_{j=k}^{n-1} \binom{n-1}{j} (F(y))^j (1-F(y))^{n-j-1} \right). \end{aligned}$$

위 식의 두 번째 항에서 $j = m-1$로 치환한 후 정리하면

$$\begin{aligned} g_k(y) &= nf(y) \left(\sum_{j=k}^{n} \binom{n-1}{j-1} (F(y))^{j-1} (1-F(y))^{n-j} \right. \\ &\quad \left. - \sum_{m=k+1}^{n} \binom{n-1}{m-1} (F(y))^{m-1} (1-F(y))^{n-m} \right). \\ &= nf(y) \binom{n-1}{k-1} [F(y)]^{k-1} [1-F(y)]^{n-k}, \ k = 1, 2, \cdots, n \end{aligned}$$

가 되어 정리가 증명된다. ✸

정리 5.30 $X_{(j)}$와 $X_{(k)}$, $(j < k)$의 결합확률밀도함수는 다음과 같다.

$$\begin{aligned} g_{jk}(u, v) &= \frac{n!}{(j-1)!(k-j-1)!(n-k)!} [F(u)]^{j-1} [F(v) - F(u)]^{k-j-1} \\ &\quad \times [1-F(v)]^{n-k} f(u) f(v), \ u < v \end{aligned} \tag{5.21}$$

증명 식 (5.21)은 결합확률밀도함수를

$$g_{jk}(y_j, y_k) = \int_{-\infty}^{y_j} \cdots \int_{-\infty}^{y_2} \int_{y_j}^{y_k} \cdots \int_{y_{k-2}}^{y_k} \int_{y_k}^{\infty} \cdots \int_{y_{n-1}}^{\infty} n! f(y_1) \cdots f(y_n) \, dy_n \cdots dy_{k+1} dy_{k-1} \cdots dy_{j+1} dy_1 \cdots dy_{j-1}$$

와 같이 직접 적분하여 구할 수 있다. 여기서는 증명 대신에 직관적인 설명으로 대신한다. $0 < u < v < 1$이라 하고 $\Delta u > 0$과 $\Delta v > 0$을 $0 < u < u + \Delta u < v < v + \Delta v < 1$을 만족하도록 충분히 작은 양수라 하자. 한 번의 시행에서 다섯 가지의

가능한 결과 1, 2, 3, 4, 5가 나타나며 각각의 확률이

$$p_1 = F(u),\ p_2 = F(u+\Delta u) - F(u),\ p_3 = F(v) - F(u+\Delta u)$$
$$p_4 = F(v+\Delta v) - F(v),\ p_5 = 1 - F(v+\Delta v)$$

인 실험을 생각하자. 이 실험을 n회 반복할 때 각 결과가 나올 횟수에 대한 결합분포는 다항분포를 따른다는 것에 주목하자. 그러면 확률 $P(u < X_{(j)} < u+\Delta u,\ v < X_{(k)} < v+\Delta v)$는 위의 실험을 독립적으로 n회 반복하여 행하였을 때, 1의 결과가 $j-1$번, 2의 결과가 1번, 3의 결과가 $k-j-1$번, 4의 결과가 1번, 5의 결과가 $n-k$번 나올 확률과 근사적으로 같게 된다. 따라서

$$\begin{aligned}
&P(u < X_{(j)} < u+\Delta u,\ v < X_{(k)} < v+\Delta v)\\
&\approx \binom{n}{j-1,\ 1,\ k-j-1,\ 1,\ n-k} F(u)^{j-1}(F(u+\Delta u)-F(u))\\
&\times (F(v)-F(u+\Delta u))^{k-j-1}(F(v+\Delta v)-F(v))(1-F(v+\Delta v))^{n-k}
\end{aligned}$$

이다. 그러므로

$$\begin{aligned}
g_{jk}(u,\ v) &= \lim_{\substack{\Delta u \to 0 \\ \Delta v \to 0}} \frac{1}{\Delta u \Delta v} P(u < X_{(j)} < u+\Delta u,\ v < X_{(k)} < v+\Delta v)\\
&= \frac{n!}{(j-1)!(k-j-1)!(n-k)!}[F(u)]^{j-1}[F(v)-F(u)]^{k-j-1}\\
&\quad \times [1-F(v)]^{n-k} f(u) f(v),\ u < v
\end{aligned}$$

가 됨을 알 수 있다. ✷

정리 5.30으로부터 $X_{(1)}$과 $X_{(n)}$의 결합확률밀도함수를 구할 수 있다. 여기서는 직접적인 적분에 의하지 않고 구할 수 있는 방법을 소개한다. 먼저 다음 사실에 주목하자.

$$\{X_{(n)} \le v\} = \{X_{(1)} \le u,\ X_{(n)} \le v\} \cup \{X_{(1)} > u,\ X_{(n)} \le v\}$$

그러면

$$\begin{aligned}
G_{1n}(u,\ v) &= P(X_{(1)} \le u,\ X_{(n)} \le v)\\
&= P(X_{(n)} \le v) - P(X_{(1)} > u,\ X_{(n)} \le v)\\
&= [F(v)]^n - P(u < X_i \le v,\ i = 1,\ 2,\ \cdots,\ n)\\
&= \begin{cases} F(v)^n - (F(v)-F(u))^n, & u \le v \\ F(v)^n, & u > v. \end{cases}
\end{aligned}$$

그러므로 $G_{1n}(u,\ v)$를 u와 v에 대하여 편미분하면 다음을 얻는다.

$$g_{1n}(u,\ v) = \begin{cases} n(n-1)(F(v)-F(u))^{n-2}f(u)f(v), & u \le v \\ 0, & u > v \end{cases}$$

예제 5.35 $X_1,\ X_2,\ \cdots,\ X_n$이 서로 독립이고 같은 분포를 따를 때 $R = X_{(n)} - X_{(1)}$을 $X_1,\ X_2,\ \cdots,\ X_n$의 범위(range)라 한다. X_1의 분포함수와 확률밀도함수가 각각 $F(x)$와 $f(x)$일 때, 범위 R의 확률밀도함수를 구하라.

풀이 $$F_R(r) = P(X_{(n)} - X_{(1)} \le r) = \int_{u=-\infty}^{\infty}\int_{v=u}^{u+r} g_{1n}(u,\ v)dudv$$

$$= n(n-1)\int_{u=-\infty}^{\infty}\int_{v=u}^{u+r}[F(v)-F(u)]^{n-2}f(u)f(v)dudv$$

이므로 이것을 r에 대하여 미분하면 R의 확률밀도함수는

$$f_R(r) = n(n-1)\int_{-\infty}^{\infty}[F(u+r)-F(u)]^{n-2}f(u)f(u+r)du$$

이 된다. ✤

정리 5.30의 증명 방법을 사용하면 다음을 얻는다.

정리 5.31 $X_{(j_1)},\ X_{(j_2)},\ \cdots,\ X_{(j_k)},\ j_1 < j_2 < \cdots < j_k$의 결합확률밀도함수는 다음과 같다.

$$g_{j_1 j_2 \cdots j_k}(y_1,\ y_2,\ \cdots,\ y_k) = \frac{n!}{(j_1-1)!(j_2-j_1-1)!\cdots(n-j_k)!}[F(y_1)]^{j_1-1}$$
$$\times [F(y_2)-F(y_1)]^{j_2-j_1-1}\cdots[1-F(y_k)]^{n-j_k}$$
$$\times f(y_1)f(y_2)\cdots f(y_k),\ y_1 < y_2 < \cdots < y_k$$

EXERCISES

5.5 연습문제

1. $X_i \sim \mathrm{U}(0,\ t),\ i=1,\ 2,\ \cdots,\ n$이고 서로 독립일 때, 순서통계량 $X_{(1)},\ \cdots,\ X_{(n)}$에 대하여 다음을 구하라.

   (1) $X_{(k)}$의 확률밀도함수　　　　(2) $E[X_{(k)}]$

2. $X_1 \sim \mathrm{Exp}(\lambda),\ i=1,\ 2,\ \cdots,\ n$이고 서로 독립일 때 순서통계량 $X_{(1)},\ \cdots,\ X_{(n)}$에 대하여 $X_{(j)}$와 $X_{(k)}-X_{(j)}\,(j<k)$는 서로 독립임을 보여라.

3. 서로 독립이며 각각은 균등분포 $\mathrm{U}(0,\ 1)$을 따르는 확률변수 $X_1,\ \cdots,\ X_n$의 순서통계량 $X_{(1)},\ \cdots,\ X_{(n)}$에 대하여 다음을 보여라.

$$P(X_{(k)}-X_{(k-1)}>t)=(1-t)^n,\ k=1,\ 2,\ \cdots,\ n+1,\ (0<t<1)$$

   단, $X_{(0)}=0,\ X_{(n+1)}=1$.

4. 서로 독립이며 같은 분포를 따르는 연속확률변수 $X_1,\ \cdots,\ X_n$의 순서통계량 $X_{(1)},\ \cdots,\ X_{(n)}$에 대하여 $M=\dfrac{1}{2}(X_{(1)}+X_{(n)})$의 확률밀도함수를 구하라. 이때 M을 $X_1,\ X_2,\ \cdots,\ X_n$의 **중앙범위**(midrange)라 한다.

5. 구간 $(0,\ 1)$에서 임의로 두 점을 택할 때, 선택된 점에 대응되는 실수의 값을 각각 X_1과 X_2라 할 때 $Y_1=\min\{X_1,\ X_2\},\ Y_2=\max\{X_1,\ X_2\}$라고 두자. $Y=\dfrac{Y_2}{Y_1}$의 확률밀도함수를 구하라.

6. $X_i \sim \mathrm{U}(a,\ b),\ i=1,\ 2,\ \cdots,\ n$이고 서로 독립일 때, $R=X_{(n)}-X_{(1)}$의 확률밀도함수를 구하라.

7. 갑돌이와 갑순이는 오후 12시부터 오후 1시 사이에 만나서 점심식사를 하기로 하였다. 두 사람은 오후 12시와 오후 1시 사이의 어느 순간에도 도착할 가능성이 같으며 도착하는 시각은 서로 독립이라고 하자. 먼저 도착한 사람이 뒤에 도착하는 사람을 10분 이상 기다릴 확률을 구하라.

8. 구간 $(0,\ L)$에서 임의로 n개의 점을 택할 때, 선택된 n개의 점 중에서 어느 두 점 사이의 거리도 d 이상이 될 확률을 구하라.

9. $X_1,\ X_2$는 서로 독립이며 모수가 p인 기하확률변수일 때 다음 물음에 답하라.

(1) $X_{(1)}$과 $X_{(2)}$의 확률질량함수를 각각 구하라.

(2) $X_{(1)}$과 $X_{(2)}-X_{(1)}$은 서로 독립임을 보여라.

10. $X_1, \cdots, X_n$는 서로 독립이며 각각은 $X_i \sim \mathrm{U}\{1,\ 2,\ \cdots,\ m\}$인 이산확률변수일 때 다음을 보여라.

(1) $P(X_{(1)}=k_1,\ \cdots,\ X_{(n)}=k_n)=\dfrac{n!}{m^n}$, $1 \le k_1 < \cdots < k_n \le m$ (단 $n \le m$)

(2) $P(X_{(1)} < X_{(2)} < \cdots < X_{(n)})=\dfrac{m(m-1)\cdots(m-n+1)}{m^n}$

제 6 장

조건부분포와 조건부 기댓값

제2장과 제3장에서는 각각 조건부확률과 확률변수의 확률분포 및 기댓값에 대하여 알아보았다. 이 장에서는 두 확률변수 X와 Y에 대하여, Y가 주어졌다는 가정하에서 X의 조건부분포와 조건부기댓값에 대한 정의와 그 성질에 대하여 살펴본다.

이 장의 목표

1. 조건부분포의 뜻을 안다.
2. 조건부확률밀도함수의 뜻을 안다.
3. 조건부기댓값과 조건부분산의 뜻을 알고 결합분포로부터 조건부기댓값과 조건부분산을 구할 수 있다.
4. 전평균공식, 전분산공식을 알고 기댓값 및 분산의 계산에 적용할 수 있다.
5. 난수를 이용하여 다양한 분포를 따르는 확률변수를 생성할 수 있다.

6.1 조건부분포

생각해보기

우리나라 대학생들의 몸무게와 키를 나타내는 확률변수를 각각 X(단위: kg)와 Y(단위: cm)라 하자. 키는 1cm 간격으로 측정하며 Y는 자연수 값을 갖는 다고 하자.

1. 임의의 한 대학생의 몸무게가 65kg 이상 70kg 이하일 사건의 확률을 확률변수 X를 이용하여 나타내어라.
2. 키가 170cm인 학생의 몸무게가 65kg 이상 70kg 이하일 사건의 확률을 사건 $A=\{Y=170\}$와 확률변수 X를 이용하여 나타내어라.

위 생각해보기에서 $P(a \le X \le b)$는 전체 대학생을 표본공간으로 했을 때, 대학생의 몸무게에 대한 분포를 나타내는 것이다. 그러나 키가 170cm인 대학생만을 대상으로 할 경우 몸무게에 대한 분포는 다음과 같이 조건부확률로 나타낼 수 있다.

$$P(a \le X \le b \mid A) = P(a \le X \le b \mid Y=170)$$

이와 같이 공통의 표본공간 위에서 정의된 두 확률변수 X와 Y에 대하여, Y의 값이 $Y=y$로 주어졌다는 가정하에 X의 분포 $P(X \in B \mid Y=y)(B \subset R)$를 $Y=y$라는 가정하에 X의 **조건부분포**라고 한다.

6.1.1 이산확률변수 간의 조건부분포

$\mathcal{S}_X=\{x_1,\ x_2,\ \cdots\}$와 $\mathcal{S}_Y=\{y_1,\ y_2,\ \cdots\}$에서 값을 갖는 이산확률변수 X와 Y의 결합확률질량함수와 주변질량함수를 각각 $p(x,\ y)=P(X=x,\ Y=y)$와 $p_X(x)=P(X=x)$, $p_Y(y)=P(Y=y)$로 두자. $P(Y=y)>0$일 때 $\{Y=y\}$가 주어졌다는 가정하에서 $\{X=x\}$일 조건부확률을 $p_{X|Y}(x|y)=P(X=x \mid Y=y)$라고 하면 조건부확률의 정의로부터 다음을 얻는다.

$$p_{X|Y}(x|y)=\frac{p(x,\ y)}{p_Y(y)}$$

또한 각각의 $x \in \mathcal{S}_X$에 대하여 명백하게 $p_{X|Y}(x|y) \ge 0$이고

$$\sum_{x\in\mathcal{S}_X} p_{X|Y}(x|y) = \sum_{x\in\mathcal{S}_X} P(X=x|Y=y) = P(X\in\mathcal{S}_X|Y=y) = 1$$

이다. 따라서 $P(Y=y)>0$일 때, $p_{X|Y}(x|y)$를 $\mathcal{S}_X$에서 정의된 x의 함수로서 생각하면 $p_{X|Y}(x|y)$는 확률질량함수가 된다. 이 확률질량함수 $p_{X|Y}(x|y)$를 $Y=y$가 주어졌다는 가정하에서 X의 **조건부확률질량함수**(conditional probability mass function)라 한다. 또한 $p_{X|Y}(x|y)$에 대한 분포함수

$$F_{X|Y}(x|y) = P(X\le x|Y=y) = \sum_{a\le x} p_{X|Y}(a|y)$$

를 $Y=y$가 주어졌다는 가정하에 X의 **조건부분포함수**(conditional distribution function)라 한다. 조건부확률에 대한 곱의 공식으로부터

$$p(x,\ y) = p_{X|Y}(x\mid y)p_Y(y)$$

이 성립함을 알 수 있다. 또한 X의 주변확률질량함수 $p_X(x)$는 전확률공식으로부터 다음과 같이 조건부확률질량함수로 나타낼 수 있다.

$$\begin{aligned} p_X(x) &= \sum_{y\in\mathcal{S}_Y} p(x,\ y) \\ &= \sum_{y\in\mathcal{S}_Y} p_{X|Y}(x|y)p_Y(y) \end{aligned}$$

X와 Y가 서로 독립이면 $p(x,\ y)=p_X(x)p_Y(y)$이므로 다음이 성립한다.

$$p_{X|Y}(x|y) = \frac{p(x,\ y)}{p_Y(y)} = \frac{p_X(x)p_Y(y)}{p_Y(y)} = p_X(x)$$

예제 6.1 X와 Y의 결합확률질량함수 $p(x,\ y)$가 다음과 같을 때, $p_{X|Y}(x|1)$을 구하라.

$$p(0,\ 0)=0.1,\ p(0,\ 1)=0.2,\ p(1,\ 0)=0.3,\ p(1,\ 1)=0.4.$$

풀이 $p_Y(1)=p(0,\ 1)+p(1,\ 1)=0.6$이므로

$$p_{X|Y}(0|1) = \frac{p(0,\ 1)}{p_Y(1)} = \frac{1}{3},\ p_{X|Y}(1|1) = \frac{p(1,\ 1)}{p_Y(1)} = \frac{2}{3}.$$ ✣

예제 6.2 $X\sim \text{Poi}(\lambda)$, $Y\sim \text{Poi}(\mu)$이고 서로 독립일 때 $X+Y=n$이라는 가정하에 X의 조건부분포를 구하라.

풀이 X와 Y가 서로 독립이므로 $X+Y\sim \mathrm{Poi}(\lambda+\mu)$이다. 따라서

$$\begin{aligned}
P(X=k|X+Y=n) &= \frac{P(X=k,\ X+Y=n)}{P(X+Y=n)} \\
&= \frac{P(X=k,\ Y=n-k)}{P(X+Y=n)} \\
&= \frac{P(X=k)P(Y=n-k)}{P(X+Y=n)} \\
&= \frac{e^{-\lambda}\lambda^k}{k!}\frac{e^{-\mu}\mu^{n-k}}{(n-k)!}\Big/\left[\frac{e^{-(\lambda+\mu)}(\lambda+\mu)^n}{n!}\right] \\
&= \binom{n}{k}\left(\frac{\lambda}{\lambda+\mu}\right)^k\left(\frac{\mu}{\lambda+\mu}\right)^{n-k},\ k=0,\ 1,\ \cdots,\ n.
\end{aligned}$$

그러므로 $X+Y=n$이 주어졌을 때 X의 조건부분포는 모수가 $\left(n,\ \dfrac{\lambda}{\lambda+\mu}\right)$인 이항분포이다. ✤

6.1.2 공동연속인 확률변수들 간의 조건부분포

확률변수 X와 Y의 결합확률밀도함수를 $f(x,\ y)$, 각각의 주변확률밀도함수를 $f_X(x)$와 $f_Y(y)$라고 하자. 이 경우 Y는 연속확률변수이므로 $P(Y=y)=0$이 되어 $\{Y=y\}$가 주어졌다는 가정하에 $\{X=x\}$의 조건부확률

$$P(X=x|Y=y)=\frac{P(X=x,\ Y=y)}{P(Y=y)}$$

은 정의되지 않는다. 따라서 $F_{X|Y}(x|y)=P(X\le x|Y=y)$를 다음과 같이 정의하자.

$$F_{X|Y}(x|y)=P(X\le x|Y=y)=\lim_{\Delta y\downarrow 0}P(X\le x|y\le Y\le y+\Delta y)$$

그러면 $f_Y(y)>0$이고 $\Delta y>0$일 때,

$$\begin{aligned}
P(X\le x|y\le Y\le y+\Delta y) &= \frac{P(X\le x,\ y\le Y\le y+\Delta y)}{P(y\le Y\le y+\Delta y)} \\
&= \frac{\displaystyle\int_{-\infty}^{x}\frac{1}{\Delta y}\int_{y}^{y+\Delta y}f(u,\ v)dvdu}{\displaystyle\frac{1}{\Delta y}\int_{y}^{y+\Delta y}f_Y(v)dv}
\end{aligned}$$

한편

$$\lim_{\Delta y \downarrow 0} \frac{1}{\Delta y} \int_y^{y+\Delta y} f(u,\ v)dv = f(u,\ y),$$

$$\lim_{\Delta y \downarrow 0} \frac{1}{\Delta y} \int_y^{y+\Delta y} f_Y(v)dv = f_Y(y)$$

이므로 다음을 얻는다.

$$F_{X|Y}(x|y) = P(X \le x|\,Y = y) = \int_{-\infty}^{x} \frac{f(u,\ y)}{f_Y(y)} du$$

이때 $f_Y(y) > 0$을 만족하는 y에 대하여 $f_{X|Y}(x|y)$를 다음과 같이 정의하자.

$$f_{X|Y}(x|y) = \frac{f(x,\ y)}{f_Y(y)}$$

그러면 x의 함수로써 명백하게 $f_{X|Y}(x|y) \ge 0$이고

$$\int_{-\infty}^{\infty} f_{X|Y}(x|y)dx = \frac{1}{f_Y(y)} \int_{-\infty}^{\infty} f(x,\ y)dx = 1$$

이므로 $f_{X|Y}(x|y)$는 확률밀도함수이다. 이때 $f_{X|Y}(x|y)$를 $Y=y$가 주어졌다는 가정하에 X의 **조건부확률밀도함수**(conditional probability density function)라고 하고 $F_{X|Y}(x|y)$를 **조건부분포함수**라고 한다.

확률밀도함수의 성질로부터 조건부확률밀도함수에 대한 다음 성질이 성립함을 알 수 있다.

(1) $P(X \in B\,|\,Y = y) = \int_B f_{X|Y}(x|y)dx \ (B \subset \mathbb{R})$

(2) $f_X(x) = \int_{-\infty}^{\infty} f(x,\ y)dy = \int_{-\infty}^{\infty} f_{X|Y}(x|y)f_Y(y)dy$

(3) $P(X \in B) = \int_{-\infty}^{\infty} P(X \in B\,|\,Y = y)f_Y(y)dy$

위 식은 연속확률변수에 관한 전확률공식이다. (3)은 위의 (1)과 (2)로부터 다음과 같이 보일 수 있다.

$$\begin{aligned} P(X \in B) &= \int_B f_X(x)dx \\ &= \int_B \int_{-\infty}^{\infty} f_{X|Y}(x|y)f_Y(y)dydx \end{aligned}$$

$$= \int_{-\infty}^{\infty} \int_B f_{X|Y}(x|y) dx f_Y(y) dy$$

$$= \int_{-\infty}^{\infty} P(X \in B | \, Y = y) f_Y(y) dy$$

(4) X와 Y가 서로 독립이면, $f(x, \, y) = f_X(x) f_Y(y)$이므로

$$f_{X|Y}(x|y) = \frac{f(x, \, y)}{f_Y(y)} = \frac{f_X(x) f_Y(y)}{f_Y(y)} = f_X(x)$$

예제 6.3 X와 Y의 결합확률밀도함수가

$$f(x, \, y) = \begin{cases} \frac{12}{5} x(2 - x - y), & 0 < x < 1, \, 0 < y < 1 \\ 0, & \text{그 밖에} \end{cases}$$

일 때, $P\left(0 < X < \frac{1}{2} | \, Y = y\right)$를 구하라.

풀이 $0 < y < 1$에 대하여

$$f_Y(y) = \int_0^1 \frac{12}{5} x(2 - x - y) dx = \frac{12}{5} \left(\frac{2}{3} - \frac{y}{2}\right)$$

이므로 $0 < x < 1, \, 0 < y < 1$일 때

$$f_{X|Y}(x|y) = \frac{f(x, \, y)}{f_Y(y)} = \frac{x(2 - x - y)}{2/3 - y/2} = \frac{6x(2 - x - y)}{4 - 3y}$$

따라서 $0 < y < 1$일 때,

$$P\left(0 < X < \frac{1}{2} | \, Y = y\right) = \int_0^{\frac{1}{2}} \frac{6x(2 - x - y)}{4 - 3y} dx$$

$$= \frac{5 - 3y}{16 - 12y}.$$

6.1.3 이산확률변수와 연속확률변수들 간의 조건부분포

확률밀도함수 $f_X(x)$를 갖는 연속확률변수 X와 이산확률변수 N 사이의 조건부분포에 대하여 살펴보자. 먼저 다음을 정의하자.

$$f(x,\ n) = \lim_{\Delta x \downarrow 0} \frac{1}{\Delta x} P(x < X \le x + \Delta x,\ N = n)$$

이때 $X = x$가 주어졌다는 가정하에 N의 조건부확률질량함수는 다음과 같이 정의한다.

$$P(N = n \mid X = x) = \lim_{\Delta x \downarrow 0} P(N = n \mid x < X \le x + \Delta x)$$

한편

$$P(N = n \mid x < X < x + \Delta x) = \frac{P(x < X < x + \Delta x,\ N = n)}{P(x < X < x + \Delta x)}$$

이므로

$$P(N = n \mid X = x) = \frac{f(x,\ n)}{f_X(x)} \tag{6.1}$$

임을 알 수 있다. 따라서 N의 주변확률질량함수는

$$\begin{aligned} P(N = n) &= \int_{-\infty}^{\infty} f(x,\ n)dx \\ &= \int_{-\infty}^{\infty} P(N = n \mid X = x) f_X(x)dx. \end{aligned}$$

예제 6.4 갑돌이가 한 번 전화를 할 때 통화하는 시간은 모수가 μ인 지수분포를 따른다고 하자. 그런데 갑돌이에게 t 단위 시간 동안 걸려 오는 전화의 수는 모수가 λt인 푸아송분포를 따른다고 하자. 갑돌이가 통화하는 중에 갑돌이에게 전화를 하는 사람의 수를 N이라 할 때, N의 분포와 기댓값을 구하라.

풀이 갑돌이의 통화시간을 X라고 하면 X의 확률밀도함수는

$$f_X(t) = \mu e^{-\mu t},\ t > 0$$

이다. 또한 $X = t$일 때 N은 모수가 λt인 푸아송분포를 따르므로

$$P(N = n \mid X = t) = e^{-\lambda t} \frac{(\lambda t)^n}{n!},\ n = 0,\ 1,\ 2,\ \cdots$$

이다. 따라서

$$\begin{aligned}P(N=n) &= \int_{-\infty}^{\infty} P(N=n \mid X=t) f_X(t)dt \\ &= \int_0^{\infty} e^{-\lambda t}\frac{(\lambda t)^n}{n!}\mu e^{-\mu t}dt \\ &= \frac{\lambda^n \mu}{(\lambda+\mu)^{n+1}n!}\int_0^{\infty} x^n e^{-x}dt \ (x=(\lambda+\mu)t\text{로 치환}) \\ &= \left(\frac{\mu}{\lambda+\mu}\right)\left(\frac{\lambda}{\lambda+\mu}\right)^n, \ n=0,\ 1,\ 2,\ \cdots.\end{aligned}$$

위의 네 번째 등식에서는 감마함수 $\int_0^{\infty} x^n e^{-x}dx = \Gamma(n+1) = n!$을 이용하였다. $p=\frac{\mu}{\lambda+\mu}$, $q=\frac{\lambda}{\lambda+\mu}$로 두고 N의 기댓값을 구하면 다음을 얻는다.

$$E[N] = q\sum_{n=1}^{\infty} npq^{n-1} = \frac{q}{p} = \frac{\lambda}{\mu}$$ ✤

$N=n$이 주어졌다는 가정하에 X의 조건부확률밀도함수 $f_{X|N}(x|n)$는 다음과 같이 정의한다.

$$f_{X|N}(x|n) = \lim_{\Delta x \downarrow 0}\frac{1}{\Delta x}P(x < X \le x+\Delta x \mid N=n)$$

그러면 X의 주변확률밀도함수는

$$f_X(x) = \sum_n f(x,\ n) = \sum_n f_{X|N}(x|n)P(N=n)$$

과 같이 나타낼 수 있다. 한편 조건부확률에 대한 곱의 공식에 의하여

$$\begin{aligned}&P(x < X < x+\Delta x,\ N=n) \\ &= P(x < X < x+\Delta x \mid N=n)P(N=n)\end{aligned}$$

이므로 위 식의 각 변을 Δx로 나누어 주고 나서 $\Delta x \to 0$ 하면 다음을 얻는다.

$$f(x,\ n) = f_{X|N}(x|n)P(N=n) \tag{6.2}$$

따라서 (6.1)과 (6.2)로부터 $N=n$이 주어졌다는 가정하에 X의 조건부확률밀도함수는 다음과 같이 나타낼 수 있다.

$$f_{X|N}(x|n) = \frac{P(N=n|X=x)}{P(N=n)} f_X(x)$$

예제 6.5 한 명이 근무하는 어느 회사의 출장소를 생각하자. 출장소에 도착하는 고객은 n 종류 중 한 가지 일을 처리하기 위하여 방문한다. 종류 i, $i=1, 2, \cdots, n$의 일을 처리하는 데 걸리는 시간은 모수가 λ_i인 지수분포를 따른다고 하자. 한 고객이 방문하였을 때 그 고객의 일을 처리하는 데 걸리는 시간의 확률밀도함수를 구하라.

풀이 고객의 일의 종류를 N이라 하고 일을 처리하는 데 걸리는 시간을 X라 하자. 그러면 가정에 의하여 $N=i$일 때 X의 조건부확률밀도함수는

$$f_{X|N}(x|i) = \lambda_i e^{-\lambda_i x}, \ x > 0$$

이다. 따라서 X의 확률밀도함수는 다음과 같다.

$$f_X(x) = \sum_{i=1}^{n} P(N=i)\lambda_i e^{-\lambda_i x}, \ x > 0$$

이와 같은 분포를 n차 초지수분포라 한다. ✤

예제 6.6 확률변수 X의 확률밀도함수는 $f(x)=2x$, $0<x<1$이다. $X=x$일 때, 앞면이 나올 확률이 x인 동전을 n번 던진다고 하자. 이때 나오는 앞면의 수를 N이라 하자. 다음 물음에 답하여라.

(1) N의 확률질량함수를 구하라.

(2) $N=k$라는 가정하에 X의 조건부확률밀도함수를 구하라.

풀이 (1) $X=x$로 주어졌을 때 n번의 시행은 독립적으로 이루어지므로 앞면의 수 N은 모수가 (n, x)인 이항분포를 따른다. 그러므로

$$\begin{aligned} P(N=k) &= \int_0^1 P(N=k|X=x)f(x)dx \\ &= \int_0^1 \binom{n}{k} x^k (1-x)^{n-k} 2x dx \\ &= 2\binom{n}{k} \frac{\Gamma(k+2)\Gamma(n-k+1)}{\Gamma(n+3)} \\ &= \frac{2(k+1)}{(n+1)(n+2)}, \ k = 0, 1, 2, \cdots, n. \end{aligned}$$

(2) $k=0,\ 1,\ 2,\ \cdots,\ n$일 때,

$$\begin{aligned} f_{X|N}(x|k) &= \frac{P(N=k|X=x)}{P(N=k)} f(x) \\ &= \frac{\binom{n}{k} x^k (1-x)^{n-k}}{P(N=k)} 2x \\ &= \frac{(n+2)!}{(k+1)!(n-k)!} x^{k+1} (1-x)^{n-k},\ 0<x<1 \end{aligned}$$

따라서 $f_{X|N}(x|k)$는 모수가 $(k+2,\ n-k+1)$인 베타확률밀도함수이다. ✤

EXERCISES

6.1 연습문제

1. X와 Y의 결합확률질량함수 $p(x,\ y)$가 다음과 같을 때 조건부확률질량함수 $p_{X|Y}(j|i),\ i,\ j=1,\ 2$를 구하라.

$$p(1,\ 1)=\frac{1}{8},\ p(1,\ 2)=\frac{1}{4},\ p(2,\ 1)=\frac{1}{8},\ p(2,\ 2)=\frac{1}{2}$$

2. 한 개의 주사위를 n번 던질 때 1의 눈과 6의 눈이 나오는 횟수를 각각 X와 Y라 하자. 조건부확률질량함수 $p_{X|Y}(x\,|y)$를 구하라.

3. 한 개의 주사위를 한 번 던졌을 때 나온 눈이 4보다 작거나 같으면 그 주사위를 다시 한 번 던지고 4보다 크면 동전을 3번 던진다. X를 처음 던질 때 나오는 주사위의 눈의 수, Y를 두 번째 시행에서 나오는 주사위의 눈의 수이거나 동전의 앞면의 개수라 하자. 조건부확률질량함수 $P(Y=j|X=i)$를 구하라.

4. r개의 빨간 공, b개의 검은 공, w개의 흰 공이 들어 있는 항아리에서 k개의 공을 동시에 추출할 때, 추출된 빨간 공과 흰 공의 개수를 각각 X와 Y라 하자(단, $k \le r+b+w$). $P(X=j\,|\,Y=i)$를 구하라.

5. X와 Y의 결합확률밀도함수가

$$f(x, y) = xe^{-x(y+1)}, \ x > 0, \ y > 0,$$

일 때 조건부확률밀도함수 $f_{X|Y}(x|y)$와 $f_{Y|X}(x|y)$를 각각 구하라.

6. X와 Y의 결합확률밀도함수가

$$f(x, y) = \frac{e^{-x/y}e^{-y}}{y}, \ 0 < x < \infty, \ 0 < y < \infty$$

일 때, $P(X > 1 | Y = y)$를 구하라.

7. $X \sim \mathrm{U}(0, 1)$이고 $X = x$일 때, Y는 모수가 x인 기하분포를 따른다. 이때 각각의 $k = 1, 2, \cdots$에 대하여 조건부확률 $P\left(X > \frac{1}{2} | Y = k\right)$를 구하라.

8. X와 Y는 서로 독립이며 $P(X > 0) = 1$, $G(y) = P(Y \leq y)$라고 할 때 조건부분포 $P\left(\frac{Y}{X} \leq z | X = x\right)$를 구하라.

9. 확률변수 X의 확률밀도함수 $f(x)$가 $f(x) > 0$, $x \in \mathbb{R}$일 때 $P(X > 0 \,|\, |X| = y)$를 구하라.

10. 서로 독립이며 같은 분포를 따르는 연속확률변수 $X_1, X_2, \cdots, X_n$에 대하여 $Y = \min\{X_1, \cdots, X_n\}$, $Z = \max\{X_1, \cdots, X_n\}$이라 할 때, $f_{Z|Y}(z|y)$를 구하라.

6.2 조건부기댓값

6.2.1 조건부기댓값

조건부기댓값을 정의하기 전에 확률변수 X의 기댓값 $E[X]$에 대한 다음의 정의를 상기하자.

$$E[X]=\begin{cases}\displaystyle\sum_{x\in\mathcal{S}_X} xP(X=x), & X\text{가 이산확률변수}\\ \displaystyle\int_{-\infty}^{\infty} xf_X(x)dx, & X\text{가 연속확률변수}\end{cases}$$

즉 확률변수 X의 기댓값은 X가 이산확률변수일 때는 X가 취하는 값에 확률질량함수를 곱하여 모두 더한 값이고 연속확률변수일 때는 X가 취하는 값에 확률밀도함수를 곱하여 적분한 값이다. 이와 마찬가지로 $Y=y$라는 가정하에서 X의 **조건부기댓값**(conditional expectation)을 $E[X|Y=y]$로 나타내고 다음과 같이 정의한다.

$$E[X|Y=y]=\begin{cases}\displaystyle\sum_{x\in\mathcal{S}_X} xP(X=x|Y=y), & X,\ Y\text{가 이산인 경우}\\ \displaystyle\int_{-\infty}^{\infty} xf_{X|Y}(x|y)dx, & X,\ Y\text{가 공동연속인 경우}\end{cases}$$

예를 들어 6.1절의 생각해보기 예제와 같이 우리나라 대학생들의 몸무게와 키를 나타내는 확률변수를 각각 X(단위: kg)와 Y(단위: cm)라 할 때, $E[X]$는 전체 대학생의 몸무게에 대한 기댓값을 나타내고 $E[X|Y=170]$은 키가 170cm인 대학생의 몸무게에 대한 기댓값을 나타낸다.

참고

기댓값의 일반적인 정의와 같이 조건부기댓값도 다음과 같이 조건부분포함수 $F_{X|Y}(x|y)=P(X\le x|Y=y)$에 대한 리만-스틸체스 적분으로 나타낼 수 있다.

$$E[X|Y=y]=\int_{-\infty}^{\infty} xdF_{X|Y}(x|y)$$

예제 6.7 $X\sim \mathrm{B}(n,\ p)$, $Y\sim \mathrm{B}(n,\ p)$이고 서로 독립일 때 $E[X|X+Y=m]$을 구하라.

풀이 $X+Y \sim \mathrm{B}(2n,\ p)$이고 X와 Y는 서로 독립이므로

$$P(X=k|X+Y=m)=\frac{P(X=k,\ Y=m-k)}{P(X+Y=m)}$$

$$=\frac{P(X=k)P(Y=m-k)}{P(X+Y=m)}.$$

$$=\frac{\binom{n}{k}p^k(1-p)^{n-k}\binom{n}{m-k}p^{m-k}(1-p)^{n-m+k}}{\binom{2n}{m}p^m(1-p)^{2n-m}}$$

$$=\frac{\binom{n}{k}\binom{n}{m-k}}{\binom{2n}{m}},\ k=0,\ 1,\ 2,\ \cdots,\ \min(m,\ n).$$

따라서 $X+Y=m$이라는 가정하에서 X의 조건부분포는 모수가 $(2n,\ m,\ n)$인 초기하분포이다. 초기하분포 $\mathrm{HG}(2n,\ m,\ n)$의 기댓값은 $\frac{mn}{2n}=\frac{m}{2}$이므로

$$E[X|X+Y=m]=\frac{m}{2}$$

이다. ✤

예제 6.8 [예제 6.3의 연속] X와 Y의 결합확률밀도함수가

$$f(x,\ y)=\begin{cases}\frac{12}{5}x(2-x-y), & 0<x<1,\ 0<y<1\\ 0, & \text{그 밖에}\end{cases}$$

일 때, $E[X|Y=y]$를 구하라.

풀이 예제 6.3에서 조건부확률밀도함수 $f_{X|Y}(x|y)$는 다음과 같음을 알아보았다.

$$f_{X|Y}(x|y)=\frac{6x(2-x-y)}{4-3y},\ 0<x<1,\ 0<y<1$$

따라서 $Y=y$라는 가정하에 X의 조건부기댓값은

$$E[X|Y=y]=\int_0^1 x\frac{6x(2-x-y)}{4-3y}dx$$

$$=\frac{5-4y}{8-6y},\ 0<y<1.$$ ✤

다음의 정리는 조건부기댓값의 정의와 일반적인 기댓값의 성질로부터 쉽게 얻을 수 있으므로 증명 없이 언급한다.

정리 6.1 $u(x)$가 실수상에서 정의된 실수값 함수일 때 다음이 성립한다.

$$E[u(X)|Y=y]=\begin{cases}\displaystyle\sum_{x\in\mathcal{S}_X}u(x)P(X=x|Y=y), & X,\ Y\text{가 이산인 경우}\\ \displaystyle\int_{-\infty}^{\infty}u(x)f_{X|Y}(x|y)dx, & X,\ Y\text{가 공동연속인 경우}\end{cases}$$

예제 6.9 X와 Y의 결합확률밀도함수가

$$f(x,\ y)=\begin{cases}\dfrac{e^{-x/y}e^{-y}}{y}, & 0<x<\infty,\ 0<y<\infty\\ 0, & \text{그 밖에}\end{cases}$$

일 때, $E[X^2|Y=y]$을 구하라.

풀이 Y의 주변확률밀도함수는

$$f_Y(y)=\frac{e^{-y}}{y}\int_0^{\infty}e^{-x/y}dx=e^{-y},\ 0<y<\infty$$

이므로 $0<x<\infty,\ 0<y<\infty$일 때

$$f_{X|Y}(x|y)=\frac{f(x,\ y)}{f_Y(y)}=\frac{1}{y}e^{-x/y}$$

이다. 따라서

$$E[X^2|Y=y]=\int_0^{\infty}x^2f_{X|Y}(x|y)dx=2y^2,\ y>0.$$

이것을 다른방법으로 구해보자. $Y=y$라는 가정하에서 X의 조건부분포는 모수가 $\frac{1}{y}$인 지수분포임을 알 수 있다. 따라서 $E[X^2|Y=y]=2y^2$이다. ✤

정리 6.2 X와 Y가 서로 독립이면 $E[X|Y=y]=E[X]$이다.

증명 X와 Y가 공동연속이고 서로 독립이면 $f_{X|Y}(x|y) = f_X(x)$이므로 조건부기댓값의 정의에 의하여 명백하다. 이산인 경우도 마찬가지로 증명한다. ✺

$P(A) > 0$인 사건 A가 주어졌다는 가정하에 X의 조건부기댓값 $E[X|A]$에 대하여 알아보자. 먼저 X가 $\mathcal{S}_X = \{x_1, x_2, \cdots\}$에서 값을 갖는 이산확률변수일 때, 조건부기댓값 $E[X|A]$는 조건부확률질량함수 $P(X = x|A)$, $x \in \mathcal{S}_X$에 대한 기댓값이다. 즉,

$$E[X|A] = \sum_{x \in \mathcal{S}_X} xP(X = x|A). \tag{6.3}$$

일반적인 경우를 위하여 조건부분포함수 $F(x|A)$를 다음과 같이 정의하자.

$$F(x|A) = P(X \le x|A)$$

그러면 x의 함수로서 $F(x|A)$는 분포함수가 되는 것을 알 수 있다. 따라서 조건부기댓값 $E[X|A]$를 다음과 같이 정의한다.

$$E[X|A] = \int_{-\infty}^{\infty} xdF(x|A) \tag{6.4}$$

만약 X가 이산확률변수이면 $F(x|A)$는 확률질량함수가 $P(X = x|A)$인 이산확률변수의 확률분포함수가 되어 (6.4)는 (6.3)과 같게 된다. 또한 $F(x|A)$의 확률밀도함수 $f(x|A)$가 존재하면 (6.4)는 다음과 같다.

$$E[X|A] = \int_{-\infty}^{\infty} xf(x|A)dx$$

예제 6.10 X의 확률밀도함수가 $f(x)$일 때, 조건부기댓값 $E[X|X > a]$를 구하라. 단 a는 $P(X > a) > 0$을 만족하는 상수이다.

풀이 $F(x) = P(X \le x)$로 두고 조건부분포함수를 구하면 다음과 같다.

$$F(x|X > a) = P(X \le x|X > a) = \frac{P(a < X \le x)}{P(X > a)}$$

$$= \begin{cases} \dfrac{F(x) - F(a)}{1 - F(a)}, & x > a \\ 0, & x \le a \end{cases}$$

따라서 위 식의 양변을 미분하여 다음과 같이 확률밀도함수를 얻는다.

$$f(x|X>a)=\frac{d}{dx}F(x|X>a)=\begin{cases}\dfrac{f(x)}{1-F(a)}, & x>a\\ 0, & x\le a\end{cases}$$

그러므로

$$E[X|X>a]=\int_{-\infty}^{\infty}xf(x|X>a)dx=\frac{1}{1-F(a)}\int_{a}^{\infty}xf(x)dx.$$ ✤

예제 6.11 매년 같은 수준의 난이도로 출제되는 어떤 자격시험의 성적은 평균이 μ이고 분산이 σ^2인 정규분포를 따른다고 한다. 이때 평균점수 이상 받은 사람들의 점수의 평균은 얼마인가?

풀이 이 시험에 응시한 사람의 성적을 X라고 하면 $X\sim \mathrm{N}(\mu,\ \sigma^2)$이고 평균점수 이상 받은 사람들의 점수의 평균은 $E[X\,|\,X\ge\mu]$이다. $X\sim \mathrm{N}(\mu,\ \sigma^2)$이므로 명백하게 $P(X\ge\mu)=\dfrac{1}{2}$이다. 한편 X의 확률밀도함수를 $f(x)$라고 하면

$$\begin{aligned}\int_{\mu}^{\infty}xf(x)dx&=\int_{\mu}^{\infty}x\frac{1}{\sqrt{2\pi}\,\sigma}e^{-(x-\mu)^2/(2\sigma^2)}dx\\&=\frac{1}{\sqrt{2\pi}}\int_{0}^{\infty}(\mu+\sigma y)e^{-y^2/2}dy\\&=\frac{\mu}{\sqrt{2\pi}}\int_{0}^{\infty}e^{-y^2/2}dy+\frac{\sigma}{\sqrt{2\pi}}\int_{0}^{\infty}ye^{-y^2/2}dy\\&=\frac{\mu}{2}+\frac{\sigma}{\sqrt{2\pi}}.\end{aligned}$$

따라서

$$\begin{aligned}E[X|X\ge\mu]&=\frac{1}{P(X\ge\mu)}\int_{\mu}^{\infty}xf(x)dx\\&=\mu+\sigma\sqrt{\frac{2}{\pi}}.\end{aligned}$$ ✤

조건부기댓값의 정의로부터 $E[X|\,Y=y]$는 y의 함수로 볼 수 있다. 이를 $u(y)$라 하자. 즉

$$u(y)=E[X|\,Y=y].$$

이때 $u(y)$와 Y를 합성한 확률변수 $u(Y)$를 $E[X|Y]$로 나타내기로 한다. 즉,

$$u(Y) = E[X|Y]$$

따라서 조건부기댓값 $E[X|Y]$는 더 이상 상수가 아닌 확률변수이다.

예제 6.12 예제 6.8에서 X와 Y의 결합확률밀도함수가

$$f(x, y) = \frac{12}{5}x(2-x-y), \quad 0<x<1, \ 0<y<1$$

일 때 조건부기댓값 $E[X|Y=y]$는 다음과 같음을 살펴보았다.

$$E[X|Y=y] = \frac{5-4y}{8-6y}, \ 0<y<1$$

이때 $E[X|Y=y]$를 y의 함수로 보아 이를 $u(y)$라 하자. 즉

$$u(y) = E[X|Y=y] = \frac{5-4y}{8-6y}, \ 0<y<1.$$

따라서

$$E[X|Y] = u(Y) = \frac{5-4Y}{8-6Y}$$ ✣

다음의 정리는 전평균 공식(law of total expectation)으로 알려진 전확률공식의 일반적인 형태이며 조건부기댓값을 이용하여 기댓값을 계산하는 데 매우 유용하다.

정리 6.3 $E[E[X|Y]] = E[X]$

단, $$E[E[X|Y]] = \begin{cases} \displaystyle\sum_{y \in S_Y} E[X|Y=y]P(Y=y), & Y\text{가 이산인 경우} \\ \displaystyle\int_{-\infty}^{\infty} E[X|Y=y]f_Y(y)dy, & Y\text{가 연속인 경우} \end{cases}$$

증명 X와 Y가 공동연속일 때

$$u(y) = E[X|Y=y] = \int_{-\infty}^{\infty} x f_{X|Y}(x|y)dy$$

이므로

$$E[E[X|Y]] = E[u(Y)] = \int_{-\infty}^{\infty} u(y) f_Y(y) dy$$
$$= \int_{-\infty}^{\infty} \int_{-\infty}^{\infty} x f_{X|Y}(x|y) f_Y(y) dx dy$$
$$= \int_{-\infty}^{\infty} x \left(\int_{-\infty}^{\infty} f(x, y) dy \right) dx$$
$$= \int_{-\infty}^{\infty} x f_X(x) dx = E[X].$$

이산확률변수인 경우는 유사한 방법으로 증명된다. ✵

예제 6.13 X와 Y의 결합확률밀도함수가 다음과 같을 때 $E[E(X|Y)] = E[X]$를 확인하여라.

$$f(x, y) = \begin{cases} 8xy, & 0 < x < y < 1 \\ 0, & \text{그 밖에} \end{cases}$$

풀이 X와 Y의 주변확률밀도함수는 각각

$$f_X(x) = \int_x^1 8xy\, dy = 4x - 4x^3, \ 0 < x < 1$$
$$f_Y(y) = \int_0^y 8xy\, dx = 4y^3, \ 0 < y < 1$$

이므로

$$E[X] = \frac{8}{15}, \ E[Y] = \frac{4}{5}$$

임을 알 수 있다. 한편

$$f_{X|Y}(x|y) = \frac{f(x, y)}{f_Y(y)} = \frac{2x}{y^2}, \ 0 < x < y < 1$$

이므로

$$E[X|Y = y] = \int_0^y x \cdot \frac{2x}{y^2} dx = \frac{2y}{3}, \ 0 < y < 1.$$

따라서

$$E[E(X \mid Y)] = E\left[\frac{2Y}{3}\right] = \frac{2}{3}E[Y] = \frac{8}{15}$$

가 되어 $E[E(X|Y)] = E[X]$임을 알 수 있다. ✣

예제 6.14 앞면이나 뒷면이 나올 확률이 동일한 4개의 윷가락을 던질 때 도, 개, 걸, 윷, 모가 나오면 정수값이 표시된 수직선 위에서 각각 한 칸, 두 칸, 세 칸, 네 칸, 다섯 칸씩 오른쪽으로 이동한다고 하자. 예를 들어 개가 나왔다면 오른쪽으로 두 칸 간다. 윷이나 모가 나오면 윷가락을 한 번 더 던질 기회가 주어진다고 하자. 즉, 윷이나 모가 나오면 한 번 더 던지고 다시 윷이나 모가 나오면 다시 한 번 더 던지는 시행을 반복한다. 한 번의 게임에서 평균적으로 몇 칸 갈 수 있겠는가?

풀이 한 번의 게임에서 움직이는 칸의 수를 X라고 하자. Y를 도, 개, 걸, 윷, 모가 나오면 각각 1, 2, 3, 4, 5의 값을 취하는 확률변수라고 하자. 그러면 Y의 확률질량함수는 다음과 같음을 알 수 있다.

y	1	2	3	4	5	합계
$P(Y=y)$	$\frac{4}{16}$	$\frac{6}{16}$	$\frac{4}{16}$	$\frac{1}{16}$	$\frac{1}{16}$	1

$Y=1,\ 2,\ 3$이면 각각 오른쪽으로 한 칸, 두 칸, 세 칸 움직이므로

$$E[X \mid Y=i] = i,\ i=1,\ 2,\ 3$$

이다. 한편 $Y=4$이면 오른쪽으로 네 칸 움직인 다음 이 시행을 한 번 더 할 수 있으므로

$$E[X|Y=4] = 4 + E[X]$$

이다. 마찬가지로

$$E[X|Y=5] = 5 + E[X]$$

임을 알 수 있다. 따라서

$$\begin{aligned} E[X] &= \sum_{i=1}^{5} E[X|Y=i]P(Y=i) \\ &= 1 \cdot \frac{4}{16} + 2 \cdot \frac{6}{16} + 3 \cdot \frac{4}{16} + (4+E[X])\frac{1}{16} + (5+E[X])\frac{1}{16} \\ &= \frac{37}{16} + \frac{1}{8}E[X]. \end{aligned}$$

그러므로

$$E[X] = \frac{37}{14}$$ ✤

따름정리 6.4 [전확률공식] 사건 A에 대하여

$$P(A) = \begin{cases} \sum_y P(A \mid Y=y)P(Y=y), & Y\text{가 이산인 경우} \\ \int_{-\infty}^{\infty} P(A \mid Y=y) f_Y(y)dy, & Y\text{가 연속인 경우} \end{cases}$$

증명 X를 사건 A가 발생하면 1, 그렇지 않으면 0의 값을 갖는 확률변수라 하자. 그러면

$$E[X|Y=y] = 1 \cdot P(A|Y=y) + 0 \cdot P(A^c|Y=y) = P(A|Y=y)$$

이므로 정리 6.3에 의하여

$$P(A) = E[X] = E[E[X|Y]] = \int_{-\infty}^{\infty} P(E|Y=y) f_Y(y)dy$$

이다. Y가 이산확률변수인 경우는 유사한 방법으로 증명된다. ✺

예제 6.15 $X \sim \text{Exp}(\lambda)$, $Y \sim \text{Exp}(\mu)$이고 서로 독립일 때, 확률 $P(X > Y)$를 구하라.

풀이

$$\begin{aligned} P(X > Y) &= \int_{-\infty}^{\infty} P(X > Y \mid Y=y) f_Y(y)dy \\ &= \int_{-\infty}^{\infty} P(X > y \mid Y=y) f_Y(y)dy \\ &= \int_{0}^{\infty} P(X > y)\mu e^{-\mu y}dy \quad (X\text{와 } Y\text{가 서로 독립이므로}) \\ &= \mu \int_{0}^{\infty} e^{-(\lambda+\mu)y}dy \\ &= \frac{\mu}{\lambda+\mu} \end{aligned}$$ ✤

6.2.2 조건부결합분포 $F_{X,\ Y|Z}(x,\ y|z)$

확률변수 X, Y, Z에 대하여 $Z=z$가 주어졌다는 가정하에 X와 Y의 조건부분포 $F_{X,\ Y|Z}(x,\ y|z)=P(X\le x,\ Y\le y\,|\,Z=z)$에 대한 기댓값을 구해보자. 먼저 X, Y, Z가 이산확률변수일 때 $Z=z$가 주어졌다는 가정하에 X와 Y의 조건부결합확률질량함수는 다음과 같이 정의한다.

$$\begin{aligned} p_{X,\ Y|Z}(x,\ y|z) &= P(X=x,\ Y=y\,|\,Z=z) \\ &= \frac{p(X=x,\ Y=y,\ Z=z)}{P(Z=z)},\ (\text{단},\ p(Z=z)>0) \end{aligned}$$

X, Y, Z의 결합확률밀도함수가 $f(x,\ y,\ z)$이고 Z의 주변확률밀도함수가 $f_Z(z)$일 때 $Z=z$가 주어졌다는 가정하에 X와 Y의 조건부결합확률밀도함수는 다음과 같이 정의한다.

$$f_{X,\ Y|Z}(x,\ y|z)=\frac{f(x,\ y,\ z)}{f_Z(z)},\ (\text{단},\ f_z(z)>0)$$

조건부기댓값은 조건부분포에 대한 기댓값이므로 정리 5.2에 의하여 다음이 성립함을 알 수 있다.

정리 6.5 $\mathbb{R}^2$위에서 정의된 실수값 함수 $h(x,\ y)$에 대하여

(1) X, Y가 이산확률변수일 때

$$E[h(X,\ Y)\,|\,Z=z]=\sum_{x\in\mathcal{S}_X}\sum_{y\in\mathcal{S}_Y}h(x,\ y)p_{X,\ Y|Z}(x,\ y|z)$$

(2) X, Y가 공동연속일 때

$$E[h(X,\ Y)|Z=z]=\int_{-\infty}^{\infty}\int_{-\infty}^{\infty}h(x,\ y)f_{X,\ Y|Z}(x,\ y|z)dxdy$$

따름정리 6.6 $E[X+Y|Z]=E[X|Z]+E[Y|Z]$

따름정리 6.7

$$E[h(X, Y)|Y=y] = E[h(X, y)\,|\,Y=y]$$
$$= \begin{cases} \sum_{x \in \mathcal{S}_X} h(x, y)p_{X|Y}(x|y), & X, Y\text{가 이산} \\ \int_{-\infty}^{\infty} h(x, y)f_{X|Y}(x|y)dx, & X, Y\text{가 공동연속} \end{cases}$$

증명 X와 Y가 이산확률변수인 경우에만 증명한다. 조건부기댓값의 정의에 의하여 다음이 성립한다.

$$E[h(X, Y)|Y=y] = \sum_{x \in \mathcal{S}_X} \sum_{y' \in \mathcal{S}_Y} h(x, y')P(X=x, Y=y'|Y=y)$$

한편

$$P(X=x, Y=y'|Y=y) = \frac{P(X=x, Y=y', Y=y)}{P(Y=y)}$$
$$= \begin{cases} \dfrac{P(X=x, Y=y)}{P(Y=y)} = P(X=x\,|\,Y=y), & y'=y \\ 0, & y' \neq y \end{cases}$$

따라서

$$E[h(X, Y)\,|\,Y=y] = \sum_{x \in \mathcal{S}_X} h(x, y)P(X=x\,|\,Y=y)$$
$$= E[h(X, y)\,|\,Y=y].$$ ✸

상수 a와 확률변수의 곱의 기댓값은 $E[aX]=aE[X]$이 됨을 제3장에서 이미 살펴보았다. 다음은 Y가 주어질 때 Y와 실수값 함수 $g(y)$와 Y의 합성으로 얻어지는 확률변수 $g(Y)$는 상수와 같은 역할을 한다는 것을 보여준다.

따름정리 6.8 $E[Xg(Y)\,|\,Y] = g(Y)E[X\,|\,Y]$

증명 따름정리 6.7에 의하여

$$E[Xg(Y)|Y=y] = E[Xg(y)|Y=y] = g(y)E[X|Y=y]$$

이므로 따름정리가 증명된다. ✸

예제 6.16 $\mathrm{Cov}(X, E[Y|X]) = \mathrm{Cov}(X, Y)$임을 보여라.

풀이 $XE[Y|X] = E[XY|X]$이므로 $E(XE[Y|X]) = E(E[XY|X]) = E[XY]$이다. 따라서

$$\begin{aligned}\mathrm{Cov}(X, E[Y|X]) &= E(XE[Y|X]) - E[X]E(E[Y|X]) \\ &= E[XY] - E[X]E[Y] = \mathrm{Cov}(X, Y).\end{aligned}$$

✣

$Y = y$가 주어졌을 때 X의 조건부분포 $F_{X|Y}(x|y)$의 분산을 **조건부분산**이라고 하며 $\mathrm{Var}[X|Y=y]$로 나타낸다. 즉,

$$\mathrm{Var}[X|Y=y] = E[(X - E[X|Y=y])^2 | Y=y].$$

조건부기댓값 $E[X|Y]$에 대한 정의와 같이 $\mathrm{Var}[X|Y=y]$를 y의 함수로 생각하여 이것을 $v(y)$로 두었을 때 확률변수 $v(Y)$를 $\mathrm{Var}[X|Y]$로 나타낸다. 즉,

$$\mathrm{Var}[X|Y] = E[(X - E[X|Y])^2 | Y]$$

조건부기댓값 $E[X|Y]$는 y의 함수 $u(y) = E[X|Y=y]$와 Y의 합성함수 $u(Y)$이므로 따름정리 6.8에 의하여 $E[E[X|Y]|Y] = E[X|Y]$임을 알 수 있다. 따라서 분산의 성질 $\mathrm{Var}[X] = E[X^2] - (E[X])^2$과 유사한 다음 성질이 성립한다.

$$\begin{aligned}\mathrm{Var}[X|Y] &= E[(X - E[X|Y])^2 | Y] \\ &= E[X^2 + (E[X|Y])^2 - 2XE[X|Y] \mid Y] \\ &= E[X^2|Y] + (E[X|Y])^2 - 2(E[X|Y])^2 \\ &= E[X^2|Y] - (E[X|Y])^2. \qquad (6.5)\end{aligned}$$

다음 정리 6.9는 조건부기댓값과 조건부분산을 이용하여 분산을 구하는 방법을 제공한다. 이 결과는 선분산공식(law of total variance)으로 또는 조건부분산공식(conditional variance formula)으로 알려져 있다.

정리 6.9 $\mathrm{Var}[X] = E[\mathrm{Var}[X|Y]] + \mathrm{Var}[E[X|Y]]$

증명 (6.5)와 $E[E[X|Y]] = E[X]$로부터 다음을 얻는다.

$$E[\mathrm{Var}[X|Y]] = E[X^2] - E[(E[X|Y])^2],$$

$$\mathrm{Var}[E[X\mid Y]] = E[(E[X\mid Y])^2] - (E[X])^2$$

따라서 정리가 증명된다. ✻

따름정리 6.10 $\mathrm{Var}[X] \geq E[\mathrm{Var}[X\mid Y]]$

예제 6.17 [예제 6.13의 연속] X와 Y의 결합확률밀도함수가 $f(x,\ y) = 8xy,\ 0 < x < y < 1$일 때 정리 6.9가 성립함을 확인하여라.

풀이 X와 Y의 주변확률밀도함수는 각각

$$f_X(x) = 4x - 4x^3,\ 0 < x < 1,\quad f_Y(y) = 4y^3,\quad 0 < y < 1$$

이고

$$f_{X|Y}(x|y) = \frac{2x}{y^2},\ 0 < x < y < 1$$

임을 알아보았다. 따라서 다음을 얻는다.

$$E[X] = \frac{8}{15},\ E[X^2] = \frac{1}{3},\ E[Y] = \frac{4}{5},\ E[Y^2] = \frac{2}{3},\ E[X\mid Y] = \frac{2Y}{3}$$

한편

$$E[X^2|\,Y = y] = \int_{-\infty}^{\infty} x^2 f_{X|Y}(x\,|\,y)dx = \int_0^y x^2\frac{2x}{y^2}dx = \frac{y^2}{2}$$

이므로

$$E[X^2|\,Y] = \frac{Y^2}{2}.$$

따라서

$$\mathrm{Var}[X\mid Y] = E[X^2\mid Y] - (E[X\mid Y])^2 = \frac{Y^2}{2} - \left(\frac{2Y}{3}\right)^2 = \frac{Y^2}{18}.$$

한편

$$E[\mathrm{Var}(X|Y)] = E\left[\frac{Y^2}{18}\right] = \frac{1}{27},$$

$$\mathrm{Var}[E[X|Y]] = \mathrm{Var}\left[\frac{2Y}{3}\right] = \frac{4}{9}\mathrm{Var}[Y] = \frac{8}{675}$$

이므로

$$\mathrm{Var}[X] = \frac{1}{27} + \frac{8}{675} = \frac{11}{225}$$

이고 이것은 직접 구한 값

$$\mathrm{Var}[X] = E[X^2] - (E[X])^2 = \frac{1}{3} - \left(\frac{8}{15}\right)^2 = \frac{11}{225}$$

과 일치하는 것을 알 수 있다. ✣

예제 6.18 X_1, X_2, $\cdots$은 서로 독립이며 같은 분포를 따르는 확률변수열이고 $E[X_1] = \mu$, $\mathrm{Var}[X_1] = \sigma^2$이다. 또한 N이 음이 아닌 정수값을 갖는 확률변수로서 $\{X_i,\ i \ge 1\}$와 독립일 때 확률변수 $Y = \sum_{i=1}^{N} X_i$의 평균과 분산을 구하라.

풀이 $E[Y|N=n]$을 구하면

$$\begin{aligned} E[Y|N=n] &= E\left[\sum_{i=1}^{N} X_i \middle| N=n\right] = E\left[\sum_{i=1}^{n} X_i \middle| N=n\right] \\ &= E\left[\sum_{i=1}^{n} X_i\right] \quad (N\text{과}\{X_i,\ i \ge 1\}\text{가 독립}) \\ &= n\mu \end{aligned}$$

이므로 $E[Y|N] = N\mu$이다. 따라서

$$E[Y] = E(E[Y|N]) = E[N]\mu,$$

$$\mathrm{Var}(E[Y|N]) = \mathrm{Var}[N]\mu^2.$$

조건부분산을 구하기 위하여 $\mathrm{Var}[Y|N=n]$을 계산하자.

$$\begin{aligned} \mathrm{Var}[Y|N=n] &= \mathrm{Var}\left[\sum_{i=1}^{N} X_i \middle| N=n\right] = \mathrm{Var}\left[\sum_{i=1}^{n} X_i\right] \\ &= \sum_{i=1}^{n} \mathrm{Var}[X_i] \quad (X_i\text{가 서로 독립이므로}) \end{aligned}$$

$$= n\sigma^2.$$

따라서 $\mathrm{Var}[Y|N] = N\sigma^2$이고 정리 6.9에 의하여 다음을 얻는다.

$$\begin{aligned}\mathrm{Var}[Y] &= E[\mathrm{Var}[Y|N]] + \mathrm{Var}[E[Y|N]] \\ &= E[N]\sigma^2 + \mathrm{Var}[N]\mu^2\end{aligned}$$

✣

예제 6.19 [분지과정] 가계를 구성하는 개개인의 자손의 수는 서로 독립이며 평균이 μ이고 분산은 σ^2이라 하자. 한 명의 시조로부터 나온 n대 자손의 수를 X_n, $n = 1, 2, \cdots$이라 할 때 $E[X_n]$과 $\mathrm{Var}[X_n]$을 구하라. 단 X_0는 시조의 수로 $X_0 = 1$이다.

풀이 명백하게 $X_{n-1} = 0$이면 $X_n = 0$이다. $X_{n-1} > 0$일 때, Y_{nk}를 $n-1$대 자손 중에서 k번째 사람이 낳은 자손의 수라 하면

$$X_n = \sum_{k=1}^{X_{n-1}} Y_{nk}$$

이다. $E[Y_{nk}] = \mu$이므로 $m > 0$일 때

$$\begin{aligned}E[X_n|X_{n-1} = m] &= E\left[\sum_{k=1}^{X_{n-1}} Y_{nk} \middle| X_{n-1} = m\right] \\ &= E\left[\sum_{k=1}^{m} Y_{nk} \middle| X_{n-1} = m\right] \\ &= \sum_{k=1}^{m} E[Y_{nk}] = m\mu\end{aligned}$$

이다. 따라서 다음을 얻는다.

$$\begin{aligned}&E[X_n|X_{n-1}] = \mu X_{n-1},\ n = 1, 2, \cdots, \\ &E[X_n] = E(E[X_n|X_{n-1}]) = \mu E[X_{n-1}],\ n = 1, 2, \cdots.\end{aligned}$$

$X_0 = 1$이므로 수학적 귀납법에 의하여 다음을 얻는다.

$$E[X_n] = \mu^n,\ n = 0, 1, 2, \cdots.$$

또한 Y_{nk}, $k = 1, 2, \cdots$는 서로 독립이고 $\mathrm{Var}[Y_{nk}] = \sigma^2$이므로

$$\begin{aligned}\mathrm{Var}[X_n|X_{n-1}=m] &= \mathrm{Var}\left[\sum_{k=1}^{X_{n-1}} Y_{nk}\middle| X_{n-1}=m\right] \\ &= \mathrm{Var}\left[\sum_{k=1}^{m} Y_{nk}\right] \\ &= m\sigma^2\end{aligned}$$

이다. 따라서

$$\mathrm{Var}[X_n|X_{n-1}] = \sigma^2 X_{n-1},\ n=1,\ 2,\ \cdots,$$
$$E[\mathrm{Var}[X_n|X_{n-1}]] = \sigma^2 E[X_{n-1}] = \sigma^2\mu^{n-1},\ n=1,\ 2,\ \cdots.$$

정리 6.9에 의하여 다음을 얻는다.

$$\begin{aligned}\mathrm{Var}[X_n] &= E[\mathrm{Var}[X_n|X_{n-1}]] + \mathrm{Var}(E[X_n|X_{n-1}]) \\ &= \sigma^2\mu^{n-1} + \mu^2\mathrm{Var}[X_{n-1}]\end{aligned}$$

$\mathrm{Var}[X_0]=0$이므로 X_n의 분산은 다음과 같다.

$$\mathrm{Var}[X_n] = \sigma^2\mu^{n-1}\sum_{k=0}^{n-1}\mu^k = \begin{cases} n\sigma^2, & \mu=1 \\ \sigma^2\mu^{n-1}\left(\dfrac{\mu^n-1}{\mu-1}\right), & \mu\neq 1\end{cases}$$ ✣

확률변수 X를 상수 a로 근사할 때 오차의 제곱의 평균을 최소화하는 a의 값은 $E[X]$이고 이때 오차의 제곱의 평균은 $\mathrm{Var}[X]$임을 제3장 (정리 3.13)에서 알아보았다. 이에 대한 일반적인 경우로서 다음을 생각하자. 확률변수 Y의 값이 관측되었을 때 그 값을 이용하여 X의 값을 근사하고자 한다. 이때 오차의 제곱의 평균을 최소화하는 Y의 함수는 어떤 모양으로 주어질까? 이때 오차의 제곱의 평균의 최솟값은 무엇일까? 다음의 정리 6.11은 Y의 값이 주어졌다는 가정하에 오차의 제곱의 평균을 최소화하는 근삿값은 조건부기댓값 $E[Y|X]$이고 그때의 평균제곱오차는 $\mathrm{Var}[X|Y]$라는 것을 말한다.

정리 6.11 실수값 함수 $g(x)$에 대하여

$$E[(X-E[X|Y])^2|Y] \le E[(X-g(Y))^2|Y]$$

증명 먼저 다음을 주목하자. $E[X|Y]-g(Y)$는 Y의 함수이므로

$$\begin{aligned}&E[(X-E[X|Y])(E[X|Y]-g(Y))|Y]\\&=(E[X|Y]-g(Y))E[(X-E[X|Y])|Y]\\&=(E[X|Y]-g(Y))(E[X|Y]-E[X|Y])\\&=0.\end{aligned}$$

따라서

$$\begin{aligned}E[(X-g(Y))^2|Y]&=E[(X-E[X|Y]+E[X|Y]-g(Y))^2|Y]\\&=E[(X-E[X|Y])^2|Y]+E[(E[X|Y]-g(Y))^2|Y]\\&\quad+2E[(X-E[X|Y])(E[X|Y]-g(Y))|Y]\\&\geq E[(X-E[X|Y])^2|Y].\end{aligned}$$

✺

따름정리 6.12 $E[(X-E[X|Y])^2]\leq E[(X-g(Y))^2]$

6.2.3 조건부분포 $F_{Z|X,\ Y}(z|x,\ y)$

확률변수 X, Y, Z에 대하여 $X=x$, $Y=y$가 주어졌다는 가정하에 Z의 조건부분포 $F_{Z|X,\ Y}(z|x,\ y)=P(Z\leq z|X=x,\ Y=y)$에 대한 기댓값을 구해보자. X, Y, Z가 이산확률변수일 때 $X=x$, $Y=y$가 주어졌다는 가정하에 Z의 조건부확률질량함수는 다음과 같이 정의한다.

$$\begin{aligned}p_{Z|X,\ Y}(z|x,\ y)&=P(Z=z|X=x,\ Y=y)\\&=\frac{p(X=x,\ Y=y,\ Z=z)}{P(X=x,\ Y=y)},\ (\text{단, } P(X=x,\ Y=y)>0)\end{aligned}$$

X, Y, Z의 결합확률밀도함수가 $f(x,\ y,\ z)$이고 X와 Y의 주변확률밀도함수가 $f_{X,\ Y}(x,\ y)$일 때 $X=x$, $Y=y$가 주어졌다는 가정하에 Z의 조건부확률밀도함수는 다음과 같이 정의한다.

$$f_{Z|X,\ Y}(z|x,\ y)=\frac{f(x,\ y,\ z)}{f_{X,\ Y}(x,\ y)},\ (\text{단, } f_{X,\ Y}(x,\ y)>0)$$

이때 $X=x$, $Y=y$가 주어졌다는 가정하에 Z의 조건부기댓값은 다음과 같이 정의한다.

$$E[Z|X=x,\ Y=y]=\begin{cases}\displaystyle\sum_{z\in\mathcal{S}_Z} zP(Z=z|X=x,\ Y=y), & \text{이산인 경우}\\ \displaystyle\int_{-\infty}^{\infty} zf_{Z|X,\ Y}(z|x,\ y)dz, & \text{공동연속인 경우}\end{cases}$$

$E[Z|X=x,\ Y=y]$를 $(x,\ y)$의 함수로 보아 $u(x,\ y)$로 두었을 때 확률변수 $u(X,\ Y)$를 $E[Z|X,\ Y]$로 나타낸다.

조건부기댓값에 대한 정의와 기댓값의 성질로부터 다음이 성립함을 알 수 있다. 증명없이 언급한다.

정리 6.13 (1) 실수상에서 정의된 실수값함수 g에 대하여

$$E[g(Y)|X_1=x_1, X_2=x_2]$$
$$=\begin{cases}\displaystyle\sum_{y\in\mathcal{S}_Y} g(y)p_{Y|X_1,\ X_2}(y|x_1,\ x_2), & \text{이산인 경우}\\ \displaystyle\int_{-\infty}^{\infty} g(y)f_{Y|X_1,\ X_2}(y|x_1,\ x_2)dy, & \text{공동연속인 경우}\end{cases}$$

(2) $\mathbb{R}^2$상에서 정의된 실수값 함수 h에 대하여

$$E[h(Y_1,\ Y_2)|X_1=x_1,\ X_2=x_2]$$
$$=\begin{cases}\displaystyle\sum_{y_1}\sum_{y_2} h(y_1,\ y_2)P(Y_1=y_1,\ Y_2=y_2|X_1=x_1,\ X_2=x_2), & \text{이산인 경우}\\ \displaystyle\int_{-\infty}^{\infty}\int_{-\infty}^{\infty} h(y_1,\ y_2)f_{Y_1,\ Y_2|X_1,\ X_2}(y_1,\ y_2|x_1,\ x_2)dy, & \text{공동연속인 경우}\end{cases}$$

(3) $E[Y_1+Y_2|X_1,\ X_2]=E[Y_1|X_1,\ X_2]+E[Y_2|X_1,\ X_2]$

(4) $E[Yh(X_1,\ X_2)|X_1,\ X_2]=h(X_1,\ X_2)E[Y|X_1,\ X_2]$

(5) $E(E[Y|X_1,\ X_2])=E[Y]$

확률변수 X와 Y가 서로 (확률적으로)독립이라는 것은 X와 Y에 의하여 각각 만들어지는 임의의 사건 $\{X\in A\}$와 $\{Y\in B\}$ $(A,\ B\subset\mathbb{R})$이 서로 독립이라는 것을 뜻한다는 것을 상기하자. 3개 이상의 확률변수들의 조합에 대한 독립성은 이와 유사하게 정의한다.

정의 6.1 확률변수 X, Y, Z가 A, B, $C \subset \mathbb{R}$에 대하여

$$P(\{X \in A\} \cap \{Y \in B,\ Z \in C\}) = P(X \in A)P(Y \in B,\ Z \in C)$$

을 만족할 때 X는 두 확률변수 Y, Z 또는 (Y, Z)와 서로 독립이라고 한다.

X가 두 확률변수 Y, Z와 서로 독립이라는 것은 X에 의하여 만들어지는 임의의 사건이 Y와 Z의 결합으로 만들어지는 임의의 사건과 서로 독립이라는 것을 의미한다. X, Y, Z가 이산확률변수일 때 X와 (Y, Z)가 서로 독립일 필요충분조건은

$$p_{X|Y,\ Z}(x|y,\ z) = p_X(x)$$

임을 알 수 있다. X, Y, Z가 공동연속일 때에는 $f_{X|Y,\ Z}(x|y,\ z) = f_X(x)$이다. 따라서 X와 (Y, Z)가 서로 독립이면 $E[X \mid Y,\ Z] = E[X]$이 성립함을 알 수 있다.

참고

X와 (Y, Z)가 서로 독립이라고 해도 Y와 Z가 독립일 필요는 없다.

정의 6.2 확률변수 X, Y, Z가 A, B, $C \subset \mathbb{R}$에 대하여

$$P(Y \in B,\ Z \in C \mid X \in A) = P(Y \in B \mid X \in A)P(Z \in C \mid X \in A) \tag{6.6}$$

을 만족할 때, X가 주어졌다는 가정하에 두 확률변수 Y와 Z는 **조건부로 독립**이라고 한다.

정리 2.10에 의하여 (6.6)은 다음과 동치임을 알 수 있다.

$$P(Z \in C \mid X \in A,\ Y \in B) = P(Z \in C \mid X \in A)$$

X, Y, Z가 공동연속일 때 X가 주어졌다는 가정하에 Y와 Z가 조건부로 독립일 필요충분조건은

$$f_{Y,\ Z|X}(y,\ z|x) = f_{Y|X}(y|x)f_{Z|X}(z|x)$$

임을 알 수 있다. 또한 이것은 다음과 동치이다.

$$f_{Z|X,\ Y}(z|x,\ y) = f_{Z|X}(z|x)$$

$X,\ Y,\ Z$가 이산확률변수일 때는 위의 공동연속인 경우의 결과에서 조건부확률밀도함수를 조건부확률질량함수로 대치한 결과가 성립한다.

X가 주어졌다는 가정하에 Y와 Z가 조건부로 독립이면 다음이 성립함을 쉽게 알 수 있다.

$$E[Z|X,\ Y] = E[Z|X]$$

예제 6.20 한 개의 주사위를 세 번 던질 때 $X_n,\ n=1,\ 2,\ 3$을 n번째 시행에서 나오는 눈의 수라 하자. 또한 $Y_1 = X_1,\ Y_2 = X_1 + X_2,\ Y_3 = X_1 + X_2 + X_3$라고 하면 $Y_n,\ n=1,\ 2,\ 3$은 n번의 시행에서 나오는 눈의 수의 합이 된다. Y_1과 Y_3는 서로 독립이 아니지만 Y_2가 주어졌다는 가정하에 Y_1과 Y_3는 조건부로 독립임을 보여라.

풀이 시행은 독립적으로 이루어지므로 세 번째 시행은 처음 두 시행과 독립이다. 따라서 X_3는 $(Y_1,\ Y_2)$와 독립이다. 그러므로

$$\begin{aligned} P(Y_3 = k\,|\,Y_1 = i,\ Y_2 = j) &= P(X_3 = k - j\,|\,Y_1 = i,\ Y_2 = j) \\ &= P(X_3 = k - j). \end{aligned}$$

한편

$$\begin{aligned} P(Y_3 = k\,|\,Y_2 = j) &= P(X_3 + j = k\,|\,Y_2 = j) \\ &= P(X_3 = k - j\,|\,Y_2 = j) = P(X_3 = k - j) \end{aligned}$$

이므로 $P(Y_3 = k|\,Y_1 = i,\ Y_2 = j) = P(Y_3 = k|\,Y_2 = j)$이다. 따라서 Y_2가 주어졌다는 가정하에 Y_1과 Y_3는 조건부로 독립이다. 그러나

$$P(Y_1 = 6,\ Y_3 = 3) = 0 \neq P(Y_1 = 6)P(Y_3 = 3)$$

이므로 Y_1과 Y_3는 서로 독립이 아니다. ✤

예제 6.21 확률변수 $X,\ Y,\ Z$의 결합확률질량함수가 다음과 같다.

$$P(X = k,\ Y = m,\ Z = n) = \begin{cases} p^3 q^{n-3}, & k < m < n,\ k,\ m,\ n = 1,\ 2,\ \cdots \\ 0, & \text{그 밖에} \end{cases}$$

단, $0 < p < 1,\ q = 1 - p$.

(1) $E[Z|X, Y]$을 구하라.

(2) $E[Z]$를 구하라.

(3) Y가 주어졌다는 가정하에서 X와 Z는 조건부로 독립인가?

풀이 (1) $k=1, 2, \cdots, m-1, m=2, 3, \cdots$일 때

$$P(X=k, Y=m)=\sum_{n=m+1}^{\infty} p^3 q^{n-3}=p^2 q^{m-2} \tag{6.7}$$

따라서 $k=1, 2, \cdots, m-1, m=2, 3, \cdots, n-1$에 대하여 다음을 얻는다.

$$P(Z=n|X=k, Y=m)=\frac{P(X=k, Y=m, Z=n)}{P(X=k, Y=m)}=pq^{n-m-1} \tag{6.8}$$

그러므로 $k<m$에 대하여

$$\begin{aligned} E[Z|X=k, Y=m] &= \sum_{n=m+1}^{\infty} npq^{n-m-1} \\ &= \sum_{j=1}^{\infty}(j+m)pq^{j-1}=m+\frac{1}{p}. \end{aligned}$$

따라서

$$E[Z|X, Y]=Y+\frac{1}{p}$$

(2) (6.7)로부터

$$P(Y=m)=\sum_{k=1}^{m-1} P(X=k, Y=m)=(m-1)p^2 q^{m-2}, \ m=2, 3, \cdots$$

이므로

$$E[Y]=\sum_{m=2}^{\infty} m(m-1)p^2 q^{m-2}=\frac{2}{p}.$$

따라서

$$E[Z]=E[E[Z|X, Y]]=E[Y]+\frac{1}{p}=\frac{3}{p}.$$

(3) 조건부독립성을 보이기 위하여

$$P(Z=n|X=k,\ Y=m)=P(Z=n|\,Y=m)$$

을 보이면 충분하다. 한편

$$\begin{aligned}P(Y=m,\ Z=n)&=\sum_{k=1}^{m-1}P(X=k,\ Y=m,\ Z=n)\\&=(m-1)p^3q^{n-3}\end{aligned}$$

이므로

$$P(Z=n|\,Y=m)=\frac{P(Y=m,\ Z=n)}{P(Y=m)}=pq^{n-m-1}$$

이고 이것은 (6.8)로부터 $P(Z=n|X=k,\ Y=m)$과 같음을 알 수 있다. ✣

예제 6.22 오른쪽 그림과 세 지점을 옮겨 다니는 입자를 생각하자. 입자가 한 번 이동할 때 각 지점에서 주사위를 한 번 던져서 나오는 눈의 수가 2 이하면 왼쪽 지점으로 움직이고 3 이상이면 오른쪽 지점으로 움직인다고 하자. 입자가 처음 위치한 지점을 X_1라 하고 n번째 방문한 지점을 X_n이라 하자.

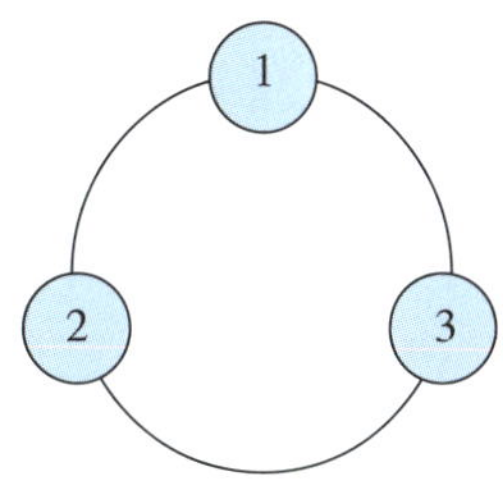

(1) 각각의 $n=2, 3, \cdots$ 에 대하여 X_n이 주어졌을 때, X_{n+1}은 $X_1,\ X_2,\ \cdots, X_{n-1}$과 조건부로 독립임을 보여라.

(2) 조건부확률 $P(X_2=3,\ X_3=1,\ X_4=2\,|\,X_1=1)$을 구하라.

풀이 (1) $n+1$번째 방문할 지점 X_{n+1}은 n번째 방문한 지점 X_n과 n번째 주사위를 던진 결과에 의하여 결정된다. 이때, $p_{ij}=P(X_{n+1}=j\,|\,X_n=i),\ i,\ j=1,\ 2,\ 3$이라 하면 가정에 의하여 다음을 알 수 있다.

$$p_{1j}=\begin{cases}\dfrac{2}{3},\ j=2,\\[2mm]\dfrac{1}{3},\ j=3,\end{cases}\quad p_{2j}=\begin{cases}\dfrac{2}{3},\ j=3,\\[2mm]\dfrac{1}{3},\ j=1,\end{cases}\quad p_{3j}=\begin{cases}\dfrac{2}{3},\ j=1,\\[2mm]\dfrac{1}{3},\ j=2.\end{cases}$$

한편 주사위를 던진 결과는 입자의 위치와 독립적으로 정해지므로 n번째 방문한 위치 X_n이 $X_n=i$으로 주어지면, X_{n+1}은 $X_1,\ X_2,\ \cdots,\ X_{n-1}$과 조건부로 독립이다.

(2) 위의 (1)의 결과와 조건부확률에 대한 곱의 공식(정리 2.6)에 의하여 다음을 얻

는다.

$$
\begin{aligned}
&P(X_2=3,\ X_3=1,\ X_4=2 \mid X_1=1) \\
&\quad = P(X_2=3 \mid X_1=1)P(X_3=1,\ X_4=2 \mid X_1=1,\ X_2=3) \\
&\quad = P(X_2=3 \mid X_1=1)P(X_3=1 \mid X_1=1,\ X_2=3) \\
&\qquad P(X_4=2 \mid X_1=1,\ X_2=3,\ X_3=1) \\
&\quad = P(X_2=3 \mid X_1=1)P(X_3=1 \mid X_2=3)P(X_4=2 \mid X_3=1) \\
&\quad = p_{13}p_{31}p_{12} = \frac{1}{3}\frac{2}{3}\frac{2}{3} = \frac{4}{27}
\end{aligned}
$$

이와 같이 X_n이 주어졌다는 가정하에 X_{n+1}과 $X_0,\ X_1,\ \cdots,\ X_{n-1}$이 조건부로 독립인 성질을 마르코프 성질(Markov property)이라고 한다. 마르코프 성질을 갖는 확률변수열 $X_0,\ X_1,\ X_2,\ \cdots$을 <u>마르코프</u> 연쇄(Markov chain)라고 한다. ✤

EXERCISES

6.2 연습문제

1. X와 Y의 결합확률질량함수 $p(x,\ y)$가 다음과 같을 때 $E[X \mid Y=i]$, $i=1,\ 2,\ 3$을 구하라.

y \ x	1	2	3
1	$\frac{1}{9}$	$\frac{1}{3}$	$\frac{1}{9}$
2	$\frac{1}{9}$	0	$\frac{1}{18}$
3	0	$\frac{1}{6}$	$\frac{1}{9}$

2. $X \sim \mathrm{U}(0,\ 1)$이고 $X=x$가 주어졌다는 가정하에 Y의 조건부분포는 $(0,\ x)$에서 균등분포를 따른다고 할 때, $E[Y \mid X]$를 구하라.

3. $X \sim \mathrm{Gam}(2, 1)$이고 $X = x$라는 가정하에서 $Y_1, \cdots, Y_n$의 조건부분포는 각각 모수가 x인 지수분포를 따른다고 하자. 이때 $E[Y_1 + \cdots + Y_n]$을 구하라.

4. $X \sim \mathrm{B}(n, p)$, $Y \sim \mathrm{B}(m, p)$이고 서로 독립일 때 $E[X|X+Y]$를 구하라.

5. $X \sim \mathrm{Poi}(\lambda)$, $Y \sim \mathrm{Poi}(\mu)$이고 서로 독립일 때, $E[X|X+Y]$를 구하라.

6. $X \sim \mathrm{Geo}(p)$, $Y \sim \mathrm{Geo}(p)$이고 서로 독립일 때, $E[X|X+Y]$를 구하라.

7. X와 Y의 결합확률밀도함수가 다음과 같을 때, $E[X|Y]$를 구하라.

$$f(x, y) = \frac{y^2 - x^2}{8} e^{-y}, \ -y \le x \le y, \ 0 < y < \infty$$

8. $X \sim \mathrm{Exp}(\lambda)$, $Y \sim \mathrm{Exp}(\mu)$이고 서로 독립일 때, $E[X|X+Y]$를 구하라.

9. X와 Y의 결합밀도함수가 다음과 같을 때, $E[X^3|Y=y]$를 구하라.

$$f(x, y) = \frac{e^{-y}}{y}, \ 0 < x < y < \infty$$

10. X와 Y가 단위원판 $B = \{(x, y) : x^2 + y^2 \le 1\}$상에서 균등분포를 따를 때, 즉 결합확률밀도함수가

$$f(x, y) = \frac{1}{\pi}, \ (x, y) \in B$$

일 때, $E[X|Y=y]$와 $E[X^2|Y=y]$를 구하라.

11. $X \sim \mathrm{Gam}(\alpha, \lambda)$이고 $X = x$가 주어졌다는 가정하에 Y의 조건부분포는 모수가 x인 푸아송분포를 따른다. 다음 물음에 답하라.

(1) $E[Y|X=x]$와 $E[Y]$를 구하라.

(2) α가 자연수일 때, Y의 확률질량함수를 구하라.

(3) $E[X|Y=n]$을 구하라

12. 문이 3개인 독방에 죄수가 갇혀 있다. 첫째 문으로 나가 통로를 따라가면 2일 뒤에 다시 그 방으로 되돌아오게 되고, 둘째 문으로 나가 통로를 따라가면 4일 뒤에 다시 원래의 방으로 되돌아오게 되며, 셋째 문으로 나가 통로를 따라 가면 1일 뒤에 감옥에서 벗어날 수 있다. 매번 죄수가 첫째, 둘째, 셋째 문을 선택할 확률이 각각 0.5, 0.3, 0.2라 할 때, 감옥에서 나갈 때까지 걸리는 기간의 기댓값을 구하라.

13. $Y \sim \mathrm{U}(0,\ 1)$이고 $Y=y$일 때, 앞면이 나올 확률이 y인 동전을 계속해서 던지는 실험을 생각하자. 이때 앞면이 나올 때까지 던진 횟수를 X라 하자. $E[Y|X=n]$을 구하라. 또한 $Y \sim \mathrm{Beta}(\alpha,\ \beta)$일 때 $E[Y|X=n]$을 구하라.

14. 서로 독립인 확률변수 $U_i \sim \mathrm{U}(0,\ 1),\ i=1,\ 2,\ \cdots,\ n$에 대하여,

$$X=\min\{X_1,\ \cdots,\ X_n\},\ \ Y=\max\{X_1,\ \cdots,\ X_n\}$$

라 할 때, $E[Y|X]$와 $E[Y]$를 구하라.

15. $X \sim \mathrm{N}(\mu,\ \sigma^2)$일 때 $X>0$이라는 가정하에 X의 조건부확률밀도함수를 구하라.

16. $X \sim \mathrm{Exp}(\lambda)$일 때, $E[X|X>1]$을 구하라.

17. $X \sim \mathrm{U}(0,\ 1)$일 때, $E\left[X|X>\dfrac{1}{2}\right]$을 구하라.

18. $X \sim \mathrm{N}(0,\ 1)$일 때, $E[X|X>x]$를 구하라.

19. 매년 같은 수준의 난이도로 출제되는 어떤 자격시험의 성적은 평균이 μ이고 분산이 σ^2인 정규분포를 따른다고 한다. 이때 상위10%의 점수의 평균점수는 얼마인가?

20. X와 Y의 결합확률밀도함수가 다음과 같을 때, $E[X|Y>a]$ $(a>0)$를 구하라.

$$f(x,\ y)=\begin{cases}\dfrac{e^{-x/y}e^{-y}}{y}, & 0<x<\infty,\ 0<y<\infty \\ 0, & \text{그 밖에}\end{cases}$$

21. $X \sim \mathrm{N}(0,\ 1)$이고 I는 성공할 확률이 $\frac{1}{2}$이며 X와 독립인 베르누이확률변수이다. 확률변수 Y를 다음과 같이 정의하자.

$$Y = \begin{cases} X, & I = 1 \\ -X, & I = 0 \end{cases}$$

다음 물음에 답하라.

(1) I와 Y는 서로 독립인가?

(2) $Y \sim \mathrm{N}(0,\ 1)$임을 보여라.

(3) $\mathrm{Cov}(X,\ Y)$를 구하라.

(4) X와 Y는 서로 독립인가?

22. X와 Y의 결합확률밀도함수가 다음과 같을 때, $E[|X| \mid Y = y]$를 구하라.

$$f(x,\ y) = \frac{1}{2\pi(1 + x^2 + y^2)^{3/2}},\ -\infty < x,\ y < \infty$$

(힌트: $\displaystyle\int \frac{1}{(a + bx + cx^2)^{3/2}}dx = \frac{2(2cx + b)}{(4ac - b^2)\sqrt{a + bx + cx^2}}$)

23. X와 Y의 결합확률밀도함수가 다음과 같을 때, $E[X \mid Y = y]$와 $\mathrm{Var}[X \mid Y = y]$를 구하라.

$$f(x,\ y) = cx^{\alpha-1}y^{\beta-1}(1 - x - y)^{\gamma-1},\ 0 < x,\ y < 1,\ 0 < x + y < 1$$

단, $\alpha > 0,\ \beta > 0,\ \gamma > 0,\ c = \dfrac{\Gamma(\alpha + \beta + \gamma)}{\Gamma(\alpha)\Gamma(\beta)\Gamma(\gamma)}$

24. 서로 독립인 확률변수 $X \sim \mathrm{N}(0,\ 1)$, $Y \sim \mathrm{N}(0,\ 1)$에 대하여 $Z = X + Y$라 할 때, $f_{X|Z}(x \mid z)$와 $f_{Z|X}(z \mid x)$를 구하라.

25. X와 Y의 결합확률밀도함수가 다음과 같다.

$$f(x,\ y) = \frac{1}{2\pi\sigma_1\sigma_2\sqrt{1 - \rho^2}}e^{-Q(x,\ y)},\ -\infty < x,\ y < \infty$$

단,

$$Q(x,\ y) = \frac{1}{2(1 - \rho^2)}\left[\left(\frac{x - \mu_1}{\sigma_1}\right)^2 - \frac{2\rho(x - \mu_1)(y - \mu_2)}{\sigma_1\sigma_2} + \left(\frac{y - \mu_2}{\sigma_2}\right)^2\right]$$

이고 $-1 < \rho < 1$, $-\infty < \mu_1$, $\mu_2 < \infty$, $\sigma_1 > 0$, $\sigma_2 > 0$인 상수이다. 다음을 구하라.

(1) $f_{X|Y}(x|y)$와 $E[X|Y]$ (2) $f_{Y|X}(y|x)$와 $E[Y|X]$

26. 어떤 모집단에서 결혼한 부부의 키는 이변량 정규분포를 따른다고 하자. X, Y를 각각 남편과 부인의 키라 할 때, $\mu_1 = E[X] = 172\text{cm}$, $\mu_2 = E[Y] = 160\text{cm}$, $\text{Var}[X] = \text{Var}[Y] = 0.4$, $\rho = 0.6$이라 하자. 남편의 키가 170cm인 부인의 키에 대한 오차의 제곱의 평균을 최소로 하는 예측값은 얼마가 되겠는가?
(힌트: 문제 25의 결과와 따름정리 6.12를 이용하라.)

27. 연속확률변수 X_1, X_2, X_3이 서로 독립이고 같은 분포를 따를 때, 다음을 구하라.

(1) $P(X_1 > X_2 | X_1 > X_3)$ (2) $P(X_1 > X_2 | X_1 < X_3)$

(3) $P(X_1 > X_2 | X_2 > X_3)$ (4) $P(X_1 > X_2 | X_2 < X_3)$

28. 서로 독립이며 같은 분포를 따르는 확률변수 X_1, X_2, $\cdots$, X_n에 대하여 $S_k = \sum_{i=1}^{k} X_i$, $k = 1, 2, \cdots, n$이라 할 때, 다음을 구하라.

(1) $E(S_k | S_n)$ (2) $E\left[\dfrac{S_k}{S_n}\right]$ (단 $P(S_n > 0) = 1$)

29. 서로 독립인 확률변수 $U_i \sim U(0, 1)$, $i = 1, 2, \cdots, n$에 대하여

$$N(x) = \min\{n : U_1 + \cdots + U_n > x\}$$

라 하자. 다음을 보여라.

(1) $P(N(x) > n) = \dfrac{x^n}{n!}$, $x > 0$, $n = 1, 2, \cdots$

(2) $E[N(x)] = e^x$

30. 한 개의 주사위를 계속해서 던지는 실험을 생각하자. X를 1의 눈이 나올 때까지 던진 횟수, Y를 6의 눈이 나올 때까지 던진 횟수라 할 때, 다음 물음에 답하라.

(1) $P(X = k | X < Y)$, $k = 1, 2, \cdots$을 구하라.

(2) $P(Y - X = k | X < Y)$, $k = 1, 2, \cdots$을 구하라.

(3) 사건 $\{X < Y\}$가 주어졌다는 가정하에 X와 $Y - X$는 조건부로 독립임을 보

여라.

(4) $\text{Cov}(X,\ Y)$를 구하라.

31. Z가 주어졌다는 가정하에 X와 Y의 조건부공분산은 다음과 같이 정의한다.

$$\text{Cov}(X,\ Y|Z) = E[(X - E[X|Z])(Y - E[Y|Z])|Z]$$

다음을 증명하라.

(1) $\text{Cov}(X,\ Y\,|\,Z) = E[XY\,|\,Z] - E[X\,|\,Z]E[Y\,|\,Z]$

(2) $\text{Cov}(X,\ Y) = E[\text{Cov}(X,\ Y\,|\,Z)] + \text{Cov}(E[X\,|\,Z],\ E[Y\,|\,Z])$

(3) (2)에서 $X = Y$라 두고 정리6.9를 증명하라.

위의 (2)번 결과는 전공분산공식(law of total covariance) 또는 조건부공분산공식(conditional covariance formula)으로 알려져 있다.

32. 예제 6.18에서 주어진 확률변수 Y의 적률생성함수를 구하라.

33. 앞면이 나올 확률이 p $(0 < p < 1)$인 동전을 던질 때, n번의 시행에서 나오는 앞면의 수를 X_n이라 하고, 앞면이 n번 나올 때까지 시행한 횟수를 T_n이라 하자. 다음을 보여라.

(1) X_n이 주어졌다는 가정하에 X_{n-1}과 X_{n+1}은 조건부로 독립이다.

(2) $n_1 < n_2 < n_3$일 때, $X_{n_3} - X_{n_2}$과 $X_{n_2} - X_{n_1}$은 서로 독립이다.

(3) T_n이 주어졌다는 가정하에 T_{n-1}과 T_{n+1}은 조건부로 독립이다.

(4) $n_1 < n_2 < n_3$일 때, $T_{n_3} - T_{n_2}$과 $T_{n_2} - T_{n_1}$은 서로 독립이다.

6.3* 확률변수의 생성

미리보기

이 절에서는 다음과 같이 주어진 분포를 따르는 자료를 컴퓨터를 이용하여 생성하는 방법에 대하여 알아본다.

1. 앞면이 나올 확률이 $p=0.3579$인 동전을 던지는 실험 결과
2. 정규분포 $N(1,\ 3)$을 따르는 자료
3. 확률밀도함수가 $f(x)=\dfrac{2}{\pi}\sqrt{1-x^2}$, $-1<x<1$인 자료

시뮬레이션 등에서 특정한 분포를 따르는 자료를 생성하기 위하여 균등분포 $\mathrm{U}(0,\ 1)$을 따르는 자료가 자주 이용된다. 이 절에서는 균등분포를 따르는 자료를 이용하여 특정한 분포를 따르는 자료를 생성하는 방법에 대하여 살펴본다.

난수의 생성 구간 $(0,\ 1)$에서 임의로 하나의 수를 선택하는 시행을 독립적으로 반복할 때 i번째 시행에서 선택한 수를 u_i라고 하자. 이와 같은 방법으로 얻어지는 수열 $\{u_1,\ u_2,\ \cdots\}$을 **난수**(random numbers) 또는 난수열이라고 한다. 좀더 엄밀하게 말하면 $U_1,\ U_2,\ \cdots$이 서로 독립이며 각각은 $\mathrm{U}(0,\ 1)$을 따르는 확률변수일 때 $U_1,\ U_2,\ \cdots$들이 취하는 값으로 이루어진 수열이 난수열이다. 일반적으로 난수열은 수식을 이용하여 발생하는데 이때 얻어지는 수열은 엄밀한 의미의 난수가 아니므로 **의사난수**(pseudo random numbers)라고 부르기도 한다. 난수발생방법으로는 **선형합동법**(linear congruential generator)으로 불리는 다음과 같은 방법이 자주 사용된다. X_0를 초기값으로 정하고 주어진 음이 아닌 정수 $a,\ c,\ m$에 대하여 $X_n,\ n\ge 1$을 다음과 같이 반복식으로 정한다.

$$X_n=(c+aX_{n-1})\ \ \mathrm{mod}\, m,\ n=1,\ 2,\ \cdots$$

단 $x \bmod y$는 x를 y로 나누었을 때 나머지를 뜻한다. $\mathrm{U}(0,\ 1)$을 따르는 난수열은 위에서 구한 X_n을 이용하여 다음과 같이 구한다.

$$U_n=\frac{X_n}{m},\ n=1,\ 2,\ \cdots$$

선형합동법에 의하여 생성되는 난수열은 $a,\ c,\ m$과 초기값 X_0에 의하여 정해지는데

n	X_n	U_n	n	X_n	U_n
1	475689298	0.2215	6	814977238	0.3795
2	1180783606	0.5498	7	579908226	0.2700
3	656014306	0.3055	8	439621510	0.2047
4	1898967974	0.8843	9	1713522322	0.7979
5	1194711794	0.5563	10	2029573046	0.9451

표 6.1 U(0, 1) 난수의 예

일반적으로 (a, c, m)의 조합으로 $(7^6, 0, 2^{31}-1)$, $(5^{13}, 0, 2^{35})$, $(65539, 0, 2^{31})$ 등이 많이 사용되고 있다. 표 6.1은

$$X_n = 65539X_{n-1} \mod 2^{31} \ (X_0 = 2094802374)$$

을 사용하여 얻은 10개의 난수를 나타낸 것이다.

이제 분포함수가 $F(x)$인 확률변수를 생성하는 방법을 살펴보자.

역변환 방법 $U \sim \mathrm{U}(0, 1)$을 이용하여 분포함수가 $F(x)$인 확률변수 X를 생성하는 가장 기본적인 방법은 제4장(정리 4.7)에서 이미 언급한 다음 사실 '확률변수 $X = F^{-1}(U)$의 분포함수는 $F(x)$이다'에 기초한다. 따라서 분포함수가 $F(x)$인 확률변수 X의 자료는 난수열 $\{u_1, u_2, \cdots\}$로부터

$$x_i = F^{-1}(u_i), \ i = 1, 2, \cdots$$

와 같이 생성한다. 이와 같은 방법을 **역변환 방법**(inversion method)이라고 한다.

예제 6.23 $\mathrm{B}(1, p)$를 따르는 확률변수 X를 생성하여라.

풀이 $\mathrm{B}(1, p)$의 분포함수 $F(x)$는

$$F(x) = \begin{cases} 0, & x < 0 \\ 1-p, & 0 \le x < 1 \\ 1, & x \ge 1 \end{cases}$$

이므로(그림 6.1 참조) $F^{-1}(u)$는 다음과 같음을 알 수 있다.

$$F^{-1}(u) = \begin{cases} 0, & 0 < u \le 1-p \\ 1, & 1-p < u < 1 \end{cases}$$

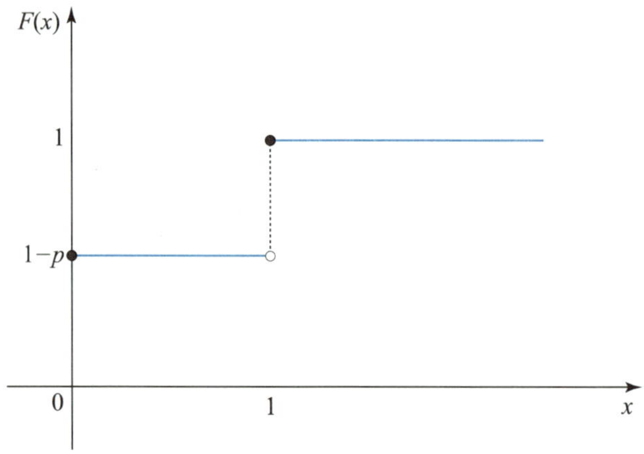

그림 6.1 B(1, p)의 분포함수

$U \sim \mathrm{U}(0,\ 1)$를 이용하여 확률변수 X를 다음과 같이 정의하자.

$$X = \begin{cases} 0, & 0 < U \le 1-p \\ 1, & 1-p < U < 1 \end{cases}$$

그러면 명백하게

$$P(X=0) = P(0 < U \le 1-p) = 1-p,$$
$$P(X=1) = P(1-p < U < 1) = p$$

이 되어 $X \sim \mathrm{B}(1,\ p)$임을 알 수 있다. 표 6.1에 있는 $\mathrm{U}(0,\ 1)$의 자료 $\{u_i\}$를 이용하여 $X \sim \mathrm{B}(1,\ 0.6)$의 자료 x_i, $i = 1,\ 2,\ \cdots,\ 5$을 나타내면 표 6.2와 같다.

i	1	2	3	4	5
u_i	0.2215	0.5498	0.3055	0.8843	0.5563
$u_i < 0.4$	예	아니오	예	아니오	아니오
x_i	0	1	0	1	1

표 6.2 B(1, 0.6)의 생성

✤

예제 6.24 확률질량함수가 $p(x_i) = p_i$, $i = 1,\ 2,\ \cdots,\ N$인 확률변수 X를 생성하여라.

풀이 $P_0 = 0$, $P_k = \sum_{i=1}^{k} p_i$, $k = 1,\ 2,\ \cdots,\ N$이라 하자. 그러면 분포함수는

$$F(x)=\begin{cases}P_0=0, & x<x_1\\ P_k, & x_{k-1}\le x<x_k,\ k=2,\ \cdots,\ N\\ P_N=1, & x\ge x_N\end{cases}$$

따라서 $P_{k-1}<u\le P_k$일 때, $F^{-1}(u)=x_k,\ k=1,\ 2,\ \cdots,\ N$이다. $U\sim \mathrm{U}(0,\ 1)$를 이용하여 확률변수 X를 다음과 같이 정의하자.

$$X=\begin{cases}x_1, & 0<U\le P_1\\ x_2, & P_1<U\le P_2\\ & \vdots\\ x_N, & P_{N-1}<U\le P_N=1\end{cases}$$

그러면 명백하게

$$P(X=x_k)=P(P_{k-1}<U\le P_k)=P_k-P_{k-1}=p_k,\ k=1,\ 2,\ \cdots,\ N$$

이 됨을 알 수 있다. ✤

예제 6.25 $\mathrm{Geo}(p)$를 따르는 확률변수를 생성하여라.

풀이 $\mathrm{Geo}(p)$의 확률질량함수는 $p_k=pq^{k-1},\ k=1,\ 2,\ \cdots\ \ (q=1-p)$이다. 이제

$$P_k=\sum_{i=1}^{k}pq^{i-1}=1-q^k,\ k=1,\ 2,\ \cdots$$

로 두고 $U\sim \mathrm{U}(0,\ 1)$을 이용하여 확률변수 X를 다음과 같이 정의하자. $P_{k-1}<U\le P_k$일 때 $X=k$라고 하면

$$P(X=k)=P_k-P_{k-1}=pq^{k-1},\ k=1,\ 2,\ \cdots$$

임을 알 수 있다. 한편 $P_{k-1}=1-q^{k-1}<U\le P_k=1-q^k$을 k에 대하여 정리하면

$$k-1<\frac{\log(1-U)}{\log q}\le k$$

이므로 $X=k$일 필요충분조건은 $k=\left\lceil \dfrac{\log(1-U)}{\log q}\right\rceil$ (단, $\lceil x\rceil$는 x보다 크거나 같은 최소의 정수)이다. 따라서

$$X = \left\lceil \frac{\log(1-U)}{\log q} \right\rceil$$

로 두면 $X \sim \text{Geo}(p)$이다. ✤

예제 6.26 $\text{Exp}(\lambda)$를 따르는 확률변수 X를 생성하여라.

풀이 $\text{Exp}(\lambda)$의 분포함수는 $F(x) = 1 - e^{-\lambda x}$, $x > 0$이므로 $u = 1 - e^{-\lambda x}$를 x에 대하여 풀면

$$x = F^{-1}(u) = -\frac{1}{\lambda}\log(1-u)$$

이다. 따라서 $U \sim \text{U}(0,\ 1)$일 때,

$$X = F^{-1}(U) = -\frac{1}{\lambda}\log(1-U) \sim \text{Exp}(\lambda)$$

이다. ✤

역변환방법은 하나의 난수를 이용하여 한 개의 확률변수를 발생할 수 있으므로 매우 효과적인 방법이나 $F^{-1}(u)$를 구하기 어려운 경우에는 직접 적용하기가 곤란하다는 단점이 있다. 다음에 소개하는 방법은 두 개 이상의 난수를 이용하여 확률변수를 발생하는 방법이다.

채택-기각법 먼저 다음 정리를 생각하자.

정리 6.14 $f(x)$를 주어진 확률밀도함수라하자. 확률변수 Y의 확률밀도함수는 $g(x)$이고 $U \sim \text{U}(0,\ 1)$이며 Y와 U는 서로 독립이라 하자. 임의의 $x \in \mathbb{R}$에 대하여 $f(x) \le Mg(x)$를 만족하는 상수 M이 존재할 때

$$P\left(Y \le x \,\middle|\, U \le \frac{f(Y)}{Mg(Y)}\right) = F(x)$$

이다. 단, $F(x) = \int_{-\infty}^{x} f(t)dt$

증명 따름정리 6.4에 의하여 다음을 얻는다.

$$P\left(Y \le x,\ U \le \frac{f(Y)}{Mg(Y)}\right) = \int_{-\infty}^{\infty} P\left(Y \le x,\ U \le \frac{f(Y)}{Mg(Y)} \,\middle|\, Y = y\right) g(y)dy$$

$$= \int_{-\infty}^{x} P\left(U \le \frac{f(y)}{Mg(y)} \middle| Y = y\right) g(y)dy$$

$$= \int_{-\infty}^{x} P\left(U \le \frac{f(y)}{Mg(y)}\right) g(y)dy$$

$$= \int_{-\infty}^{x} \frac{f(y)}{Mg(y)} g(y)dy$$

$$= \frac{1}{M} F(x)$$

위의 세 번째 등식에서 Y와 U가 서로 독립이라는 사실을 이용하였다. 위 식에서 $x \to \infty$ 하면 다음을 얻는다.

$$P\left(U \le \frac{f(Y)}{Mg(Y)}\right) = \lim_{x \to \infty} P\left(Y \le x,\ U \le \frac{f(Y)}{Mg(Y)}\right) = \frac{1}{M}$$

따라서 정리가 증명된다. ✷

정리 6.15로부터 확률밀도함수가 $f(x)$인 확률변수 X는 Y와 U를 이용하여 다음과 같이 생성할 수 있다. 확률밀도함수가 $g(x)$인 확률변수 Y와 $U \sim \mathrm{U}(0,\ 1)$을 생성한 다음 $UMg(Y) \sim \mathrm{U}(0,\ Mg(Y))$가 $UMg(Y) \le f(Y)$이면 Y의 값을 채택하여 $X = Y$로 두고 그렇지 않으면 Y의 값을 기각한다.(그림 6.2 참조). 이와 같이 확률변수를 생성하는 방법을 **채택–기각법**(acceptance-rejection method) 또는 간단히 기각법이라 한다.

채택-기각법은 다음 단계를 따라 수행한다.

1단계 서로 독립인 확률변수 $Y \sim g(x)$와 $U \sim \mathrm{U}(0,\ 1)$를 생성한다.

2단계 $U \le \dfrac{f(Y)}{Mg(Y)}$ 이면 Y의 값을 X의 값으로 채택하고 그렇지 않으면 Y와

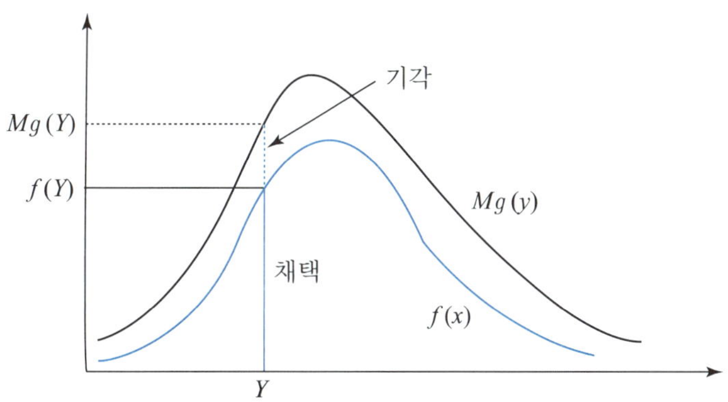

그림 6.2 채택–기각법

U를 버리고 1단계로 돌아가서 X를 생성하는 과정을 반복한다.

참고

채택-기각법에서 1단계와 2단계를 한 번 수행할 때 X의 값을 얻을 수 있는 확률은

$$P\left(U \le \frac{f(Y)}{Mg(Y)}\right) = \frac{1}{M}$$

이므로 X의 값을 한 개 얻기 위해서는 위의 과정을 평균적으로 M번 반복 하여야한다. 따라서 효율적인 수행을 위해서는 M의 값이 작을수록 좋다. 한편 $M < \infty$이기 위해서는 $\{x|f(x)=0\} \subset \{x|g(x)=0\}$가 되어야 함을 주목할 필요가 있다.

예제 6.27 채택-기각법을 이용하여 확률밀도함수가 $f(x) = \frac{2}{\pi}\sqrt{1-x^2}$, $-1 < x < 1$인 확률변수 Z를 생성하라.

풀이 x축과 $f(x)$의 그래프에 접하는 직선으로 이루어진 직사각형을 D라 하자(그림 6.3). 채택-기각법은 직사각형 D 내에 임의로 한 점 (X, Y)를 선택한 후 그 점이 반원 안에 있으면 그 점의 x좌표의 값을 Z의 값으로 채택하고, 그렇지 않으면 그 점을 버리고 다시 점을 선택하여 Z의 값을 구할 때까지 반복하는 것이다.
다음과 같은 단계를 따라서 확률변수 Z의 값을 생성한다.

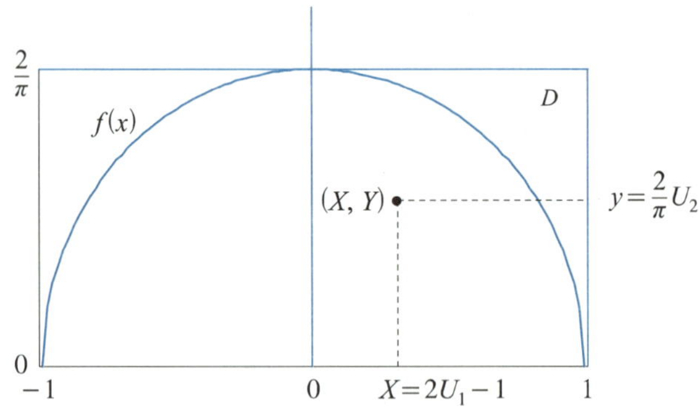

그림 6.3 채택-기각법을 이용한 확률변수 Z의 생성

1단계 D 내에 임의의 점 (X, Y) 생성: 서로 독립인 확률변수 $U_1 \sim U(0, 1)$과 $U_2 \sim U(0, 1)$를 생성하고

$$X = 2U_1 - 1,\ \ Y = \frac{2}{\pi} U_2$$

로 두면 $X \sim U(-1,\ 1)$, $Y \sim U(0,\ 2/\pi)$이고 서로 독립이며 $(X,\ Y)$는 D 내의 점이 된다.

2단계 X값을 Z의 값으로 채택할 것인지 여부 결정:

(1) $Y < f(X) = \frac{2}{\pi}\sqrt{1-X^2}$ 이면 $(X,\ Y)$는 $f(x)$의 그래프와 x축에 의하여 둘러싸인 부분의 내부에 있는 점이므로 위의 1단계에서 생성된 X의 값을 확률변수 Z의 값으로 채택한다.

(2) $Y > f(X) = \frac{2}{\pi}\sqrt{1-X^2}$ 이면 이 단계에서는 Z의 값을 생성하지 못한다.

위에서 $Y < f(X)$는 $U_2 < \sqrt{1-X^2}$ 와 동치이므로 1단계에서 생성된 확률변수 $U_1 \sim U(0,\ 1)$과 $U_2 \sim U(0,\ 1)$에 대하여 $U_2 < \sqrt{1-(2U_1-1)^2}$ 여부를 이용하여 $X = 2U_1 - 1$의 값을 Z의 값으로 채택할 것인지를 판정하면 더욱 간단해진다. 다음 표 6.3은 이 방법을 이용하여 Z를 생성하는 과정을 나타낸 것이다.

반복수(n)	1	2	3	4	5
U_1	0.7479	0.4485	0.5830	0.7273	0.2653
$X = 2U_1 - 1$	0.4959	-0.1030	0.1660	0.4545	-0.4695
U_2	0.3371	0.9296	0.1805	0.8049	0.5745
$\sqrt{1-X^2}$	0.6638	0.8938	0.8125	0.6863	0.9642
$U_2 < \sqrt{1-X^2}$	예	아니오	예	아니오	예
Z의 값	0.4959	X값을 버림	0.1660	X값을 버림	-0.4695

표 6.3 채택-기각법에 의한 확률변수 Z의 생성과정

확률변수 X의 확률밀도함수는 $g(x) = \frac{1}{2},\ -1 < x < 1$이므로

$$h(x) = \frac{f(x)}{g(x)} = \frac{4}{\pi}\sqrt{1-x^2}$$

은 $x = 0$에서 최댓값 $M = \frac{4}{\pi}$를 갖는다. 따라서 이 방법을 이용하여 Z의 값 하나를 얻는데 필요한 반복횟수의 기댓값은 $M = \frac{4}{\pi} \approx 1.273$이다. ✣

예제 6.28 감마분포 $\mathrm{Gam}\left(\frac{3}{2},\ 1\right)$을 따르는 확률변수를 생성하여라.

풀이 $\mathrm{Gam}\left(\frac{3}{2},\ 1\right)$의 확률밀도함수는

$$f(x)=\frac{2}{\sqrt{2\pi}}x^{\frac{1}{2}}e^{-x},\ 0<x<\infty.$$

$Y\sim \mathrm{Exp}\left(\frac{2}{3}\right)$을 택하자. 즉 Y의 확률밀도함수는

$$g(x)=\frac{2}{3}e^{-\frac{2}{3}x},\ 0<x<\infty.$$

따라서 $\{x\,|\,f(x)=0\}=\{x\,|\,g(x)=0\}$이다.

$$h(x)=\frac{f(x)}{g(x)}=\frac{3}{\sqrt{\pi}}x^{\frac{1}{2}}e^{-\frac{1}{3}x}$$

로 두면

$$h'(x)=\frac{3}{\sqrt{\pi}}x^{-\frac{1}{2}}e^{-\frac{1}{3}x}\left(\frac{1}{2}-\frac{x}{3}\right),\ x>0$$

이므로 $x=\frac{3}{2}$에서 $h(x)$는 최댓값 $h\left(\frac{3}{2}\right)=3\sqrt{\frac{3}{2\pi e}}$ 를 갖는다. $M=3\sqrt{\frac{3}{2\pi e}}$ 으로 두면

$$\frac{f(x)}{Mg(x)}=\sqrt{\frac{2e}{3}}x^{\frac{1}{2}}e^{-\frac{1}{3}x}$$

이다. 한편 예제 6.26으로부터 Y는 다음과 같이 생성된다.

$$Y=-\frac{3}{2}\log(1-U)$$

$\mathrm{Gam}\left(\frac{3}{2},\ 1\right)$을 따르는 확률변수 X를 다음과 같이 생성한다.

1단계 서로 독립인 확률변수 $U_1\sim \mathrm{U}(0,\ 1)$과 $U_2\sim \mathrm{U}(0,\ 1)$를 생성하고 $Y=-\frac{3}{2}\log(1-U_1)$으로 둔다.

2단계 $U_2 \le \sqrt{\frac{2e}{3}}\, Y^{\frac{1}{2}} e^{-\frac{1}{3}Y}$ 이면 1단계에서 구한 Y의 값을 X의 값으로 채택하고 그렇지 않으면 Y와 U_2를 버리고 1단계로 돌아가서 X를 생성하는 과정을 반복한다.

이 방법으로 X의 값 하나를 얻기 위해서 필요한 반복횟수의 평균은

$$M = 3\sqrt{\frac{3}{2\pi e}} \approx 1.257$$

이다. ✤

균등비 방법 먼저 다음 정리를 생각하자.

정리 6.15 $h(x) \ge 0$과 $\int_{-\infty}^{\infty} h(x)dx < \infty$를 만족하는 함수 $h(x)$에 대하여

$$C_h = \left\{(u,\ v) : 0 \le u \le \sqrt{h\left(\frac{v}{u}\right)}\right\}$$

라고 할 때 다음이 성립한다.

(1) $|C_h| = \frac{K}{2} < \infty$, 단, $K = \int_{-\infty}^{\infty} h(x)dx$이고 $|C_h|$는 C_h의 넓이

(2) $U,\ V$의 결합확률밀도함수가

$$g(u,\ v) = \frac{1}{|C_h|},\ (u,\ v) \in C_h$$

일 때, $X = \frac{V}{U}$의 확률밀도함수는 $f(x) = \frac{1}{K}h(x)$이다.

증명 (1) C_h 위에서 변환 $T(u,\ v) = (w,\ x)$를 $w = u,\ x = \frac{v}{u}$로 정의하자. 그러면 이 변환의 치역은 $\mathcal{B} = \{(w,\ x) : 0 \le w \le \sqrt{h(x)}\}$이고 역변환은

$$u = w,\ v = wx$$

이다. 따라서 야코비행렬식은

$$J = \frac{\partial(u,\ v)}{\partial(w,\ x)} = \begin{vmatrix} 1 & 0 \\ x & w \end{vmatrix} = w.$$

그러므로

$$|C_h| = \iint_{C_h} dudv = \int_{-\infty}^{\infty}\int_0^{\sqrt{h(x)}} w\,dwdx$$
$$= \int_{-\infty}^{\infty}\frac{1}{2}h(x)dx = \frac{1}{2}K < \infty.$$

(2) $W = U,\ X = \dfrac{V}{U}$의 결합확률밀도함수는

$$f_{W,\ X}(w,\ x) = g(w,\ wx)|J| = \frac{w}{|C_h|},\ 0 \le w < \sqrt{h(x)}.$$

따라서 X의 주변확률밀도함수는

$$f_X(x) = \int_{-\infty}^{\infty} f_{W,\ X}(w,\ x)dw$$
$$= \int_0^{\sqrt{h(x)}} \frac{w}{|C_h|}dw = \frac{1}{K}h(x).$$

✺

따름정리 6.16 정리 6.16의 $h(x)$에 대하여 $C_h \subset D = [a_0,\ a_1] \times [b_0,\ b_1]$이라 하자. $U \sim \mathrm{U}[a_0,\ a_1]$, $V \sim \mathrm{U}[b_0,\ b_1]$이고 서로 독립일 때, $(U,\ V) \in C_h$라는 가정하에서 $X = \dfrac{V}{U}$의 조건부확률밀도함수는 $f(x) = \dfrac{1}{K}h(x)$이다.

증명 $U,\ V$의 결합확률밀도함수는

$$f_{U,\ V}(u,\ v) = \frac{1}{|D|},\ (u,\ v) \in D$$

이다. 따라서 $B \subset \mathbb{R}^2$에 대하여

$$P((U,\ V) \in B | (U,\ V) \in C_h) = \frac{|B \cap C_h|}{|C_h|}$$

이다. 그러므로 $(U,\ V) \in C_h$라는 가정하에서, $(U,\ V)$의 조건부결합확률밀도함수는

$$g(u,\ v) = \frac{1}{|C_h|},\ (u,\ v) \in C_h$$

이다. 정리 6.15에 의하여 따름정리가 증명된다. ✺

따름정리 6.16은 $C_h \subset D = [a_0,\ a_1] \times [b_0,\ b_1]$일 때, D내부의 한 점 $(U,\ V)$를 임의로 택할 때 그 점이 $(U,\ V) \in C_h$이면 $X = \frac{V}{U}$의 확률밀도함수는 $f(x) = \frac{1}{K} h(x)$이 된다는 것을 보여준다(그림 6.4 참조). 이와 같이 확률변수를 생성하는 방법을 **균등비 방법**(ratio of uniform method)라고 한다.

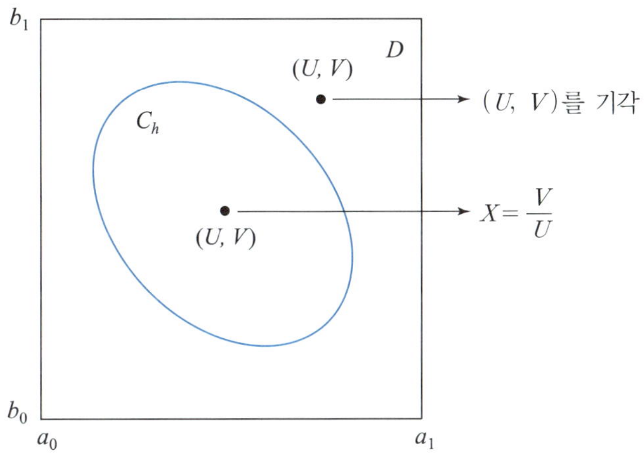

그림 6.4 균등비 방법

다음은 균등비 방법의 수행절차이다.

1단계 서로 독립인 확률변수 $U_1 \sim \mathrm{U}(0,\ 1)$과 $U_2 \sim \mathrm{U}(0,\ 1)$를 생성하고 $U = a_0 + (a_1 - a_0)U_1,\ V = b_0 + (b_1 - b_0)U_2$로 둔다. 그러면 $U \sim \mathrm{U}(a_0,\ a_1)$, $V \sim \mathrm{U}(b_0,\ b_1)$이고 서로 독립이다.

2단계 $(U,\ V) \in C_h$이면 $\frac{V}{U}$를 X의 값으로 택하고 그렇지 않으면 $U,\ V$를 기각하고 1단계로 돌아가서 X를 생성하는 과정을 반복한다.

예제 6.29 표준정규분포 $\mathrm{N}(0,\ 1)$를 따르는 확률변수를 균등비 방법으로 생성하여라.

풀이 $\mathrm{N}(0,\ 1)$의 확률밀도함수는

$$f(x) = \frac{1}{\sqrt{2\pi}} e^{-\frac{1}{2}x^2},\ -\infty < x < \infty$$

이다. $h(x)=e^{-\frac{1}{2}x^2}$로 두면 명백하게 $0 < h(x) \le 1$이다. 한편 $g(x)=x^2h(x)$라고 하면 $g'(x)=(2-x^2)xe^{-\frac{1}{2}x^2}$이므로 $g(x)$는 $x=\sqrt{2}$에서 최댓값 $g(\sqrt{2})=\frac{2}{e}$를 갖는다.

이제 C_h를 다음과 같이 두자(그림 6.5).

$$C_h=\left\{(u,\ v):\ 0 \le u \le \sqrt{h\left(\frac{r}{u}\right)}\right\}$$

$(u,\ v) \in C_h$이면 $0 < h(x) \le 1$이므로 $0 \le u \le 1$이다. 또한 $0 \le u \le \sqrt{h\left(\frac{v}{u}\right)}$이고 $g(x)=x^2h(x) \le \frac{2}{e}$이므로

$$0 \le v^2 \le \left(\frac{v}{u}\right)^2 h\left(\frac{v}{u}\right) \le \frac{2}{e}$$

이다. 따라서 $-\sqrt{\frac{2}{e}} \le v \le \sqrt{\frac{2}{e}}$이다. 그러므로

$$C_h \subset D=[0,\ 1]\times[-\sqrt{2/e},\ \sqrt{2/e}\,]$$

이고 $(u,\ v) \in C_h$일 필요충분조건

$$0 \le u \le \sqrt{h\left(\frac{v}{u}\right)}=\exp\left(-\frac{1}{4}\frac{v^2}{u^2}\right)$$

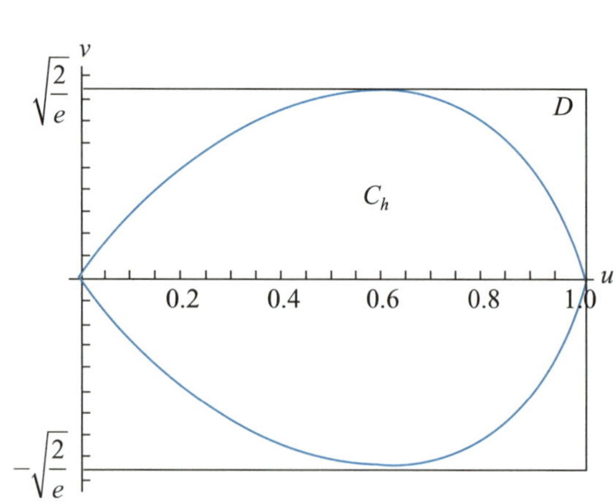

그림 6.5 C_h와 D의 영역

은 $-4u^2 \log u \geq v^2$과 동치이다.

균등비 방법으로 $X \sim \mathrm{N}(0,\ 1)$을 생성하는 과정은 다음과 같다.

1단계　서로 독립인 확률변수 $U_1 \sim \mathrm{U}(0,\ 1)$과 $U_2 \sim \mathrm{U}(0,\ 1)$를 생성하고 $V = -\sqrt{\frac{2}{e}} + 2\sqrt{\frac{2}{e}}\, U_2$로 둔다.

2단계　$-4U_1^2 \log U_1 \geq V^2$이면 $\frac{V}{U_1}$를 X의 값으로 택하고 그렇지 않으면 U_1, V를 기각하고 1단계로 돌아가서 X를 생성하는 과정을 반복한다.

✤

EXERCISES

6.3 연습문제

1. 한 개의 주사위를 한 번 던질 때 나오는 눈의 수를 X라 하자. 난수를 이용하여 X를 생성하는 방법을 설명하라.

2. 확률질량함수가 다음과 같은 확률변수 X를 생성하는 방법을 설명하라.

$$P(X=-1)=0.3,\ P(X=1)=0.2,\ P(X=5)=0.5$$

3. $U \sim \mathrm{U}(0,\ 1)$이고 k가 양의 정수일 때, 다음 물음에 답하라.

(1) $X = \lceil kU \rceil \sim \mathrm{U}\{1,\ 2,\ \cdots,\ k\}$임을 보여라. 단, $\lceil x \rceil$는 x보다 작지 않은 최소의 정수이다.

(2) 위의 (1)의 결과를 이용하여 $Y \sim \mathrm{U}\{3,\ 4,\ \cdots,\ 10\}$을 생성하는 방법을 설명하라.

4. 난수를 이용하여 다음과 같은 영역에서 임의로 한 점을 택하는 방법을 설명하라.

(1) $A = \{(x,\ y) :\ a < x < b,\ c < y < d\}$

(2) $B = \{(x,\ y) :\ (x-a)^2 + (y-b)^2 < r^2\}$

5. 확률밀도함수가 다음과 같은 확률변수를 생성하는 방법을 설명하라.

$$f(x)=\begin{cases}\frac{2}{3}x, & 0<x<1\\ \frac{1}{3}(3-x), & 1\le x<3\\ 0, & \text{그 밖에}\end{cases}$$

6. $X\sim \mathrm{Gam}(n,\ \lambda)$ (n은 양의 정수)를 생성하는 방법을 설명하라.

7. $X\sim \mathrm{N}(\mu,\ \sigma^2)$를 생성하는 방법을 설명하라.

8. 채택-기각법을 이용하여 확률밀도함수가 $f(x)=20x(1-x)^3,\ 0<x<1$인 확률변수를 생성하라.

9. 코시확률변수 $X\sim \mathrm{Cau}(0,\ 1)$를 역변환 방법과 균등비 방법으로 생성하라.

10. $X_i\sim \mathrm{Exp}(\lambda),\ i=1,\ 2,\ \cdots$이고 서로 독립일 때, $Y_k=\sum_{i=1}^{k}X_i,\ k=1,\ 2,\ \cdots$에 대하여

$$X=\min\{k: Y_{k+1}>1\}$$

라 하자.

(1) $X\sim \mathrm{Poi}(\lambda)$임을 보여라.

(2) 위의 (1)의 결과를 이용하여 $X\sim \mathrm{Poi}(\lambda)$을 생성하는 방법을 설명하라.

제 7 장

극한정리

제1장에서는 같은 시행을 무한히 반복할 때 특정한 사건에 대하여 상대도수의 극한으로써의 확률로 그 사건이 발생한 횟수에 대한 산술평균치의 극한을 생각하였다. 그러면 공리적 확률과 상대도수의 극한이 유일하게 존재한다고 할 때 이 극한과는 어떠한 관계가 있을까? 예를 들어 앞면이 나올 확률이 p인 동전을 반복해서 던지는 실험에서 n번의 시행에서 앞면이 나오는 횟수를 $n(H)$라 할 때, n이 커짐에 따라 상대도수 $\dfrac{n(H)}{n}$는 p에 가까이 가겠는가? 이와 같은 문제에 관련된 이론이 대수의 법칙이다.

한편 앞면이 나올 확률이 p인 동전을 반복해서 던질 때 n번의 시행에서 앞면이 나오는 횟수 X_n의 분포는 근사적으로 정규분포를 따른다는 것을 제4장에서 살펴보았다. 그러면 임의의 확률변수열 $\{Y_n\}$에 대하여 n이 충분히 클 때, $X_n = \sum_{k=1}^{n} Y_k$은 근사적으로 어떤 확률분포를 따르겠는가? 이와 같은 문제와 관련된 이론이 중심극한 정리이다.

확률변수열이나 확률분포의 극한에 대한 이론은 역사적으로 확률론에서 가장 많은 관심과 노력이 집중되었던 분야 중 하나이다. 이 장에서는 확률변수열의 수렴성의 종류에 대하여 간단히 살펴보고 대수의 법칙과 중심극한정리와 그 응용에 대하여 살펴본다.

이 장의 목표

1. 마르코프 부등식과 체비셰프 부등식을 안다.
2. 분포수렴, 확률수렴, 거의 확실한 수렴의 뜻을 안다.
3. 대수의 약법칙과 대수의 강법칙을 알고 응용할 수 있다.
4. 중심극한정리를 알고 응용할 수 있다.

7.1 기본적인 부등식

정리 7.1 [마르코프(Markov) 부등식] X가 음이 아닌 확률변수일 때

$$P(X \geq a) \leq \frac{E[X]}{a}. \text{ (단, } a > 0 \text{ 상수)}$$

증명 확률변수 Y를 다음과 같이 정의하자.

$$Y = \begin{cases} a, & X \geq a, \\ 0, & X < a. \end{cases}$$

자명하게 $X \geq Y$이므로

$$E[X] \geq E[Y] = aP(X \geq a).$$

따라서 정리가 증명된다. ✻

정리 7.2 [체비셰프(Chebyshev's) 부등식] $E[X] = \mu$, $\mathrm{Var}[X] = \sigma^2 < \infty$일 때,

$$P(|X - \mu| \geq k) \leq \frac{\sigma^2}{k^2}. \text{ (단 } k > 0 \text{ 상수)}$$

증명 음이 아닌 확률변수 $(X-\mu)^2$과 상수 $a = k^2 > 0$에 마르코프 부등식을 적용하면

$$P(|X-\mu| \geq k) = P((X-\mu)^2 \geq k^2) \leq \frac{E[(X-\mu)^2]}{k^2} = \frac{\sigma^2}{k^2}$$

이 되어 정리가 증명된다. ✻

정리 7.3 $E[X] = \mu$일 때 $\mathrm{Var}[X] = 0$이면, $P(X = \mu) = 1$이다.

증명 체비셰프 부등식에 의하여,

$$0 \leq P\left(|X-\mu| > \frac{1}{n}\right) \leq n^2 \mathrm{Var}[X] = 0, \; n = 1, 2, \cdots.$$

확률측도의 연속성(정리 1.8)에 의하여

$$P(X \neq \mu) = P\left(\bigcup_{n=1}^{\infty}\left\{|X-\mu| > \frac{1}{n}\right\}\right)$$
$$= \lim_{n\to\infty} P\left(|X-\mu| > \frac{1}{n}\right) = 0$$

✺

정리 7.4 [단측 체비셰프 부등식] $E[X]=\mu$, $\mathrm{Var}[X]=\sigma^2<\infty$일 때,

$$P(X \geq k) \leq \frac{\sigma^2}{\sigma^2+k^2}. \text{ (단 } k>0 \text{ 상수)}$$

증명 각각의 양수 $x>0$에 대하여

$$\{X \geq k\} = \{X+x \geq k+x\} \subset \{(X+x)^2 \geq (k+x)^2\}$$

이므로 마르코프 부등식에 의하여

$$P(X \geq k) \leq P((X+x)^2 \geq (k+x)^2)$$
$$\leq \frac{E[(X+x)^2]}{(k+x)^2} = \frac{\sigma^2+x^2}{(k+x)^2}.$$

이때 $f(x) = \dfrac{\sigma^2+x^2}{(k+x)^2}$, $x>0$의 최솟값은

$$f(\sigma^2/k) = \frac{\sigma^2}{\sigma^2+k^2}$$

이므로 정리가 증명된다. ✺

정리 7.5 [체르노프 유계(Chernoff's bound)]

$$P(X \geq a) \leq e^{-at}M(t),\ t>0$$
$$P(X \leq a) \leq e^{-at}M(t),\ t<0.$$

단, $M(t) = E[e^{tX}]$

증명 자명하게 $t>0$일 때 $\{X \geq a\} = \{tX \geq ta\}$이고, $t<0$일 때 $\{X \leq a\} = \{tX \geq ta\}$이다. 한편 $f(x) = e^x > 0$, $x \in \mathbb{R}$이고 증가함수이므로 마르코프 부등식에 의하여

$$P(tX \geq ta) = P(e^{tX} \geq e^{ta}) \leq e^{-at}M(t)$$

이므로 정리가 증명된다. ✺

예제 7.1 확률변수 X의 적률생성함수 $M(t)$가 다음과 같다.

$$M(t)=\begin{cases}\dfrac{e^{t}-e^{-t}}{2t}, & t\neq 0\\ 1, & t=0\end{cases}$$

이때 $P(X\geq 1)=P(X\leq -1)=0$을 보여라.

풀이 모든 $t>0$에 대하여

$$P(X\geq 1)\leq e^{-t}M(t)=\frac{1-e^{-2t}}{2t}$$

이고 $t\to\infty$일 때, $\dfrac{1-e^{-2t}}{2t}\to 0$이므로 $P(X\geq 1)=0$이다. 같은 방법으로 모든 $t<0$에 대하여

$$P(X\leq -1)\leq e^{t}M(t)=\frac{e^{2t}-1}{2t}$$

이고 $t\to\infty$일 때, $\dfrac{e^{-2t}-1}{2t}\to 0$이므로 $P(X\leq -1)=0$이다. ✤

정의 7.1 함수 $f:(a,\ b)\to\mathbb{R}$가 임의의 $x,\ y\in(a,\ b)$에 대하여

$$f(\lambda x+(1-\lambda)y)\leq \lambda f(x)+(1-\lambda)f(y),\ 0<\lambda<1$$

을 만족할 때 f는 $(a,\ b)$에서 **볼록함수**(convex function)라고 한다. (그림 7.1 참조)

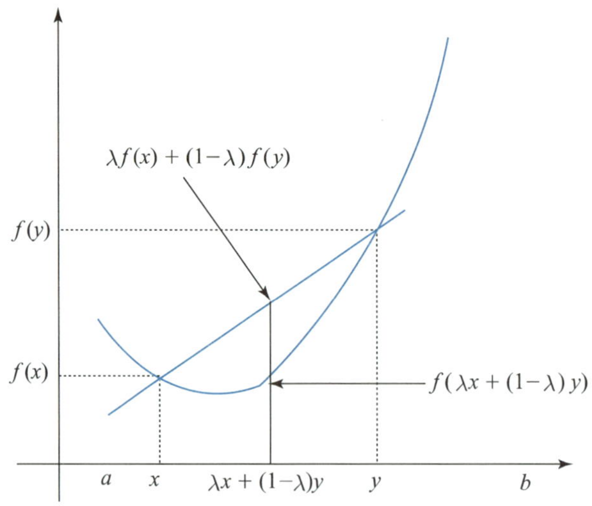

그림 7.1 볼록함수

예제 7.2 다음 함수는 볼록함수이다.

(1) $f(x) = |x|,\ x \in \mathbb{R}$

(2) $f(x) = e^{ax},\ x \in \mathbb{R},\ (a \neq 0)$

(3) $f(x) = x^a,\ x > 0,\ (a \geq 1)$

참고

함수 $f:(a,\ b) \to \mathbb{R}$의 이차도함수가 존재할 때 $f(x)$가 볼록함수일 필요충분조건은 $f''(x) \geq 0,\ a < x < b$이다.

> **정리 7.6** [젠센 부등식(Jensen's Inequality)] $f(x)$가 확률변수 X의 치역을 포함하는 구간에서 볼록함수이고 $E[X]$가 존재하면 다음이 성립한다.
>
> $$f(E[X]) \leq E[f(X)]$$

증명 여기서는 $f(x)$의 이차 도함수가 존재하는 경우만 증명한다.[1] $\mu = E[X]$로 두자. 테일러 정리에 의하여

$$f(x) = f(\mu) + f'(\mu)(x-\mu) + \frac{f''(\xi)}{2}(x-\mu)^2$$

을 만족하는 ξ가 μ와 x 사이에 존재한다. $f(x)$가 볼록함수이므로 $f''(\xi) \geq 0$이다. 따라서

$$f(X) \geq f(\mu) + f'(\mu)(X-\mu)$$

이므로

$$E[f(X)] \geq f(\mu) + f'(\mu)E[X-\mu] = f(\mu)$$

가 되어 정리가 증명된다. ✳

예제 7.3 X가 음이 아닌 확률변수일 때 다음이 성립함을 보여라.

$$E[X^n]^{1/n} \leq (E[X^{n+1}])^{1/(n+1)}$$

풀이 $f(x) = x^{\alpha}$는 $\alpha \geq 1$일 때, $f''(x) = \alpha(\alpha-1)x^{\alpha-2}$이므로 $f(x)$는 $(0,\ \infty)$에서 볼

1) 일반적인 경우의 증명은 Durrett[11] 등을 참조 바람

록함수이다. X^n과 $f(x) = x^{(n+1)/n}$에 젠센 부등식을 적용하면

$$E[X^{n+1}] = E[f(X^n)] \geq f(E[X^n]) = (E[X^n])^{(n+1)/n}$$

이다. 따라서 부등식이 증명된다. ✤

EXERCISES

7.1 연습문제

1. $X_1,\ X_2,\ \cdots$가 서로 독립이고 $X_i \sim \mathrm{U}(-1,\ 1)$일 때, 체비셰프 부등식을 이용하여 다음 부등식이 성립하기 위한 n의 범위를 구하라.

$$P\left(\left|\frac{1}{n}\sum_{k=1}^{n} X_k\right| > 0.05\right) < 0.05$$

2. $X \sim \mathrm{B}(n,\ p)$일 때, 체비셰프 부등식을 이용하여 다음 부등식이 성립하기 위한 n의 범위를 구하라.

$$P\left(\left|\frac{X}{n} - p\right| > 0.1\right) < 0.01$$

3. $X \sim \mathrm{Poi}(50)$일 때 마르코프 부등식을 이용하여 $P(X \geq 100)$의 상한을 구하라.

4. $E[X] = 75,\ E[Y] = 75,\ \mathrm{Var}[X] = 10,\ \mathrm{Var}[Y] = 12,\ \mathrm{Cov}(X,\ Y) = -3$일 때, 다음 각 확률의 상한을 구하라.

(1) $P(X > Y + 15)$　　(2) $P(Y > X + 15)$

5. 평균이 25인 음이 아닌 확률변수 X에 대하여 젠센 부등식을 사용하여 다음의 상한 혹은 하한을 구하라.

(1) $E[X^3]$　　(2) $E[\sqrt{X}]$

(3) $E[\log X]$　　(4) $E[e^{-X}]$

6. 확률변수 X가 모수가 λ인 푸아송분포를 따를 때, 다음 부등식을 증명하라.

$$P(X \geq k) \leq \frac{e^{-\lambda}(\lambda e)^k}{k^k},\ k \geq \lambda,$$

$$P(X \leq k) \leq \frac{e^{-\lambda}(\lambda e)^k}{k^k},\ k < \lambda.$$

(힌트: 체르노프 부등식을 이용하라.)

7. X_n, $n=1,\ 2,\ \cdots$이 서로 독립이며 $P(X_n=1)=P(X_n=-1)=\frac{1}{2},$ $n=1,\ 2,$ $\cdots$이고 $S_n=\sum_{k=1}^{n} X_k$일 때, 다음을 보여라.

$$P(S_n \geq a) \leq e^{-\frac{a^2}{2n}},\ (a>0)$$

8. $X \sim \mathrm{B}(n,\ p)$일 때 $k > np$에 대하여 다음을 보여라.

$$P(X \geq k) \leq \frac{n^n}{k^k(n-k)^{n-k}} p^k (1-p)^{n-k}.$$

9. $Z \sim \mathrm{N}(0,\ 1)$일 때, 다음 부등식을 증명하라.

$$P(Z \geq a) \leq e^{-a^{2/2}},\ a>0$$

$$P(Z \leq a) \leq e^{-a^{2/2}},\ a<0$$

10. $\theta > 0$에 대하여 $E[e^{\theta X}]=1$을 만족하면 $E[X] \leq 0$임을 보여라.

7.2 수렴성

정의 7.2 [분포수렴] 확률변수 X와 X_n의 분포함수를 각각 $F(x)$와 $F_n(x)$, $n=1,\ 2,\ \cdots$라고 하자. $F(x)$가 연속이 되는 각각의 점 $x=c$에서

$$\lim_{n\to\infty} F_n(c) = F(c) \tag{7.1}$$

일 때, $\{X_n\}$은 X에 **분포수렴**(convergence in distribution)한다고 하고

$$X_n \xrightarrow{d} X \text{ 또는 } F_n \xrightarrow{d} F$$

로 나타낸다.

예제 7.4 $X_n \sim \mathrm{N}\left(0,\ \dfrac{1}{n}\right),\ n=1,\ 2,\ \cdots$일 때, $X_n \xrightarrow{d} 0$임을 보여라.

풀이
$$\begin{aligned} F_n(x) = P(X_n \le x) &= \int_{-\infty}^{x} \frac{1}{\sqrt{2\pi/n}} e^{-ny^2/2} dy \\ &= \int_{-\infty}^{\sqrt{n}\,x} \frac{1}{\sqrt{2\pi}} e^{-z^2/2} dz \end{aligned}$$

이므로

$$\lim_{n\to\infty} F_n(x) = \begin{cases} 0, & x<0 \\ \dfrac{1}{2}, & x=0 \\ 1, & x>0. \end{cases}$$

확률분포함수 $F(x)$를 다음과 같이 정의하면

$$F(x) = \begin{cases} 0, & x<0 \\ 1, & x \ge 0. \end{cases}$$

F는 상수확률변수 0의 분포함수이며 $x=0$을 제외한 모든 점에서 연속이다. 또한 $x \ne 0$일 때, $\lim_{n\to\infty} F_n(x) = F(x)$이므로 $F_n \xrightarrow{d} F$, 즉 $X_n \xrightarrow{d} 0$이다. ✤

예제 7.5 $X_n \sim \mathrm{U}(0,\ \theta),\ n=1,\ 2,\ \cdots$ 이고 서로 독립일 때,

$$Y_n = \max\{X_1,\ \cdots,\ X_n\},\ Z_n = n(\theta - Y_n),\ n=1,\ 2,\ \cdots$$

라 하면 $Z_n \xrightarrow{d} X \sim \mathrm{Exp}\left(\frac{1}{\theta}\right)$이다.

풀이 Y_n의 분포함수는

$$G_n(y) = \begin{cases} 0, & y < 0 \\ \left(\dfrac{y}{\theta}\right)^n, & 0 \le y < \theta \\ 1, & y \ge \theta \end{cases}$$

이므로 Z_n의 분포함수는 다음과 같음을 알 수 있다.

$$\begin{aligned} F_n(z) &= P\left(Y_n \ge \theta - \frac{z}{n}\right) \\ &= \begin{cases} 0, & z < 0 \\ 1-\left(1-\dfrac{z}{n\theta}\right)^n, & 0 \le z < n\theta \\ 1, & z \ge n\theta \end{cases} \end{aligned}$$

따라서

$$\lim_{n\to\infty} F_n(z) = \begin{cases} 0, & z < 0 \\ 1-e^{-z/\theta}, & 0 \le z < \infty. \end{cases}$$

확률분포함수 $F(z)$를 다음과 같이 정의하면

$$F(z) = \begin{cases} 0, & z < 0 \\ 1-e^{-z/\theta}, & 0 \le z < \infty. \end{cases}$$

F는 모든 점에서 연속이다. 모든 z에 대하여 $\lim_{n\to\infty} F_n(z) - F(z)$이므로 $F_n \xrightarrow{d} F$이다. ✣

정리 3.17과 분포수렴의 정의로부터 다음이 성립함을 알 수 있다.

> **정리 7.7** X와 X_n의 적률생성함수를 각각 $M(t)$와 $M_n(t)$라고 할 때, 적당한 $h>0$에 대하여 $\lim_{n\to\infty} M_n(t) = M(t),\ -h<t<h$이면 $X_n \xrightarrow{d} X$이다.

예제 7.6 $U_n \sim \mathrm{U}(0,\ 1)$, $n=1,\ 2,\ \cdots$이 서로 독립일 때 다음을 보여라.

$$X_n = \frac{1}{n}\sum_{k=1}^{n} U_k \xrightarrow{d} \frac{1}{2}$$

풀이 X_n의 적률생성함수는

$$M_{X_n}(t) = \left[M_{U_1}\left(\frac{t}{n}\right)\right]^n = \begin{cases} \left(\dfrac{e^{t/n}-1}{t/n}\right)^n, & t \neq 0 \\ 0, & t = 0 \end{cases}$$

따라서

$$\lim_{n\to\infty} M_{X_n}(t) = e^{t/2}$$

이고 이것은 상수확률변수 $\frac{1}{2}$의 적률생성함수이다. 정리 7.7에 의하여 $X_n \xrightarrow{d} \frac{1}{2}$이다. ✤

다음 정리는 분포수렴하는 확률변수의 합과 곱에 대한 수렴성을 나타낸다.[2)]

정리 7.8 $X_n \xrightarrow{d} X$이고 $Y_n \xrightarrow{d} c$ (단, c는 상수)일 때 다음이 성립한다.

(1) $X_n \pm Y_n \xrightarrow{d} X \pm c$.

(2) $X_n Y_n \xrightarrow{d} cX$

(3) $c \neq 0$일 때, $\dfrac{X_n}{Y_n} \xrightarrow{d} \dfrac{X}{c}$이다.

정의 7.3 [확률수렴] 확률변수열 $\{X_n,\ n=1,\ 2,\ \cdots\}$이 임의로 주어진 양수 $\epsilon > 0$에 대하여

$$\lim_{n\to\infty} P(|X_n - X| > \epsilon) = 0$$

2) 증명은 Laha and Rohatgi(1971, pp. 253-254)를 참조할 것.

을 만족할 때 $\{X_n\}$은 확률변수 X에 **확률수렴**(convergence in probability)한다고 하고 $X_n \xrightarrow{P} X$로 나타낸다.

예제 7.7 $X_n \sim \text{B}(n, p)$, $n = 1, 2, \cdots$이고 서로 독립이라 하자. 그러면 마르코프 부등식에 의하여

$$P\left(\left|\frac{X_n}{n} - p\right| > \epsilon\right) \le \frac{E\left[\left(\frac{X_n}{n} - p\right)^2\right]}{\epsilon^2} = \frac{p(1-p)}{n\epsilon^2}$$

이 되고 우변은 $n \to \infty$일 때, 0으로 수렴한다. 따라서 $\frac{X_n}{n} \xrightarrow{P} p$이다. ✣

정리 7.9 $X_n \xrightarrow{P} X$이면 $X_n \xrightarrow{d} X$이다.

증명 $F_n(x) = P(X_n \le x)$, $F(x) = P(X \le x)$라 두고 $F(x)$가 $x = c$에서 연속이라 하자. 그리고 임의로 주어진 양수 $\epsilon > 0$을 고정하자. 그러면

$$\begin{aligned} F_n(c) &= P(X_n \le c,\ X \le c+\epsilon) + P(X_n \le c,\ X > c+\epsilon) \\ &\le F(c+\epsilon) + P(|X_n - X| > \epsilon). \end{aligned}$$

같은 방법으로 다음을 얻는다.

$$\begin{aligned} F(c-\epsilon) &= P(X \le c-\epsilon,\ X_n \le c) + P(X \le c-\epsilon,\ X_n > c) \\ &\le F_n(c) + P(|X_n - X| > \epsilon). \end{aligned}$$

따라서

$$F(c-\epsilon) - P(|X_n - X| > \epsilon) \le F_n(c) \le F(c+\epsilon) + P(|X_n - X| > \epsilon).$$

$\lim_{n\to\infty} P(|X_n - X| > \epsilon) = 0$이므로

$$F(c-\epsilon) \le \liminf_{n\to\infty} F_n(c) \le \limsup_{n\to\infty} F_n(c) \le F(c+\epsilon). \tag{7.2}$$

한편 F가 $x = c$에서 연속이므로

$$\lim_{\epsilon\downarrow 0} F(c-\epsilon) = F(c),\ \lim_{\epsilon\downarrow 0} F(c+\epsilon) = F(c)$$

이다. 식 (7.2)에서 $\epsilon > 0$은 임의로 주어진 양수이므로

$$\lim_{n\to\infty} \inf F_n(c) = \lim_{n\to\infty} \sup F_n(c) = F(c)$$

가 되어 정리가 증명된다. ✺

일반적으로 정리 7.9의 역은 성립하지 않는다.

예제 7.8 $X \sim \mathrm{B}\left(1,\ \frac{1}{2}\right)$이고 $X_n = X,\ n = 1,\ 2,\ \cdots$라 하자. 그리고 $Y = 1 - X$로 두면 명백하게 $X_n \xrightarrow{d} Y$이다. 그러나 모든 n에 대하여 $|X_n - Y| = 1$이므로 $X_n \overset{P}{\nrightarrow} Y$이다. ✤

> **정리 7.10** 상수 c에 대하여 $X_n \xrightarrow{d} c$이면 $X_n \xrightarrow{P} c$이다.

증명 상수확률변수 $X \equiv c$의 분포함수

$$F(x) = \begin{cases} 0, & x < c \\ 1, & x \geq c \end{cases}$$

는 $x = c$인 점을 제외하고는 모든 점에서 연속이다. 따라서 $X_n \xrightarrow{d} c$이면

$$\lim_{n\to\infty} P(X_n \leq x) = \begin{cases} 0, & x < c \\ 1, & x > c. \end{cases}$$

한편 임의로 주어진 양수 $\epsilon > 0$에 대하여

$$\lim_{n\to\infty} P(X_n < c-\epsilon) \leq \lim_{n\to\infty} P(X_n \leq c-\epsilon) = 0,$$

$$\lim_{n\to\infty} P(X_n > c+\epsilon) = \lim_{n\to\infty} (1 - P(X_n \leq c+\epsilon)) = 0$$

이므로

$$\lim_{n\to\infty} P(|X_n - c| > \epsilon) = \lim_{n\to\infty} (P(X_n < c-\epsilon) + P(X_n > c+\epsilon)) = 0.$$ ✺

정리 7.9와 정리 7.10에 의하여 X_n이 상수에 수렴할 때 확률수렴과 분포수렴은 동치임을 알 수 있다.

정리 7.11 함수 $f(x)$가 $x=c$에서 연속이고 유계일 때 $X_n \xrightarrow{P} c$이면,

$$\lim_{n\to\infty} E[f(X_n)] = f(c).$$

증명 $f(x)$가 $x=c$에서 연속이므로 임의로 주어진 양수 $\epsilon>0$에 대하여 $|x-c|\le\delta$이면

$$|f(x)-f(c)|<\frac{\epsilon}{2}$$

을 만족하는 양수 $\delta>0$가 존재한다. $\sup_x |f(x)|=M$이라 하자. $\lim_{n\to\infty} P(|X_n-c|>\delta)=0$이므로 $n\ge N$이면

$$P(|X_n-c|>\delta)<\frac{\epsilon}{4M}$$

을 만족하는 자연수 N이 존재한다. 따라서 $n\ge N$이면

$$\begin{aligned}
|E[f(X_n)]-f(c)| &\le E[|f(X_n)-f(c)|] \\
&= E[|f(X_n)-f(c)|I_{\{|X_n-c|\le\delta\}}] \\
&\quad + E[|f(X_n)-f(c)|I_{\{|X_n-c|>\delta\}}] \\
&< \frac{\epsilon}{2}P(|X_n-c|\le\delta)+2M\cdot P(|X_n-c|>\delta) \\
&< \epsilon.
\end{aligned}$$

따라서 정리가 증명된다. ✳

참고

정리 7.11의 증명으로부터 함수 $f(x)$가 유계가 아니더라도

$$\lim_{n\to\infty} E[|f(X_n)|I_{\{|x_n-c|>\delta\}}]=0$$

이면 정리 7.11이 성립함을 알 수 있다.

> **정의 7.4** [거의 확실한 수렴] 확률변수열 $\{X_n,\ n=1,\ 2,\ \cdots\}$이
>
> $$P\left(\left\{\omega \in \Omega : \lim_{n\to\infty} X_n(\omega) = X(\omega)\right\}\right) = 1 \tag{7.5}$$
>
> 을 만족할 때 $\{X_n\}$은 확률변수 X에 거의 확실히 수렴(almost surely converge) 또는 확률 1로(with probability 1) 수렴한다고 하고
>
> $$X_n \xrightarrow{a.s.} X \text{ 또는 } X_n \to X \ a.s.$$
>
> 로 나타낸다.

거의 확실한 수렴은 미적분학에서 다루는 함수들의 점별수렴(pointwise convergence)보다는 약한 개념이다. 점별수렴은 각각의 $\omega \in \Omega$에 대하여 실수열 $\{X_n(\omega)\}$가 n이 무한히 커질 때, 실수 $X(\omega)$에 수렴한다는 것을 의미하지만 거의 확실히 수렴한다는 것은 각 $\omega \in \Omega$에 대하여 실수열 $\{X_n(\omega)\}$이 수렴할 필요는 없다. 다만 $\lim_{n\to\infty} X_n(\omega) = X(\omega)$를 만족하는 $\omega \in \Omega$로 이루어지는 사건의 확률이 1이 된다는 것을 의미한다. 즉,

$$C = \left\{\omega \in \Omega : \lim_{n\to\infty} X_n(\omega) = X(\omega)\right\}$$

라 할 때, 점별수렴은 $C = \Omega$를 의미하고 거의 확실한 수렴은 $P(C) = 1$을 의미한다.

확률변수열 $\{X_n\}$과 양수 $\epsilon > 0$에 대하여

$$A_n(\epsilon) = \{\omega \in \Omega : |X_n(\omega) - X(\omega)| > \epsilon\},\ n = 1,\ 2,\ \cdots,$$
$$A(\epsilon) = \bigcap_{m=1}^{\infty}\left(\bigcup_{n=m}^{\infty} A_n(\epsilon)\right)$$

라 하자.

> **정리 7.12** $X_n \xrightarrow{a.s.} X$일 필요충분조건은 임의의 양수 $\epsilon > 0$에 대하여 $P(A(\epsilon)) = 0$이다.

증명 먼저 $C = \left\{\omega \in \Omega : \lim_{n\to\infty} X_n(\omega) = X(\omega)\right\}$로 두면 명백하게

$$C^c = \bigcup_{m=1}^{\infty} A\left(\frac{1}{m}\right)$$

이 됨을 알 수 있다. 따라서 $P(C) = 1$이면 각각의 $m = 1,\ 2,\ \cdots$에 대하여

$$P\left(A\left(\frac{1}{m}\right)\right) \leq P(C^c) = 0$$

이므로 $P\left(A\left(\frac{1}{m}\right)\right) = 0$이다.

역으로 각각의 $m = 1,\ 2,\ \cdots$에 대하여 $P\left(A\left(\frac{1}{m}\right)\right) = 0$이면

$$P(C^c) \leq \sum_{m=1}^{\infty} P\left(A\left(\frac{1}{m}\right)\right) = 0$$

이다. 따라서 $P(C) = 1$은 모든 $m = 1,\ 2,\ \cdots$에 대하여 $P\left(A\left(\frac{1}{m}\right)\right) = 0$과 동치임을 알 수 있다. 한편 각각의 양수 $\epsilon > 0$에 대하여 $\frac{1}{m+1} < \epsilon < \frac{1}{m}$을 만족하는 양의 정수 m이 존재하고 이때 $A\left(\frac{1}{m}\right) \subset A(\epsilon) \subset A\left(\frac{1}{m+1}\right)$이므로 $P(C) = 1$은 임의의 양수 $\epsilon > 0$에 대하여 $P(A(\epsilon)) = 0$과 동치이다. ✺

따름정리 7.13 임의의 양수 $\epsilon > 0$에 대하여 $\sum_{n=1}^{\infty} P(A_n(\epsilon)) < \infty$이면 $X_n \xrightarrow{a.s.} X$이다.

증명 $B_m(\epsilon) = \bigcup_{n=m}^{\infty} A_n(\epsilon),\ n = 1,\ 2,\ \cdots$라 하면 $\sum_{n=1}^{\infty} P(A_n(\epsilon)) < \infty$이므로

$$\lim_{m\to\infty} P(B_m(\epsilon)) \leq \lim_{m\to\infty} \sum_{n=m}^{\infty} P(A_n(\epsilon)) - 0$$

이다. 한편 $B_{m+1}(\epsilon) \subset B_m(\epsilon)$이므로, 확률측도의 연속성(정리 1.8)에 의하여

$$P(A(\epsilon)) = \lim_{m\to\infty} P(B_m(\epsilon)) = 0$$

이므로 정리 7.12에 의하여 $X_n \xrightarrow{a.s.} X$이다. ✺

따름정리 7.14 $X_n \xrightarrow{a.s.} X$이면 $X_n \xrightarrow{P} X$이다.

증명 $\epsilon > 0$을 임의로 주어진 양수라 하자. $X_n \xrightarrow{a.s.} X$이면 정리 7.12에 의하여

$$\lim_{n\to\infty} P(A_n(\epsilon)) \le \lim_{n\to\infty} P(\bigcup_{k=n}^{\infty} A_k(\epsilon)) = 0$$

이므로 $X_n \xrightarrow{P} X$이다. ✺

다음 예제는 따름정리 7.14의 역이 성립하지 않는 예를 보여준다.

예제 7.9 $\{X_n\}$은 서로 독립이고 각각의 확률질량함수는 다음과 같은 확률변수열이라 하자.

$$P(X_n = 1) = \frac{1}{n},\ P(X_n = 0) = 1 - \frac{1}{n},\ n = 1,\ 2,\ \cdots$$

그러면 $X_n \xrightarrow{P} 0$이나 $X_n \overset{a.s.}{\not\longrightarrow} 0$이다.

풀이 $0 < \epsilon < 1$에 대하여

$$\lim_{n\to\infty} P(|X_n - 0| > \epsilon) = \lim_{n\to\infty} P(X_n = 1) = 0$$

이므로 $X_n \xrightarrow{P} 0$이다.

한편 각각의 n에 대하여

$$\begin{aligned} P\left(\bigcup_{k=n}^{\infty}\left\{|X_k| > \frac{1}{2}\right\}\right) &= P\left(\bigcup_{k=n}^{\infty}\{X_k = 1\}\right) = 1 - P\left(\bigcap_{k=n}^{\infty}\{X_k = 0\}\right) \\ &= 1 - \lim_{M\to\infty} P\left(\bigcap_{k=n}^{M}\{X_k = 0\}\right) \\ &= 1 - \lim_{M\to\infty}\left(1 - \frac{1}{n}\right)\left(1 - \frac{1}{n+1}\right)\cdots\left(1 - \frac{1}{M}\right) \\ &= 1 - \lim_{M\to\infty}\frac{n-1}{M} = 1 \end{aligned}$$

이므로 정리 7.12에 의하여 $X_n \overset{a.s.}{\not\longrightarrow} 0$이다. ✤

EXERCISES

7.2 연습문제

1. $X_1, X_2, \cdots$는 서로 독립이고 같은 분포를 따르는 확률변수열이다. X_1의 분포함수 $F(x)$에 대하여 $F(b)=1$이고 모든 $a<b$에 대하여 $F(a)<1$을 만족하는 상수 b가 존재할 때, $Y_n=\max\{X_1, \cdots, X_n\}$은 b에 확률수렴함을 보여라.

2. $X_i \sim \mathrm{U}[0, \theta]$, $i=1, 2, \cdots$이고 서로 독립일 때, $Y_n=\max\{X_1, \cdots, X_n\}$은 θ에 확률수렴함을 보여라.

3. $X_1, X_2, \cdots$는 서로 독립이고 같은 분포를 따르는 음이 아닌 확률변수열이다. $E[X_i]=\infty$일 때 모든 $a>0$에 대하여 $n\to\infty$일 때 $P(\overline{X}_n \geq a)\to 1$임을 보여라. (단, $\overline{X}_n=\frac{1}{n}\sum_{k=1}^{n}X_k$)

4. 서로 독립인 확률변수열 $X_i \sim \mathrm{N}(\mu, \sigma^2)$, $i=1, 2, \cdots$에 대하여 $Y_n=\frac{1}{n}\sum_{i=1}^{n}X_i$의 극한 분포를 구하라.

5. 서로 독립이며 각각 확률밀도함수가

$$f(x)=\begin{cases} e^{-(x-\theta)}, & \theta<x<\infty \\ 0, & \text{그 밖에} \end{cases}$$

인 확률변수 $X_1, X_2, \cdots$에 대하여 $Y_n=\min\{X_1, \cdots, X_n\}$이 θ에 확률수렴함을 보여라. 또한 $Z_n=n(Y_n-\theta)$의 극한분포를 구하라.

6. $X_1, X_2, \cdots$는 서로 독립이며 같은 분포를 따르는 연속확률변수열이다. X_1의 확률분포함수를 $F(x)$라 할 때, $Z_n=n(1-F(Y_n))$의 극한 분포를 구하라. 단 $Y_n=\min\{X_1, \cdots, X_n\}$이다.

7. X_n의 평균은 μ이고 분산은 $\frac{b}{n^\alpha}$일 때, X_n이 μ에 확률수렴함을 보여라. 단 b와 $\alpha>0$는 상수이다.

8. $X_n \xrightarrow{P} X$이고 함수 $f(x)$가 $\mathbb{R}$에서 연속이면 $f(X_n) \xrightarrow{P} f(X)$임을 보여라.

7.3 대수의 법칙과 그 응용

7.3.1 대수의 법칙

$\{X_n\}$을 확률변수열이라하자. 이 절에서 $\overline{X}_n$은 $\overline{X}_n = \frac{1}{n}\Sigma_{k=1}^{n} X_k$, $n=1, 2, \cdots$를 의미한다.

정리 7.15 독립이며 같은 분포를 따르는 확률변수열 $X_1, X_2, \cdots$에 대하여 $E[X_i] = \mu$, $\mathrm{Var}[X_i] = \sigma^2 < \infty$일 때 $\overline{X}_n \xrightarrow{P} \mu$이다. 즉, 임의의 $\epsilon > 0$에 대하여

$$\lim_{n\to\infty} P(|\overline{X}_n - \mu| > \epsilon) = 0.$$

이 성질을 **대수의 약법칙(Weak Law of Large Numbers)**이라 한다.

증명 $E[\overline{X}_n] = \mu$, $\mathrm{Var}[\overline{X}_n] = \frac{\sigma^2}{n}$이므로 $n\to\infty$일 때, 체비셰프 부등식에 의하여

$$P(|\overline{X}_n - \mu| > \epsilon) \le \frac{\sigma^2}{n\epsilon^2} \to 0$$

이 되어 정리가 증명된다. ✺

예제 7.10 $X_n \sim \mathrm{U}(0, 1)$, $n=1, 2, \cdots$이고 서로 독립일 때 적당한 상수 c에 대하여 $Z_n = \left(\Pi_{i=1}^{n} X_i\right)^{1/n} \xrightarrow{P} c$임을 보이고 상수 c의 값을 구하라.

풀이 $\log Z_n = \frac{1}{n}\sum_{i=1}^{n} \log X_i$이고

$$E[\log X_i] = \int_0^1 \log x dx = -1,\ E[(\log X_i)^2] = 2 < \infty$$

이므로 대수의 약법칙에 의하여 $\log Z_n \xrightarrow{P} -1$이다. 따라서 정리 7.11에 의하여 $Z_n \xrightarrow{P} e^{-1}$이고 $c = e^{-1}$이다. ✣

정리 7.15의 증명방법을 그대로 적용하면 다음의 결과를 얻는다.

정리 7.16 $\lim_{n\to\infty} \operatorname{Var}[X_n] = 0$이면 $X_n - E[X_n] \xrightarrow{P} 0$이다.

예제 7.11 **[쿠폰수집 문제(예제 5.7에 이어서)]** 어느 제과 회사에서는 과자봉지 속에 n종류의 쿠폰 중 한 가지씩 넣어서 판매를 하고 n종류의 쿠폰을 모두 가져오면 상품을 주기로 하였다. 각 과자봉지 속에 특정한 쿠폰이 들어 있을 확률은 동일하다고 하자. 각 종류의 쿠폰을 모두 얻기 위하여 사야 되는 과자봉지의 수를 T_n이라고 할 때 $\dfrac{T_n}{n\log n} \xrightarrow{P} 1$을 보여라.

풀이 Y_k, $k=0, 1, \cdots, n-1$를 k개의 서로 다른 종류의 쿠폰을 수집한 후에 다른 종류의 쿠폰을 얻기 위해 추가로 구매한 과자봉지의 수라 하자. 그러면 $Y_k \sim \operatorname{Geo}\left(\frac{n-k}{n}\right)$, $k=0, 1, \cdots, n-1$이고 서로 독립이다. 한편

$$T_n = Y_0 + Y_1 + \cdots Y_{n-1}$$

이므로 다음을 얻는다.[3)]

$$E[T_n] = E[Y_0] + E[Y_1] + \cdots + E[Y_{n-1}] = n\sum_{k=1}^{n-1}\frac{1}{k}$$

$$\begin{aligned}\operatorname{Var}[T_n] &= \sum_{k=1}^{n-1}\operatorname{Var}[Y_k] = \sum_{k=0}^{n-1}\frac{k}{n}\left(1-\frac{k}{n}\right)^{-2} = \sum_{k=1}^{n-1}\frac{nk}{(n-k)^2}\\ &\le n^2\sum_{k=1}^{n}\frac{1}{k^2} \le \frac{6}{\pi^2}n^2\end{aligned}$$

따라서 $X_n = \dfrac{T_n}{n\log n}$, $n>1$이라 하면

$$\lim_{n\to\infty}\operatorname{Var}[X_n] = 0$$

이 됨을 알 수 있다. 한편

$$\sum_{k=2}^{n}\frac{1}{k} < \int_1^n \frac{1}{x}\,dx = \log n < \sum_{k=1}^{n}\frac{1}{k}$$

이므로 $\lim_{n\to\infty}\dfrac{1}{\log n}\sum_{k=1}^{n}\dfrac{1}{k} = 1$이다. 즉 $\lim_{n\to\infty}E[X_n] = 1$. 정리 7.16에 의하여

3) $\sum_{n=1}^{\infty}\frac{1}{n^2} = \frac{\pi^2}{6}$

$$\frac{T_n}{n\log n}-1=X_n-E[X_n]+(E[X_n]-1)\xrightarrow{P}0$$

이다. 따라서 쿠폰의 종류 n이 충분히 클 때 모든 쿠폰을 모으기 위하여 필요한 과자 봉지의 수는 약 $n\log n$이 됨을 알 수 있다. ✣

정리 7.17 $X_1,\ X_2,\ \cdots$이 독립이며 같은 분포를 따르고 $E[X_i]=\mu<\infty$이면

$$\overline{X}_n \xrightarrow{a.s.} \mu,\ 즉\ P\left(\lim_{n\to\infty}\overline{X}_n=\mu\right)=1.$$

이 성질을 **대수의 강법칙(Strong Law of Large Numbers)**이라고 한다.

증명 여기서는 $E[X_i^4]=K<\infty$인 경우에 대하여만 증명한다. $Y_i=X_i-\mu$로 두자. 그러면 $E[Y_i]=0$이고 $E[Y_i^4]<\infty$이다. 또한

$$\overline{X}_n-\mu=\frac{1}{n}\sum_{i=1}^{n}(X_i-\mu)=\frac{1}{n}\sum_{i=1}^{n}Y_i$$

가 되어 $\overline{X}_n \xrightarrow{a.s.} \mu$는 $\frac{1}{n}\sum_{i=1}^{n}Y_i \xrightarrow{a.s.} 0$과 동치이다. 따라서 일반성을 잃지 않고 $\mu=0$이라고 가정한다.

$\epsilon>0$을 임의로 주어진 양수라 할 때 정리 7.13에 의하여 $\sum_{n=1}^{\infty}P\left(|\overline{X}_n|>\epsilon\right)<\infty$를 보이면 충분하다. 마르코프 부등식에 의하여

$$P\left(|\overline{X}_n|>\epsilon\right)\le\frac{E[\overline{X}_n^4]}{\epsilon^4}$$

이므로 다음에서 $\sum_{n=1}^{\infty}E[\overline{X}_n^4]<\infty$를 보인다. $(n\overline{X}_n)^4=(X_1+\cdots+X_n)^4$은 서로 다른 $i,\ j,\ k,\ l$에 대하여

$$X_i^4,\ X_i^3X_j,\ X_i^2X_j^2,\ X_i^2X_jX_k,\ X_iX_jX_kX_l$$

형태의 항의 합으로 나타난다. 이때 $\{X_n\}$은 서로 독립이고 $E[X_n]=0$이므로 다음을 얻는다.

$$E[X_i^3X_j]=E[X_i^2X_jX_k]=E[X_iX_jX_kX_l]=0,$$

$$E[X_i^4] = K,\ E[X_i^2 X_j^2] = E[X_i^2 X_j^2] = \sigma^4.\ (\text{단 } \sigma^2 = \mathrm{Var}[X_i])$$

또한 $(n\overline{X}_n)^4$을 전개하였을 때, X_i^4의 항은 n개, $X_i^2 X_j^2$의 항은 $\binom{4}{2}\binom{n}{2} = 3n(n-1)$개 이므로 다음을 얻는다.

$$E[(n\overline{X}_n)^4] = nK + 3n(n-1)\sigma^4 = 3\sigma^4 n^2 + (K - 3\sigma^4)n.$$

따라서

$$\sum_{n=1}^{\infty} E[\overline{X}_n^4] = \sum_{n=1}^{\infty} \frac{3\sigma^4 n^2 + (K-3\sigma^4)n}{n^4} < \infty$$

가 되어 정리가 증명된다.[4] ✳

어떤 확률실험을 독립적으로 반복할 때, X_i를 i번째 시행에서 특정한 사건 A가 발생하면 1, 그렇지 않으면 0의 값을 갖는 확률변수라 하자. 그러면 자명하게 $\{X_n\}$은 서로 독립이고 같은 분포를 따르는 확률변수열이다. 대수의 강법칙에 의하여 사건 A의 상대도수 $\overline{X}_n = \frac{1}{n}\sum_{i=1}^{n} X_i$은 확률 1로 $E[X_1] = P(A)$에 수렴한다. 예를 들어 한 개의 동전을 반복해서 던질 때 $n(\{H\})$을 n번의 시행에서 얻은 앞면의 수라 하자. 그러면 대수의 강법칙에 의하여

$$P\left(\lim_{n\to\infty} \frac{n(\{H\})}{n} = \frac{1}{2}\right) = 1.$$

한편

$$\{(H,\ H,\ H,\ \cdots),\ (T,\ T,\ T,\ \cdots),\ (H,\ H,\ T,\ H,\ H,\ T,\ H,\ H,\ T,\ \cdots),\ \cdots\}$$

와 같이 상내도수의 극한이 $\frac{1}{2}$이 되지 않는 사건이 빌생할 확률은 0이다.

그림 7.2는 성공할 확률이 $p = 0.45$인 베르누이시행을 n회 반복할 때 나오는 성공의 횟수 $X \sim \mathrm{B}(n,\ 0.45)$에 대하여 $\frac{X}{n}$과 $p = 0.45$를 시뮬레이션하여 나타낸 그림이다. 시행횟수 n이 증가함에 따라 일정한 값 $p = 0.45$에 가까이 가는 것을 알 수 있다.

4) $\sum_{n=1}^{\infty} \frac{1}{n^\alpha} < \infty$일 필요충분조건은 $\alpha > 1$이다.

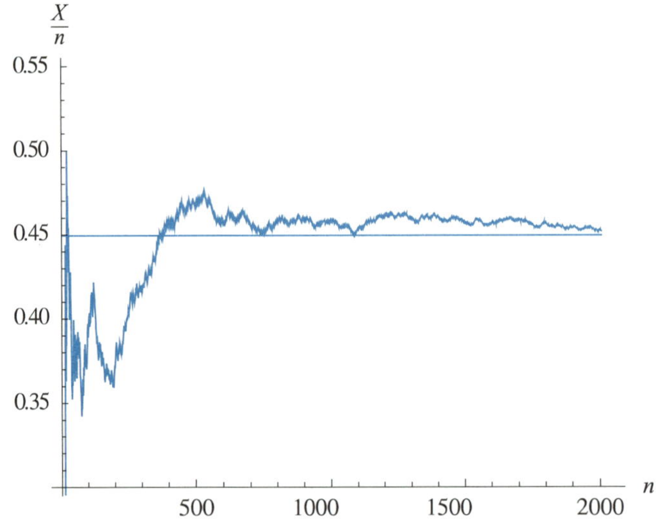

그림 7.2 $X \sim \mathrm{B}(n,\ 0.45)$일 때, $\frac{X}{n}$을 시뮬레이션 한 결과

독립이고 같은 분포를 따르는 확률변수들이 대수의 강법칙을 만족할 조건은 오직 일차 적률이 유한인 것이었다. 한편 정리 7.15에서 대수의 약법칙이 성립할 조건은 $\mathrm{Var}[X_i] < \infty$인 것을 요구하였다. 그러나 정리 7.14에서 알 수 있듯이 거의 확실한 수렴은 확률수렴보다 강한 조건이므로 대수의 강법칙이 성립하면 대수의 약법칙도 성립한다. 따라서 $E(|X_i|) < \infty$이면 대수의 약법칙이 성립한다.

다음의 정리는 대수의 강법칙에 대한 더욱 일반적인 형태이다. 증명 없이 소개한다.[5)]

정리 7.18 $X_1,\ X_2,\ \cdots$이 독립이고 같은 분포를 따를 때, $\overline{X}_n \xrightarrow{a.s.} c$일 필요충분조건은 $E(|X_i|) < \infty$이다. 이때 $c = E[X_1]$이다.

정리 7.19 $X_1,\ X_2,\ \cdots$을 독립이며 $\mathrm{Var}[X_i] = \sigma_i^2 < \infty$인 확률변수열이라 하자. 만약 $\sum_{i=1}^{\infty} \frac{\sigma_i^2}{i^2} < \infty$이면 다음이 성립한다.

$$P\left(\lim_{n\to\infty} (\overline{X}_n - E[\overline{X}_n]) = 0\right) = 1$$

5) 자세한 증명은 Laha and Rohatgi(1979, 제2장)을 참조할 것.

7.3.2 대수의 법칙의 응용

예제 7.12 함수 $f(x) : [0,\ 1] \to \mathbb{R}$가 연속일 때 다음이 성립한다.

$$\lim_{n\to\infty} B_n(x) = f(x),\ 0 \le x \le 1.$$

단

$$B_n(x) = \sum_{k=0}^{n} f\left(\frac{k}{n}\right)\binom{n}{k} x^k (1-x)^{n-k}$$

를 f의 n차 **번스타인 다항식(Bernstein polynomial)**이라 한다.

증명 $x = 0$이거나 $x = 1$일 때는 자명하다. 따라서 $0 < x < 1$을 가정하고 $X_n \sim \mathrm{B}(n,\ x)$라 하자. 그러면

$$E\left[f\left(\frac{X_n}{n}\right)\right] = \sum_{k=0}^{n} f\left(\frac{k}{n}\right)\binom{n}{k} x^k (1-x)^{n-k} = B_n(x)$$

또한 임의의 양수 $\epsilon > 0$에 대하여 $n\to\infty$일 때

$$P\left(\left|\frac{X_n}{n} - x\right| > \epsilon\right) < \frac{x(1-x)}{n\epsilon^2} \to 0$$

이므로 $\dfrac{X_n}{n} \xrightarrow{P} x$이다. 정리 7.11에 의하여

$$\lim_{n\to\infty} B_n(x) = \lim_{n\to\infty} E\left[f\left(\frac{X_n}{n}\right)\right] = f(x)$$

이므로 정리가 증명된다. ✳

참고

실제 예제 7.12의 함수열 $\{B_n(x)\}$은 f에 균등수렴(uniformly converge)한다. 즉,

$$\lim_{n\to\infty} \sup_{0\le x\le 1} |B_n(x) - f(x)| = 0$$

이에 대한 확률론적인 증명은 Laha and Rohatgi(1979)를, 해석학적인 증명은 실해석학 개론(1992)을 참조하라.

예제 7.13 함수 $f : (0,\ \infty) \to \mathbb{R}$의 라플라스변환은 다음과 같이 정의한다.

$$\tilde{f}(s) = \int_0^\infty e^{-st} f(t)dt,\ s > 0.$$

함수 $f(x)$가 연속일 때 라플라스변환의 역변환은 다음과 같이 구할 수 있다.

$$f(t) = \lim_{n\to\infty} \frac{(-1)^n}{n!}\left(\frac{n+1}{t}\right)^{n+1} \tilde{f}^{(n)}\left(\frac{n+1}{t}\right),\ t > 0.$$

여기서 $\tilde{f}^{(n)}$는 $\tilde{f}$의 n차 도함수이다. 이와 같이 라플라스변환 $\tilde{f}(s)$으로부터 원래의 함숫값 $f(t)$를 구하는 방법을 **위더의 역변환 공식**(Widder's inversion formula)이라고 한다.

증명 고정된 $t > 0$에 대하여 $X_n \sim \text{Gam}\left(n+1,\ \frac{n+1}{t}\right)$라 하면

$$E[X_n] = t,\ \text{Var}[X_n] = \frac{t^2}{n+1}$$

이므로 임의로 주어진 양수 $\epsilon > 0$에 대하여 $n\to\infty$ 일 때,

$$P(|X_n - t| > \epsilon) \le \frac{1}{\epsilon^2}\text{Var}[X_n] \to 0$$

이다. 즉 $X_n \xrightarrow{P} t$. 정리 7.11로부터 $f(t) = \lim_{n\to\infty} E[f(X_n)]$을 얻는다. 한편

$$\begin{aligned} E[f(X_n)] &= \int_0^\infty f(x)\frac{n+1}{t}e^{-(n+1)x/t}\frac{1}{n!}\left(\frac{n+1}{t}x\right)^n dx \\ &= \left(\frac{n+1}{t}\right)^{n+1}\frac{1}{n!}\int_0^\infty x^n f(x)e^{-(n+1)x/t}dx \\ &= \left(\frac{n+1}{t}\right)^{n+1}\frac{1}{n!}(-1)^n \tilde{f}^{(n)}\left(\frac{n+1}{t}\right) \end{aligned}$$

이므로 정리가 증명된다. ✺

예제 7.14 함수 $f : (0,\ \infty) \to \mathbb{R}$가 연속일 때 라플라스변환 $\tilde{f}(s)$의 역변환을 다음과 같이 구할 수 있다.

$$f(t) = \lim_{n\to\infty} \widetilde{f_n}(t),\ t > 0$$

단,

$$\tilde{f}_n(t) = \frac{\log 2}{t} \frac{(2n)!}{n!(n-1)!} \sum_{k=0}^{n} (-1)^k \binom{n}{k} \tilde{f}\left(\frac{n \log 2}{t}\right),\ t > 0.$$

이와 같은 역변환을 구하는 방법을 **게이버의 역변환 공식**(Gaver's inversion formula)이라 한다.

증명 먼저 $X_n \sim \text{Beta}(n,\ n+1)$일 때 $X_n \xrightarrow{P} \frac{1}{2}$을 보이자. X_n의 평균과 분산은 각각

$$E[X_n] = \frac{n}{2n+1},\ \text{Var}[X_n] = \frac{n(n+1)}{(2n+1)^2(2n+2)}$$

이므로 임의로 주어진 양수 $\epsilon > 0$에 대하여, $n \to \infty$일 때

$$\begin{aligned} P\left(|X_n - \frac{1}{2}| > \epsilon\right) &\le \frac{1}{\epsilon^2} E\left[\left((X_n - \frac{n}{2n+1}) + (\frac{n}{2n+1} - \frac{1}{2})\right)^2\right] \\ &= \frac{1}{\epsilon^2}\left(\text{Var}[X_n] + \frac{1}{4(n+1)^2}\right) \to 0. \end{aligned}$$

한편 $Y_n = -\frac{1}{\alpha}\log X_n\ (\alpha > 0)$이라 두면 정리 7.11에 의하여 다음을 얻는다.

$$\lim_{n\to\infty} E[f(Y_n)] = f\left(\frac{1}{\alpha}\log 2\right).$$

Y_n의 확률밀도함수는

$$g_n(y) = \alpha \frac{(2n)!}{(n-1)!n!} e^{-\alpha n y}(1 - e^{-\alpha y})^n,\ y > 0$$

이므로

$$\begin{aligned} E[f(Y_n)] &= \int_0^\infty f(y)\alpha \frac{(2n)!}{(n-1)!n!} e^{-\alpha n y}(1-e^{-\alpha y})^n dy \\ &= \alpha \frac{(2n)!}{(n-1)!n!} \sum_{k=0}^{n} \binom{n}{k} (-1)^k \int_0^\infty f(y) e^{-\alpha(k+n)y} dy \\ &= \alpha \frac{(2n)!}{(n-1)!n!} \sum_{k=0}^{n} \binom{n}{k} (-1)^k \tilde{f}((n+k)\alpha) \end{aligned}$$

이다. 따라서 $\alpha = \frac{\log 2}{t}$로 두면 정리가 증명된다. ✸

예제 7.15 $f:[0,\ 1]\to[0,\ M]$이 연속함수일 때 난수열을 이용하여 적분 $\int_0^1 f(x)dx$의 값을 구하는 문제를 생각하자. $D=[0,\ 1]\times[0,\ M]$라 하고 곡선 $y=f(x)$와 x축 및 직선 $x=0$, $x=1$로 둘러싸인 부분을 B라 하자(그림 7.3 참조).

이제 D 내부의 한 점을 임의로 택하는 과정을 반복할 때 k번째 선택된 점의 좌표를 $(X_k,\ Y_k)$라고 하고 선택된 점이 B의 내부에 있으면 $Z_k=1$ 그렇지 않으면 $Z_k=0$이라 하자. 즉,

$$Z_k=\begin{cases}1, & f(X_k)>Y_k\\ 0, & \text{그 밖에}\end{cases}$$

그러면 각 시행은 독립적으로 이루어지므로 $X_k\sim \mathrm{U}(0,\ 1)$, $Y_k\sim \mathrm{U}(0,\ M)$, $k=1,\ 2,\ \cdots$이고 서로 독립이다. 또한 D 내부의 한 점을 임의로 택할 때 선택된 점이 B의 내부에 있을 확률은 $p=\frac{1}{M}\int_0^1 f(x)dx$이므로 $Z_k\sim \mathrm{B}(1,\ p)$이다. 대수의 강법칙에 의하여

$$\frac{1}{n}\sum_{k=1}^{n} Z_k \xrightarrow{a.s.} E[Z_1]=\frac{1}{M}\int_0^1 f(x)dx$$

따라서 이 과정을 무한히 반복할 때 n번의 시행에서 B 안의 점이 선택되는 사건의 상대도수를 M배 한 값 $\frac{M}{n}\sum_{k=1}^{n} Z_k$은 $\int_0^1 f(x)dx$에 수렴한다. 이와 같이 난수열을 이용하여 상대도수의 극한으로 확률 등과 같은 특성치를 구하는 방법을 **몬테카를로 시뮬레이션**(Monte Carlo Simulation)이라고 한다. ✤

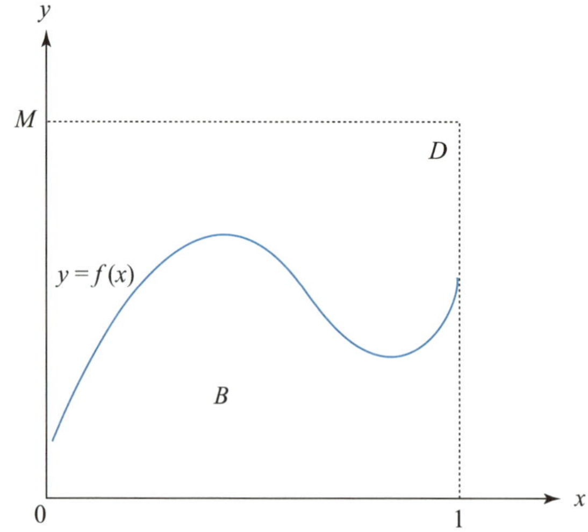

그림 7.3 난수열을 이용한 함수의 적분

예제 7.16 $X_1, X_2, \cdots$는 서로 독립이고 같은 분포를 따르며 각각의 분포함수는 $F(x)$라 하자. 고정된 실수 x에 대하여 Y_n을 다음과 같이 정의하자.

$$Y_n = \begin{cases} 1, & X_n \le x \\ 0, & X_n > x \end{cases}$$

그러면 $Y_n \sim \mathrm{B}(1, F(x)), n = 1, 2, \cdots$이고 서로 독립이다. 대수의 강법칙에 의하여 $n \to \infty$일 때,

$$\hat{F}_n(x) = \frac{1}{n} \sum_{i=1}^{n} Y_i \xrightarrow{a.s.} E[Y_1] = F(x).$$

이때 $\hat{F}_n(x)$를 표본 $\{X_n\}$으로부터의 **경험분포함수**(empirical distribution function)라고 한다. 이 예제는 표본을 무한히 뽑을 때, 경험분포함수가 수학적인 분포함수에 확률 1로 수렴하는 것을 보여준다. ✣

예제 7.17 $X_1, X_2, \cdots$이 서로 독립이고 각각의 확률질량함수가

$$p(k) = P(X_1 = k),\ k = 1, 2, \cdots, r$$

일 때

$$Y_n = p(X_1) \cdots p(X_n)$$

이라 하자. 그러면 $\log Y_n = \sum_{i=1}^{n} \log p(X_i)$이고 $\log p(X_i), i = 1, 2, \cdots$는 서로 독립이고 같은 분포를 따른다. 한편

$$E[\log p(X_i)] = \sum_{k=1}^{r} p(k) \log p(k)$$

이므로 대수의 강법칙에 의하여 $n \to \infty$일 때,

$$-\frac{1}{n} \log Y_n \xrightarrow{a.s.} h = -\sum_{k=1}^{r} p(k) \log p(k).$$

정보이론에서 X_i들이 취하는 값 $1, 2, \cdots, r$은 알파벳 문자로 설명되며 $\{X_i\}$는 정보원에 의하여 생성되는 문자들을, h는 정보원의 엔트로피를 나타낸다. ✣

EXERCISES

7.3 연습문제

1. $\{X_n\}$이 서로 독립이며 다음과 같은 분포를 따를 때 $\overline{X}_n \xrightarrow{P} 0$임을 보여라.

   (1) $P(X_n = 2^n) = P(X_n = -2^n) = 1/2^{2n+1}$, $P(X_n = 0) = 1 - 1/2^{2n}$

   (2) $P(X_n = 2^n) = P(X_n = -2^n) = 1/2^{n+1}$,

   $P(X_n = 1) = P(X_n = -1) = \frac{1}{2}(1 - 1/2^n)$.

2. $X_n \sim \text{Gam}(n, \beta)$일 때, $Y_n = \frac{X_n}{n} \xrightarrow{a.s.} \frac{1}{\beta}$을 보여라.

3. $X_n \sim \chi^2(n)$일 때, $Y_n = \frac{X_n}{n} \xrightarrow{a.s.} 1$을 보여라.

4. 예제 7.15에서 정의된 Z_n에 대하여 $E[Z_n] = \frac{1}{M}\int_0^1 f(x)dx$임을 보여라.

5. 확률변수열 $X_1, X_2, \cdots$이 $E[X_i] = \mu$, $\text{Var}[X_i] \le C < \infty$, $i = 1, 2, \cdots$이고 $E[X_iX_j] = E[X_i]E[X_j]$, $i \ne j$일 때 다음을 보여라.

   (1) $\lim_{n\to\infty} E[(\overline{X}_n - \mu)^2] = 0$　　(2) $\overline{X}_n \xrightarrow{P} \mu$

6. $A_1, A_2, \cdots$가 서로 독립인 사건의 열이고, $p_n = \Sigma_{i=1}^n P(A_i)$, $N_n = \Sigma_{i=1}^n I_{A_i}$라 할 때 다음을 보여라. (힌트: 정리 7.19를 이용하라.)

$$\frac{N_n - p_n}{n} \xrightarrow{a.s.} 0$$

7. X_n, $n = 2, 3, \cdots$은 서로 독립이고 각각의 확률질량함수는 다음과 같다.

$$P(X_n = n) = P(X_n = -n) = \frac{1}{2n \log n},$$

$$P(X_n = 0) = 1 - \frac{1}{n \log n},\ n = 2, 3, \cdots$$

이때 $\overline{X}_n \xrightarrow{P} 0$이지만 $\overline{X}_n \overset{a.s.}{\not\longrightarrow} 0$임을 보여라.

8. 서로 독립이며 같은 분포를 따르는 확률변수열 X_n, $n=1, 2, \cdots$이 $E[X_n^2]<\infty$일 때 다음을 보여라.

(1) $\frac{1}{n}\sum_{k=1}^{n} X_k^2 \xrightarrow{a.s.} E[X_1^2]$ (2) $\frac{1}{n}\sum_{k=1}^{n} X_k^2 - \overline{X_n^2} \xrightarrow{P} \mathrm{Var}[X_1]$

9. 서로 독립이며 같은 분포를 따르는 확률변수 X_n, $n=1, 2, \cdots$에 대하여 $\mathrm{Var}[X_n^2]<\infty$일 때 $Y_n = \frac{2}{n(n+1)}\sum_{i=1}^{n} iX_i \xrightarrow{P} E[X_1]$임을 보여라.

10. r개의 공을 n개의 항아리에 무작위로 넣을 때 빈 항아리의 수를 X_n이라 하자. $\lim_{n\to\infty}\frac{r}{n}=c$일 때 $\frac{X_n}{n} \xrightarrow{P} e^{-c}$임을 보여라.

7.4 중심극한정리와 신뢰구간

7.4.1 중심극한정리

드무아브르-라플라스의 극한정리(정리 4.9)에 의하여 $X \sim \mathrm{B}(n,\ p)$는 충분히 큰 n에 대하여 근사적으로 정규분포 $\mathrm{N}(np,\ np(1-p))$를 따른다는 것을 이미 알고 있다. 한편 이항분포 $\mathrm{B}(n,\ p)$는 서로 독립이며 모수가 $(1,\ p)$인 베르누이 확률변수의 n개의 합의 분포와 같다. 따라서 드무아브르-라플라스의 극한정리는 서로 독립이고 $X_k \sim \mathrm{B}(1,\ p)$, $k=1,\ 2,\ \cdots$인 확률변수의 부분합 $\sum_{k=1}^{n} X_k$의 확률분포가 근사적으로 정규분포를 따른다는 것을 말해준다. 이와 관련하여 일반적인 분포를 따르는 확률변수에 대한 결과가 중심극한정리이다.

정리 7.20 [중심극한정리(Central Limit Theorem)] $X_1,\ X_2,\ \cdots$이 독립이며 같은 분포를 따르고 $E[X_i]=\mu$, $\mathrm{Var}[X_i]=\sigma^2<\infty$일 때

$$\lim_{n\to\infty} P\left(\frac{X_1+\cdots+X_n-n\mu}{\sigma\sqrt{n}} \le x\right)=\Phi(x).$$

단, $\Phi(x)=\dfrac{1}{\sqrt{2\pi}}\displaystyle\int_{-\infty}^{x} e^{-y^2/2}dy$는 표준정규분포의 분포함수이다.

참고

$E\left[\displaystyle\sum_{k=1}^{n} X_k\right]=n\mu$이고 $\mathrm{Var}\left[\displaystyle\sum_{k=1}^{n} X_k\right]=n\sigma^2$이므로 $E[\overline{X}_n]=\mu$, $\mathrm{Var}[\overline{X}_n]=\dfrac{\sigma^2}{\mu}$이다. 따라서

$$\frac{X_1+\cdots+X_n-n\mu}{\sigma\sqrt{n}}=\frac{\sum_{k=1}^{n} X_k - E\left[\displaystyle\sum_{k=1}^{n} X_k\right]}{\sqrt{\mathrm{Var}\left[\displaystyle\sum_{k=1}^{n} X_k\right]}}=\frac{\overline{X}_n-E[\overline{X}_n]}{\sqrt{\mathrm{Var}[\overline{X}_n]}}$$

과 같은 관계를 얻는다. 따라서 중심극한정리는 서로 독립이며 같은 분포를 따르는 확률변수들의 처음 n항까지의 합을 정규화한 확률변수열의 분포함수는 표준정규분포에 수렴한다는 것을 의미한다. 또한 중심극한정리는 정규화된 표본평균 $\overline{X}_n$의 분포가 표준정규분포에 수렴한다는 것을 의미한다.

증명 [중심극한 정리의 증명] X_n의 적률생성함수 $M(t)=E[e^{tX_n}]$이 존재하는 경우에 대해서만 증명한다. $Y_i=\dfrac{X_i-\mu}{\sigma}$로 치환하면 $E[Y_i]=0$, $\mathrm{Var}[Y_i]=1$이고

$$\frac{X_1+\cdots+X_n-n\mu}{\sigma\sqrt{n}}=\frac{Y_1+\cdots+Y_n}{\sqrt{n}}$$

이므로 $E[X_i]=0$, $\mathrm{Var}[X_i]=1$인 경우에 증명하면 충분하다. 이제 $\mu=0$, $\sigma^2=1$을 가정하자. 그러면 $X_i/\sqrt{n}$의 적률생성함수는

$$M_{X_i/\sqrt{n}}(t)=E\left[\exp\left(\frac{tX_i}{\sqrt{n}}\right)\right]=M\left(\frac{t}{\sqrt{n}}\right).$$

따라서 $Z_n=\displaystyle\sum_{i=1}^{n}\frac{X_i}{\sqrt{n}}$의 적률생성함수는

$$M_{Z_n}(t)=\left\{M\left(\frac{t}{\sqrt{n}}\right)\right\}^n$$

이고 정리 7.7에 의하여 다음을 보이면 충분하다.

$$\lim_{n\to\infty}M_{Z_n}(t)=e^{t^2/2}. \tag{7.3}$$

이를 위하여 $L(t)=\log M(t)$로 두면 (7.3)은 다음과 동치이다.

$$\lim_{n\to\infty}nL\left(\frac{t}{\sqrt{n}}\right)=\lim_{n\to\infty}\log M_{Z_n}(t)=t^2/2 \tag{7.4}$$

다음에서 (7.4)를 보인다. 먼저 $L(t)$의 정의로부터 다음을 쉽게 얻는다.

$$L(0)=\log M(0)=\log 1=0,\ L'(0)=\mu=0,\ L''(0)=\sigma^2=1.$$

로피탈(L'Hospital)의 정리를 반복적으로 적용하면

$$\begin{aligned}\lim_{n\to\infty}\frac{L\left(\frac{t}{\sqrt{n}}\right)}{n^{-1}}&=\lim_{n\to\infty}\frac{-L'\left(\frac{t}{\sqrt{n}}\right)n^{-3/2}t}{-2n^{-2}}\\&=\lim_{n\to\infty}\left[\frac{-L''\left(\frac{t}{\sqrt{n}}\right)n^{-3/2}t^2}{-2n^{-3/2}}\right]=\frac{t^2}{2}\end{aligned}$$

이 되어 정리가 증명된다. ✺

위의 중심극한정리는 이차 적률이 존재하는 것을 제외하고는 X_n의 분포에 아무런 제약 조건이 없는 것을 알 수 있다. 이는 중심극한 정리가 얼마나 유용한 결과이며 동시에 정규분포가 얼마나 중요한 분포인지를 말한다.

예제 7.18 X를 평균이 n인 푸아송확률변수라 하자. n이 충분히 클 때, X의 분포를 정규분포로 근사할 수 있음을 보여라.

풀이 $X_k \sim \mathrm{Poi}(1)$, $k = 1, 2, \cdots$이고 서로 독립이라 하자. 그러면 $X = \sum_{i=1}^{n} X_i \sim \mathrm{Poi}(n)$이므로 중심극한정리에 의하여 X는 근사적으로 $\mathrm{N}(n, n)$을 따른다. 즉,

$$P(X \le x) = P\left(\frac{X-n}{\sqrt{n}} \le \frac{x-n}{\sqrt{n}}\right) \approx \Phi\left(\frac{x-n}{\sqrt{n}}\right)$$ ✣

그림 7.4는 $\mathrm{Poi}(\lambda)$의 확률질량함수의 그래프를 직선으로 연결한 것이다. X의 평균 λ이 증가함에 따라 그래프의 모양이 대칭인 종 모양에 가까워짐을 알 수 있다.

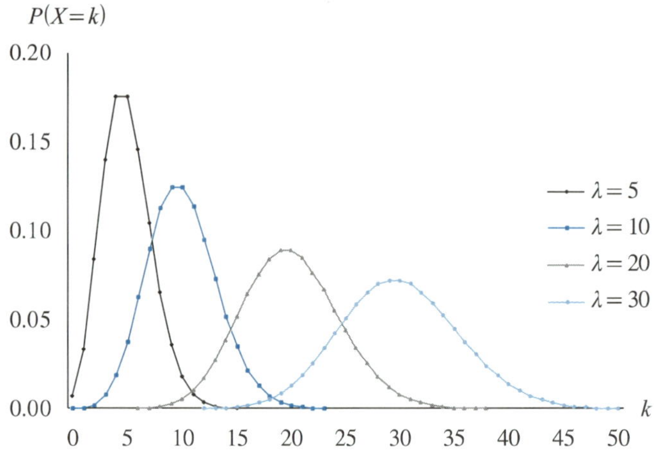

그림 7.4 $\mathrm{Poi}(\lambda)$의 확률질량함수

예제 7.19 한 개의 주사위를 100번 던질 때 나오는 눈의 수의 합을 X라 하자. $P(300 < X < 400)$의 근삿값을 구하라.

풀이 X_i를 i번째 시행에서 나오는 눈의 수라 하면 $X = \sum_{i=1}^{100} X_i$이다. $E[X_i] = \frac{7}{2}$,

$\mathrm{Var}[X_i] = \dfrac{35}{12}$이므로 중심극한 정리에 의하여

$$\begin{aligned} &P(300 < X < 400) \\ &= P\left(\frac{300-350}{\sqrt{100 \cdot 35/12}} < \frac{X-350}{\sqrt{100 \cdot 35/12}} < \frac{400-350}{\sqrt{100 \cdot 35/12}}\right) \\ &\approx \Phi\left(\frac{400-350}{\sqrt{100 \cdot 35/12}}\right) - \Phi\left(\frac{300-350}{\sqrt{100 \cdot 35/12}}\right) \\ &\approx \Phi(2.93) - \Phi(-2.93) \\ &= 2\Phi(2.93) - 1 = 0.9966. \end{aligned}$$

✤

예제 7.20

$X_i \sim \mathrm{U}(0,\ 1),\ i = 1,\ 2,\ \cdots,\ 100$이고 서로 독립일 때, $P\left(\sum_{i=1}^{100} X_i > 55\right)$의 근삿값을 구하라.

풀이 $E[X_i] = \dfrac{1}{2}$이고 $\mathrm{Var}[X_i] = \dfrac{1}{12}$이므로, 중심극한 정리에 의하여

$$\begin{aligned} P\left(\sum_{i=1}^{100} X_i > 55\right) &= P\left(\frac{\sum_{i=1}^{100} X_i - 50}{\sqrt{100/12}} > \frac{55-50}{\sqrt{100/12}}\right) \\ &\approx 1 - \Phi(\sqrt{3}) \approx 0.0418. \end{aligned}$$

✤

7.4.2* 구간추정과 신뢰구간

아래 그림은 1975년에 안압지에서 발굴된 주사위로 주령구라고 불리며 사각형인 면이 6개, 육각형인면이 8개로 이뤄진 14면체이다. 이 주사위의 각 면에 1부터 14까지의 수를 차례로 써 넣은 다음 주사위를 한 번 던질 때 나오는 면에 적힌 숫자를 X라고 하고 X의 평균과 분산을 각각 $E[X] = \mu$와 $\mathrm{Var}[X] = \sigma^2$이라고 하자. 이때 X의 분포를 모르는 상태에서 μ의 값을 어떻게 추측할 수 있을까?

| 그림 7.5 | 수령구

평균 μ를 구하기 위하여 주사위를 독립적으로 던지는 시행을 반복한다고 하자. 이때 k번째 시행에서 나온 주사위의 면에 적힌 숫자를 X_k라고 하면 $X_k,\ k = 1,\ 2,\ \cdots$는 서로 독립이며 같은 분포를 따른다. 이 시행을 무한히 반복하면 대수의 법칙에 의하여 표본평균 $\overline{X}_n = \frac{1}{n}\sum_{k=1}^{n} X_k$는 μ에 가까이 갈 것이므로 $\overline{X}_n$의 값을 이용하여 μ의 값

을 추측하는 것이 바람직할 것이다.

일반적으로 서로 독립이고 같은 분포를 따르는 확률변수 $X_1, X_2, \cdots, X_n$을 **확률표본**(random sample)이라 하고 확률표본의 개수 n을 **표본의 크기**라고 한다. 확률표본으로부터 미지의 값을 예측하는 것을 통계적 추정이라고 한다. 통계적 추정에는 미지의 값을 어떤 값일 것이라고 예측하는 점추정과 그 값이 있을 것으로 예상되는 구간을 추측하는 구간추정이 있다. 이 절에서는 평균에 대한 구간추정의 방법에 대하여 알아본다.

먼저 확률표본 $X_k \sim \mathrm{N}(\mu, \sigma^2)$, $k=1, 2, \cdots, n$에서 X_k의 분산 σ^2이 알려져 있을 때 $\overline{X}_n$을 이용하여 평균 μ를 추정하는 방법을 알아보자. $Z \sim \mathrm{N}(0, 1)$일 때, $P(|Z| > c) = \alpha$가 되는 c의 값을 $z_{\alpha/2}$라고 하자(그림 7.6). 즉, $P(|Z| > z_{\alpha/2}) = \alpha$. 예를 들어 $\alpha = 0.1, 0.05, 0.01$에 대응하는 $z_{\alpha/2}$의 값은 $z_{0.05} = 1.645$, $z_{0.025} = 1.96$, $z_{0.005} = 2.58$이다.

$\overline{X}_n \sim \mathrm{N}\left(\mu, \dfrac{\sigma^2}{n}\right)$이므로

$$P\left(-z_{\alpha/2} < \frac{\overline{X}_n - \mu}{\sigma/\sqrt{n}} < z_{\alpha/2}\right) = P\left(\overline{X}_n - z_{\alpha/2}\frac{\sigma}{\sqrt{n}} < \mu < \overline{X}_n + z_{\alpha/2}\frac{\sigma}{\sqrt{n}}\right)$$
$$= 1 - \alpha$$

이때 구간

$$\left(\overline{X}_n - z_{\alpha/2}\frac{\sigma}{\sqrt{n}},\ \overline{X}_n + z_{\alpha/2}\frac{\sigma}{\sqrt{n}}\right)$$

을 μ에 대한 신뢰수준(confidence level) $1-\alpha$ 또는 신뢰도 $100(1-\alpha)\%$의 **신뢰구간**(confidence interval)이라고 한다.

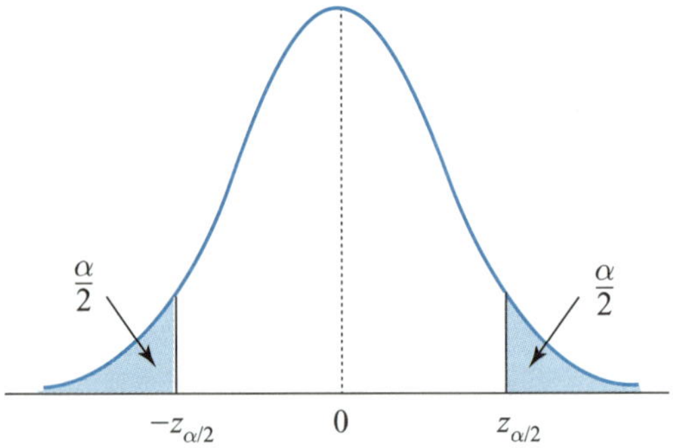

그림 7.6 $z_{\alpha/2}$의 정의

실제의 데이터로부터 얻어진 $\overline{X}_n$의 값이 $\overline{x}_n$일 때, 구간

$$\left(\overline{x}_n - z_{\alpha/2}\frac{\sigma}{\sqrt{n}},\ \overline{x}_n + z_{\alpha/2}\frac{\sigma}{\sqrt{n}}\right)$$

을 μ에 대한 신뢰구간이라고 하기도 한다.

참고

$X_i, \cdots, X_n$을 정규모집단 $\mathrm{N}(\mu, \sigma^2)$으로부터의 확률표본이라 하면

$$P\left(a < \frac{\overline{X}_n - \mu}{\sigma/\sqrt{n}} < b\right) = P\left(\overline{X}_n - b\frac{\sigma}{\sqrt{n}} < \mu < \overline{X}_n - a\frac{\sigma}{n}\right) = 1 - \alpha$$

를 만족하는 상수 a, b는 무수히 많다. 이때, μ를 포함하는 구간의 길이 $\frac{\sigma}{\sqrt{n}}(b-a)$를 최소화하는 a와 b는 각각 $a = -z_{\alpha/2}$, $b = z_{\alpha/2}$라는 것이 알려져 있다(연습문제 7.4의 15번 참조).

이제 확률표본 X_k, $k = 1, 2, \cdots, n$에 대하여 X_k의 분포뿐만 아니라 분산 σ^2도 알려져 있지 않은 경우에 $\overline{X}_n$을 이용하여 평균 μ를 추정하는 방법을 살펴보자. 이를 위하여 다음의 정리가 필요하다.

보조정리 7.21 X_n, $n = 1, 2, \cdots$이 서로 독립이고 같은 분포를 따르며 $\mathrm{Var}[X_n] = \sigma^2 < \infty$일 때,

$$S_n^2 = \frac{1}{n-1}\sum_{i=1}^{n}(X_i - \overline{X}_n)^2 \xrightarrow{P} \sigma^2.$$

증명 먼저 다음을 주목하자.

$$\sum_{i=1}^{n}(X_i - \overline{X}_n)^2 = \sum_{i=1}^{n}(X_i^2 - 2X_i\overline{X}_n + \overline{X}_n^2)$$

$$= \sum_{i=1}^{n}X_i^2 - n\overline{X}_n^2.$$

한편 대수의 강법칙에 의하여

$$\frac{1}{n}\sum_{i=1}^{n}X_i^2 \xrightarrow{a.s.} E[X_1^2]$$

또한 $\overline{X}_n \xrightarrow{P} E[X_1]$이므로 정리 7.11에 의하여 $\overline{X}_n^2 \xrightarrow{P} (E[X_1])^2$. 따라서

$$S_n^2 = \frac{n}{n-1}\frac{1}{n}\sum_{i=1}^{n}X_i^2 - \frac{n}{n-1}\overline{X}_n^2 \xrightarrow{P} E[X_1^2] - (E[X_1])^2 = \sigma^2.$$ ✺

> **정리 7.22** X_n, $n = 1, 2, \cdots$이 서로 독립이고 같은 분포를 따르며 $E[X_n] = \mu$, $\mathrm{Var}[X_n] = \sigma^2 < \infty$일 때,
>
> $$\frac{\overline{X}_n - \mu}{S_n/\sqrt{n}} \xrightarrow{d} \mathrm{N}(0,\ 1)$$
>
> 단 $S_n^2 = \dfrac{1}{n-1}\sum_{i=1}^{n}(X_i - \overline{X})^2$은 표본분산이다.

증명 중심극한정리에 의하여 $\dfrac{\overline{X}_n - \mu}{\sigma/\sqrt{n}} \xrightarrow{d} \mathrm{N}(0,\ 1)$임을 알 수 있다. 보조정리 7.21과 정리 7.11에 의하여 $S_n \xrightarrow{P} \sigma$이다. 따라서 정리 7.8에 의하여

$$\frac{\overline{X}_n - \mu}{S_n/\sqrt{n}} = \left(\frac{\overline{X}_n - \mu}{\sigma/\sqrt{n}}\right)\left(\frac{\sigma}{S_n}\right) \xrightarrow{d} \mathrm{N}(0,\ 1).$$ ✺

정리 7.22에 의하여 n이 충분히 클 때 $\dfrac{\overline{X}_n - \mu}{S_n/\sqrt{n}}$이 근사적으로 표준정규분포 $\mathrm{N}(0,\ 1)$을 따르므로

$$P\left(-z_{\alpha/2} < \frac{\overline{X}_n - \mu}{S_n/\sqrt{n}} < z_{\alpha/2}\right) = P\left(\overline{X}_n - z_{\alpha/2}\frac{S_n}{\sqrt{n}} < \mu < \overline{X}_n + z_{\alpha/2}\frac{S_n}{\sqrt{n}}\right)$$
$$\approx 1 - \alpha$$

따라서 분산 σ^2이 알려져 있지 않았으나 표본의 크기 n이 클 때, 구간

$$\left(\overline{X}_n - z_{\alpha/2}\frac{S_n}{\sqrt{n}},\ \overline{X}_n + z_{\alpha/2}\frac{S_n}{\sqrt{n}}\right)$$

을 μ에 대한 신뢰수준 $1-\alpha$ 또는 신뢰도 $100(1-\alpha)\%$의 신뢰구간이라 한다.

참고

$X_1, \cdots, X_n$을 정규모집단 $\mathrm{N}(\mu, \sigma^2)$으로부터의 확률표본이라 하면 $\dfrac{\overline{X}_n-\mu}{S_n/\sqrt{n}}$은 자유도가 $n-1$인 t-분포를 따른다는 것이 알려져 있다(t-분포에 대한 정의는 연습문제 5.4의 13번, 14번 참조). 따라서 σ^2이 알려져 있지 않고 표본의 크기 n이 충분히 크지 않을 때에는 μ에 대한 신뢰수준 $1-\alpha$의 신뢰구간으로

$$\left(\overline{X}_n-t\left(n-1, \frac{\alpha}{2}\right)\frac{S_n}{\sqrt{n}},\ \overline{X}_n+t\left(n-1, \frac{\alpha}{2}\right)\frac{S_n}{\sqrt{n}}\right)$$

을 사용한다. 단, $t\left(n-1, \frac{\alpha}{2}\right)$는 자유도가 $n-1$인 t-분포를 따르는 확률변수 T에 대하여 $P(T>c)=1-\frac{\alpha}{2}$를 만족하는 상수 c를 나타낸다.

예제 7.21 어떤 확률실험을 100회 시행하였을 때 시행의 결과가 다음 표와 같다고 하자. 이때 평균 μ에 대한 신뢰도 95%의 신뢰구간을 구하라.

실험결과 값(x)	1	3	4	7	10
나온 횟수($n(x)$)	25	15	20	10	30

풀이 그러면 표본평균 $\overline{X}_{100}$의 값 $\overline{x}_{100}$과 표본분산 S_{100}^2의 값 s_{100}^2은 다음과 같다.

$$\overline{x}_{100}=\frac{1}{100}\sum_x xn(x)=5.20$$

$$s_{100}^2=\frac{1}{100-1}\left(\sum_x x^2n(x)-100\overline{x}_{100}^2\right)=\frac{1}{99}(3970-100\cdot 5.20^2)=12.788$$

따라서 $s_{100}=\sqrt{s_{100}^2}=3.576$이고 $z_{0.025}=1.96$이므로 95% 신뢰구간은

$$\left(\overline{x_{100}}-z_{0.025}\frac{s_{100}}{\sqrt{100}},\ \overline{x_{100}}+z_{0.025}\frac{s_{100}}{\sqrt{100}}\right)=(4.499,\ 5.901).$$

참고

예제 7.21에서 구한 신뢰도 95%의 신뢰구간 (4.499, 5.901)은 다음과 같은 의미를 갖는다. 평균 μ에 대한 신뢰구간은 확률변수 $\overline{X}_n$과 S_n^2의 값에 따라 여러가지로 나타날 수 있

다. 예를 들어 예제 7.21에서 확률실험을 다시 실시하였을 때 얻어진 값이 $\overline{x}_{100}=5.1$과 $s_{100}=3.5$이었다면 이때 95%신뢰구간은 (4.414, 5.786)이 된다. 이제 확률실험을 250번 반복하여 250개의 95% 신뢰구간 (a_k, b_k), $k=1, 2, \cdots, 250$을 얻었다고 하자. 이때 95% 신뢰구간의 의미는 이 250개의 구간들 중 약 95%는 μ의 참값을 포함하고 있을 것으로 기대할 수 있다는 것이다. 신뢰구간 (4.499, 5.901)은 이렇게 구한 구간들 중 하나라는 것이지 μ가 구간 (4.499, 5.901)에 포함될 확률이 0.95라는 것은 아니다. 실제 비록 미지의 수이지만 μ는 상수이고 구간 (4.499, 5.901)도 확정된 구간이므로 μ는 이 구간에 포함되든지 그렇지 않든지 둘 중의 하나만 성립한다. 즉, μ가 구간 (4.499, 5.901)에 포함될 확률은 0이거나 1이다.

$X_k \sim \mathrm{B}(1, p)$, $k=1, 2, \cdots, n$인 확률표본에 대하여 $\overline{X}_n$을 **표본비율**(sample proportion)이라고 하고 $\hat{P}$로 나타낸다. 한편 $X_k \sim \mathrm{B}(1, p)$일 때 $X_k^2 = X_k$이므로

$$S_n^2 = \frac{1}{n-1}\sum_{k=1}^{n} X_k^2 - \frac{n}{n-1}\overline{X}_n^2 = \frac{n}{n-1}\hat{P}(1-\hat{P})$$

임을 알 수 있다. 따라서 정리 7.21에 의하여

$$\frac{\hat{P}-p}{\sqrt{\dfrac{\hat{P}(1-\hat{P})}{n}}} = \sqrt{\frac{n-1}{n}}\left(\frac{\hat{P}-p}{S_n/\sqrt{n}}\right) \xrightarrow{d} \mathrm{N}(0, 1)$$

따라서 n이 충분히 클 때 p에 대한 신뢰수준 $1-\alpha$의 신뢰구간은

$$\left(\hat{P}-z_{\alpha/2}\sqrt{\frac{\hat{P}(1-\hat{P})}{n}},\ \hat{P}+z_{\alpha/2}\sqrt{\frac{\hat{P}(1-\hat{P})}{n}}\right)$$

이다.

예제 7.22 공정하지 않은 동전을 500번 던졌을 때 앞면이 나온 횟수가 200번이었다. 이 동전의 앞면이 나올 확률 p에 대한 95% 신뢰구간을 구하라.

풀이 표본비율 $\hat{P}$의 값은 $\hat{p}=\dfrac{200}{500}=0.4$이므로 p에 대한 95% 신뢰구간은

$$\left(0.4-1.96\sqrt{\frac{0.4(1-0.4)}{500}},\ 0.4+1.96\sqrt{\frac{0.4(1-0.4)}{500}}\right)=(0.357,\ 0.443).$$ ✣

EXERCISES

7.4 연습문제

1. 한 개의 주사위 던지는 시행에서 나오는 눈의 합이 300을 넘을 때까지 던진다고 할 때 적어도 80번 주사위를 던져야 할 확률은 얼마인가?

2. $X \sim \text{Gam}(n,\ 1)$일 때, 중심극한정리를 이용하여 $P\left(\left|\frac{X}{n}-1\right|>0.01\right)<0.01$이 성립하기 위한 n의 범위를 구하라.

3. $X \sim \text{Poi}(50)$일 때 중심극한정리를 이용하여 $P(X>30)$의 근삿값을 구하라.

4. 어떤 사람이 100개의 전구를 가지고 있는데, 전구의 수명은 독립이며 평균이 5시간인 지수분포를 따른다. 한 번에 한 개씩의 전구를 사용하며 고장이 나면 즉시 교체한다고 할 때, 525시간 후에도 100개의 전구 중 하나를 사용하고 있을 확률을 구하라.

5. 어느 보험회사의 자동차 보험계약자가 10,000명이다. 보험계약자의 연평균 청구액은 24만 원이고 표준편차가 80만 원이다. 연간 청구금액의 총액이 25억 원을 초과할 확률의 근삿값을 구하라.

6. $X \sim \chi^2(50)$일 때 $P(40<X<50)$의 근삿값을 구하라.

7. $\overline{X}$가 $\chi^2(50)$으로부터의 100개의 확률표본의 표본평균이라 할 때, $P(49 \le \overline{X} \le 51)$의 근삿값을 구하라.

8. 매년 개설되는 어떤 과목을 수강하는 학생의 수 X는 평균 100명인 푸아송분포를 따른다고 한다. 그 과목 담당교수는 수강신청한 학생이 120명 이상이면 두 반으로 분반하여 강의를 하고 수강신청한 학생이 120명 미만이면 학생 모두 한 반에서 강의를 하기로 하였다. 내년에 그 교수가 두 반으로 분반하여 강의할 확률은 얼마인가?

9. 한 개의 주사위를 100번 던질 때 i번째 나오는 눈의 수를 X_i라 하자. $1<a<6$에 대하여 다음 확률의 근삿값을 구하라.

$$P\left(\prod_{i=1}^{100} X_i \le a^{100}\right)$$

(힌트: 괄호 안의 부등식의 양변에 log를 취한 후 중심극한 정리를 이용하라.)

10. $X \sim \chi^2(n)$일 때, 충분히 큰 n에 대하여 X의 분포를 정규분포로 근사하는 것이 타당한지를 설명하라.

11. $X \sim \mathrm{NB}(r,\ p)$일 때, 충분히 큰 r에 대하여 X의 분포를 정규분포로 근사하는 것이 타당한지를 설명하라.

12. 모수가 $(t,\ \lambda)$인 감마분포는 t가 충분히 클 때 정규분포로 근사하는 것이 타당한지 설명하라.

13. $X_1,\ X_2,\ \cdots$가 서로 독립이며 같은 분포를 따르고 각각의 확률밀도함수가 다음과 같을 때, $P(12 < \sum_{i=1}^{20} X_i < 16)$의 근삿값을 구하라.

$$f(x) = \begin{cases} 3x^2, & 0 < x < 1 \\ 0, & \text{그 밖에} \end{cases}$$

14. 임의로 50개의 수 $X_1,\ X_2,\ \cdots,\ X_{50}$을 택할 때, X_i와 가장 가까운 정수를 $Y_i(i = 1,\ 2,\ \cdots,\ 50)$라 하자. 예를 들어 $X_1 = 8.74$이면 $Y_1 = 9$이고 $X_1 = -3.2$이면 $Y_1 = -3$이다. $P\left(\sum_{i=1}^{50}(X_i - Y_i) > 3\right)$의 근삿값을 구하라.

15. $X_1,\ X_2,\ \cdots,\ X_n$을 $\mathrm{N}(\mu,\ \sigma^2)$으로부터의 확률표본이라 할 때,

$$P\left(a < \frac{\overline{X}_n - \mu}{\sigma / \sqrt{n}} < b\right) = 1 - \alpha \quad (\text{단, } 0 < \alpha < 1)$$

를 만족하면서 $b - a$를 최소화하는 상수 a와 b는 각각 $a = -z_{\alpha/2}$, $b = z_{\alpha/2}$임을 보여라.

부록

부록 A: 리만-스틸체스 적분

부록 B: 표준정규분포표

부록 C: 연습문제 해답

부록 A: 리만-스틸체스 적분

리만-스틸체스 적분(Rieman-Stieltjes integral)을 정의하기 전에 이미 잘 알고 있는 리만적분에 대하여 살펴보자. 함수 $g(x)$가 폐구간 $[a, b]$에서 정의되었다고 하자. 이때 $a = x_0 < x_1 < \cdots < x_{n-1} < x_n = b$를 만족하는 점들의 집합 $\mathcal{P} = \{x_0, x_1, \cdots, x_n\}$을 구간 $[a, b]$의 분할(partition)이라 한다. $\Delta x_i = x_i - x_{i-1}$, $i = 1, 2, \cdots$로 두고

$$\|\mathcal{P}\| = \max\{\Delta x_i,\ i = 1, 2, \cdots, n\}$$

이라 하자. 분할 $\mathcal{P}$에 대한 각 소구간 $[x_{i-1}, x_i]$에서 임의로 한 점씩 택하여 얻은 집합을 T라 하자. 즉, $T = \{t_1, t_2, \cdots, t_n\}$, $t_i \in [x_{i-1}, x_i]$, $i = 1, 2, \cdots, n$. 이때

$$R(g, \mathcal{P}, T) = \sum_{k=1}^{n} g(t_k)\Delta x_k \tag{A.1}$$

를 분할 $\mathcal{P}$에 대한 함수 $g(x)$의 리만합이라 한다. 만약 구간 $[a, b]$를 더욱 상세히 분할하여 $\|\mathcal{P}\|$가 0으로 수렴할 때 리만합 $R(g, \mathcal{P}, T)$이 T에 상관없이 일정한 값에 수렴하면 g는 $[a, b]$에서 리만적분 가능이라고 하고 그 극한값을 g의 $[a, b]$에서 리만적분이라 하며

$$\int_a^b g(x)dx$$

로 나타낸다. 즉, $\lim_{\|\mathcal{P}\| \to 0} R(g, \mathcal{P}, T)$이 존재하면 g의 $[a, b]$에서 리만적분은

$$\int_a^b g(x)dx = \lim_{\|\mathcal{P}\| \to 0} R(g, \mathcal{P}, T) = \lim_{\|P\| \to 0} \sum_{k=1}^{n} g(t_k)\Delta x_k$$

이다.

이제 위의 리만적분에서 사용한 기호를 그대로 사용하여 리만-스틸체스 적분에 대한 정의를 살펴보자. $F(x)$를 구간 $[a, b]$에서 유계이며 증가하는 함수라 하자. 이때

$$S(g, \mathcal{P}, T) = \sum_{k=1}^{n} g(t_k)(F(x_k) - F(x_{k-1})) \tag{A.2}$$

를 g의 F에 대한 리만-스틸체스 합이라 한다. (A.1)과 (A.2)로부터 $F(x) = x$이면 리만합과 리만-스틸체스 합은 같다는 것을 쉽게 알 수 있다. 리만적분에서와 마찬가지로 $\lim_{\|\mathcal{P}\| \to 0} S(g, \mathcal{P}, T)$이 존재하면 g는 $[a, b]$에서 F에 대하여 리만-스틸체스 적분가능이라

고 하고 그 극한값을 g의 $[a,\ b]$에서 F에 대한 리만-스틸체스 적분이라 하며

$$\int_a^b g(x)dF(x) \text{ 또는 간단히 } \int_a^b g\,dF$$

로 나타낸다. 즉, g의 $[a,\ b]$에서 F에 대한 리만-스틸체스 적분은

$$\int_a^b g(x)dF(x) = \lim_{\|\mathcal{P}\| \to 0} S(g,\ \mathcal{P},\ T) = \lim_{\|P\| \to 0} \sum_{k=1}^{n} g(t_k)(F(x_k) - F(x_{k-1}))$$

이다. 유한 구간이 아닌 무한 구간에서의 리만-스틸체스 적분은 다음에서와 같이 유한구간에서의 적분의 극한값으로 정의한다. 단 아래의 적분이 잘 정의되기 위해서는 모든 극한값이 존재해야 한다.

(1) $\displaystyle\int_a^\infty g\,dF = \lim_{b \to \infty} \int_a^b g\,dF$

(2) $\displaystyle\int_{-\infty}^b g\,dF = \lim_{a \to -\infty} \int_a^b g\,dF$

(3) $\displaystyle\int_{-\infty}^\infty g\,dF = \lim_{\substack{a \to -\infty \\ b \to \infty}} \int_a^b g\,dF$

다음은 리만-스틸체스 적분을 계산하는 데 유용한 결과들이다. 증명없이 언급한다. 리만-스틸체스 적분에 대한 자세한 내용은 이 책의 참고문헌 [18]과 같은 해석학 책을 참조하기 바란다.

(1) 함수 g가 $[a,\ b]$에서 F에 대하여 리만-스틸체스 적분가능일 때

$$\int_a^b g\,dF = \int_a^c g\,dF + \int_c^b g\,dF \quad (a < c < b)$$

(2) 함수 f와 g가 $[a,\ b]$에서 F에 대하여 리만-스틸체스 적분가능일 때

$$\int_a^b (\alpha f + \beta g)\,dF = \alpha \int_a^b f\,dF + \beta \int_a^b g\,dF \quad (\alpha,\ \beta\text{는 상수})$$

(3) $F(x)$를 다음과 같이 정의된 함수라 하자.

$$F(x) = \begin{cases} k_1, & a \le x < c \\ k_2, & c < x < b \end{cases} \quad (\text{단, } k_1 < k_2)$$

함수 g가 점 c에서 연속이면,

$$\int_a^b g\,dF = g(c)(F(c+) - F(c-)) = g(c)(k_2 - k_1)$$

(4) $F(x)$가 $(a,\ b)$에서 미분가능하고 그 도함수를 $F'(x) = f(x)$라고 하면

$$\int_a^b g(x)\,dF(x) = \int_a^b g(x)f(x)\,dx$$

(5) 함수 $G(x)$가 $[a,\ b]$에서 F에 대하여 리만-스틸체스 적분가능하고, 또한 함수 $F(x)$가 $[a,\ b]$에서 G에 대하여 리만-스틸체스 적분가능하면 다음이 성립한다.

$$\int_a^b G(x)\,dF(x) = [G(b)F(b) - G(a)F(a)] - \int_a^b F(x)\,dG(x)$$

이것을 부분적분법이라고 한다.

부록 B: 표준정규분포표

표준정규분포표 $\Phi(x) = P(Z \leq x)$

x	.00	.01	.02	.03	.04	.05	.06	.07	.08	.09
0.0	.5000	.5040	.5080	.5120	.5160	.5199	.5239	.5279	.5319	.5359
0.1	.5398	.5438	.5478	.5517	.5557	.5596	.5636	.5675	.5714	.5753
0.2	.5793	.5832	.5871	.5910	.5948	.5987	.6026	.6064	.6103	.6141
0.3	.6179	.6217	.6255	.6293	.6331	.6368	.6406	.6443	.6480	.6517
0.4	.6554	.6591	.6628	.6664	.6700	.6736	.6772	.6808	.6844	.6879
0.5	.6915	.6950	.6985	.7019	.7054	.7088	.7123	.7157	.7190	.7224
0.6	.7257	.7291	.7324	.7357	.7389	.7422	.7454	.7486	.7517	.7549
0.7	.7580	.7611	.7642	.7673	.7704	.7734	.7764	.7794	.7823	.7852
0.8	.7881	.7910	.7939	.7967	.7995	.8023	.8051	.8078	.8106	.8133
0.9	.8159	.8186	.8212	.8238	.8264	.8289	.8315	.8340	.8365	.8389
1.0	.8413	.8438	.8461	.8485	.8508	.8531	.8554	.8577	.8599	.8621
1.1	.8643	.8665	.8686	.8708	.8729	.8749	.8770	.8790	.8810	.8830
1.2	.8849	.8869	.8888	.8907	.8925	.8944	.8962	.8980	.8997	.9015
1.3	.9032	.9049	.9066	.9082	.9099	.9115	.9131	.9147	.9162	.9177
1.4	.9192	.9207	.9222	.9236	.9251	.9265	.9279	.9292	.9306	.9319
1.5	.9332	.9345	.9357	.9370	.9382	.9394	.9406	.9418	.9429	.9441
1.6	.9452	.9463	.9474	.9484	.9495	.9505	.9515	.9525	.9535	.9545
1.7	.9554	.9564	.9573	.9582	.9591	.9599	.9608	.9616	.9625	.9633
1.8	.9641	.9649	.9656	.9664	.9671	.9678	.9686	.9693	.9699	.9706
1.9	.9713	.9719	.9726	.9732	.9738	.9744	.9750	.9756	.9761	.9767
2.0	.9772	.9778	.9783	.9788	.9793	.9798	.9803	.9808	.9812	.9817
2.1	.9821	.9826	.9830	.9834	.9838	.9842	.9846	.9850	.9854	.9857
2.2	.9861	.9864	.9868	.9871	.9875	.9878	.9881	.9884	.9887	.9890
2.3	.9893	.9896	.9898	.9901	.9904	.9906	.9909	.9911	.9913	.9916
2.4	.9918	.9920	.9922	.9925	.9927	.9929	.9931	.9932	.9934	.9936
2.5	.9938	.9940	.9941	.9943	.9945	.9946	.9948	.9949	.9951	.9952
2.6	.9953	.9955	.9956	.9957	.9959	.9960	.9961	.9962	.9963	.9964
2.7	.9965	.9966	.9967	.9968	.9969	.9970	.9971	.9972	.9973	.9974
2.8	.9974	.9975	.9976	.9977	.9977	.9978	.9979	.9979	.9980	.9981
2.9	.9981	.9982	.9982	.9983	.9984	.9984	.9985	.9985	.9986	.9986
3.0	.9987	.9987	.9987	.9988	.9988	.9989	.9989	.9989	.9990	.9990
3.1	.9990	.9991	.9991	.9991	.9992	.9992	.9992	.9992	.9993	.9993
3.2	.9993	.9993	.9994	.9994	.9994	.9994	.9994	.9995	.9995	.9995
3.3	.9995	.9995	.9995	.9996	.9996	.9996	.9996	.9996	.9996	.9997
3.4	.9997	.9997	.9997	.9997	.9997	.9997	.9997	.9997	.9997	.9998
3.5	.9998	.9998	.9998	.9998	.9998	.9998	.9998	.9998	.9998	.9998

부록 C: 연습문제 해답

제 1 장 확률

1.1 표본공간과 사건

1. (1) $\Omega = \{HHH, HHT, HTH, THH, HTT, THT, TTH, TTTH\}$

(2) $\{HHT, HTH, THH\}$

(3) $\varnothing$

2. (1) $\{(3, 4)\}$ (2) $\{(3, 1), (3, 3), (3, 5)\}$

(3) $\{(3, 1), (3, 2), (3, 3), (3, 4), (3, 5), (3, 6), (1, 6), (2, 5), (4, 3), (5, 2), (6, 1)\}$

(4) $\{(1, 6), (2, 5), (4, 3), (5, 2), (6, 1)\}$

3. 가위, 바위, 보를 각각 간단히 '가', '바', '보'로 나타내고, A가 가위, B가 바위, C가 보를 냈을 때 그 결과를 (가, 바, 보)와 같이 세 쌍으로 나타내자.

(1) Ω = {(가, 가, 가), (가, 가, 바), (가, 가, 보), ⋯, (보, 보, 보)}와 같이 27개의 표본점으로 이루어져 있다.

(2) {(가, 가, 보), (가, 보, 보), (가, 보, 가), (바, 가, 가), (바, 바, 가), (바, 가, 바), (보, 바, 바), (보, 바, 보), (보, 보, 바)}

(3) {(가, 보, 보), (바, 가, 가), (보, 바, 바)}

(4) {(가, 바, 바), (바, 보, 보), (보, 가, 가)}

(5) {(가, 가, 가), (가, 바, 보), (가, 보, 바), (바, 바, 바), (바, 가, 보), (바, 보, 가), (보, 보, 보), (보, 가, 바), (보, 바, 가)}

4. (1) AB^cC^c (2) $A \cup B \cup C$

(3) ABC (4) $A^cB^cC^c$

(5) ABC^c (6) $ABC^c \cup AB^cC \cup A^cBC$

(7) $(ABC)^c$

5. (1) 다섯 번 이전에 실험이 끝날 사건

(2) 열 번 이전에 실험이 끝나지 않을 사건

(3) 짝수 번만에 실험이 끝날 사건

(4) 실험이 끝나지 않을 사건

6. $\Omega=\{H,\ TH,\ TTH,\ TTTH,\ \cdots\}\cup\{TTT\cdots\}$.

$A=\{H,\ TTTH,\ TTTTTTH,\ \cdots,\ \underbrace{T\cdots T}_{3n\text{개}}H,\ \cdots\}$.

$B=\{TH,\ TTTTH,\ TTTTTTTH,\ \cdots,\ \underbrace{T\cdots T}_{3n+1\text{개}}H,\ \cdots\}$.

$(A\cup B)^c=\{TTH,\ TTTTTH,\ \cdots,\ \underbrace{T\cdots T}_{3n+2\text{개}}H,\ \cdots\}\cup\{TTT\cdots\}$.

7. (1) A (2) $B\cup AC$

8. (1) $x\in B^c\Rightarrow x\notin B\Rightarrow x\notin A\Rightarrow x\in A^c$

(2) $x\in A\Rightarrow x\notin B\Rightarrow x\in B^c$

1.2 확률의 정의 및 성질

1. $\frac{5}{12}$ 2. $\frac{7}{12}$ 3. $\frac{5}{16}$ 4. 0.24

5. P_1을 제외한 나머지는 모두 확률측도가 된다.

6. 표본공간의 원소의 수는 $3^2=27$이다. 27개의 근원사건에 확률의 공리를 만족하도록 숫자를 할당하면 된다.

7. (1) 0.8 (2) 0.1 (3) 0.8

8. (1) 0.5 (2) 0.6 (3) 0.1 (4) 0.5

9. $\frac{5}{12}$ 10. $\frac{5}{11}$ 11. $\frac{4}{7}$ 12. 0.4

13. $3-2\sqrt{2}$

14. 수학적 귀납법을 이용하라.

15. $A\subset B$이므로 $0\le P(A)\le P(B)=0$이다. 따라서 $P(A)=0$이다.

17. 사건 $A\Delta B$는 A와 B 중 단 하나만 발생할 사건이다.

18. $0\le P(A\cap B)\le P(A)=0$이므로 $P(A\cap B)=0$이다.

또한 $P(A\cup B)=P(A)+P(B)-P(A\cap B)=P(B)$이다.

19. $1=P(A)\le P(A\cup B)\le 1$이므로 $P(A\cup B)=1$이다.

또한 $P(A\cap B)=P(A)+P(B)-P(A\cup B)=1+P(B)-1=P(B)$

23. $P(A)=P(B)=1$이므로 $P(AB)=P(A)+P(B)-P(A\cup B)=1+1-1=1$

25. (2) 불의 부등식(정리 1.7)과 확률측도의 연속성(정리 1.8)을 이용하라.

1.3 경우의 수

1. 32 **2.** 10 **4.** 3^{12}

5. (1) n^m (2) $n(n-1)\cdots(n-m+1)$ (3) $\binom{m}{n}n!n^{m-n}$

6. $y^5+5xy^4+10x^2y^3+10x^3y^2+5x^{4y}+x^5$

8. $1-\binom{n}{1}+\binom{n}{2}+\cdots+(-1)^n\binom{n}{n}=(1-1)^n=0$

9. n명의 남자와 m명의 여자가 있는 반에서 r명을 선택하여 위원회를 구성하려고 할 때, 남자가 k명, 여자가 $r-k$명 포함되도록 하는 방법의 수는 $\binom{n}{k}\binom{m}{r-k}$이다. 또한 $m+n$명 중 r명을 선택하는 방법의 수는 $\binom{m+n}{r}$이다.

13. (1) -4 (2) $1-\frac{1}{\sqrt{2}}$ (3) 0 (4) 10

14. 정의에 따라 계산한다.

15. $\frac{35!}{5!6!7!8!9!}$ **16.** 21 **17.** 1485

21. $\binom{n+r-1}{n-1}$ **23.** 110

24. (1) $\binom{n}{h}$, 단 $h=\frac{1}{2}(n-m+k)$, $t=\frac{1}{2}(n+m-k)$. h와 t가 음이 아닌 정수가 아니면 0.

(2) $\binom{n}{h}-\binom{n}{h+m}$ (3) $2\frac{(2n-2)!}{n!(n-1)!}$

1.4 예제

1. $\frac{1}{1260}$ **2.** $\frac{2}{385}$ **3.** $\frac{110983}{190120}\approx 0.5838$

4. $p_0=\frac{8}{63}$, $p_1=\frac{40}{63}$, $p_2=\frac{15}{63}$ **5.** $\frac{175}{429}\approx 0.4079$

6. $\frac{1925}{559872}\approx 0.003438$ **7.** $\frac{793}{2048}\approx 0.3872$

8. n번만에 게임이 끝날 확률은 $\frac{1}{2^{n-1}}$

9. $\frac{2}{5}$

10. $\frac{\binom{r}{n-k}\binom{b}{k}}{\binom{r+b}{n}}$

12. 2^{-k}

14. 일렬로 앉을 경우 $\frac{47}{135} \approx 0.3481$, 원탁 주변에 앉을 경우 $\frac{293}{945} \approx 0.3101$

15. $\frac{(10)_7}{10^7}$

16. $\binom{n}{2}\frac{(365)_{n-1}}{365^n}$

17. (2) $n(n-1) \approx n^2$으로 근사하면

$$p(c,\ n) \approx 1 - e^{-\frac{n(n-1)}{2c}} \geq 0.5 \Leftrightarrow n \geq \sqrt{c(-2\log 0.5)} \approx 1.1774\sqrt{c}$$

18. (1) $\frac{1}{\binom{45}{6}} = \frac{1}{8145060} \approx 1.22 \times 10^{-7}$

(2) $p(n,\ 8145060) \approx 1 - e^{-n(n-1)/16290120}$

(3) $n \geq 1.1774\sqrt{8145060} \approx 3360.25$이므로 3361장 이상

19. 0

제 2 장 조건부확률과 독립성

2.1 조건부확률

1. $\frac{1}{3}$

2. $\frac{5}{6}$

3. (1) $\frac{5}{36}$ (2) $\frac{25}{218}$

4. $\frac{2}{3}$

5. $\frac{27}{41}$

6. $\frac{56}{131}$

7. $\frac{1}{4}$

8. (1) $\frac{1}{120}$ (2) $\frac{1}{120}$

9. (1) $\frac{1}{n}$ (2) $\left(1-\frac{1}{n}\right)^{k-1}\frac{1}{n}$

10. (1) $\frac{1}{n(n+1)}$ (2) 1

11. $(p_2+p_3+p_4+p_5)p_1+(p_3+p_4+p_5)p_2+(p_4+p_5)p_3+p_5p_4$

13. (1) $\dfrac{w_1}{b_1+w_1}\cdot\dfrac{1}{4}+\dfrac{w_2}{b_2+w_2}\cdot\dfrac{2}{4}+\dfrac{w_3}{b_3+w_3}\cdot\dfrac{1}{4}$

(2) $\dfrac{\dfrac{w_1}{b_1+w_1}}{\dfrac{w_1}{b_1+w_1}+\dfrac{2w_2}{b_2+w_2}+\dfrac{w_3}{b_3+w_3}}$

14. $\dfrac{8}{17}$ **15.** $\dfrac{8}{15}$ **16.** $p_i=\dfrac{i}{55},\ i=1,\ 2,\ \cdots,\ 10$

17. A : $\dfrac{25}{69}\approx 0.3623$, B : $\dfrac{28}{69}\approx 0.4058$, C : $\dfrac{16}{69}\approx 0.2319$

18. 공정한 게임이다.

19. (2) $\dfrac{3}{5}$ (3) $\dfrac{2^n}{1+2^n}$

20. $\dfrac{20}{21}$ **21.** $\dfrac{2}{3}$ **22.** $\dfrac{25}{84}$

23. $P(AB)=\dfrac{1}{8},\ P(B)=\dfrac{3}{8},\ P(A\cup B)=\dfrac{1}{2}$

24. 한 항아리에 흰 공만 한 개를 넣고 다른 항아리에 다른 공을 모두 넣으면 흰 공을 꺼낼 확률이 최대가 된다.

26. (1)$P(E^c|F)=\dfrac{P(E^cF)}{P(F)}=\dfrac{P(F)-P(E^cF)}{P(F)}=1-P(E|F)$

2.2 사건의 독립성

1. 독립 **2.** 독립 **4.** $\dfrac{11}{36}$ **5.** 0.26, 0.02

6. 자녀가 둘인 경우와 넷인 경우에는 성립하지 않는다.

7. $P(C|AB)=0\neq P(C)$이므로 C는 AB와 독립이 아니다.

9. (1) $\dfrac{1}{2}$ (2) $\dfrac{1}{4}$ (3) $\dfrac{11}{12}$ (4) $\dfrac{1}{2}$

10. 0.4

11. (1) $0.3\le p\le 0.7$ (2) 0.3 (3) 0.5

12. $\dfrac{1}{6}$

13. 네 번 타석에 설 때 $\frac{1}{14400} \approx 0.00006944$,

다섯 번 타석에 설 때 $\frac{203}{48} \cdot \frac{1}{4400} \approx 0.000294$

14. $p_1p_2p_4 + p_3p_4 - p_1p_2p_3p_4$

16. $P(A) = P(AA) = P(A)^2$이므로 $P(A) = 0$ 또는 $P(A) = 1$이다.

19. 드보르간의 법칙과 E_i^c의 독립성을 이용하라.

20. (1) 거짓 (2) 참 (3) 참 (4) 거짓

(5) 거짓 (6) 참

21. (1) 독립이 아니다. (2) 조건부로 독립이다.

2.3 예제

1. $\frac{19}{268} \approx 0.0709$

2. (1) $\sum_{j=1}^{\infty} p_j 2^{-j}$ (2) $\frac{p_1 2^{-1}}{\sum_{j=1}^{\infty} p_j 2^{-j}}$

3. (1) $\frac{50}{113}$ (2) $\frac{15}{28}$ (3) $\frac{5}{13}$

4. (1) 0.12 (2) 0.38 (3) 0.88

5. $\frac{p_1(1-p_2-p_3)+p_2p_3}{p_1+p_2+p_3-p_1p_2-p_1p_3-p_2p_3}$ **6.** $\frac{p_1q_3+p_2q_1+p_3q_2}{1-(p_1q_1+p_2q_2+p_3q_3)}$

7. 갑이 1, 2, 3, 4번 판을 선택했을 때 을은 각각 4, 3, 1, 2번 판을 선택하는 것이 가장 유리하다.

8. 이 학생이 이길 확률이 $\frac{2}{3}$이다.

10. $P(A) \approx 0.5117$, $P(B) \approx 0.4114$이므로 A에 돈을 거는 것이 유리하다.

12. $\frac{b+c}{b+r+c}$

13. $c \neq 0$이면 조건부로 독립이 아니다

15. $\dfrac{\sum_{j=0}^{k}(i/k)^{n+m}}{\sum_{j=0}^{k}(j/k)^{n}}$, 충분히 큰 k에 대하여 $\dfrac{n+1}{n+m+1}$

16. 라플라스의 계승법칙이 성립하는 조건을 만족하는지 조사하여라.

제 3장 확률변수와 기댓값

3.1 확률변수와 확률분포

1. (1) $\{1,\ 2,\ \cdots,\ 6\}$ (2) $\{1,\ 2,\ \cdots,\ 6\}$
   (3) $\{2,\ 3,\ \cdots,\ 12\}$ (4) $\{-5,\ -4,\ \cdots,\ 4,\ 5\}$

2. $\{1,\ 2,\ \cdots\}$ 3. 구간 $(0,\ 1)$의 모든 실수 4. $\dfrac{1}{2}$

5. $a>0$일 때, $F\left(\dfrac{x-b}{a}\right)$; $a<0$일 때, $1-F\left\{\left(\dfrac{x-b}{a}\right)^{-}\right\}$

6. (1) $P(X=1)=\dfrac{1}{4}$, $P(X=2)=\dfrac{1}{6}$, $P(X=3)=\dfrac{1}{12}$ (2) $\dfrac{1}{2}$

7. (1) 0 (2) $P0.25$ (3) 0.8 (4) $\dfrac{3}{8}$

8. (1) 이다 (2) 아니다 (3) 이다 (4) 아니다

9. 정리 3.2의 성질을 모두 만족하므로 확률분포함수이다.

3.2 이산확률변수와 연속확률변수

1. $p(n)\geq 0$과 $\sum_{n=1}^{\infty}p(n)=1$을 확인하라. 2. $\dfrac{1}{3}$

3. $c=e^{-1}$, $P(X=0)=e^{-1}$, $P(X>2)=1-\dfrac{5}{2}e^{-1}$

4. (1) $\dfrac{1}{2500}$ (2) $\{1,\ 2,\ \cdots,\ 99\}$ (3) 0.49, 0.36 (4) $\dfrac{89}{180}$

5. (2) $\dfrac{1}{6}$ 6. $\alpha>1$

7. $C=3,\ P(4 < X \le 5) = e^{-12} - e^{-15}$

8. (1) $f(x) = \frac{1}{3},\ 0 < x < 3$ (2) $f(x) = \frac{3}{2}x^2,\ -1 < x < 1$

(3) $f(x) = e^x,\ x < 0$ (4) $f(x) = 2e^{-2x},\ x > 0$

9. (1) $\frac{1}{\pi}$ (2) $\frac{1}{2}$

11. $\rho > 1,\ C = \rho - 1$

13. $\frac{1}{20}$

14. $g(y) = \frac{1}{2\sqrt{\pi}}\frac{1}{\sqrt{y}},\ \pi < y < 4\pi$

15. $g(y) = 2\beta y^{\beta-1}e^{-2y^\beta},\ y > 0$

16. $g(y) = e^{-y} + \frac{1}{y^2}e^{-1/y},\ 0 < y < 1$

17. $g(y) = \frac{1}{n}y^{-\frac{n-1}{n}},\ 0 < y < 1$

18. $f_{Y(y)=}\frac{1}{\lambda}e^{-\frac{y}{\lambda}},\ y > 0$

19. $g(y) = e^{-y},\ 0 < y < \infty$

20. $f(x) = \frac{1}{\pi}\frac{1}{1+x^2},\ -\infty < x < \infty$

21. (1) $g(y) = \frac{1}{\pi}\frac{1}{\sqrt{1-y^2}},\ -1 < y < 1$ (2) $g(y) = \frac{1}{\pi}\frac{1}{\sqrt{1-y^2}},\ -1 < y < 1$

22. $g(y) = \frac{1}{(1+y)^2},\ 0 < y < \infty$

23. (1) $\frac{1}{2}$ (2) $\frac{1}{6}$ (3) $f_{|X|}(x) = 1,\ 0 < x < 1$

25. $f(x) = \frac{2}{(x+1)^2},\ x \ge 1$

3.3 기댓값

1. (1) 7 (2) $\frac{161}{36}$

2. 4.5

3. $\frac{85}{4}$

4. $-\frac{1}{19}$

5. 1

6. $\frac{13}{8}$

7. 새로운 방식으로 교체하는 것이 불리하다.

8. $(p+0.1)A$

10. $E[X] = 0,\ \mathrm{Var}[X] = \frac{2}{\lambda^2}$

11. (1) $E[X]=\frac{1}{6}$, $\mathrm{Var}[X]=\frac{1}{18}$ (2) $E[X]=0$, $\mathrm{Var}[X]=2$

(3) $E[X]=\frac{13}{8}$, $\mathrm{Var}[X]=\frac{157}{192}$

12. $\frac{3}{20}$

13. $c>1$, $E[X]=\frac{kc}{c-1}$

14. 3

15. $E[X^k]=\frac{r}{k+r}$

17. $E[X^n]=\int_0^\infty P(X^n>x)\,dx=\int_0^\infty P(X>x^{1/n})dx$에서 $x^{1/n}=y$로 치환하여라.

20. $E[X^2]-(E[X])^2=\mathrm{Var}[X]\geq 0$

21. (1) $E[X]=\frac{31}{24}$, $E[X^2]=\frac{47}{24}$ (2) $E[X]=\frac{2}{3}$, $E[X^2]=\frac{77}{72}$

3.4 적률생성함수와 확률생성함수

1. $M_Y(t)=e^{bt}M(at)$

2. (1) $M(t)=\frac{3}{3-t}$, $t<3$

(2) $M(t)=\frac{e^{t-1}}{t}$, $t\neq 0$, $M(0)=1$

(3) $M(t)=\frac{1}{1-t^2}$, $-1<t<1$

(4) $M(t)=\frac{1}{t^2}(e^t+e^{-t}-2)$, $t\neq 0$, $M(0)=1$

3. 임의로 주어진 $h>0$에 대하여, $-h<t<h$이고 $t\neq 0$이면 $\int_{-\infty}^{\infty} e^{tx}\frac{1}{1+x^2}dx=\infty$ 이므로 적률생성함수가 존재하지 않는다.

5. $E[X]=M'(0)=0$, $\mathrm{Var}[X]=M''(0)-(M'(0))^2=2$

6. $M(t)=\frac{1}{(1-2t)^2}$, $t<\frac{1}{2}$

7. (1) $P(z)=\frac{z-z^7}{6(1-z)}$, $z\neq 1$, $P(1)=1$

(2) $P(z)=\left(\frac{2}{3}+\frac{z}{3}\right)^5$

(3) $P(0)=0,\ P(1)=1,\ P(z)=1+\dfrac{1-z}{z}\log(1-z),\ |z|<1,\ z\neq 0$

8. 2

9. $E[z^{X+1}]=zP(z),\ E[z^{2X}]=P(z^2)$

10. (1) $\dfrac{P(z)}{1-z}$ (2) $\dfrac{z}{1-z}P(z)$

(3) $\dfrac{1-zP(z)}{1-z}$ (4) $\dfrac{z(1-P(0))-(P(z)-P(0))}{z(1-z)}$

(5) $\dfrac{P(z)+P(-z)}{2}$

제 4 장 유용한 확률분포

4.1 이산확률분포

1. $\dfrac{113}{625}$

2. $P(X=k)=\dbinom{2n}{n-m}\left(\dfrac{1}{2}\right)^{2n},\ k=2m,\ m=-n,\ -n+1,\ \cdots,\ n-1,\ n,$

$P(X=k)=0$, k는 홀수

3. $0.85^{10}\approx 0.1969,\ 1-0.85^{10}\approx 0.8031$

4. $\dfrac{21}{32}$ **5.** $0<p<0.5$ **6.** 0 **7.** $p=\dfrac{k}{n}$

8. 0.7361 **9.** $E[X]=2,\ \mathrm{Var}[X]=1$

10. $P(X-2=k)=\dbinom{4}{k+2}\left(\dfrac{1}{2}\right)^4\ k=-2,\quad 1,\ 0,\ 1,\ 2$

11. $\dbinom{10}{5}0.6^5 0.4^5=0.2007$ **12.** 평균 p, 분산 $\dfrac{p(1-p)}{n}$

13. 0.7899 **14.** 0.2746

16. $0<\lambda<1,\ E[X!]=\dfrac{e^{-\lambda}}{\lambda}$ **17.** 정확한 값 0.1821, 근삿값 0.1847

18. 정확한 값 0.548779, 근삿값 0.548812

19. $P(X=k)=e^{-2}\dfrac{2^k}{k!},\ k=0,\ 1,\ 2,\ \cdots$

20. 0.8009

21.
$$P(X=0)=0.2930,\ P(X=1)=0.3597,$$
$$P(X=2)=0.2208,\ P(X=3)=0.0904$$

로 근사값과 정확한 값이 소숫점 이하 네 자리까지 모두 같다

22. $\lambda = k$

23. $\dfrac{1-e^{-\lambda}}{\lambda}$

24. 0.3471

26. $\left(\dfrac{3}{4}\right)^9$

27. $P_A = \dfrac{4}{7},\ P_B = \dfrac{2}{7},\ P_C = \dfrac{1}{7}$

28. (1) 1 (2) 2047 (3) 0.9787

30. $-\dfrac{p}{1-p}\log p$

31. $E[T_k] = \dfrac{8}{3}k,\ \mathrm{Var}[T_k] = \dfrac{40}{9}k$

32. (1) 0.7102

(2) $P(X=k) = \binom{k-1}{3}\left[\left(\dfrac{3}{2}\right)^4 0.4^k + \left(\dfrac{2}{3}\right)^4 0.6^k\right],\ k=4,\ 5,\ 6,\ 7$

34. (2) $E[X] = \dfrac{r(1-p)}{p},\ \mathrm{Var}[X] = \dfrac{r(1-p)}{p^2}$

35. $P(X=k) = \dfrac{\binom{7}{k}\binom{10}{5-k}}{\binom{17}{5}},\ k=0,\ 1,\ 2,\ 3,\ 4,\ 5$

4.2 연속확률분포

2. $E[X] = E[Y] = 0,\ \mathrm{Var}[X] = \mathrm{Var}[Y] = \dfrac{1}{2}$

3. $\dfrac{3}{5}$

4. 0.5

5. (1) 0.0927 (2) 0.1587

6. 5.88

7. 2.13

8. (1) $\mu^5 + 10\mu^3\sigma^2 + 15\mu\sigma^4$ (2) $\sigma\sqrt{\dfrac{2}{\pi}}$

9. $\dfrac{1}{\sqrt{2\pi}}e^{-\frac{x^2}{2}}$

10. $g(y) = \dfrac{1}{\sigma\sqrt{2\pi y}}e^{-\frac{y}{2\sigma^2}},\ y>0$

11. 연속성 보정을 한 근삿값 0.8069

12. 0.7967

15. (1) $e^{-2.4}$ (2) $e^{-1.7}$

16. $\dfrac{500e^{-1}}{1-e^{-\frac{1}{2}}} \approx 467.5$

17. $Y \sim \text{Geo}(1-e^{-\lambda})$

19. (1) $c>0$인 경우: $f_Y(y) = \dfrac{1}{c\Gamma(\alpha)}\lambda e^{-\frac{\lambda}{c}y}\left(\dfrac{\lambda y}{c}\right)^{\alpha-1}$, $y>0$

$c<0$인 경우: $f_Y(y) = -\dfrac{1}{c\Gamma(\alpha)}\lambda e^{-\frac{\lambda}{c}y}\left(\dfrac{\lambda y}{c}\right)^{\alpha-1}$, $y<0$

(2) $f_Y(y) = \dfrac{2\lambda^\alpha}{\Gamma(\alpha)}e^{-\lambda y^2}y^{2\alpha-1}$, $0<y<\infty$

20. $f_Y(y) = nye^{-\frac{ny^2}{2}}\dfrac{\left(\dfrac{ny^2}{2}\right)^{\frac{n}{2}-1}}{\Gamma\left(\dfrac{n}{2}\right)}$, $y>0$

28. (1) $\lambda(t) = \lambda e^{-\lambda t}\dfrac{(\lambda t)^{n-1}}{(n-1)!}\left(\displaystyle\sum_{k=0}^{n-1}e^{-\lambda t}\frac{(\lambda t)^k}{k!}\right)^{-1}$

(2) $\lambda(t) = \lambda\alpha t^{\alpha-1}$

29. (1) $\beta_1 = 0$, $\beta_2 = \dfrac{9}{5}$

(2) $\beta_1 = \dfrac{2(\beta-\alpha)\sqrt{\alpha+\beta+1}}{(\alpha+\beta+2)\sqrt{\alpha\beta}}$,

$\beta_2 = \dfrac{3(\alpha+\beta)(\alpha+\beta+1)(\alpha+1)(2\beta-\alpha)}{\alpha\beta(\alpha+\beta+2)(\alpha+\beta+3)} + \dfrac{\alpha(\alpha-\beta)}{\alpha+\beta}$

(3) $\beta_1 = \dfrac{2}{\sqrt{\alpha}}$, $\beta_2 = 3+\dfrac{6}{\alpha}$ (4) $\beta_1 = 2$, $\beta_2 = 9$

(5) $\beta_1 = 0$, $\beta_2 = 3$ (6) $\beta_1 = \dfrac{2\sqrt{2}}{3}$, $\beta_2 = \dfrac{3}{20}$

30. (1) $\dfrac{1}{\lambda}\log 2$ (2) μ (3) $m \approx 0.614272$

31. (1) $\alpha \ge 1$일 때 $x = \dfrac{\alpha-1}{\lambda}$, $\alpha<1$일 때, $x=0$

(2) $(a,\ b)$ 사이의 모든 값 (3) 0

(4) μ

(5) $\alpha>1$일 때 $x=\dfrac{1}{2}$,

$\alpha<1$일 때 $x=0$과 $x-1$,

$\alpha=1$일 때 (0, 1)에 있는 모든 값

(6) $\frac{2}{3}$

제 5 장 결합확률분포

5.1 결합확률분포

1. (1) $\frac{16}{27}$ (2) $\frac{6}{27}$ (3) $\frac{11}{27}$ (4) $\frac{6}{27}$

2. (1) $\frac{1}{36}$ (2) $\frac{1}{3}$

3. $P(X=i,\ Y=j)=\begin{cases}0, & j\le i\text{이거나 } j>2i \\ \frac{2}{36}, & j=i+1,\ \cdots,\ 2i-1, \\ \frac{1}{36}, & j=2i.\end{cases}$,

$P(X=i,\ Y=j)=\begin{cases}0, & j<i, \\ \frac{i}{36}, & j=i, \\ \frac{1}{36}, & j>i.\end{cases}$

4. $P(X=i,\ Y=j)=\begin{cases}0, & i\ge j, \\ p^2q^{j-2}, & i<j\end{cases}$

5. (1) $\frac{8}{15}$ (2) $\frac{4}{5}$ (3) 1 (4) 0

6. (1) $\frac{6}{7}$ (2) $f_X(x)=\frac{6}{7}(2x^2+x),\ 0<x<1$

(3) $\frac{15}{56}$ (4) $\frac{69}{80}$

7. $f(x,\ y)=e^{-(x+y)},\ x>0,\ y>0$

8. (1) $f(x,\ y)=\frac{1}{\pi},\ x^2+y^2<1$

(2) $f_X(x)=\frac{2}{\pi}\sqrt{1-x^2},\ -1<x<1,$

$$f_Y(y) = \frac{2}{\pi}\sqrt{1-y^2}, \ -1 < y < 1$$

(3) $f_D(x) = 2x, \ 0 < x < 1$

10. (1) $P(X_i = m) = \dfrac{\binom{r_i}{m}\binom{N-r_i}{k-m}}{\binom{N}{k}}$

(2) $P(X_i = k_i, \ X_j = k_j) = \dfrac{\binom{r_i}{k_i}\binom{r_j}{k_j}\binom{N-r_i-r_j}{k-k_i-k_j}}{\binom{N}{k}}$

5.2 기댓값의 성질

1. 35

2. $\frac{2}{5}$

3. (1) 2 (2) 0

4. $\dfrac{(2N-m)(2N-m-1)}{2(2N-1)}$

5. $-\dfrac{12059}{147}$

6. $-\dfrac{n}{36}$

7. $\text{Cov}(\sin U, \ \cos U) = -\frac{1}{2}$, $\text{Cov}(\sin V, \ \cos V) = 0$

8. -3

11. -1

12. $\dfrac{\sqrt{35}}{6}$

13. $1 \le \text{Var}[X+Y] \le 9$

14. $|\rho(X, \ Y)| \le 1$에 위배됨

15. $Y = 2X+1$

16. $a = \dfrac{\text{Cov}(X, \ Y)}{\sigma_y^2}$, $b = \mu_x - a\mu_y$, 최솟값 $\sigma_x^2(1-\rho(X, \ Y)^2)$

17. $M(s, \ t) = \dfrac{1}{2}\left(\dfrac{1}{1-s} + \dfrac{1}{(1-s)^2}\right)\dfrac{1}{1-t}, \ s < 1, \ t < 1$

5.3 확률변수의 독립성

1. (1) 독립 (2) 독립 아님

2. (1) 독립 아님　(2) 독립　(3) 독립 아님　(4) 독립 아님

3. (1) 독립　(2) 독립 아님

4. $P(X_1+X_2=n)=p_1p_2(1-p_1)^{k-1}(1-p_2)^{n-k-1},\ n=2,\ 3,\ \cdots$

5. $P(X+Y=2)=e^{-\lambda}\left(\frac{n(n-1)}{2}p^2q^{n-2}+n\lambda pq^{n-1}+\frac{\lambda^2}{2q^n}\right),$

$P(XY=0)=e^{-\lambda}+q^n-e^{-\lambda}q^n$, 단 $q=1-p$

6. $\frac{1}{9}$　7. $\frac{1}{3}$　8. $\frac{1}{12}$　9. $-\frac{2}{\sqrt{15}}$

10. $\theta=\frac{\sigma_y^2}{\sigma_x^2+\sigma_y^2},\ \mathrm{Var}[Z]=\frac{\sigma_x^2\sigma_y^2}{\sigma_x^2+\sigma_y^2}$　12. $\frac{7}{144},\ -\frac{1}{48}$

13. $\sqrt{\frac{k}{n}},\ k=1,\ 2,\ \cdots,\ n$　14. $M(s,\ t)=e^{s^2}e^{t^2}$, 서로 독립

16. 적률생성함수를 이용하라.

17. (1) $X\sim \mathrm{N}(\mu_1,\ \sigma_1^2),\ Y\sim \mathrm{N}(\mu_2,\ \sigma_2^2)$

(3) $M(s,\ t)=\exp\left(\mu_1 s+\mu_2 t+\frac{\sigma_1^2 s^2+2\rho\sigma_1\sigma_2 st+\sigma_2^2t^2}{2}\right)$, 단 $\rho=\rho(X,\ Y)$

(4) 독립

18. 독립 아님

5.4 확률변수들의 함수에 대한 분포

1. (1) $f_{X+Y}(z)=\begin{cases}1-e^{-\lambda z}, & 0<z\le 1\\ (e^{\lambda}-1)e^{-\lambda z}, & 1<z<\infty\end{cases}$

(2) $g(u)=\frac{1}{\lambda}\left(1-e^{-\lambda/u}-\frac{\lambda}{u}e^{-\lambda/u}\right),\ u>0$

2. $g(y,\ z)=\lambda^2\frac{|y|}{(z-1)^2}\exp\left(-\lambda y\frac{z+1}{z-1}\right),\ (y,\ z)\in\mathcal{B}$

단, $\mathcal{B}=\{(y,\ z): y>0,\ z>1\}\cup\{(y,\ z): y<0,\ 0<z<1\}$

$g_Y(y)=\frac{\lambda}{2}e^{-\lambda|y|},\ -\infty<y<\infty,\ g_Z(z)=\frac{1}{(z+1)^2},\ z>0$

3. $g(u)=-4u\log u,\ 0<u<1$　4. $f_Z(z)=ze^{-z^2/2},\ z>0$

5. $g(u, v) = \dfrac{1}{2u^2 v}$, $u \ge 1$, $\dfrac{1}{u} \le v \le u$, $g_U(u) = \dfrac{1}{u^2}\log u$, $u \ge 1$

$$g_V(v) = \begin{cases} \dfrac{1}{2}, & 0 < v < 1 \\ \dfrac{1}{2v^2}, & v \ge 1 \end{cases}$$

6. (1) $g(u, v) = \dfrac{u}{(1+v)^2}$, $0 < u \le 1$, $v > 0$ 또는 $1 < u < 2$, $u - 1 < v < \dfrac{1}{u-1}$

(2) $g(u, v) = \dfrac{u}{v^2}$, $0 < u \le 1$, $u < v < \infty$

(3) $g(u, v) = u$, $0 < u < 2$, $1 - \dfrac{1}{u} < v < \dfrac{1}{u}$, $0 < v < 1$

8. (1) $f_X(x) = \dfrac{\Gamma(\alpha+\beta+\gamma)}{\Gamma(\alpha)\Gamma(\beta+\gamma)} x^{\alpha-1}(1-x)^{\beta+\gamma-1}$, $0 < x < 1$

$f_Y(y) = \dfrac{\Gamma(\alpha+\beta+\gamma)}{\Gamma(\beta)\Gamma(\alpha+\gamma)} y^{\beta-1}(1-y)^{\alpha+\gamma-1}$, $0 < y < 1$

(2) $g_{U,\,V}(u, v) = c\dfrac{u^{\alpha-1}v^{\beta-1}(1-uv)^{\gamma-1}}{(1+u)^{\alpha+\gamma}(1+v)^{\beta+\gamma}}$, $u > 0$, $v > 0$, $uv < 1$

(3) $g_{Y,\,Z}(y, z) = cy^{\beta-1}(1-y)^{\alpha+\gamma-1}z^{\alpha-1}(1-z)^{\gamma-1}$, $0 < y < 1$, $0 < z < 1$이므로 Y와 Z는 서로 독립이다.

9. $g(u, v, w) = \dfrac{1}{2}e^{-\frac{1}{2}(u+v+w)}$, $u + w > v > 0$, $u + v > w > 0$, $v + w > u > 0$

10. $f_{Y,\,Z}(y, z) = \left(\dfrac{1}{\pi}\dfrac{1}{1+y^2}\right)\left(\dfrac{1}{2(1+z^2)^{3/2}}\right)$ $-\infty < y < \infty$, $-\infty < z < \infty$가 되어 y만의 함수와 z만의 함수의 곱으로 나타났다. 따라서 Y와 Z는 서로 독립이다.

11. $g(r, \theta) = \dfrac{r}{\pi}$, $0 < r < 1$, $0 < \theta < 2\pi$

12. (3) $g_R(r) = \sqrt{\dfrac{2}{\pi}}\, r^2 e^{-r^2/2}$, $r > 0$ (4) 독립

16. (3) $g_j(y_j) = c_j y_j^{\alpha_j - 1}(1 - y_j)^{\alpha - (1+\alpha_j)}$, $0 < y_j$, $j = 1, 2, \cdots, n$

단, $c_j = \Gamma(\alpha)[\Gamma(\alpha_j)\Gamma(\alpha - \alpha_j)]^{-1}$, $j = 1, 2, \cdots, n$.

$g_{ij}(y_i, y_j) = c_{ij} y_i^{\alpha_i - 1} y_j^{\alpha_j - 1}(1 - y_j - y_j)^{\alpha - (1+\alpha_i+\alpha_j)}$,

$0 < y_i < 1$, $0 < y_j < 1$, $0 < y_i + y_j < 1$

단, $c_{ij} = \Gamma(\alpha)[\Gamma(\alpha_i)\Gamma(\alpha_j)\Gamma(\alpha - \alpha_i - \alpha_j)]^{-1}$

5.5 순서통계량

1. (1) $g_k(y) = \dfrac{k}{y}\dbinom{n}{k}\left(\dfrac{y}{t}\right)^{k-1}\left(1-\dfrac{y}{t}\right)^{n-k}, \ 0<y<t$

(2) $E[X_{(k)}] = \dfrac{k}{n+1}t$

4. $f_M(x) = 2n(n-1)\displaystyle\int_{-\infty}^{x}(F(2x-s)-F(s))^{n-2}f(s)f(2x-s)ds$

5. $g(y) = \dfrac{1}{y^2}, \ y \geq 1$

6. $f_R(r) = \dfrac{n(n-1)}{(b-a)^n}r^{n-2}(b-a-r), \ 0<r<b-a$

7. $\dfrac{25}{36}$

8. $(n-1)d > L$이면 0, $(n-1)d \leq L$이면 $\left(1-\dfrac{(n-1)d}{L}\right)^n$

9. (1) $P(X_{(1)}=k) = p(2-p)(1-p)^{2(k-1)}, \ k=1, 2, \cdots,$

$P(X_{(2)}=k) = 2p(1-p)^{k-1} - p(2-p)(1-p)^{2(k-1)}, \ k=1, 2, \cdots$

제 6 장 조건부분포와 조건부기댓값

6.1 조건부분포

1. $p_{X|Y}(1|1) = \dfrac{1}{2}, \ p_{X|Y}(2|1) = \dfrac{1}{2}, \ p_{X|Y}(1|2) = \dfrac{1}{3}, \ p_{X|Y}(2|2) = \dfrac{2}{3}$

2. $P(X=i|Y=j) = \dfrac{(n-j)!}{i!(n-j-i)!}\left(\dfrac{1}{5}\right)^i\left(\dfrac{4}{5}\right)^{n-j-i}, \ 0 \leq i+j \leq n$

3. $P(Y=j|X=i) = \begin{cases} \dfrac{1}{6}, & j=1, 2, \cdots, 6, \ 1 \leq i \leq 4 \\ \dbinom{3}{j}\left(\dfrac{1}{2}\right)^3, & j=0, 1, 2, 3, \ i=5, 6 \end{cases}$

4. $P(X=j\mid Y=i)=\dfrac{\binom{r}{j}\binom{b}{k-i-j}}{\binom{r+b}{k-i}}$, $j=0,\ 1,\ \cdots,\ k-i$

5. $f_{X\mid Y}(x\mid y)=\dfrac{f(x,\ y)}{f_Y(y)}=x(y+1)^2e^{-x(y+1)}$, $x>0,\ y>0$

$f_{Y\mid X}(y\mid x)=\dfrac{f(x,\ y)}{f_X(x)}=xe^{-xy}$, $y>0,\ x>0$

6. $e^{-\frac{1}{y}}$, $y>0$

7. $(k+2)\left(\dfrac{1}{2}\right)^{k+1}$, $k=1,\ 2,\ \cdots$

8. $G(xz)$

9. $\dfrac{f(y)}{f(y)+f(-y)}$

10. $f_{Z\mid Y}(z\mid y)=(n-1)\dfrac{(F(z)-F(y))^{n-2}f(z)}{(1-F(y))^{n-1}}$, $y<z$

6.2 조건부기댓값

1. $E[X\mid Y=1]=2,\ E[X\mid Y=2]=\dfrac{5}{3},\ E[X\mid Y=3]=\dfrac{12}{5}$

2. $\dfrac{X}{2}$

3. n

4. $\dfrac{n}{m+n}(X+Y)$

5. $\dfrac{\lambda}{\lambda+\mu}(X+Y)$

6. $\dfrac{X+Y}{2}$

7. 0

8. $\lambda\neq\mu$일 때 $\dfrac{1-(1+(X+Y))e^{-(\lambda-\mu)(X+Y)}}{(\lambda-\mu)e^{-(\lambda-\mu)(X+Y)}}$이고 $\lambda=\mu$일 때 $\dfrac{X+Y}{2}$

9. $\dfrac{y^3}{4}$, $0<y<\infty$

10. $E[X\mid Y=y]=0,\ E[X^2\mid Y=y]=\dfrac{1}{3}(1-y^2)$, $-1<y<1$

11. (1) $E[Y\mid X=x]=x,\ E[Y]=\dfrac{\alpha}{\lambda}$

(2) $P(Y=n)=\binom{n+\alpha-1}{\alpha-1}\left(\dfrac{\lambda}{\lambda+1}\right)^{\alpha}\left(\dfrac{1}{\lambda+1}\right)^{n}$, $n=0,\ 1,\ 2,\ \cdots$

(3) $\dfrac{\alpha+n}{\lambda+1}$

12. 12

13. $Y \sim U(0,\ 1)$일 때, $E[Y|X=n] = \dfrac{2}{n+2}$

$Y \sim Beta(\alpha,\ \beta)$일 때, $E[Y\,|\,X=n] = \dfrac{\alpha+1}{\alpha+\beta+n}$

14. $E[Y|X] = \dfrac{n-1+X}{n}$, $E[Y] = \dfrac{n}{n+1}$

15. $f(x|X>0) = \dfrac{1}{1-\Phi\left(-\dfrac{\mu}{\sigma}\right)}\dfrac{1}{\sqrt{2\pi}}\exp\left(-\dfrac{(x-\mu)^2}{2\sigma^2}\right)$, $x>0$

16. $\dfrac{\lambda+1}{\lambda}$ **17.** $\dfrac{3}{4}$ **18.** $\dfrac{1}{1-\Phi(x)}\dfrac{1}{\sqrt{2\pi}}e^{-x^2/2}$

19. $10\left[1-\Phi\left(\dfrac{a-\mu}{\sigma}\right)\right]+10\dfrac{1}{\sqrt{2\pi}\,\sigma}\exp\left(-\dfrac{1}{2}\left(\dfrac{a-\mu}{\sigma}\right)^2\right)$ 단, $P(X \geq a) = 0.1$

20. $a+1$

21. (1) 독립 (3) 0 (4) 독립이 아니다

22. $\sqrt{1+y^2}$

23. $E[X|\,Y=y] = (1-y)\dfrac{\alpha}{\alpha+\gamma}$, $0<y<1$,

$\mathrm{Var}[X|\,Y=y] = (1-y)^2\dfrac{\alpha\gamma}{(\alpha+\gamma)^2(\alpha+\gamma+1)}$

24. $f_{X|Z}(x|z) \sim N\left(\dfrac{z}{2},\ \dfrac{1}{2}\right)$, $f_{Z|X}(z|x) \sim N(x,\ 1)$

25. $f_{X|Y}(x|y) = \dfrac{1}{\sigma_1\sqrt{1-\rho^2}\,\sqrt{2\pi}}\exp\left(-\dfrac{(x-b_1^2)}{2\sigma_1^2(1-\rho^2)}\right)$, $-\infty<x<\infty$,

$f_{Y|X}(y|x) = \dfrac{1}{\sigma_2\sqrt{1-\rho^2)}\,\sqrt{2\pi}}\exp\left(-\dfrac{(x-b_1)^2}{2\sigma_2^2(1-\rho^2)}\right)$, $-\infty<y<\infty$.

$E[X|\,Y] = \mu_{1+}\rho\dfrac{\sigma_1}{\sigma_2}(Y-\mu_2)$, $E[Y|X] = \mu_{2+}\rho\dfrac{\sigma_2}{\sigma_1}(X-\mu_1)$

26. 158.8cm

27. (1) $\dfrac{2}{3}$ (2) $\dfrac{1}{3}$ (3) $\dfrac{1}{3}$ (4) $\dfrac{2}{3}$

28. (1) $\dfrac{k}{n}S_n$ (2) $\dfrac{k}{n}$

30. (1) $\left(\dfrac{1}{3}\right)\left(\dfrac{2}{3}\right)^{n-1}$, $n=1,\ 2,\ \cdots$ (2) $\left(\dfrac{1}{6}\right)\left(\dfrac{5}{6}\right)^{k-1}$, $k=1,\ 2,\ \cdots$

(4) -3

32. $M_Y(t) = \Pi(M(t))$ 단, $M(t) = E[e^{tX_1}]$, $\Pi(z) = E[z^N]$

6.3 확률변수의 생성

1. $X = \lceil 6U \rceil$ 단 $U \sim \mathrm{U}(0,\ 1)$

2. $X = \begin{cases} -1, & 0 < U \le 0.3 \\ 1, & 0.3 < U \le 0.5 \\ 5, & < 0.5 \le 1 \end{cases}$ 단, $U \sim \mathrm{U}(0,\ 1)$

3. (2) $Y = 2 + \lceil 8U \rceil$ 단, $U \sim \mathrm{U}(0,\ 1)$

4. (1) $U \sim \mathrm{U}(0,\ 1)$, $V \sim \mathrm{U}(0,\ 1)$이고 서로 독립이면 $X = a + (b-a)U \sim \mathrm{U}(a,\ b)$, $Y = c + (d-c)V \sim \mathrm{U}(c,\ d)$이고 $(X,\ Y) \in D$

   (2) $Q = (a-r,\ a+r) \times (b-r,\ b+r)$에서 임의로 한 점 $(X,\ Y)$를 택한 다음 $X^2 + Y^2 < r^2$이면 $(X,\ Y)$를 채택하고 그렇지 않으면 $(X,\ Y)$를 기각

5. $U \sim \mathrm{U}(0,\ 1)$일 때 $0 < U < \frac{1}{3}$이면 $X = \sqrt{3U}$

   $\frac{1}{3} \le U < 1$이면 $X = 3 - \sqrt{6(1-U)}$.

6. $-\frac{1}{\lambda}\sum_{i=1}^{n}\log(1-U_i)$, 단 $U_i \sim \mathrm{U}(0,\ 1)$, $i = 1,\ 2,\ \cdots,\ n$는 서로 독립

7. 박스-뮬러의 방법(예제 5.31)이나 균등비 방법(예제 6.27)으로 $Z \sim \mathrm{N}(0,\ 1)$을 생성한 다음 $X = \mu + \sigma Z$ 하면 $X \sim \mathrm{N}(\mu,\ \sigma^2)$.

8. 서로 독립인 확률변수 $Y \sim \mathrm{U}(0,\ 1)$, $U \sim \mathrm{U}(0,\ 1)$에 대하여 $U \le \frac{f(Y)}{M} = \frac{256}{27} Y(1-Y)^3$이면, Y를 X의 값으로 채택하고 그렇지 않으면 Y를 기각.

9. 역변환 방법: $X = \tan\left[\left(U - \frac{1}{2}\right)\pi\right] \sim \mathrm{Cau}(0,\ 1)$ 단 $U \sim \mathrm{U}(0,\ 1)$

10. (2) 서로 독립인 확률변수 $U_i \sim \mathrm{U}(0,\ 1)$, $i = 1,\ 2,\ \cdots$에 대하여,

$$X = k \Leftrightarrow \prod_{i=1}^{k} U_i \ge e^{-\lambda} > \prod_{i=1}^{k+1} U_i \text{이면 } X \sim \mathrm{Poi}(\lambda)$$

제 7 장 극한정리

7.1 부등식

1. $n \geq 2667$

2. $n > 10^4 p(1-p)$

3. $\frac{1}{2}$

4. (1) $\frac{28}{253}$ (2) $\frac{28}{253}$

5. (1) $E[X^3] \geq 25^3$ (2) $E[\sqrt{X}] \leq 5$
   (3) $E[\log X] \leq \log 25$ (4) $E[e^{-X}] \geq e^{-25}$

10. $0 \leq e^{\theta E[X]} \leq E[e^{\theta X}] = 1$이고 $\theta > 0$이므로 $E[X] \leq 0$이다.

7.2 수렴성

4. $Y_n \xrightarrow{d} \mu$

5. $Z_n \xrightarrow{d} \text{Exp}(1)$

6. $Z_n \xrightarrow{d} 1$

7. $P(|X_{n-}\mu| > \epsilon) \leq \frac{1}{\epsilon^2}\text{Var}[X_n] = \frac{1}{\epsilon^2}\frac{b}{n^a} \to 0$

7.3 대수의 법칙과 응용

1. (1) $P(|\overline{X}_n| > \epsilon) \leq \frac{1}{\epsilon^2}\text{Var}[\overline{X}_n] = \frac{1}{n\epsilon^2} \to 0$
   (2) $P(|\overline{X}_n| > \epsilon) \leq \frac{1}{\epsilon^2}\text{Var}[\overline{X}_n] = \frac{2}{n\epsilon^2} - \frac{1}{n^2\epsilon^2}\left(1 - \frac{1}{2^n}\right) \to 0$

2. $Z_i \sim \text{Gam}(1,\ \beta),\ i = 1,\ 2,\ \cdots,\ n$이고 서로 독립이면 $\sum_{i=1}^{n} Z_i \sim \text{Gam}(n,\ \beta)$이므로 대수의 강법칙에 의하여 성립한다.

4. $E[Z_n] = P(f(X_n) > Y_n) = \int_0^1 P(f(X_n) > Y_n | X_n = x)\,dx = \frac{1}{M}\int_0^1 f(x)dx$

6 $\sum_{i=1}^{\infty}\frac{\text{Var}[\text{I}_{\text{A}_i}]}{i^2} \leq \sum_{i=1}^{\infty}\frac{1}{i^2} < \infty$ 이므로 정리 7.19에 의하여 증명된다.

7.4 중심극한정리와 신뢰구간

1. $\Phi(1.5481) \approx 0.9390$
2. $\Phi(0.01\sqrt{n}) > 0.995$, 즉 $n > 66306$
3. $\Phi(2.8284) = 0.9977$
4. $1 - \Phi(0.5) = 0.3085$
5. $1 - \Phi(1.25) = 0.1056$
6. $\Phi(0) - \Phi(-1) = 0.3413$
7. $2\Phi(0.7071) - 1 = 0.5200$
8. $1 - \Phi(2) = 0.0228$
9. $\Phi\left(\frac{10 \log a - 10.9654}{0.6049}\right)$
10. $\chi^{2(n)}$은 서로 독립이며 각각이 $\chi^2(1)$를 따르는 확률변수 n개의 합의 분포와 같으므로 중심극한 정리를 적용할 수 있다.
11. $\mathrm{NB}(n, p)$는 서로 독립이며 각각이 $\mathrm{NB}(1, p)$를 따르는 확률변수 n개의 합의 분포와 같으므로 중심극한 정리를 적용할 수 있다.
13. $\Phi(0.2981) + \Phi(0.8944) - 1 = 0.4454$
14. $1 - \Phi(1.4696) = 0.0708$

참고문헌

[1] Abate, J. and Whitt, W. The Fourier-series method for inverting transforms of probability distributions, Queueing Systems 10 (1992) 5-88.

[2] Ash, R. B. *Basic Probability Theory*, John Wiley & Sons, 1970.

[3] Ash, R. B. *Real Analysis and Probability*, Academic Press, 1972.

[4] Beaumont, G. P. *Probability and Random Variables*, Ellis Horwood Ltd., 1986.

[5] Brathley, P., fox, B. L. and Schrage, L. E., *A Guide to Simulation*, Springer-Verlag, 1983.

[6] Breiman, L. *Probability*, Addison-Wesley, 1968.

[7] Breiman, L. *Probability and Stochastic Processes*, Houghton Mifflin Company, 1969.

[8] Chung, K. L. *Elementary Probability Theory with Stochastic Processes*, 3rd., Springer-Verlag, 1978.

[9] Çinlar, E. I*ntroduction to Stochastic Processes*, Prentice-Hall, Inc. 1975.

[10] Durrett, R. *The Essentials of Probability*, The Duxbury Press, 1994.

[11] Durrett, R. *Probability: Theory and Examples*, 2nd ed., The Duxbury Press, 1996.

[12] Evans, M., Hastings, N. and Peacock, B. *Statistical Distributions*, 2nd ed., John Wiley & Sons, 1993.

[13] Feller, W. An *Introduction to Probability Theory and Its Applications*, John Wiley & Sons, 1968.

[14] Hamming, R. W. *The Art of Probability for Scientists and Engineers*, Addison-Wesley, 1991.

[15] Hoel, P. G., Port, S. C. and Stone, C. J. *Introduction to Probability Theory*, Houghton Mifflin Company, 1971.

[16] Hogg, R. V. and Craig, A. T. *Introduction to Mathematical Statistics*, 5th ed. Prentice-Hall, Inc. 1998.

[17] Isaac, R. *The Pleasures of Probability*, Springer-Verlag, 1995.

[18] Johnsonbough, R and Pfaffenberger, W. E. *Foundations of Mathematical Analysis*, Marcel Dekker, 1981

[19] Laha, R. G. and Rohatgi, V. K. *Probability Theory*, John Wiley & Sons, 1979.

[20] Laplace, P. S. *Philosophical Essay on Probabilities*, translated from the fifth French edition of 1825 by Andrew I. Dale, Springer-Verlag, 1995.

[21] Lindgren, B. W. *Statistical Theory*, 3rd ed. Macmillian Publ. Co. 1968.

[22] Mohanty, S. G. *Lattice Path Counting and Applications*, Academic Press, 1979.

[23] Jr. Mullins, E. R. and Rosen, D. *Concepts of Probability*, Bogden & and Quigley, Inc., 1972.

[24] Ripley, B. D. *Stochastic Simulation*, John Wiley & Sons, 1987.

[25] Rohatgi, V. K. *An Introduction to Probability Theory and Mathematical Statistics*, John Wiley & Sons, 1976.

[26] Ross, S. M. *A First Course in Probability*, 5th ed. Macmillian Publ. Co. 1998.

[27] Tijms, H. *A First Course in Stochastic Models*, John Wiley & Sons, 2003.

[28] Tijms, H. *Understanding Probability, Chance Rules in Everyday Life*, 3rd ed., Cambridge University Press, 2007.

[29] Trivedi, K. S. *Probability and Statistics with Reliability, Queueing, and Computer Science Applications*, Prentice Hall, 1982.

[30] Walpole, R. E. and Myers, R. H. *Probability and Statistics for Engineers and Scientists* 5th ed. Macmillian Publ. Co. 1993.

[31] Whitt, W. Approximating a point process by a renewal process: I, two basic methods, Operations Research 30 (1982) 125-147.

[32] Woodroofe, M. *Probability with Applications*, McGraw-Hill, 1975.

[33] 구자흥. 김진경. 이재준. 전홍석. 최지훈, *통계학—원리와 방법*, 자유아카데미, 1992.

[34] 대한수학회, *수학용어집*, 청문각, 1994.

[35] 데보라 베넷, *확률의 함정*, 박병철 역, 영림카디널, 2000.

[36] 샤르핀 포스키트, *수학이 자꾸 수군수군 3. 확률*, 오숙은 역, 주니어 김영사, 2002.

[37] 우정수. 강석복, *통계학 연습*, 경문사, 1992.

[38] 전종우. 김우철, *확률론 입문*, 영지문화사, 1989.

[39] 정동명. 조승제, *실해석학 개론*, 경문사, 1992.

[40] 한국통계학회, *통계학용어집*, 자유아카데미, 1997.

찾아보기

제3판

기초확률론

지은이　신양우
펴낸이　조경희
펴낸곳　경문사
펴낸날　2000년　2월 20일　1판 1쇄
　　　　2017년　3월　2일　3판 1쇄
등　록　1979년 11월　9일　제 313-1979-23호
주　소　04057, 서울특별시 마포구 와우산로 174
전　화　(02) 332-2004　팩스 (02) 336-5193
이메일　kyungmoon@kyungmoon.com
facebook　facebook.com/kyungmoonsa

값 27,000원

ISBN 979-11-6073-041-8